本丛书得到国家社科基金艺术学重大项目“中国传统工艺的当代价值研究”（17ZD05）支持

中国传统工艺经典

杭间 主编

长物志图说

〔明〕文震亨 著

海军　田君 注释

山东画报出版社

图书在版编目（CIP）数据

长物志图说 /（明）文震亨著；海军，田君注释. —济南：山东画报出版社，2021.9

（中国传统工艺经典 / 杭间主编）

ISBN 978-7-5474-3345-4

Ⅰ.①长… Ⅱ.①文… ②海… ③田… Ⅲ.①园林设计－中国－明代－图解 Ⅳ.①TU986.2-64

中国版本图书馆CIP数据核字(2019)第301410号

ZHANG WU ZHI TUSHUO

长物志图说

〔明〕文震亨 著　海军　田君 注释

项目统筹　怀志霄
责任编辑　刘　从
装帧设计　王　芳

出 版 人　李文波
主管单位　山东出版传媒股份有限公司
出版发行　山东画报出版社
社　　址　济南市市中区英雄山路189号B座　邮编 250002
电　　话　总编室（0531）82098472
市场部（0531）82098479　82098476（传真）
网　　址　http://www.hbcbs.com.cn
电子信箱　hbcb@sdpress.com.cn
印　　刷　山东临沂新华印刷物流集团有限责任公司
规　　格　976毫米×1360毫米　1/32
19.25印张　347幅图　510千字
版　　次　2021年9月第1版
印　　次　2021年9月第1次印刷
书　　号　ISBN 978-7-5474-3345-4
定　　价　168.00元

总　序

杭　间

十七年前，我获得了国家社科基金艺术学项目的资助，开展"中国艺术设计的历史与理论"研究，这大约是国家社科基金最初支持设计学研究的项目之一；当时想得很多，希望古今中外的问题都有所涉略，因此，重新梳理中国古代物质文化经典就成为必须。这时候的学界，对物质文化的研究早有人开展，除了考古学界，郑振铎先生、沈从文先生、孙机先生等几代文博学者，也各有建树，成就斐然。但是在设计学界，除了田自秉先生、张道一先生较早开始关注先秦诸子的工艺观以外，整体还缺少系统的整理和研究。

这就成为我编这套书的出发点，我希望在充分继承前辈学人成果的基础上，首要考虑如何从当代设计发展"认识"的角度，对这些经典文本展开解读。传统工艺问题，在中国古代社会格局中有特殊性，儒道互补思想影响下的中国文化传统中，除《考工记》被列为齐国的"官书"外，其他与工艺有关的著述，多不入主流文化流传，而被视为三教九流之末的"鄙事"，因此许多工艺著作，或流于技术记载，或附会其他，有相当多的与工艺有关的论著，没有独立的表述形式，多散见在笔记、野史或其他叙述的片段之中。这就带来一个最初的问题，在浩瀚的各类传统典籍中，如何认定"古代物质文化经典"？尤其是"物质文化"（Material Culture）近年来有成为文化研究显学之势，许多社会学家、文化人类学者涉足区域、民族的衣食住行研究，都从"物质文化”的角度切入，例如柯律格对明代文人生活的研究，金耀基、乔健等的民族学和文化人类学研究等；这时候还有一个问题需要特别指出，这就是“非物质文化遗产”的概念随着联合国教科文组织对其的推进，也逐渐开始进入中国的媒体语言，但在设计学界受到冷落，“传统工艺”“民间工艺”等概念，被认为比“非物质”更适合中国表述，因此，确立“物质文化”与中国设计学“术”的层面的联系，也是选本定义的重要所在。

其实，在中国历史的文化传统中，有一条重生活、重情趣的或隐或显的传统，李渔的朋友余怀当年在《闲情偶寄》的前言中说：王道本乎人情，他历数了中国历史上一系列具有生活艺术情怀的人物与思想传统，如白居易、陶渊明、苏东坡、韩愈等，联想传统国家治理中的“实学”思想，给了我很大的启发，这就是中国文化传统中的另外一面，从道家思想发展而来的重生活、重艺术、重意趣心性的源流。有了这个认识，物质文化经典的选择就可以扩大视野，技术、生活、趣味等，均可开放收入，思想明确了，也就具有连续、系统的意义。

上述的立场决定了选本，但有了目标以后，如何编是一个关键。此前，一些著作的整理成果已经在社会上出版并广为流传，例如《考工记》《天工开物》《闲情偶寄》等，均已经有多个注解的版本。当然，它们都是以古代文献整理或训诂的方式展开，对设计学的针对性较差。我希望可以从当代设计的角度，古为今用，揭示传统物质文化能够启迪今天的精华。因此，我对参与编注者有三个要求：其一，继承中国古代“注”的优秀传统，“注”不仅仅是说明，还是一种创作，要站在今天对“设计”的认识前提下，解读这些物质经典；其二，“注”作为解读的方式，需要有“工具”，这就是文献和图像，而后者对于工艺的解读尤其重要，器物、纹样、技艺等，古代书籍版刻往往比较概念化，语焉不详；为了使解读建立在可靠的基础上，解读可以大胆设想、小心求证，但文献和图像的来源，必须来自1911年前的传统社会，它们的“形式”必须是文献、传世文物和考古发现，至于为何是1911年，我的考虑是通过封建制在清朝的覆灭，作为传统生活形态的一次终结，具有象征意义；其三，由于许多原著有关技艺的词汇比较生僻，并且，技艺的专业性强，过去的一些古籍整理学者尽管对原文做了详尽的考据，但由于对技艺了解的完整度不够，读者仍然不得其要，因此有必要进行翻译，对于读者来说，这样的翻译是必要的，因为编注者懂技艺，使得他的翻译能建立在整体完整的把握的基础上。

正因为编选者都是专业出身，我要求他们扎实写一篇“专论”用作导读，除了对作者的生平、成书、印行后的流布及影响做出必要的介绍外，还要对原著的内容展开研究，结合时代和社会变化，讨论工艺与政治、技艺与生活、空间营造与美学等的关系，因此这篇文字的篇幅可以很长，是一篇独立的论文。我还要求，需要关心同门类的著作的价值和与之关系，例如沈寿的《雪宧绣谱》，之前历史上还有一些刺绣著述，如丁佩的《绣谱》，虽然没有沈寿的综合、影响大，但在刺绣的发展上，依然具有重要价值，由于丛书选本规模所限，不可能都列入，因此在专论里呈现，可以让读者看到本领域学术的全貌。

如何从现代设计的角度去解读这些古代文献，是最有趣味的地方，也是最有难度的地方。这种解读，体现了编注者宏富的视野，对技艺发展的深入的理解，对原文表达的准确的洞察，尤其是站在现代设计的角度，对古代的“巧思”做出独特的分析，它不仅可从选一张贴切的图上面看出，也更多呈现在原文下面的“注”上，我注六经，六经注我，重在把握的准确和贴切，好的注，会体现作者深厚的积累和功力，给原文以无限广阔的延伸，所以我跟大家说，如有必要，“注”的篇幅可以很长，不受限制。当然这部分最难，因人而异，也因此，这套丛书的编注各具角度和特色。由于设计学很年轻，物色作者很伤脑筋，一些有影响的研究家当然是首选，但各种原因导致无法找到全部，我大胆用了文献功底好的年轻人，当时确实年轻，十七年以后，他们都已经成为具有丰富建树的中坚翘楚。

要特别提到的是山东画报出版社的刘传喜先生，他当年是社长兼总编辑，这套书的选题，是我们在北京共同拟就的，传喜社长有卓越的出版人的直觉，他对选题的偏爱使得决策迅速果断；他还有设计师的书籍形态素养，对这套丛书的样貌展望准确到位。徐峙立女士当年是年轻的编辑室主任，她也是这套书的早期策划编辑，从开本、图文关系、注解和翻译的文风，以及概说的体例，等等，都是重要的思想贡献者。

这套书出版以来，除了受到设计界的好评外，还受到不少喜欢中国传统文化读者的喜爱，尤其是港澳台等地的读者，对此套丛书长期给予关注，询问后续出版安排，而市面上也确实见不到这套丛书的新书了，有鉴于此，在徐峙立女士的推动下，启动了此丛书的再版，除了更正初版明显的错误外，还因为2018年我又获得国家社科基金艺术学重大项目“中国传统工艺的当代价值研究”的立项支持，又开始了后续物质文化经典的编选和选注工作，并重新做了开本和书籍设计。

也借此机会，把当年只谈学术观点的总序重写，交代了丛书的来龙去脉。在过了十七年后，这样做，颇具有历史反思的意味，“图说”这种样式当年非常流行，我们的构思也不可免俗地用了流行的出版语言，但显然这套丛书的“图说”与当年流行的图说有很大的不同，它希望通过读文读图建构起当代设计与古代物质生活之间全方位的关系，“图”不仅仅是形象的辅助，而更是一种解读的“武器”，因而也是这套书能够再版的生命力所在。对古代文献的解读仍然只是开始，这些著述之所以历久常新，除了原著本身的价值外，还因为读者从中看到了传统生活未来的价值。

是为序。

2019年12月19日改定于北京

目　录

卷一

卷二

卷三

卷四

卷五

卷六

卷七

卷八

卷九

卷十

卷十一

卷十二

专论：格心与成物

——晚明景象的广义综合

魏晋六朝是一个艺术的自觉时代。鲁迅说："曹丕的一个时代可说是'文学的自觉时代'，或如近代所说是为艺术而艺术（Art for Art's Sake）的一派。"[①]所谓"文学的自觉"，非单指今天的文学而已，其他如艺术，尤其是绘画与书法，同样从魏晋起表现着这种自觉。魏晋文化为唐代禅学吸收，又经宋代苏轼等人大力倡导，掀起了文人画的浪潮，并由此奠定了文人士大夫文化的地位。其特点，由药、酒、姿言、神韵为代表的魏晋风度，包括诗文、绘画、品茗、饮酒、抚琴、对弈、游历、收藏、品鉴在内的庞大而完整的士大夫文化体系，发展成格心与成物，进而通过园林、居室、器用、造物，表现出与"文学的自觉"相一致的品调，最终形成晚明景象的广义综合。

艺术与经济、政治经常不平衡，就像潇洒不群、飘逸自得的魏晋风度却产生在动荡、混乱、灾难的社会和时代一样，提倡真性情、颂扬浪漫和人文双重思潮的晚明景象，也同样在一个政治残酷的年代得到综合。李泽厚说："外表尽管装饰得如何轻视世事，洒脱不凡，内心却更强烈地执着人生，非常痛苦。这构成了魏晋风度内在的深刻的一

---

① 鲁迅：《魏晋风度及文章与药及酒之关系》，《鲁迅选集》（第二卷），北京：人民文学出版社，1983年，第380页。

面。”[①]而这又何尝不是晚明景象最精彩的一幕？

文震亨生于名门，聪颖过人，自幼得以广读博览，诗文书画均得家传。其人“长身玉立，善自标置。所至必窗明几净，扫地焚香”，以琴、书名达禁中，“交游赠处，倾动一时”。[②]文震亨一心想“以天下为己任”，然无奈朝纲不振，即使读书明理，也不能兼济天下，唯有独善其身，在自娱中寻找“独立之人格、自由之思想”，寻找自我实现与充实，以超然之态过隔世生活，其赏玩品鉴的生活情貌之内核，仍是重新出世的蓄养和准备。文震亨伴晚明而生，随晚明而死，生时轰轰烈烈，死时却甚是落寞。其洋洋万言的《长物志》一书，凡“室庐”“花木”“水石”“禽鱼”“书画”“几榻”“器具”“衣饰”“舟车”“位置”“蔬果”“香茗”等十二卷，分属工艺美术、建筑、园艺诸学科，囊括衣、食、住、行、用、游、赏各种生活文化，综合概述文人清居生活的物质环境。表面上，这是晚明文人清居生活方式的完整总结，反映晚明士大夫的审美趣味，然而对文震亨自身而言，更重要的是寄托他“眠云梦月”“长日清谈，寒宵兀坐”的幽人名士理想，不食人间烟火。他所描述的物境本质上是萧寂的景象，这也符合文震亨在晚明将倾之时欲报国家，几起几伏，直至因无门而隐匿的凄凉经历。

晚明的江浙一带，已是经济极度发达，文化极度成熟。最早的资本主义生产方式的萌芽就产生于苏州的作坊，同期考取进士的书生当中，江浙一带占去三分之二。经济和文化的双重发展，是评价一个地区文明程度的决定性条件。经济的发展使得人们有兴致去营造“身外之物”，而能真正将其发展成一种文化体系，则是得益于士大夫的广泛参与。尽管江浙一带考取功名者最多，但这一带也是在野士大夫云

---

① 李泽厚：《美的历程》，《李泽厚十年集》（第一卷），合肥：安徽文艺出版社，1994年，第103页。

② 〔清〕顾苓：《塔影园集·武英殿中书舍人致仕文公行状》。

集的地方。他们因各种缘由而不能在政治上有所作为，最后只能寄情山水，园林因此成为丰富江浙文化最重要的部分。士大夫们痴心于自身居住环境艺术化，往往参与营造园林居室，定制陈设器用，此类造物不复有皇家的气派和宗教的力量，却尽现江南的灵秀，成为精致生活和温文气质的产物。士大夫们的参与，不仅使得园林居室的文化韵味得到极大提升，而且促使文人把这种体验诉诸笔端，并寄以深切的情意，一部部以园林为中心的造物艺术理论典籍便产生了。文震亨的《长物志》正是其中颇具代表性的一部。中国古代的其他造物艺术理论，多为散乱、破碎的杂感，偶尔兴至，随笔写下。《长物志》宏大而全，简约而丰，结构清晰，事理明畅，显然是作者有计划、有目的的著述。它以园林构建为中心，涉及晚明士大夫生活的各个方面，堪称晚明士大夫生活的“百科全书”。

一、文震亨与《长物志》

文震亨，字启美，号木鸡生，长洲（今苏州）人，书中所称“雁门”乃文氏郡望。明代万历乙酉年（1585）生，少为诸生，乡试屡挫。天启辛酉年（1621）卒业于南京国子监，天启乙丑年（1625）举恩贡。天启丙寅年（1626），参加苏州民众反对魏忠贤阉党逮捕吏部文选司员外郎周顺昌的斗争。崇祯丁丑年（1637）选授陇州判，因其善书，由崇祯帝改授中书舍人，供奉武英殿，主持校正书籍的事务。崇祯庚辰年（1640）与黄道周同时下狱，后放归。福王于南京登基后，召之复职。未及新授，南明弘光乙酉年（1645），清兵攻陷南京，六月攻占苏州城。文震亨避于阳澄湖，闻剃发令下，投河自尽，虽为家人救起，终忧愤绝食殉国，享年六十一岁。乾隆追谥之“节愍”。

文震亨出生于簪缨世族，家学渊源。曾祖文徵明与沈周、唐寅、仇英并称为“明四家”，其官至翰林院待诏，以书画诗文著称于世，又与祝允明、唐寅、徐祯卿并称“吴中四才子”。祖父文彭、叔祖父文嘉、文台和父亲文元发均为书画名家。兄长文震孟为天启壬戌年（1622）状元，官至礼部尚书、东阁大学士。文震亨家富藏书，学养深厚，诗文书画均得家传，山水师法宋、元诸家，韵格兼胜。钱谦益《列朝诗集小传》记载：“先帝制颂琴二千张，命启美为之名；又令监造御屏，图九边厄塞。”可见他对音乐、造园及室内陈设也颇有研究。文氏著作甚丰，可考证者除《长物志》十二卷外，另有《琴谱》《开读传信》《香草诗选》《怡老园记》《载赞》《清瑶外传》《武夷外语》《金门录》《文生小草》《秣陵竹枝词》《岱宗拾遗》《新集》《香草垞前后志》等，见于《文氏族谱续集》《殉节传》《苏州府志》《吴县志》《列朝诗集小传》《明画录》。

文震亨不仅精于理论研究，而且身体力行地投身造园实践，积累了大量经验，从而不断丰富和完善自己的造园理论。他对造园的风格、形式、材料、位置、色彩等都有独到的见解，提倡“雅人之致，旷士之怀”以及整体的设计观。据《吴县志·第宅园林志》记载，在苏州高师巷冯氏废园基础上改建而成的“香草垞”是文震亨参与主持的造园作品，其中有“婵娟堂”“绣铗堂”“笼鹅阁”“斜月廊”“众香廊”“啸台”“玉局斋”“乔柯”“奇石”“方池”“曲沼”“鹤栖”“鹿柴”“鱼床”“燕幕”等景物，均能因地制宜，施以巧思，令人神往。清代顾苓《塔影园集》称其“水木清华，房栊窈窕，阛阓中称名胜地”。文震亨还曾购置苏州西郊碧浪园及南京的水嬉堂，皆“位置清洁，人在画图”。因此，《长物志》可以被看作文震亨造园经验的总结。

《长物志》是一本介绍园林建筑及陈设器物的著作，共十二卷，每卷分子目多则。它集中体现了明中期以来文人士大夫崇尚的清雅、自然的审美理想，是我国造园学和艺术设计学遗产中的珍贵文献。

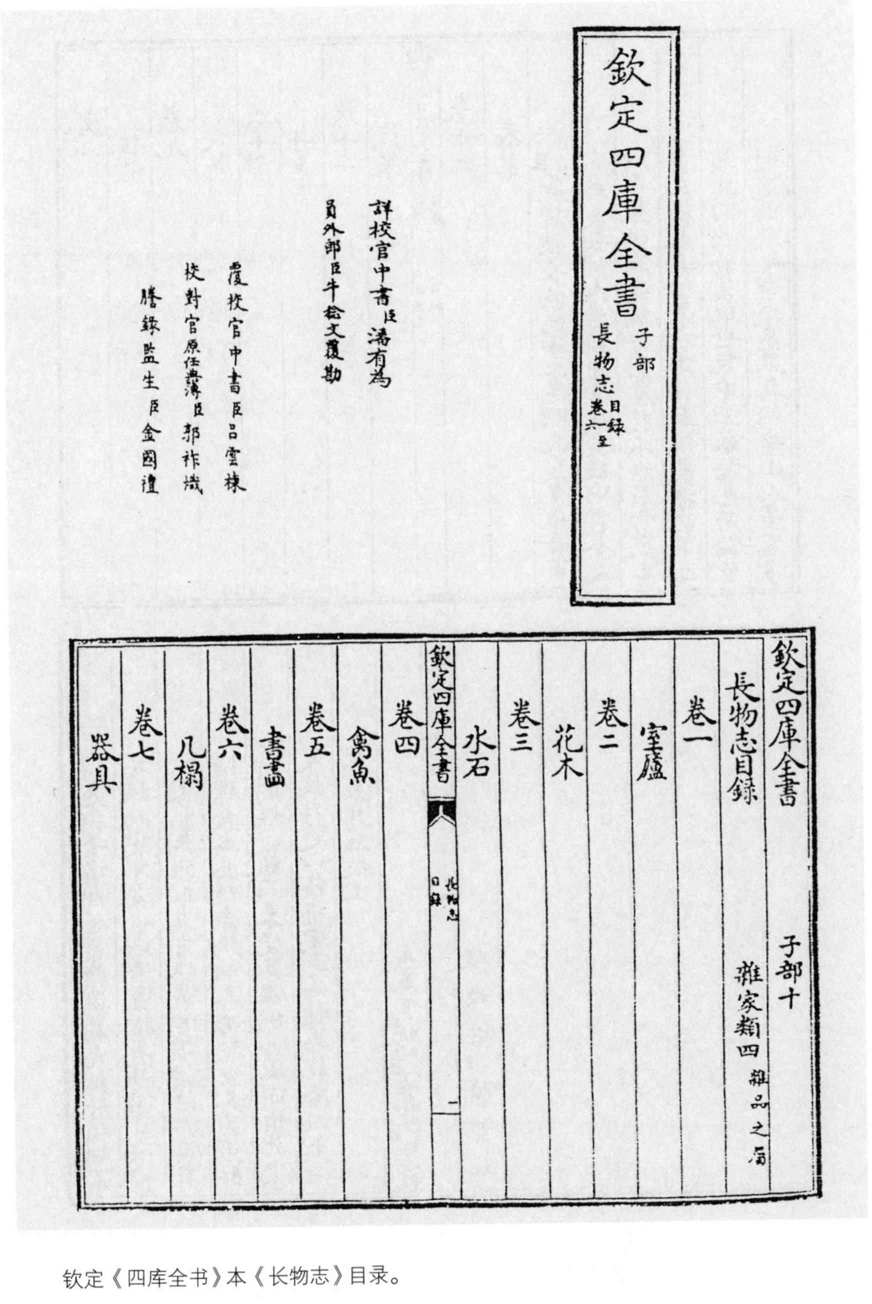

欽定四庫全書
子部
長物志 目錄 卷一至六

詳校官中書臣潘有為
員外郎臣牛稔文覆勘

覆校官中書臣呂雲棟
校對官原任典簿臣郝祚熾
謄錄監生臣金國禮

欽定四庫全書
長物志目錄　子部十
雜家類四　雜品之屬

卷一
室廬
卷二
花木
卷三
水石
卷四
禽魚
卷五
書畫
卷六
几榻
卷七
器具

欽定四庫全書　長物志 目錄　一

钦定《四库全书》本《长物志》目录。

卷八
位置
卷九
衣飾
卷十
舟車
卷十一
蔬果

欽定四庫全書 長物志 目録 二

卷十二
香茗
臣等謹按長物志十二卷明文震亨撰震亨
字啓美長洲人崇禎中官武英殿中書舍人
以善琴供奉是編分室廬花木水石禽魚書
畫几榻器具位置衣飾舟車蔬果香茗十二
類其曰長物蓋取世說中王恭語也所論皆
閒適游戲之事纖悉畢具明季山人墨客多

傳是術著書問世累牘盈篇大抵皆瑣細不
足録而震亨家世以書畫擅名耳濡目染較
他家稍為雅馴其言收藏賞鑑諸法亦頗有
條理蓋本於趙希鵠洞天清録董其昌筠軒
清閟録之類而畧變其體例其源亦出於宋
人故存之以備雜家之一種焉乾隆四十二
年五月恭校上
總纂官臣紀昀臣陸錫熊臣孫士毅

欽定四庫全書 長物志 目録 三

總校官臣陸費墀

钦定《四库全书》本《长物志》。

欽定四庫全書

長物志卷一　　明　文震亨　撰

室廬

居山水間者為上村居次之郊居又次之吾儕縱不能栖巖止谷追綺園之踪而混跡廛市要須門庭雅潔室廬清靚亭臺具曠士之懷齋閣有幽人之致又當種佳木怪籜陳金石圖書令居之者忘老寓之者忘歸遊之者忘倦藴隆則颯然而寒凜冽則煦然而燠若徒侈土木尚丹堊真同桎梏樊檻而已志室廬第一

門

用木為格以湘妃竹横斜釘之或四或二不可用六兩傍用板為春帖必隨意取唐聯佳者刻於上若用石梱必須板扉石用方厚渾朴庶不涉俗門環得古青綠蝴蝶獸面或天鷄饕餮之屬釘於上為佳不則用紫銅或精鐵如舊式鑄成亦可黄白銅俱不可用也漆惟朱紫黑三色餘不可用

階

自三級以至十級愈高愈古須以文石剝成種繡墩或草花數莖於内枝葉紛披映階傍砌以太湖石疊成者曰澀浪其制更奇然不易就複室須内高於外取頑石具苔斑者嵌之方有巖阿之致

牕

用木為粗格中設細條三眼眼方二寸不可過大牕下填板尺許佛樓禪室間用菱花及象眼者牕忌用六或二或三或四隨宜用之室高上可用横牕一扇下用低檻承之俱釘明瓦或以紙糊不可用絳素紗及梅花簟冬月欲承日製大眼風牕眼竟尺許中以線經其上庶紙不為風雪所破其制亦雅然僅可用之小齋丈室漆用金漆或朱黑二色雕花綵漆俱不可用

欄干

石欄最古第近於琳宫梵宇及人家冢墓傍池或可用然不如用石蓮柱二木欄為雅柱不可過高亦不可雕

钦定《四库全书》本《长物志》。

自明代天启年间（1621—1627）撰成，《长物志》版本不下十种。除明代木版一种外，今多为清代及民国所印。明代木版据陈植先生考证，除各卷均注雁门文震亨编、东海徐成瑞校外，并分别注明：卷一，太原王留定；卷二，荥阳潘之恒定；卷三，陇西李流芳定；卷四，彭城钱希言定；卷五，吴兴沈德符定；卷六，吴兴沈春泽定；卷七，天水赵宦光定；卷八，太原王留定；卷九，谯国娄坚定；卷十，京兆宋继祖定；卷十一，汝南周永年定；卷十二，兄震孟定。有序“友弟吴兴沈春泽书于余英草阁”，装成三册，未注年代版本。可见该书脱稿之后，曾由当世名家学者审阅定稿。又，收录《长物志》的丛书有：《四库全书》《砚云甲乙编》《粤雅堂丛书》《申报馆丛书》《古今说部丛书》《说库》《丛书集成》《美术丛书》《娱意录丛书》《小郁林》及光绪年间刊袖珍本等。

二、“长物”与生活

“长物”，多余的东西，含有身外余物之意。《晋书·王恭传》：“尝从其父自会稽至都，忱访之，见恭所坐六尺簟，忱谓其有余，因求之。恭辄以送焉，遂坐荐上。忱闻而大惊，恭曰：‘吾平生无长物。’”文震亨以“长物”名书，一方面透露出生逢乱世，淡看身外余物的心境，“于世为闲事，于身为长物”；另一方面也是在提示诸君，书中所论所述“寒不可衣，饥不可食”，都是文人清赏把玩的事物，并非布帛米粟等必不可缺的生活用品。“长物”为全书的内容做了界定，因此要解读此书，就必须把“长物”与生活的这种特殊关系在晚明景象下的广义综合中进行细致入里的分析。

与文震亨差不多同时期的宋应星，在其巨著《天工开物》的序言中如是写道：“丐大业文人弃掷案头，此书于功名进取毫不相关也！”[①]而且“卷分前后，乃贵五谷而贱金玉之义”[②]，表明自己与皓首穷经、追逐高官厚禄者毫不相同。同时还批评了那些“心存高官，志在巨富”的文人们是“画工好图鬼魅而恶犬马”[③]，而那些轻视劳动、口必圣贤的儒生是“晨炊晚饷，知其味而忘其源”[④]。且不论宋应星与文震亨孰是孰非，但就生活而言，宋应星的生活是生产生活、技术生活，宋应星无“长物”，其《天工开物》被认为是中国古代科技史上一部里程碑式的著作，李约瑟博士也在《中国科学技术史》中称宋应星为“技术的百科全书家”。文震亨的生活是一种燕闲清赏式的清居生活，得天独厚的家境优势造成了他对于作为最基础的生产生活的忽视。但也正因如此，使得文震亨能够真正地“与物游”，在赏玩品鉴之中形成了晚明另一种生活的总结。如果说宋应星的生活是积极入世的，重器技而轻原道；文震亨的长物生活则是避世的，如同“庄周梦蝶”般的逍遥游，其醉心经营古雅天然的物态环境，也是在对自身形象、品质、性情等的经营。诚如《长物志》沈春泽序文所言：“夫标榜林壑，品题酒茗，收藏位置图史、杯铛之属，于世为闲事，于身为长物，而品人者，于此观韵焉，才与情焉。”宋应星与文震亨各自关于“生活”与“长物”的理解总结，正如古币的两面，不可分割，它们共同成为晚明社会生产生活两抹灿烂的余晖。

实际上，对于文震亨而言，“长物”已不再是多余之物，它们已经切切实实地成为文氏生活的一个重要部分。士大夫借品鉴长物品鉴人，构建人格理想，标举人格的完善，在物态环境与人格理想的比照中，美与善互相转化，融为一体，物境的经营成为个人人格的彰显。

---

① 〔明〕宋应星：《天工开物》，长沙：岳麓书社，2002年，第1～2页。
② 〔明〕宋应星：《天工开物》，长沙：岳麓书社，2002年，第1～2页。
③ 〔明〕宋应星：《天工开物》，长沙：岳麓书社，2002年，第1～2页。
④ 《天工开物》“乃粒第一”，第5页。

文氏就是在对这样以园林为中心，包括对花木、水石、禽鱼、舟车等各种“长物”构成的物态环境的经营中，表达和固守着作为一个知识分子的人格。物非物，景非景，在文氏赏玩品鉴的内核里，文氏那一介士人无限的忧思以及自己的人生理想，在其构建经营的动态景观园林里，得以传神摹写。文氏以为，一个胸次别于世俗的文人，着衣要“娴雅”，“居城市有儒者之风，入山林有隐逸之象”，不必“染五采，饰文缋”，“侈靡斗丽”[①]，知识分子之人格乃是赖文化而生的，衡量其人格健全的标志便在于其文化生存的超越与否。文震亨借长物来抒性情，反映人生理想，表达文化观念，成为晚明景象最重要的一幕。处在一个没有斗争、没有激情、没有前景的时代和社会里，处在一个表面繁荣平静，实际开始颓唐没落的命运进程中，“一叶落而知秋”，在得风气之先的士大夫阶层，士人纷纷通过自己的实际行动，著书立说，表达主张和思想，把魏晋风度发展为晚明景象的广义综合，士人也积极入世，即便不成，也会另觅阵地抒发理想。《长物志》一书思想的形成，除晚明政治、经济形势使然，以及实学的发展与西学东渐带来的重要影响外，最根本的还是文氏“游于物”的生活见解与体验，这些在普通人看来是多余的东西，对于文震亨却是一种生活的保证和继续，是其人格的寄托，承受生命意义的载体。在其中，文氏表达了生于大明王朝摇摇欲坠之时封建文人的审美观照和对文化的超越，在格心与成物的观念中，寄挂着一介士人甚是悲寂的精神家园。

三、格心与成物之道

明中期以来，在对待心和物的问题上，以王阳明为代表，提出

---

① 《长物志》“衣饰”卷。

“致良知”说，“无善无恶是心之体，有善有恶是意之动，知善知恶是良知，为善去恶是格物”[①]。他所创立的“心学”，以“心”为其哲学范畴的中心，认为“至善”是心的“本体”，只要心不被私欲蒙蔽，就可称之为“天理”。他反对繁文缛节，认为只有诚心才能“至善”。后来其继承者把这一思想继续发展，如王艮提出“天理者，天然自有之理也，才欲安排如何，便是人欲”，“百姓日用条理处，即是圣人之条理处”[②]。“百姓日用”就文氏而言即其自谦的“长物”，文震亨虽未明确追随王阳明的心学，但明初宋濂、方孝孺力主复古的行动对其影响甚大，宋濂道：“所谓古者何？古之书也，古之道也，古之心也。……日诵之，日履之，与之俱化，无间古今也。”[③]前后七子更文必秦汉，诗必盛唐，不脱摹拟。终明一代，文艺思潮以复古为主流。[④]文震亨受其影响，亦成为复古运动的一分子，其虽游戏于物，但满纸萧寂之景甚是明显，而在“格心”与“成物”的问题上，他所谓的“宁古无时，宁朴无巧，宁俭无俗”[⑤]的思想则与晚明的心学和实学殊途同归。

有学者将文震亨与稍后的李渔进行比较，“启美其心也古，其物力求古人神韵；笠翁刻意求新，不落前人窠臼。启美涵养君子，不屑与近俗为伍；笠翁性情中人，每多浅率狂妄；启美其人其情藏在纸背，笠翁沾沾自喜情状跃然纸上。启美平淡失天真，笠翁天真不平淡。启美不独力主物境平淡，他的文风是淡淡的，感情也是淡淡的，他是把

① 《王文成公全书》卷三《传习录下》。

② 《王心斋先生遗集》卷一语录。

③ 〔明〕宋濂：《师古斋箴并序》，《宋濂全集》第二册，杭州：浙江古籍出版社，1999年，第922页。

④ 张燕：《〈长物志〉的审美思想及其成因》，《文艺研究》1998年第6期，第140页。

⑤ 《长物志》“室庐”卷。

身外的一切都看得很淡了”[①]。庄子以为“朴素而天下莫能与之争美”，“既雕既琢，复归于朴”，完全按照事物的自然本性任其发展和表现，不去施加人性的力量，使其改变原有的自然之性，保全其“真”美。文震亨的心物观倾近庄子的崇尚自然，“顺物自然”，古朴大方，通贯《长物志》全书的也是“古”“雅”“真”“宜”等审美标准，他以此作为自己格心与成物之道的原则，纵谈士大夫生活的各种心物观照的标准，对不古不雅之器物，文氏几乎一概摒弃，斥为“恶俗”“不入品”“断不可用”。他要求琴要“历年既久，漆光退尽”，灯要“锡者取旧制古朴矮小者为佳”；喜爱“天台藤”“古树根”制作的禅椅，且以“莹滑如玉，不露斧斤者为佳”；反对人为的加工制作、雕削取巧，“且夫待钩绳规矩而正者，是削其性者也，待绳约胶漆而固者，是侵其德者也”[②]。失去自然古朴的本性，就无美可言。在自然美与工艺美的比照中，庄子不仅只选择和承认自然美，而且否定了人的工艺创造行为。而文震亨则不然，他接受了庄子崇尚自然、弃置雕饰的素朴美的思想，但他也提倡掩去人巧，“虽由人作，宛自天开”的自然与创造的合目的性之美，只是对那些错彩镂金、雕绘满眼、铅华粉黛、新丽浮艳的行为，视为“恶俗”。著名美学家宗白华先生在其《中国美学史中重要问题的初步探索》一文中曾提出中国艺术史一直贯穿着两种美的理想，那就是雕绘满眼之美与出水芙蓉之美。文氏是提倡后一种美的理想的，这在其所撰“几榻”卷便清晰可见：“古人制几榻……必古雅可爱，又坐卧依凭，无不便适……今人制作，徒取雕绘文饰，以悦俗眼，而古制荡然，令人慨叹实深。”[③]这种审美向度也是同自老庄、嵇康、陶渊明、谢灵运、司空图等延续以来的晚明文艺思想一致的，文人士大夫

① 张燕：《〈长物志〉的审美思想及其成因》，《文艺研究》1998年第6期，第140页。
② 《庄子·外篇·骈拇》
③ 《长物志》“几榻”卷。

的工艺品类如文房用具、清赏器玩、日用杂器，以及市民阶层的日用器具、室内陈设等都具有这种素洁风格。明式家具就是这样一种简洁、宁静、清秀、自然的美学风格集大成者，也正是这种特定的审美理想，使文人士子们不爱金玉之卮，而喜土瓮瓦砚，进而把古雅平淡之美与真善相连，将审美理想导向人格道德的升华。

除“古”“雅”“自然”等审美标准外，文氏还着意提倡居室园林经营位置中“宜”的美学观，“随方制象，各有所宜”是文震亨在设计上提出的一个总的原则。“位置”卷道：“位置之法，繁简不同，寒暑各异，高堂广榭，曲房奥室，各有所宜，即如图书鼎彝之属，亦须安设得所，方如图画。”根据环境的繁简大小和寒暑季节的不同，室内陈设也应作相应变化，因地因时而制宜，协调于环境之中，形成诗情画意般的整体之美。同时“宜”之美学观因其面临的对象不同，又有共性之宜和个性之宜之分。共性之宜多为设计中的一般原则，而个性之宜则涉及个人的爱好、学识、经济状况、审美趣味、人格情操等，“是惟主人胸有丘壑，则工丽可，简率亦可”。个性之宜也是不同个体的文化之宜、品性之宜。从设计为人的方面来看，“宜”又可分为几个不同的表达层次，“堂之制，宜宏敞精丽……高广相称”，此为功能之宜，造堂要适用，不可片面追求高大宽广；其次为形式之宜，“因地因人而制宜”，形式之宜是一种视觉感受上的要求，设计必须形成客体物象与视觉感受的和谐，文氏提倡的是一种“简”“洁”“精”“雅”的形式之宜；再为“审美之宜”，在作者看来，“宜”的工艺造物观是创造一种共生的美学观，能够成为客体物象与观者审美观照的桥梁，造物不尽是使用，更是美的寄托和精神归属的提供；最后为三者合目的性的“自然之宜”，亦如文氏欣赏的“刀法圆熟，藏锋不露”的宋代剔红，而果核雕“虽极人工之巧，终是恶道”，“宁朴无巧，宁俭无俗”，文氏对制宜工艺造物观的提倡，也是对返璞归真的造物意境的追求。

〔明〕文徵明《拙政园图》。

四、工艺与造器之观

伴随文震亨贯穿于全书格心与成物之道标准确立的，是与之相辅相成、文氏极力提倡的一系列深刻卓越的工艺造物思想，这些思想即便对于现代设计也具有非常现实的参考价值。工艺造物的首要目的便是使用，因此追求物品最大的适用性成为造物的主要任务。文氏多次明确提出实用的前提、原则及重要性，卷六“几榻”卷尤为突出，其中关于家具的描述不但记述了人体尺度、比例、功能等因素，对不同形制的家具尺寸也有详细记载，如榻的设计：“座高一尺二寸，屏高一尺三寸，长七尺有奇，横三尺五寸。”[①]由现代人体工程学关于人体比例的测量可以看出，这一尺寸显然非常符合人体伸展弯曲的需要，家具的适用性因之大大增强。又如橱的设计，依据用途的差异，规格也各有不同，虽则“愈阔愈古”，“惟深仅可容一册，即阔至丈余……小橱有方二尺余者，以置古铜玉小器为宜”[②]。架也有大小二式，大者为书架，高七尺余，与成人身体尺度相适，既要拿书方便，又要宜于书籍的保存；小架可置于几上，用于放置笔架及朱墨漆者，尺寸相当，既要美观，又须使书房不显零乱，雅而有序。“制具尚用”的工艺思想遵从以人为本的设计宗旨，不仅注重尺度、比例、功能等基本要素，还要造物适用。

贯穿全书的第二层工艺造物思想，是从审美观照角度而言的，即提倡工艺造物应“精炼而适宜，简约而必另出心裁”，这也是明代工艺的显著特色，体现了文氏的一种审美取向。“云林清秘，高梧古石

① 《长物志》“几榻”卷。
② 《长物志》“几榻”卷。

中，仅一几一榻，令人想见其风致，真令神骨俱冷。”[①]这是一种文人士大夫特有的审美和文化精神上的追求，文震亨要求卧室“精洁雅素，一涉绚丽，便如闺阁中，非幽人眠云梦月所宜矣”[②]。斋中仅可置四椅一榻，屏风仅可置一面，不宜太杂。斋中悬画，也仅可置一轴于上。置瓶插花亦不宜繁杂，“若插一枝，须择枝柯奇古，二枝须高下合插，亦止可一二种，过多便如酒肆”[③]。“精”“简”不仅是一种审美向度的选择，更是追求人性至真的一种境界。通过造景而造境，通过“精”“简”“适宜”的生活场景的建构，文人士大夫们将自己的人格与精神追求物化于环境的艺术设计之中，并将之转换成“一种心理需要的补充和替换，一种情感上的回忆与追求”[④]。

文氏阐述的第三层次的工艺造物思想，即从人格建树和精神追求的层面来看待工艺造物行为。沈春泽在序中写道，整部《长物志》仅“删繁去奢”一言即足以序之。[⑤]它与文氏在论镜时所提的“光背质厚无文者为上”[⑥]，同为从美学和哲学的高度对工艺造物行为进行的总结。质为质朴、本性之意，文是相对于质的饰。“质厚无文”“删繁去奢”的工艺思想，在及物和生活的层面，即体现为实用，是衡量设计价值的根本标准，与此同时它又表现为一种精神追求和人文品格的建树。“无文”并非简单的无饰，而是一种追求简雅萧疏的审美向度和归隐山林的恬淡心态，是所谓“明窗净几，以绝无一物为佳者，孔子所谓‘绘事后素’也”[⑦]。绘画之事虽然华丽，却是外在的、人为的，而本质

---

① 《长物志》“位置”卷。
② 《长物志》“位置”卷。
③ 《长物志》“位置”卷。
④ 彭吉象主编：《中国艺术学》，北京：高等教育出版社，1997年，第259页。
⑤ 《长物志·序》。
⑥ 《长物志》“器具”卷。
⑦ 〔清〕袁枚：《随园诗话》上册卷六，北京：人民文学出版社，1982年，第201页。

之“素”，虽然外表好像平凡无色，实际却是一种胜过绘事的本质之美，一种“真”美。

在《论语·雍也》中，孔子说：“质胜文则野，文胜质则史。文质彬彬，然后君子。”文氏的这种“质厚无文”“删繁去奢”的工艺观，一方面与孔子“文质彬彬”的工艺思想相通，另一方面承继了自先秦以来，由庄子“无物累”和荀子“重己役物”的工艺思想发展而来的不为物役的理想品格。文人士子以其为追求，即使构园造屋，也都是借物寄情，养性悦情。又如文震亨说室庐之制，“居山水间者为上，村居次之，郊居又次之”。文人士大夫通过追求自然的生活，才对自然的美有所会心。“总之，随方制象，各有所宜，宁古无时，宁朴无巧，宁俭无俗，至于萧疏雅洁，又本性生，非强作解事者所得轻议矣。”由“质厚无文”“删繁去奢”，到“萧疏雅洁”，文氏描述了一种绚烂之极归于平淡的意境，而对于它的体认，是“一种源于物而超越于物、源于饰又超然于饰、源于刻意又归于无意归于本真、本性的东西”[①]。这也是由时代、出身、经历、秉赋、人格等条件整合造成的结果。

① 李砚祖：《创造精致》，北京：中国发展出版社，2001年，第33页。

序

夫标榜林壑，品题酒茗，收藏位置图史、杯铛之属，于世为闲事，于身为长物，而品人者，于此观韵焉，才与情焉，何也？挹古今清华美妙之气于耳目之前，供我呼吸，罗天地琐杂碎细之物于几席之上，听我指挥，挟日用寒不可衣、饥不可食之器，尊逾拱璧，享轻千金，以寄我之慷慨不平，非有真韵、真才与真情以胜之，其调弗同也。近来富贵家儿与一二庸奴、钝汉，沾沾以好事自命，每经赏鉴，出口便俗，入手便粗，纵极其摩娑护持之情状，其污辱弥甚，遂使真韵、真才、真情之士，相戒不谈风雅。嘻！亦过矣！司马相如携卓文君，卖车骑，买酒舍，文君当垆涤器，映带犊鼻裈边；陶渊明方宅十余亩，草屋八九间，丛菊孤松，有酒便饮，境地两截，要归一致；右丞茶铛药臼，经案绳床；香山名姬骏马，攫石洞庭，结堂庐阜；长公声伎酣适于西湖，烟舫翩跹乎赤壁，禅人酒伴，休息夫雪堂，丰俭不同，总不碍道，其韵致才情，政自不可掩耳！予向持此论告人，独余友启美氏绝颔之。春来将出其所纂《长物志》十二卷，公之艺林，且嘱余序。予观启美是编，室庐有制，贵其爽而倩、古而洁也；花木、水石、禽鱼有经，贵其秀而远、宜而趣也；书画有目，贵其奇而逸、隽而永也；几榻有度，器具有式，位置有定，贵其精而便、简而裁、巧而自然也；衣饰有王谢之风，舟车有武陵蜀道之想，蔬果有仙家瓜枣之味，香茗有荀令、玉川之癖，贵其幽而暗、淡而可思也。法律指归，大都游戏点缀中一往删繁去奢之意存焉。岂唯庸奴、钝汉不能窥其崖略，即世有真韵致、真才情之士，角异猎奇，自不得不降心以奉启美为金汤，诚宇内一快书，而吾党一快事矣！余因语启美：“君家先严徵仲太史，以醇古风流，冠冕吴趋者，几满百岁，递传而家声香远，诗中之画，画中之诗，穷吴人巧心妙手，总不出君家谱牒，即余日者过子，盘礴累日，婵娟为堂，玉局为斋，令人不胜描画，则斯编常在子衣履襟带间，弄笔费纸，又无乃多事耶？”启美曰：“不然，吾正惧吴人心手日变，如子所云，小小闲事长物，将来有滥觞而不可知者，聊以是编堤防之。”有是哉！删繁去奢之一言，足以序是编也。予遂述前语相谂，令世睹是编，不徒占启美之韵之才之情，可以知其用意深矣。沈春泽谨序。

卷一

室庐〔1〕

居山水间者为上，村居次之，郊居又次之。吾侪〔2〕纵不能栖岩止谷〔3〕，追绮园〔4〕之踪，而混迹廛市〔5〕，要须门庭雅洁，室庐清靓〔6〕。亭台具旷士〔7〕之怀，斋阁有幽人之致。又当种佳木怪箨〔8〕，陈金石〔9〕图书，令居之者忘老，寓之者忘归，游之者忘倦。蕴隆〔10〕则飒然〔11〕而寒，凛冽则煦然〔12〕而燠〔13〕。若徒侈土木，尚丹垩〔14〕，真同桎梏〔15〕、樊槛〔16〕而已。志《室庐第一》。

注释

〔1〕室庐：居住的屋宇。

〔2〕侪：同辈，同类的人。

〔3〕栖岩止谷：岩，山窟。谷，山谷。栖岩止谷，意为隐居山林。

〔4〕绮园：指汉代隐士绮里季、东园公。

〔5〕廛市：廛，古代一户平民所住的房屋。廛市，都市。

〔6〕清靓：清雅美好。

〔7〕旷士：豁达开朗、不受世俗牵绊的文人雅士。

〔8〕怪箨：箨，竹笋上一片一片的皮。怪箨，奇竹。

〔9〕金石：金，铜器和其他金属器物。石，石制器物。因以上诸物多记载文字，因此把这类历史资料称为金石。

〔10〕蕴隆：天气闷热。

〔11〕飒然：形容风声。

〔12〕煦然：和煦温暖。

〔13〕燠：暖，热。

〔14〕丹垩：丹，红色。垩，白色。

〔15〕桎梏：脚镣和手铐。比喻束缚人或事物的东西。

〔16〕樊槛：鸟笼和兽圈。

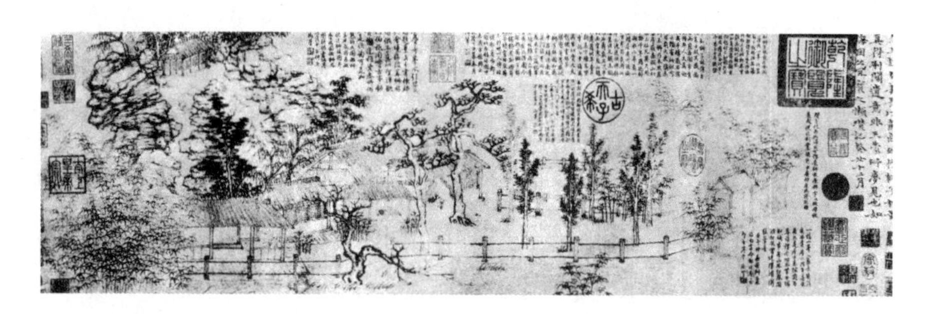

〔元〕倪瓒《狮子林图》。

《樱桃梦》插图。屏上之画可以看作文人士大夫对私家园林的憧憬，园林是文人心境与现实联系的纽带。

门[1]

用木为格[2]，以湘妃竹[3]横斜钉之，或四或二，不可用六。两旁用板为春帖[4]，必随意取唐联[5]佳者刻于上。若用石梱[6]，必须板扉[7]。石用方厚浑朴，庶不涉俗。门环[8]得古青绿蝴蝶兽面，或天鸡[9]饕餮[10]之属，钉于上为佳，不则用紫铜或精铁，如旧式铸成亦可，黄白铜俱不可用也。漆惟朱、紫、黑三色，余[11]不可用。

注释

〔1〕门：房屋、车船或用围墙、篱笆围起来的地方的出入口。按照门的用途，可分为外门、内门、楼阁门等。按照门的构造、式样和开启方式，又可分为多种。

〔2〕格：横格，横档。

〔3〕湘妃竹：亦称“斑竹”“潇湘竹”“泪痕竹”，禾本科或竹科，其竿部有黑色斑点，犹如美丽的装饰。相传帝舜南巡苍梧而死，他的两个妃子在江湘之间哭泣，眼泪洒在竹子上，从此竹竿上都有了黑色斑点。

〔4〕春帖：即春联，春节时贴的对联。

〔5〕唐联：选唐人诗为联语。

〔6〕石梱：即石门槛。

〔7〕板扉：扉，门扇。板扉，木板门。

〔8〕门环：门上的装饰物，因环状而得名。

〔9〕天鸡：古代神话中天上的鸡。晋郭璞《玄中记》：“桃都山有大树，曰桃都，枝相去三千里。上有天鸡，日初出照此木，天鸡即鸣，天下鸡皆随之。”

〔10〕饕餮：传说中一种凶恶贪食的野兽。商及西周前期的青铜器常以饕餮纹作为主要的装饰图案，也称“兽面纹”。一般为横眉裂口，宽鼻瞪眼，形象怪异，多以鼻为中心，呈对称形。

〔11〕余：除此之外。

《列女传》插图。汉刘向撰，明万历三十四年（1606）文林阁唐锦池刻，徽州黄嘉惠版，中国国家图书馆藏。

《新刻全像易鞋记》插图。明董应翰撰，明万历间金陵文林阁刊本，中国国家图书馆藏。

阶[1]

自三级以至十级，愈高愈古，须以文石[2]剥成；种绣墩[3]或草花数茎于内，枝叶纷披，映阶傍砌。以太湖石[4]叠成者，曰涩浪[5]，其制更奇，然不易就[6]。复室[7]须内高于外，取顽石[8]具苔斑[9]者嵌之，方有岩阿[10]之致。

注释

〔1〕阶：台阶，又称“踏步”。地面高差处供人上下行走的级状设施。

〔2〕文石：有纹理的精美石头。

〔3〕绣墩：即书带草，亦称“秀墩草”“沿阶草”，常绿多年生草本，花淡紫色，果实球形，青紫色，百合科。

〔4〕太湖石：产于太湖的石灰岩。

〔5〕涩浪：水纹状墙叠石。

〔6〕就：完成。

〔7〕复室：即套房。

〔8〕顽石：笨重不美观的石头。

〔9〕苔斑：苔藓的斑纹。

〔10〕岩阿：山谷。

《型世言》插图。明崇祯间峥霄馆刊。

窗[1]

用木为粗格，中设细条三眼，眼方二寸，不可过大。窗下填板尺许，佛楼[2]禅室[3]，间用菱花及象眼[4]者。窗忌用六，或二或三或四，随宜用之。室高，上可用横窗一扇，下用低槛承之。俱钉明瓦[5]，或以纸糊，不可用绛素纱[6]及梅花簟[7]。冬月欲承日[8]，制大眼风窗；眼径[9]尺许，中以线经其上，庶纸不为风雪所破，其制亦雅，然仅可用之小斋丈室[10]。漆[11]用金漆[12]，或朱[13]黑[14]二色，雕花、彩漆[15]，俱不可用。

注释

〔1〕窗：主要作采光、通风之用。在建筑造型的立面处理及室内装饰中具有重要的作用。按照窗的开启方式，可分为固定窗、平开窗、中悬窗、立转窗等。

〔2〕佛楼：安置佛像的楼房。

〔3〕禅室：佛教徒参禅的地方。

〔4〕象眼：象眼形状的图案花纹。

〔5〕明瓦：在未有玻璃以前，以蛎壳磨薄成半透明体，夹以竹片，嵌于窗上，谓之明瓦。

〔6〕绛素纱：深红色无花纹的纱。

〔7〕梅花簟：簟，竹席。梅花簟，梅花纹的竹席。

〔8〕承日：接受阳光。

〔9〕眼径：孔的宽度。

〔10〕丈室：小室，斗室。

〔11〕漆：用漆树皮里的黏汁或其他树脂制成的涂料。涂在器物上可以防止腐烂，增加光泽。漆器是我国一种优秀的传统手工艺品，具有色泽明亮、防腐耐酸等特性，审美价值也很高。

〔12〕金漆：古时漆液的一种名称。元孔齐《至正直记·元章画梅》："会稽王元章尝谓，暑月着衣畏汗湿，则用细生苎布，以薄金漆水刷过，干而后着，则便且凉也。"

〔13〕朱：朱漆，一种熟漆。

〔14〕黑：黑漆，一种熟漆。制造时除加油外，复加铁粉、铁浆及米醋等。

〔15〕彩漆：用各种颜料配合成的漆。郑师许《漆器考》："漆汁原为无色透明之液体，今兹所显彩色，乃各种颜料配合而成。"

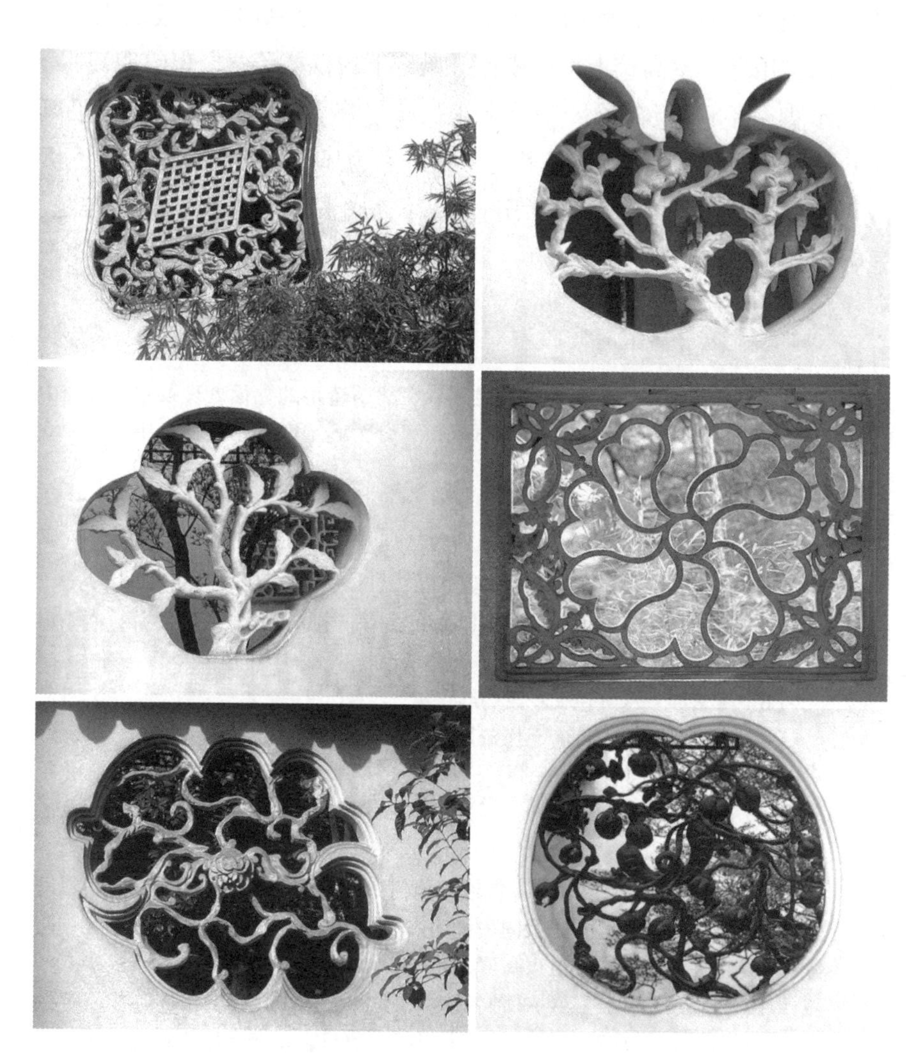

玲珑精巧的苏州园林花式漏窗。

栏干[1]

石栏最古，第近于琳宫[2]、梵宇[3]，及人家冢墓。傍池或可用，然不如用石莲柱二，木栏为雅。柱不可过高，亦不可雕鸟兽形。亭、榭[4]、廊、庑[5]，可用朱栏及鹅颈承坐；堂中须以巨木雕如石栏，而空其中。顶用柿顶，朱饰[6]，中用荷叶宝瓶，绿饰；卍字者，宜闺阁中，不甚古雅；取画图中有可用者，以意成之可也。三横木最便，第太朴，不可多用。更须每楹[7]一扇，不可中竖一木，分为二三，若斋中则竟不必用矣。

注释

〔1〕栏干：栏杆，园林建筑构件之一。桥两侧或凉台、看台等边上起拦挡作用的东西。竖木为栏，横木为杆，有高低两种。

〔2〕琳宫：即道观。唐殷尧藩《游王羽士山房》诗："落日半楼明，琳宫事事清。"

〔3〕梵宇：即佛寺。南朝陈江总："我开梵宇，面壑临丘。"

〔4〕榭：园林主要建筑形式之一。指建筑在台上的房屋，多在水边，又称"水榭"。明计成《园冶》："榭者，借也。借景而成者也，或水边，或花畔，制亦随态。"

〔5〕庑：正房对面和两侧的小屋子。

〔6〕朱饰：以朱红色为装饰。

〔7〕楹：量词，房屋一间为一楹。

栏干。《三才图会》插图。

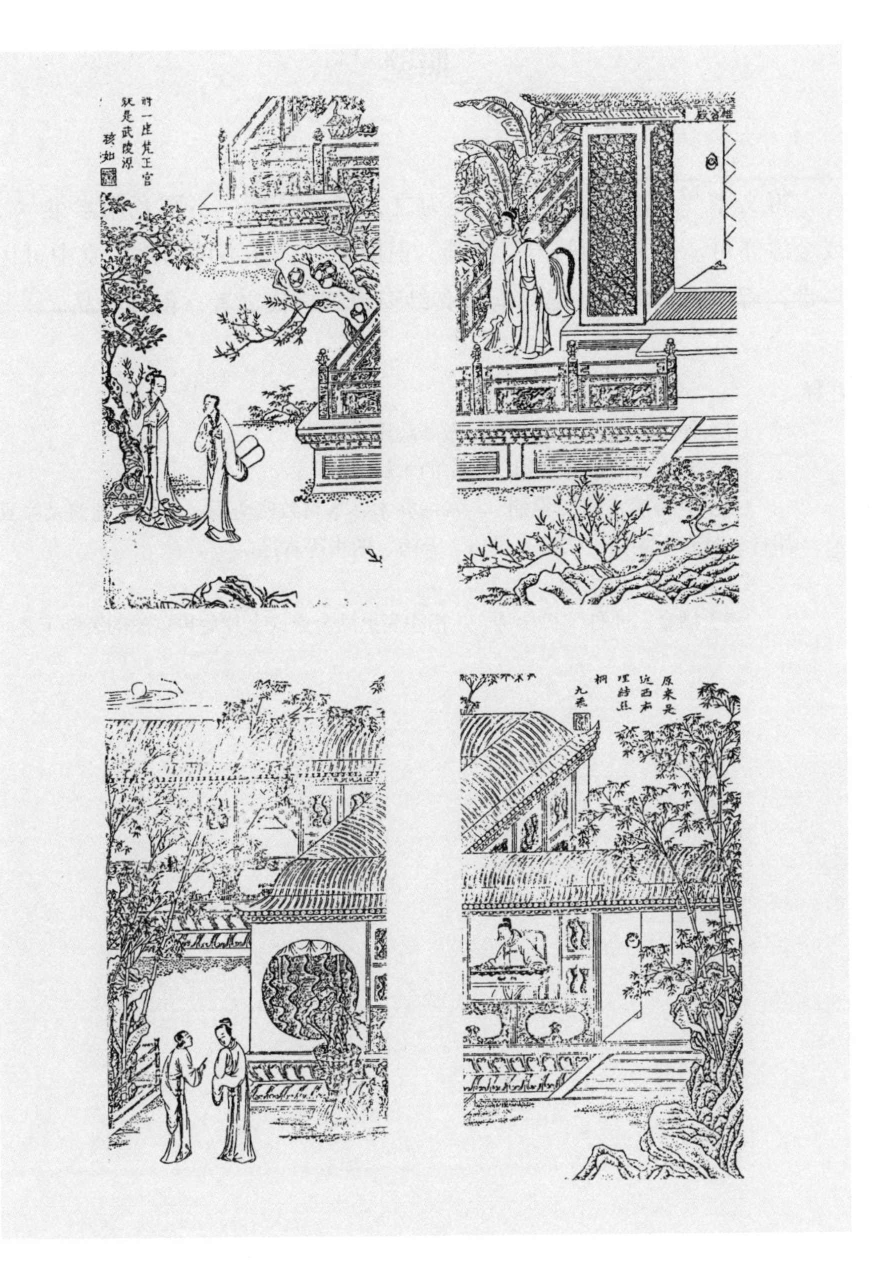

《新刻魏仲雪先生批点西厢记》插图。崇祯年间存诚堂版，元王实甫撰，关汉卿续，明魏浣初评。

照壁[1]

得文木[2]如豆瓣楠[3]之类为之，华而复雅，不则竟用素染[4]，或金漆亦可。青紫及洒金[5]描画，俱所最忌。亦不可用六，堂中可用一带，斋中则止中楹用之。有以夹纱窗或细格代之者，俱称俗品。

注释

〔1〕照壁：大门外对着大门做屏蔽用的墙壁。

〔2〕文木：有纹理或组织致密的木材。

〔3〕豆瓣楠：即“雅楠”。常绿乔木，木材致密美丽，为贵重建筑及家具用材，分布于湖南、广西、贵州、云南、四川等省区。

〔4〕素染：白色染。

〔5〕洒金：亦称“砂金漆”。指漆底上洒金点或金片后再罩漆的装饰工艺。

堂[1]

堂之制，宜宏敞精丽，前后须层轩[2]广庭，廊庑俱可容一席；四壁用细砖砌者佳，不则竟用粉壁。梁用球门[3]，高广相称。层阶俱以文石为之，小堂可不设窗槛[4]。

注释

〔1〕堂：正房，位于中线上的主要建筑物。颜师古注："凡正室之有基者，则谓之堂。"堂屋，指住宅中的厅，是房间布置的重点。

〔2〕层轩：轩，园林中所用的建筑形式之一，是有窗的廊子或小屋子，常建于园林中的次要位置，环境较安静，或作为观赏性的小建筑；旧时也用为书斋名或茶馆、饭馆的字号；又是我国南方传统建筑室内天花顶棚处理的一种形式。层轩，轩上有楼。

〔3〕球门：建筑术语，可理解为卷棚，花厅形式的建筑中常见。

〔4〕槛：栏杆。

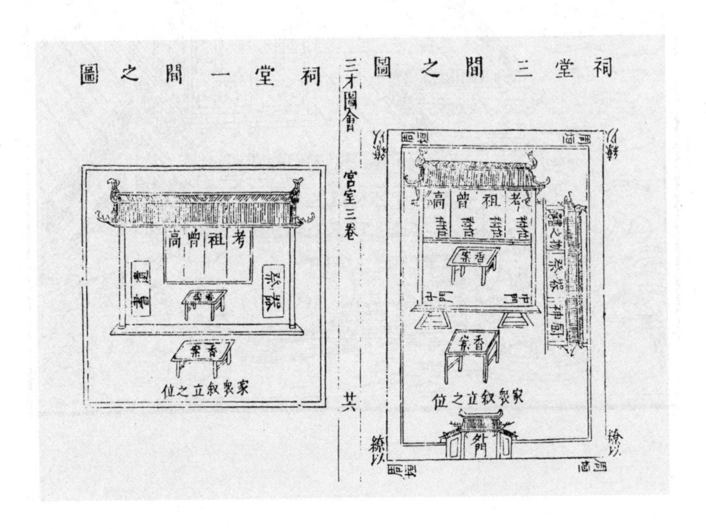

祠堂。《三才图会》插图。

云台。《程氏墨苑》插图。

山斋[1]

宜明净，不可太敞[2]。明净可爽心神，太敞则费目力。或傍檐置窗槛，或由廊以入，俱随地所宜。中庭[3]亦须稍广，可种花木，列盆景，夏日去北扉，前后洞空。庭际沃以饭沈[4]，雨渍苔生，绿缛[5]可爱。绕[6]砌可种翠芸草[7]令遍，茂则青葱欲浮。前垣宜矮。有取薜荔[8]根瘗[9]墙下，洒鱼腥水于墙上引蔓者，虽有幽致，然不如粉壁为佳。

注释

〔1〕山斋：斋，屋子。园林中的建筑形式之一，多位于幽深僻静处，空间较封闭，形式多样。《南史·谢举传》："举宅内山斋舍以为寺，泉石之美，殆若自然。"

〔2〕敞：宽敞爽朗。

〔3〕中庭：中堂前的庭院。

〔4〕饭沈：饭，米汤。沈，汁。

〔5〕缛：烦琐，繁重。

〔6〕绕：围绕。

〔7〕翠云草：多年生常绿孢子植物，分枝蔓生，叶纤细，呈鳞片状，属卷柏科。

〔8〕薜荔：木本植物，茎蔓生，叶子卵形，果实球形，可做凉粉，属桑科。

〔9〕瘗：掩埋，埋藏。

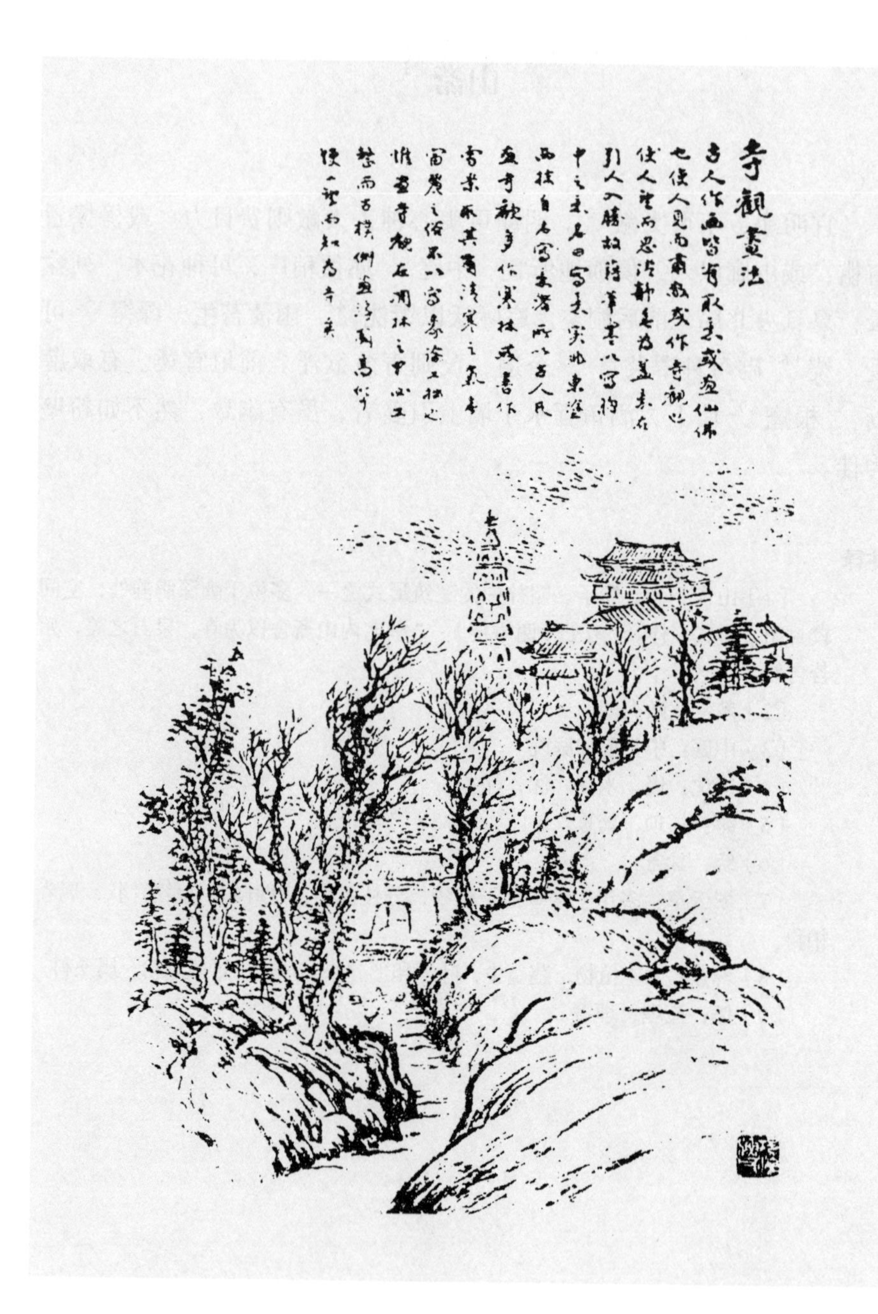

寺观。《马骀画宝》插图。

丈室

丈室宜隆冬寒夜，略仿北地暖房之制，中可置卧榻及禅椅之属。前庭须广，以承日色，留西窗以受斜阳，不必开北牖[1]也。

注释

〔1〕北牖：即北窗。牖，小窗。《淮南子》："十牖之开，不如一户之明。"

简朴雅致的耦园织帘老屋。

佛堂[1]

筑基高五尺余，列级而上，前为小轩，及左右俱设欢门[2]，后通三楹供佛。庭中以石子砌地，列幡幢[3]之属，另建一门，后为小室，可置卧榻。

注释

〔1〕佛堂：安置佛像的屋子。

〔2〕欢门：前轩左右两侧的耳门。

〔3〕幡幢：佛家道具。幡，一种窄长的旗子，垂直悬挂。幢，刻着佛号或经咒的石柱子。

桥[1]

广池巨浸[2]，须用文石为桥，雕镂云物[3]，极其精工，不可入俗。小溪曲涧，用石子砌者佳，四傍可种绣墩草。板桥须三折，一木为栏，忌平板作朱卍字栏。有以太湖石为之，亦俗。石桥忌三环，板桥忌四方磬折[4]，尤忌桥上置亭子。

注释

〔1〕桥：园林理水工程之一。在以山水取胜的中国园林中，桥是不可缺少的建筑物，不仅用作水上通道，还起到分隔水面、增添水景变化的作用。且本身造型优美，可为园中一景。园林内常见的有石板桥、曲桥、拱桥、亭桥、廊桥等。

〔2〕巨浸：浸，泽之总名。巨浸，即广大的聚水之地。

〔3〕云物：云气，景物。《文心雕龙》："扬班之伦，曹刘以下，图状山川，影写云物。"

〔4〕磬折：磬，古代打击乐器，形状像曲尺，用玉或石制成。磬折，如磬之折转。《礼记·曲礼下》："立则磬折垂佩。"

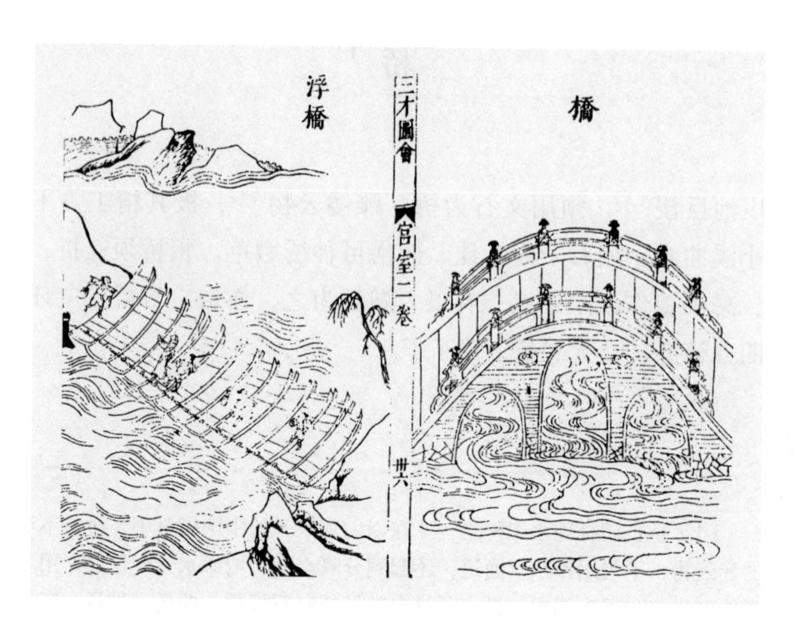

桥。《三才图会》插图。

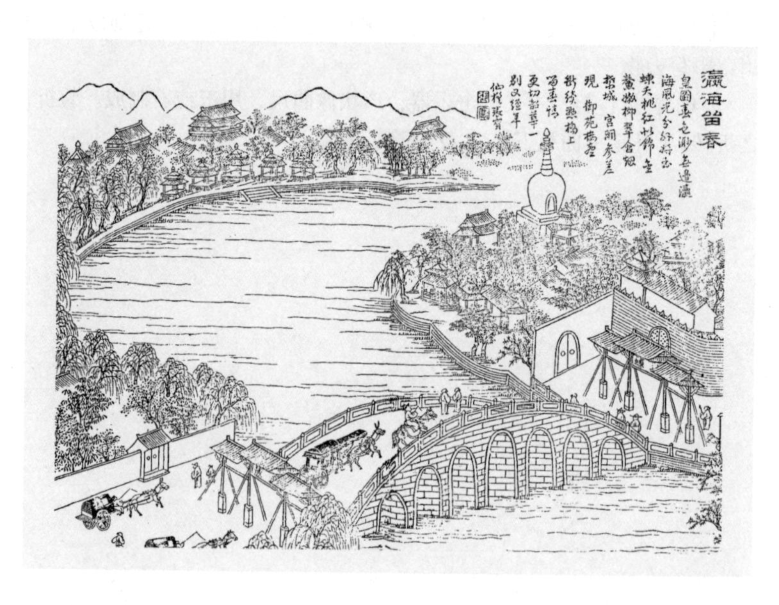

《泛槎图》插图。清张宝画，金陵刘文楷等刻，道光金陵版，辽宁图书馆藏。

茶寮[1]

构一斗室，相傍山斋，内设茶具[2]。教一童专主茶役[3]，以供长日清谈[4]，寒宵兀坐[5]。幽人[6]首务[7]，不可少废者。

注释

〔1〕茶寮：寮，小屋。茶寮，烹煮茶叶的小屋。明许次纾《茶疏》："小斋之外，别置茶寮，高燥明爽，勿令闭塞。"

〔2〕茶具：烹茶所用的器具。

〔3〕茶役：役，需要出劳力的事。茶役，为煎茶而工作。

〔4〕清谈：本指魏晋时期一些士大夫不务实际，空谈哲理，后世泛指不切实际的谈论。

〔5〕兀坐：危坐。

〔6〕幽人：隐居山林而放弃仕途的人。

〔7〕首务：最重要的事。

琴室

古人有于平屋中埋一缸，缸悬铜钟，以发琴声者。然不如层楼之下，盖上有板，则声不散；下空旷，则声透彻。或于乔松、修竹[1]、岩洞、石室之下，地清境绝[2]，更为雅称[3]耳！

注释

〔1〕乔松、修竹：高大的松柏、修长的竹子。

〔2〕境绝：指境界超凡脱俗。陶渊明《桃花源记》："率妻子邑人，来此绝境。"

〔3〕雅称：与风雅相称。

浴室

前后二室，以墙隔之，前砌铁锅，后燃薪以俟〔1〕，更须密室，不为风寒所侵。近墙凿井，具辘轳〔2〕，为窍〔3〕引水以入。后为沟，引水以出。澡具巾帨〔4〕，咸〔5〕具其中。

注释

〔1〕俟：等待。

〔2〕辘轳：利用轮轴原理制成的一种起重工具，通常安在井上汲水。

〔3〕窍：孔隙。

〔4〕帨：古时的佩巾，如同现在的手绢。

〔5〕咸：全都。

婴孩洗浴图。《顾氏画谱》(《历代名公画谱》)插图。明顾炳摹辑，万历四十一年(1613)陈居恭序版。

街径[1]　庭除[2]

驰道[3]广庭，以武康石[4]皮砌者最华整。花间岸侧，以石子砌成，或以碎瓦片斜砌者，雨久生苔，自然古色。宁必金钱作埒[5]，乃称胜地哉！

注释

〔1〕街径：大小道路。

〔2〕庭除：庭院前台阶下的地方。

〔3〕驰道：古代天子所行之道。这里指通行的道路。

〔4〕武康石：产于浙江武康镇的石子。

〔5〕埒：指矮墙、田埂、堤防等。《晋书·食货志》：“布金埒之泉，粉珊瑚之树。”

古代庭院布局。《新校注古本西厢记》插图。明钱谷画，汝文淑摹，黄应光刻，万历四十二年（1614）王氏香雪居版。元王实甫撰，关汉卿续，明王骥德校。

市井。《三才图会》插图。

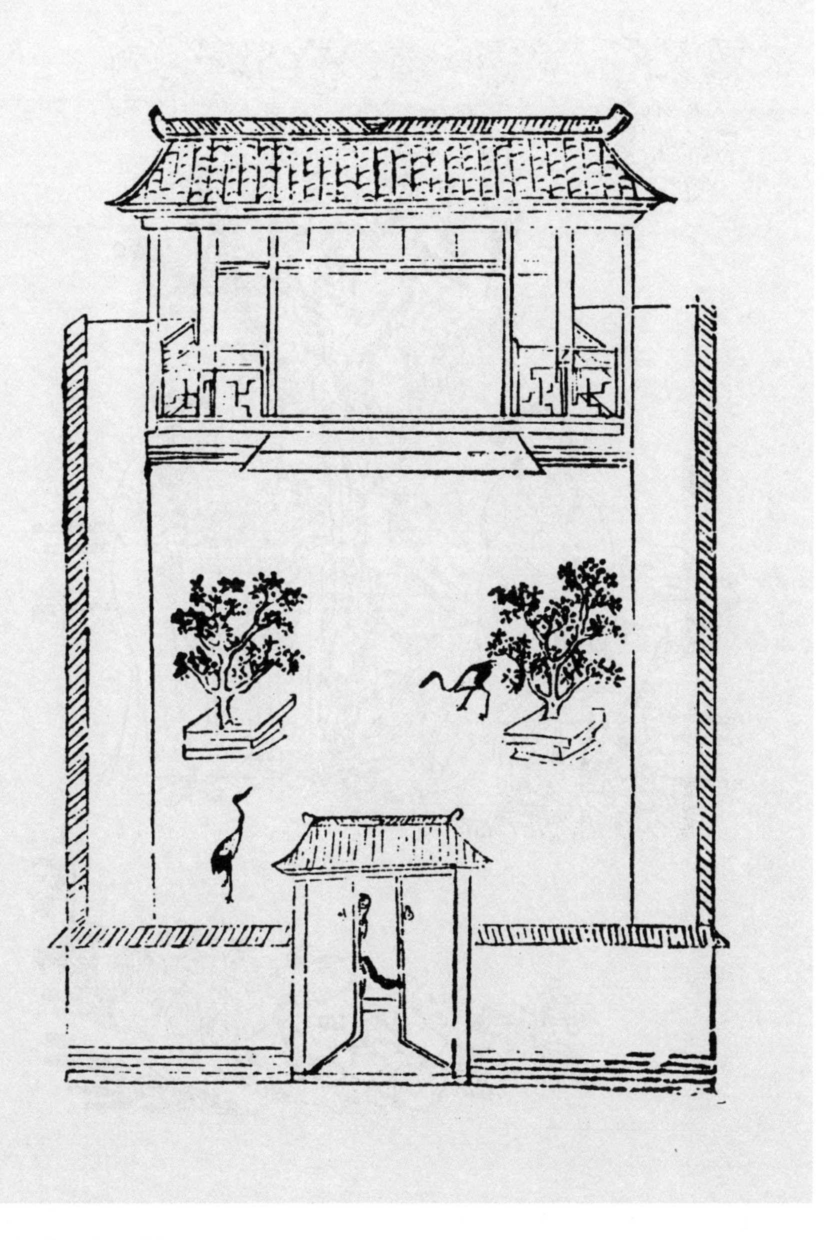

庭。《三才图会》插图。

庭园。《新镌古今大雅南北宫词纪》插图。明陈所闻、陈邦泰辑次。明万历三十二年（1606）金陵继志斋陈氏版。复旦大学、上海图书馆藏。

农家庭除。《百咏图谱》插图。

楼阁[1]

楼阁作房闼[2]者，须回环窈窕[3]；供登眺者，须轩敞[4]宏丽；藏书画者，须爽垲[5]高深。此其大略也。楼作四面窗者，前楹用窗，后及两旁用板。阁作方样者，四面一式，楼前忌有露台[6]卷篷，楼板忌用砖铺。盖既名楼阁，必有定式，若复铺砖，与平屋何异？高阁作三层者最俗。楼下柱稍高，上可设平顶。

注释

〔1〕楼阁：楼，园林中常用的二层及以上的观赏建筑。可登高眺望，游息观景。阁，园林中常用的建筑形式之一，功能与位置同楼相仿，但造型更加轻盈通透，四面开窗，平面呈四方形或对称多边形。

〔2〕房闼：闼，门。房闼，卧室。

〔3〕窈窕：常用来形容女子文静而美好。这里形容宫室、山水幽深。

〔4〕轩敞：广阔，开朗。

〔5〕爽垲：垲，地势高而且干燥。爽垲，高远明朗的地方。

〔6〕露台：建筑物上无顶的平台。采用砖、石或水泥等材料建成，供赏景、休息等用。

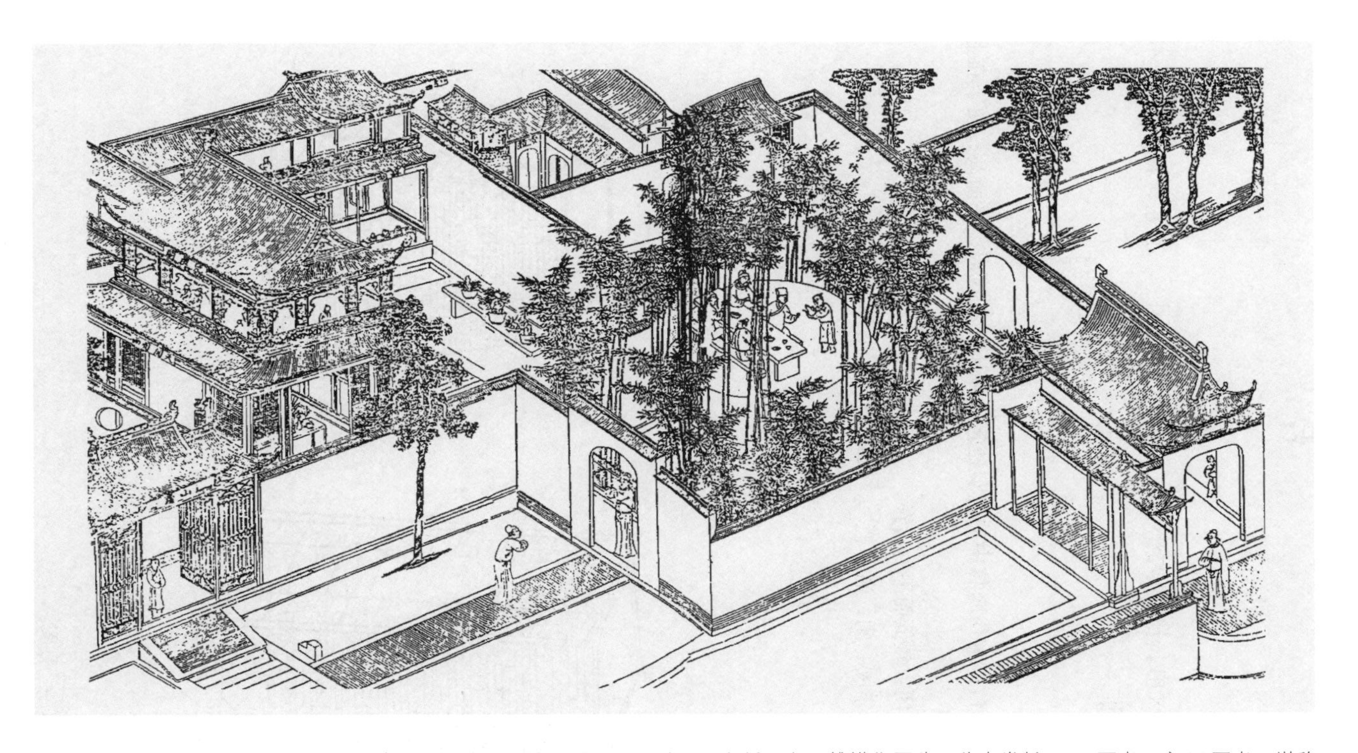

《环翠堂园景图》插图。明吴门钱贡画，黄应组镌，明万历汪氏环翠堂版，大兴傅惜华原藏。此本卷长1486厘米，高24厘米，堪称中国版画史上罕见的杰作。

台〔1〕

筑台忌六角，随地大小为之。若筑于土冈〔2〕之上，四周用粗木作朱阑〔3〕，亦雅。

注释

〔1〕台：古代园林中的游观建筑。用土或石筑成，平而高，便于在上面远望。

〔2〕冈：较低而平的山脊。

〔3〕朱阑：阑，通“栏”。朱阑，红色的栏杆。

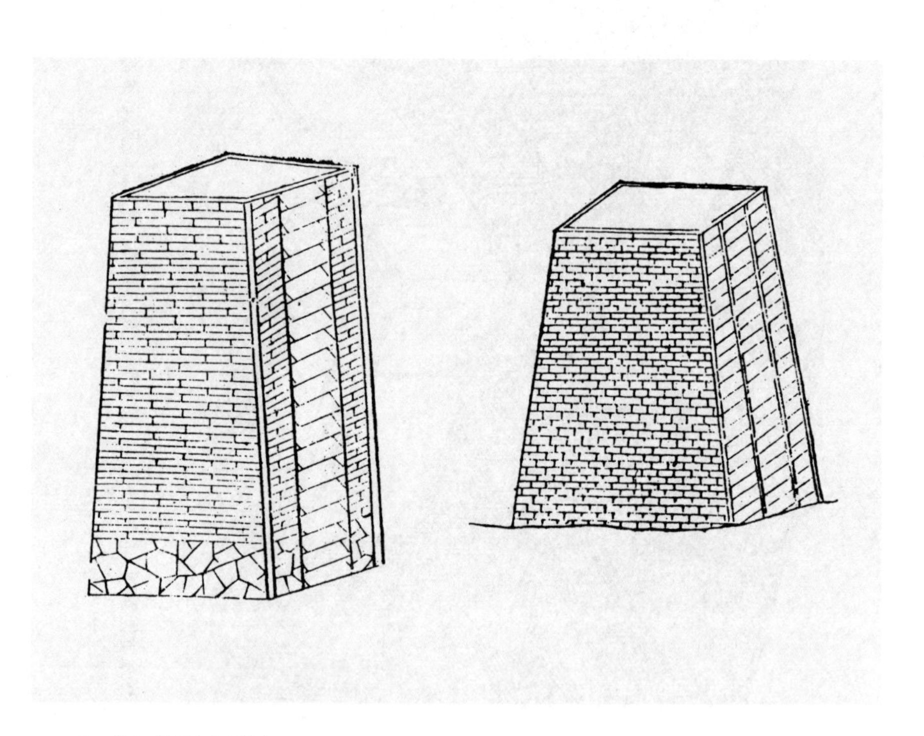

台。《三才图会》插图。

海论[1]

忌用“承尘”[2]，俗所称“天花板”是也；此仅可用之廨宇[3]中。地屏[4]则间可用之。暖室[5]不可加簟，或用氍毹[6]为地衣[7]亦可，然总不如细砖之雅。南方卑[8]湿，空铺最宜，略多费耳。室忌五柱，忌有两厢；前后堂相承，忌工字体，亦以近官廨也，退居则间可用。忌傍无避弄[9]，庭较屋东偏稍广，则西日不逼[10]；忌长而狭，忌矮而宽。亭忌上锐下狭，忌小六角，忌用葫芦顶，忌以茆盖[11]，忌如钟鼓及城楼式。楼梯须从后影壁[12]上，忌置两傍，砖者作数曲更雅。临水亭榭，可用蓝绢为幔，以蔽日色；紫绢为帐，以蔽风雪，外此俱不可用。尤忌用布，以类酒船[13]及市药[14]设帐也。小室忌中隔，若有北窗者，则分为二室，忌纸糊，忌作雪洞，此与混堂[15]无异，而俗子绝好之，俱不可解。忌为卍字窗傍填板，忌墙角画各色花鸟。古人最重题壁，今即使顾陆点染[16]，钟王濡笔[17]，俱不如素壁[18]为佳。忌长廊一式，或更互其制，庶不入俗。忌竹木屏及竹篱之属，忌黄白铜为屈戍[19]。庭际不可铺细方砖，为承露台[20]则可。忌两楹而中置一梁，上设叉手笆[21]。此皆旧制而不甚雅。忌用板隔，隔必以砖。忌梁椽画罗纹[22]及金方胜[23]。如古屋岁久，木色已旧，未免绘饰，必须高手为之。凡入门处，必小委曲[24]，忌太直。斋必三楹，傍更作一室，可置卧榻。面北小庭，不可太广，以北风甚厉也。忌中楹设栏楯[25]，如今拔步床[26]式。忌穴壁为橱，忌以瓦为墙，有作金钱梅花式者，此俱当付之一击。又鸱吻好望[27]，其名最古，今所用者，不知何物，须如古式为之，不则亦仿画中室宇之制。檐瓦不可用粉刷，得巨栟榈[28]擘为承溜[29]最雅；否则用竹，不可用木及锡。忌有卷棚，此官府设以听两造[30]者，于人家不知何用。忌用梅花篛[31]。堂帘惟温州湘竹[32]者佳，忌中有花如绣补[33]，忌有字如“寿山”“福海”之类。总之，随方制象〔34〕，各有所宜，宁古无时〔35〕，宁朴无巧，宁俭无俗；至于萧疏〔36〕雅洁，又本性生，非强作解事者所得轻议〔37〕矣。

注释

〔1〕海论：总论。

〔2〕承尘：天花板。《释名》：“承尘施于上，以承尘土也。”

〔3〕廨宇：廨，官吏办事的地方。廨宇，官舍。

〔4〕地屏：地板。

〔5〕暖室：用来取暖的屋子。

〔6〕氍毹：毛或毛麻混织的布、地毯，常用“氍毹”借指舞台。《广韵·十虞》“氍”下引《风俗通》：“织毛褥谓之氍毹。”

〔7〕地衣：地毯。

〔8〕卑：位置低。

〔9〕避弄：正房旁侧用来通行的小巷。旧时为妇女仆役行走，以避开男宾及主人，故名。

〔10〕逼：靠近，接近。

〔11〕茆盖：茆，同“茅”，白茅。茆盖，用茅草覆盖。

〔12〕影壁：同“照壁”。传统建筑中门楼的附属建筑。明清建筑，一般在厅堂后边，多设四扇或六扇屏门。如有楼梯即安设其后，影壁即指屏门。

〔13〕酒船：饮酒游乐之船，类画舫。

〔14〕市药：卖药。

〔15〕混堂：苏南地区浴室的俗称。

〔16〕顾陆点染：顾恺之、陆探微所绘的画。顾恺之，东晋画家，多才艺，工诗赋、书法，尤精绘画，时人称之为“三绝”：才绝、画绝、痴绝。提倡“迁想妙得”“以形写神”，他的线描被称为“春蚕吐丝”。陆探微，南朝宋画家，其人物画秀骨清象、精细润媚。后人将二人并称为“顾陆”，其画风号“密体”。

〔17〕钟王濡笔：钟繇、王羲之所写的字。钟繇，三国魏大臣，书法家，尤精隶、楷，是由汉隶转到楷书的关键人物。其书风古雅质朴，与王羲之并称“钟王”，对后世影响很大。王羲之，晋代书法家。其书各体皆精，笔力强健，字势雄逸，人称“书圣”。存世传本有《兰亭序》《乐毅论》《十七帖》等。

〔18〕素壁：白墙。

〔19〕屈戍：即屈戌，铰链或搭扣，为铜制或铁制的带两脚的小环儿，钉在门窗边上或箱柜正面。

〔20〕承露台：平屋顶。

〔21〕叉手笆：建筑物中平梁与脊瓜柱之间的斜撑。

〔22〕罗纹：罗绮的纹理。

〔23〕金方胜：方胜，也称“定胜”，古代妇女的饰物。以彩绸等制成，由两个斜方形部分迭合而成，也指这种形状的物品。金方胜，金色的方胜。

〔24〕小委曲：小有曲折。

〔25〕栏楯：即栏杆。纵的称“栏”，横的称“楯”。

〔26〕拔步床：即床前有踏步且踏步上设架如屋，即有飘檐、拔步及花板，架子外再设架子的“大床”。

〔27〕鸱吻好望：鸱，古书上指鹞鹰。鸱吻亦称“鸱尾”，中式房屋屋脊两端陶制的装饰物，形状略像鸱的尾巴。古人认为鸱吻是水精，能辟火灾，故以为饰。《事物纪原》卷八引吴处厚《青箱杂记》：“海有鱼，虬尾似鸱，用以喷浪则降雨。汉柏梁台灾，越巫上厌胜之法。起建章宫，设鸱鱼之像于屋脊，以厌火灾，即今世鸱吻是也。”

〔28〕栟榈：古书上指棕榈。常绿乔木，掌状叶，黄色花，圆柱形茎，雌雄异株，核果长圆形，属棕榈科。木材可制器具。

〔29〕承溜：即今之水托。檐下取水的器物，古代多以铜制或木制。

〔30〕两造：即原告与被告。《周礼·秋官·大司寇》：“以两造禁民讼。”

〔31〕梅花篛：即梅花形制的窗户。

〔32〕温州湘竹：产于浙江温州的湘妃竹。

〔33〕绣补：明清文武官员缝于章服前后的方形绣花，又称“补子”“背胸”“胸背”，用来区分官员的等级。文武各分九级，图案各不相同。一般文官绣鸟，武官绣兽。

〔34〕随方制象：方，类别。制象，指造物的形式。

〔35〕时：追求时尚。

〔36〕疏：事物之间距离远、空隙大。

〔37〕轻议：随便谈论。

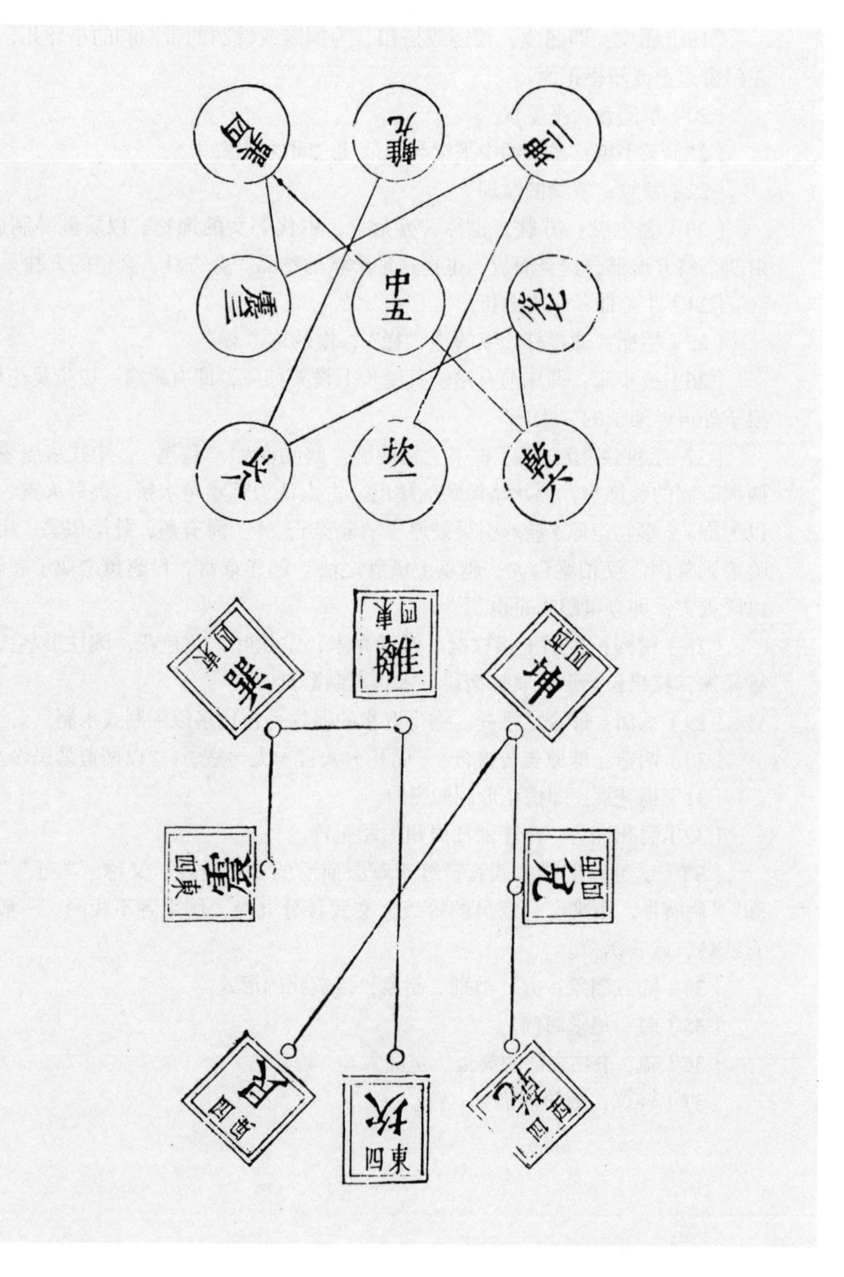

阳宅九宫图和东西四宅式。《三才图会》插图。

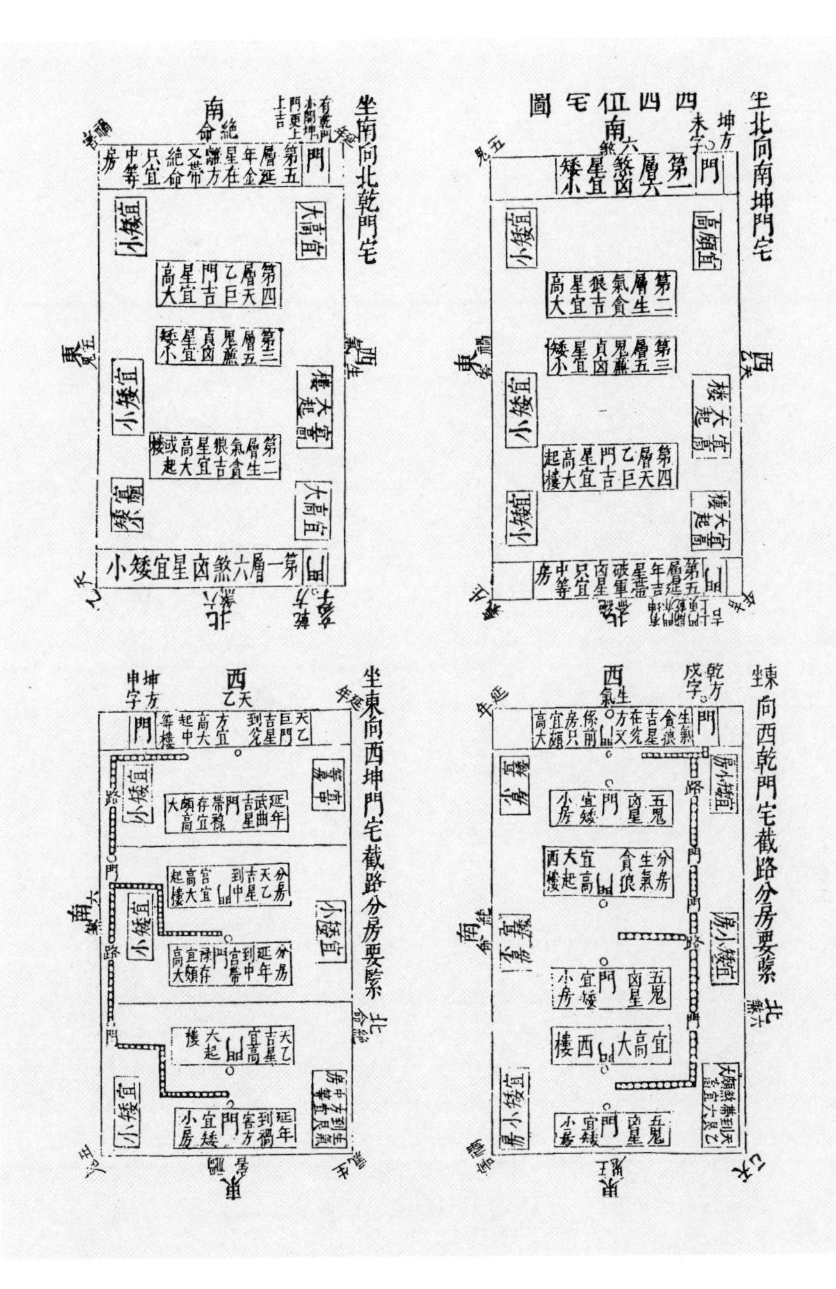

居室方位图。《三才图会》插图。

卷二

花木[1]

弄花一岁，看花十日。故帏[2]箔[3]映蔽，铃索护持，非徒富贵容也。第繁花杂木，宜以亩计。乃若庭除槛畔[4]，必以虬枝[5]古干，异种奇名，枝叶扶疏[6]，位置疏密。或水边石际，横偃[7]斜披；或一望成林；或孤枝独秀。草花不可繁杂，随处植之，取其四时不断，皆入图画。又如桃、李不可植于庭除，似宜远望；红梅、绛桃俱借以点缀林中，不宜多植。梅生山中，有苔藓者，移置药栏，最古。杏花差不耐久，开时多值风雨，仅可作片时玩。蜡梅冬月最不可少。他如豆棚、菜圃，山家风味，固自不恶，然必辟隙地数顷，别为一区；若于庭除种植，便非韵事[8]。更有石磉[9]木柱，架缚精整者，愈入恶道[10]。至于艺兰栽菊，古各有方，时取以课[11]园丁，考职事，亦幽人之务也。志《花木第二》。

注释

〔1〕花木：花卉及观赏树木的合称。

〔2〕帏：同“帷”，单层的帐子。

〔3〕箔：竹帘、芦帘的统称，用苇子或秫秸编成。

〔4〕槛畔：栏槛旁边。

〔5〕虬枝：虬，卷曲。虬枝，弯曲的树枝。

〔6〕扶疏：枝叶茂盛，高低疏密有致。

〔7〕横偃：偃，仰面倒下。横偃，横着下卧。

〔8〕韵事：风雅的事。
〔9〕石磉：柱子底下的石礅。
〔10〕恶道：邪恶的道路。
〔11〕课：有计划地分段教授。

清代妇女庭院种花图。大可堂版《点石斋画报》插图。

牡丹[1]　芍药[2]

牡丹称花王，芍药称花相，俱花中贵裔[3]。栽植赏玩，不可毫涉酸气[4]。用文石为栏，参差数级，以次列种。花时设宴，用木为架，张碧油幔[5]于上，以蔽[6]日色，夜则悬灯以照。忌二种并列，忌置木桶及盆盎[7]中。

注释

〔1〕牡丹：落叶小灌木。羽状复叶，初夏开花，花大单生，通常为深红、粉红或白色。牡丹是著名的观赏植物，被称为“花王”，根皮可入药，属毛茛科。明李时珍《本草纲目》：“群花品中以牡丹第一，芍药第二，故世谓牡丹为‘花王’。”

〔2〕芍药：多年生草本植物，羽状复叶，花大而美丽，有紫红、粉红、白等颜色，为著名的观赏植物，自古被称为“花相”，亦属毛茛科，根皮可入药。《埤雅》：“今群芳中牡丹品第一，芍药第二，故世谓牡丹为‘华王’，芍药为‘华相’，又或以为华王之副也。”

〔3〕裔：后代。

〔4〕酸气：寒酸的气味。

〔5〕碧油幔：绿色的油幕。

〔6〕蔽：遮盖，挡住。

〔7〕盎：古代一种腹大口小的器皿。

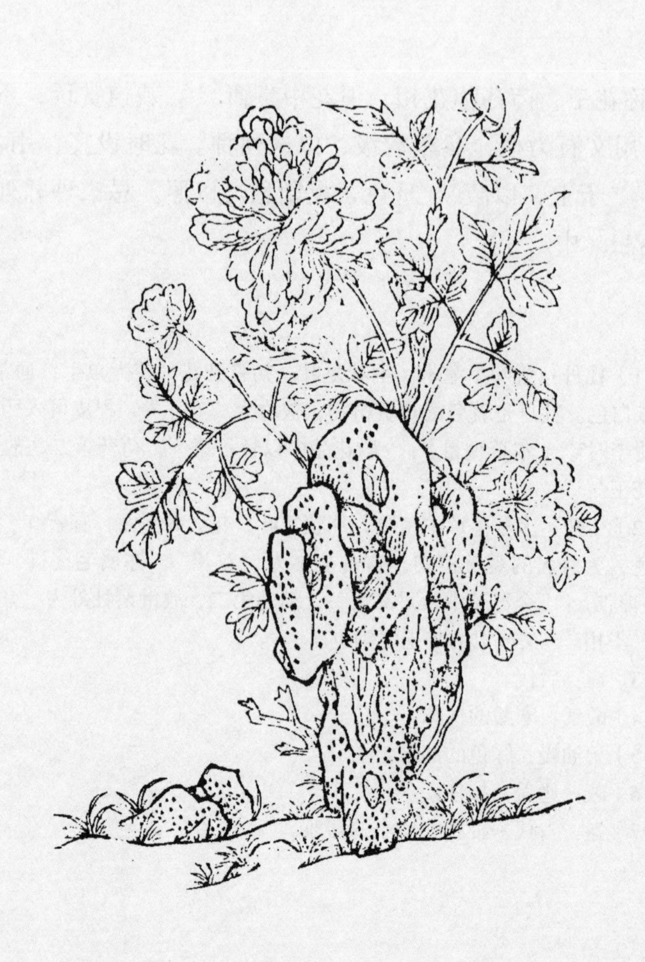

牡丹。《三才图会》插图。

玉兰〔1〕

宜种厅事〔2〕前，对列数株，花时如玉圃琼林〔3〕，最称绝胜。别有一种紫者，名木笔〔4〕，不堪与玉兰作婢〔5〕，古人称辛夷，即此花。然辋川〔6〕辛夷坞〔7〕、木兰柴〔8〕不应复名，当是二种。

注释

〔1〕玉兰：亦称“应春花”“望春花”。落叶乔木，叶子倒卵状长椭圆形。早春先叶开花，花大，多为白色或紫色，有香气，花瓣长倒卵形，果实圆筒形，可供观赏。属木兰科。

〔2〕厅事：本作“听事”，官府办公的场所。现多指房屋中的主要建筑。

〔3〕玉圃琼林：形容花开时一片白色。

〔4〕木笔：亦称“辛夷”“木兰”。落叶大灌木，先叶开花，花瓣淡紫色，内部白色，属木兰科。《本草纲目》：“藏器曰：辛夷花未发时，苞如小桃子，有毛，故名‘侯桃’。初发如笔头，北人呼为‘木笔’。其花最早，南人呼为‘迎春’。”

〔5〕婢：奴仆，侍从。

〔6〕辋川：唐代王维别业在陕西蓝田县辋川谷口，亦称“辋谷”。王维有《辋川图》，为唐代名画。

〔7〕辛夷坞：王维辋川别业中有“辛夷坞”景。

〔8〕木兰柴：王维辋川别业中有“木兰柴”景。

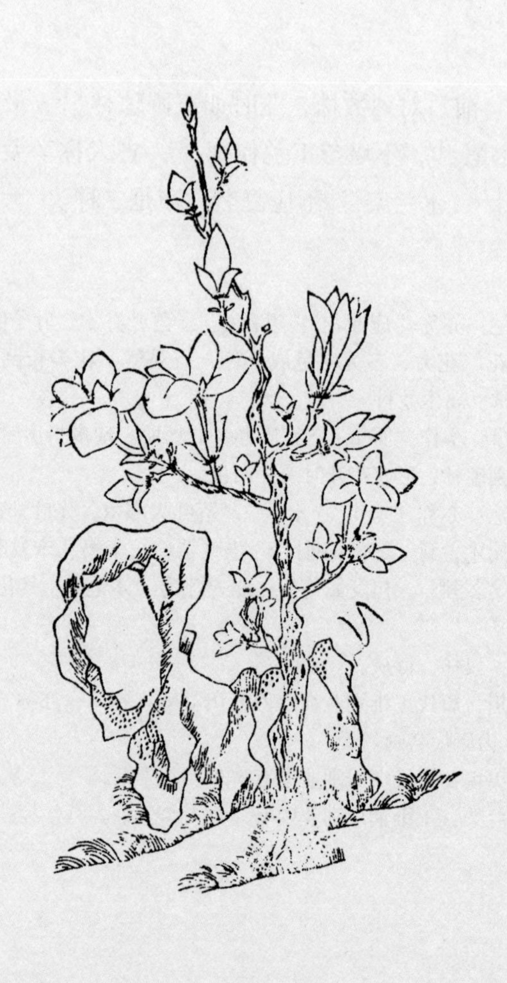

玉兰花。《三才图会》插图。

海棠〔1〕

昌州〔2〕海棠有香，今不可得；其次西府〔3〕为上，贴梗〔4〕次之，垂丝〔5〕又次之。余以垂丝娇媚，真如妃子醉态〔6〕，较二种尤胜。木瓜〔7〕花似海棠，故亦有“木瓜海棠”〔8〕。但木瓜花在叶先，海棠花在叶后，为差别耳！别有一种曰“秋海棠”〔9〕，性喜阴湿，宜种背阴阶砌，秋花中此为最艳，亦宜多植。

注释

〔1〕海棠：落叶小乔木，叶子卵形或椭圆形。春季开花，花白色或淡粉红色。果实球形，黄色或红色，味酸甜。产于我国，久经栽培，供观赏，属蔷薇科。

〔2〕昌州：今重庆市大足区。

〔3〕西府：西府海棠，落叶小乔木，高丈余。叶长椭圆形而端尖，新叶嫩红，后则渐绿。春月与新叶着花，一蓓数花，有长柄，花色微红鲜艳，属蔷薇科。

〔4〕贴梗：贴梗海棠，也称“皱皮木瓜”。落叶灌木，有刺。叶卵形至长椭圆形。春季开花，花绯红色，果实卵球形。为著名观赏植物，品种很多。果实可入药，属蔷薇科。

〔5〕垂丝：垂丝海棠，落叶小乔木，树高丈余。春季开花，花淡红色，常半重瓣，花梗长而下垂若丝，故名。栽培甚广，供观赏，属蔷薇科。

〔6〕妃子醉态：形容杨贵妃醉酒的妩媚姿态。《杨太真外传》：“妃醉中舞《霓裳羽衣》一曲，天颜大悦。”

〔7〕木瓜：落叶灌木或小乔木。树皮常作片状剥落。叶椭圆状卵形。春末夏初开花，花淡红色。果实秋季成熟，呈椭圆形，淡黄色，味酸涩，有香气。树供观赏，果供食用，也可入药，属蔷薇科。

〔8〕木瓜海棠：落叶灌木，花肉红色。

〔9〕秋海棠：多年生草本，茎直立，光滑。叶卵形，基部斜心形，下面红色。秋季开花，花淡红色，雌雄同株。种类很多，为观赏植物，也可入药，属秋海棠科。

海棠。《三才图会》插图。

山茶

蜀茶[1]、滇茶[2]俱贵，黄者尤不易得。人家多以配玉兰，以其花同时，而红白烂然，差俗。又有一种名醉杨妃[3]，开向雪中，更自可爱。

注释

〔1〕蜀茶：亦称“山茶花”或“川茶花”，常绿乔木或灌木，叶子卵形，有光泽，花红色或白色，大小不一，品种甚多。山茶是一种名贵的观赏植物，花很美丽，因不少品种来自四川成都，故一般称为“川茶”。

〔2〕滇茶：亦称“南山茶”，常绿乔木，形似山茶，叶狭长，叶脉显著，花自淡红至深紫色不一，品种多样，属山茶科。其中一种鹤顶茶，产于云南，因此称为“滇茶”。

〔3〕醉杨妃：亦称“杨贵妃”，开粉红色花，为蜀茶的变种。

山茶。《三才图会》插图。

桃[1]

桃为仙木[2]，能制百鬼，种之成林，如入武陵桃源[3]，亦自有致，第非盆盎及庭除物。桃性早实，十年辄[4]枯，故称“短命花”[5]。碧桃[6]、人面桃[7]差久，较凡桃更美，池边宜多植。若桃柳相间，便俗。

注释

〔1〕桃：落叶小乔木，品种很多。小枝光滑，叶长椭圆形。花单生，深红、粉红或白色，供观赏。果实略成球形，味甜，表面有毛茸，是一种常见的水果。核仁可入药。属蔷薇科。

〔2〕仙木：《太平御览》引《典术》：“桃者，五木之精也，故厌伏邪气者也。桃之精生在鬼门，制百鬼，故令作桃梗人著门，以厌邪，此仙木也。”

〔3〕武陵桃源：武陵，郡名，汉置，在今湖南常德。桃源，即桃花源，见陶渊明《桃花源记》。

〔4〕辄：总是，就。

〔5〕短命花：形容树龄较短。

〔6〕碧桃：花重瓣，粉红色，品种繁多，有白、红、深红、洒金等各种色彩，极为美观，为桃的变种。

〔7〕人面桃：即“千瓣花红桃”。清汪灏《广群芳谱》：“美人桃，一名人面桃，粉红千瓣，不实。”

李[1]

桃花如丽姝[2]，歌舞场中，定不可少。李如女道士，宜置烟霞泉石间，但不必多种耳。别有一种名郁李子[3]，更美。

注释

〔1〕李：落叶小乔木，叶子倒卵形，花白色，果实球形，青绿、黄色或紫红色。果实成熟期为五月至八月，因品种和地区而不同，是普通的水果。果味甜，除供生食外，可制蜜饯和果脯。果仁、根皮供药用。属蔷薇科。

〔2〕姝：美女。

〔3〕郁李子：即郁李。落叶灌木，叶卵形至披针状卵形。春季开花，花粉红色，有单瓣、复瓣两种，果实小球形，暗红色。产于我国，供观赏。果可食，种子可入药。属蔷薇科。

李。《三才图会》插图。

杏[1]

杏与朱李[2]、蟠桃[3]皆堪鼎足[4]，花亦柔媚。宜筑一台，杂植数十本[5]。

注释

〔1〕杏：落叶乔木，叶子宽卵形。花单生，白色或粉红色。果实圆、长圆或扁圆形，成熟时黄红色，味酸甜多汁。果供生食外，可制杏脯等。杏仁可食用、榨油和药用，花供观赏。属蔷薇科。

〔2〕朱李：即“红李”，亦称“赤李”“杏李”。落叶乔木，叶长椭圆状披针形至倒卵形。春末开花，花白色。果实球形而扁，枣红色，果肉金黄色，可供食用。属蔷薇科。

〔3〕蟠桃：桃的一种，落叶小乔木，果实扁圆形，汁不多，核仁可食。属蔷薇科。

〔4〕鼎足：鼎的腿，比喻三方面对立的局势。

〔5〕本：量词，用于花木。

杏。《三才图会》插图。

梅[1]

幽人花伴，梅实专房[2]，取苔护藓封[3]，枝稍古者，移植石岩或庭际，最古。另种数亩，花时坐卧其中，令神骨俱清。绿萼[4]更胜，红梅[5]差俗；更有虬枝屈曲，置盆盎中者，极奇。蜡梅[6]磬口[7]为上，荷花[8]次之，九英[9]最下，寒月庭除，亦不可无。

注释

〔1〕梅：落叶乔木，品种很多，性耐寒。叶子卵形，早春开花，花瓣五片，有粉红、红、白等颜色，味香。果实球形，青色，成熟的黄色，可食，味酸。花供观赏，为我国著名观赏植物。属蔷薇科。

〔2〕专房：专门宠幸的意思。

〔3〕苔护藓封：指梅树上寄生的地衣及苔藓类植物。苔藓，隐花植物的一大类，主要分为苔和藓两个纲，种类很多，大多生长在潮湿的地方，有假根。

〔4〕绿萼：绿萼梅，落叶灌木，花白色，萼绿色。

〔5〕红梅：花粉红色，重瓣。

〔6〕蜡梅：也作“腊梅”，落叶灌木，叶子对生，卵形。冬季开花，花色黄如蜡，香味浓，可供观赏。属蜡梅科。

〔7〕磬口：磬口梅，也称“檀香梅”。落叶灌木，花纯黄色，是蜡梅的变种。

〔8〕荷花：荷花梅，也称“素心梅”“白花蜡梅”，落叶灌木，花朵硕大，是蜡梅的变种。

〔9〕九英：九英梅，也称“狗英梅”，落叶灌木，花小而香，为蜡梅的变种。

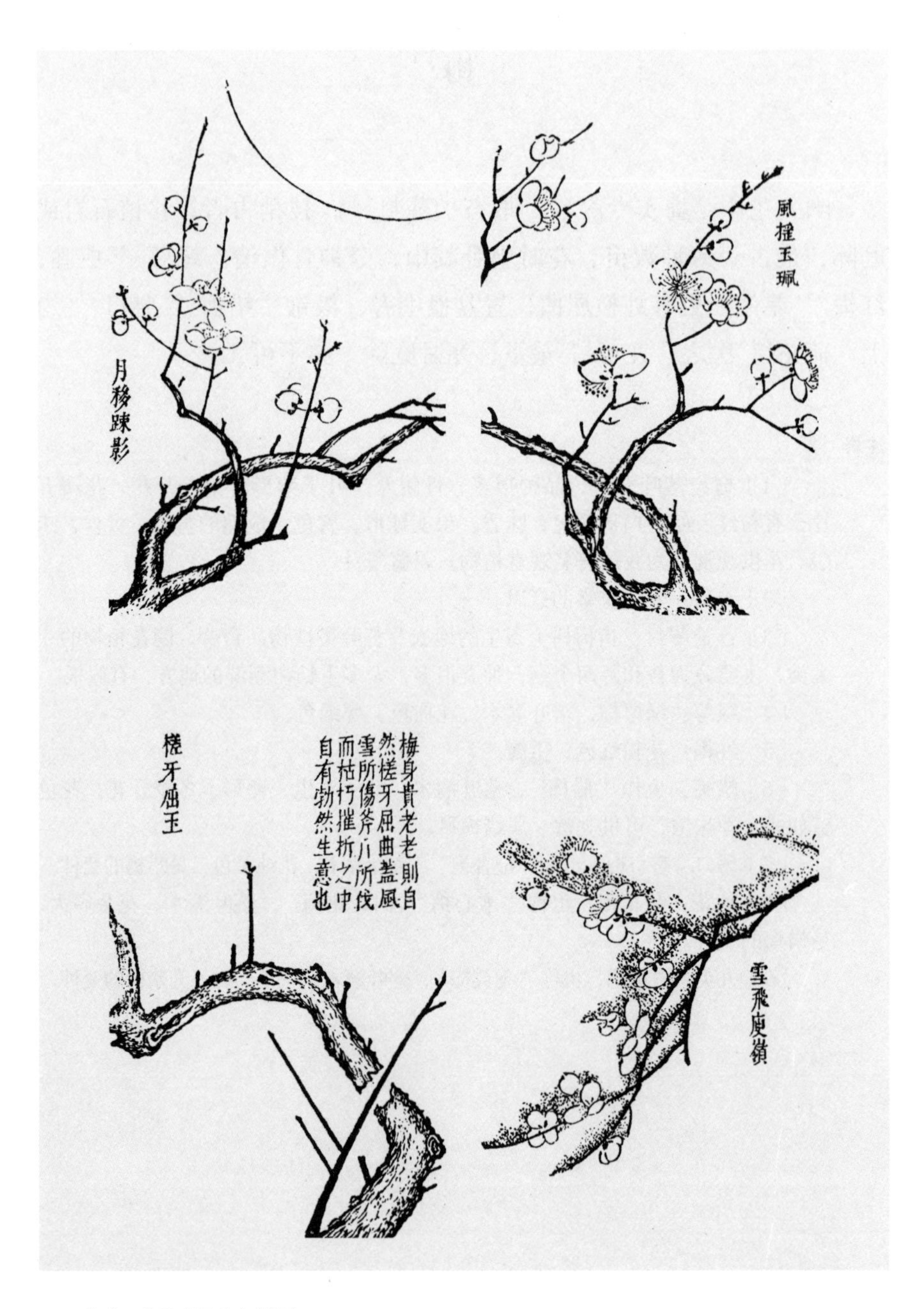
月移疎影
風搖玉珮
槎牙屈玉
梅身貴老老則自然槎牙屈曲蓋風雪所傷斧斤所伐而枯朽摧折之中自有勃然生意也
雪飛庾嶺

梅花。《三才图会》插图。

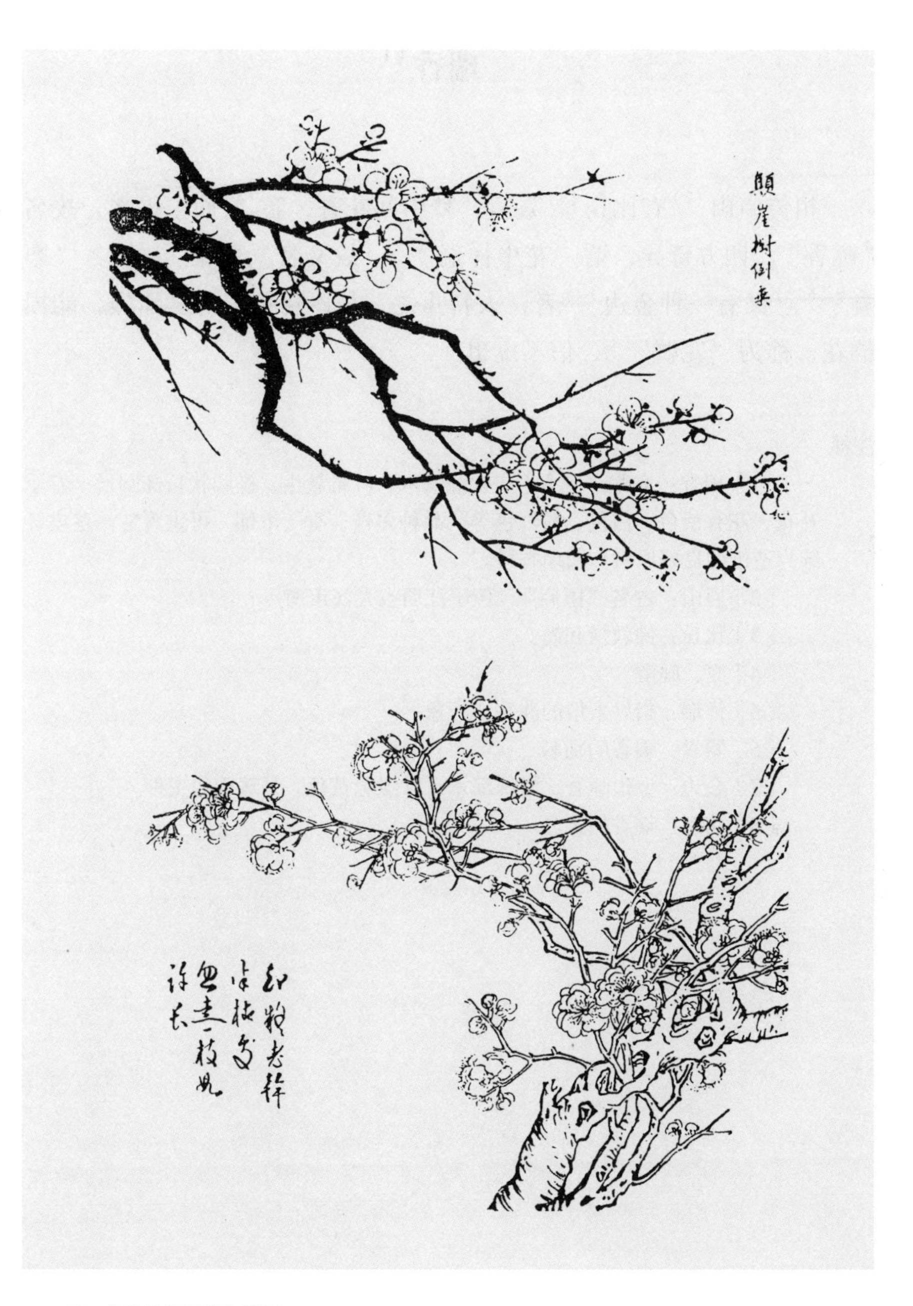

梅。《芥子园画谱》插图。

瑞香[1]

相传庐山[2]有比丘[3]昼寝，梦中闻花香，寤[4]而求得之，故名“睡香”。四方奇异，谓“花中祥瑞”[5]，故又名“瑞香”，别名“麝囊”[6]。又有一种金边[7]者，人特重之。枝既粗俗，香复酷烈，能损群花，称为“花贼”[8]，信不虚也。

注释

〔1〕瑞香：亦称“睡香”。常绿灌木，叶常簇生，椭圆状长椭圆形。春季开花，花有紫色、白色、粉红色等，品种多样，香气浓郁，可供观赏。茎皮纤维为造纸的良好原料。属瑞香科。

〔2〕庐山：古名“匡庐”，位于江西省九江市南。

〔3〕比丘：佛教指和尚。

〔4〕寤：睡醒。

〔5〕祥瑞：指好事情的兆头或征象。

〔6〕麝囊：瑞香的别名。

〔7〕金边：金边睡香，常绿灌木，叶缘金黄色，是瑞香的变种。

〔8〕花贼：瑞香的别名。

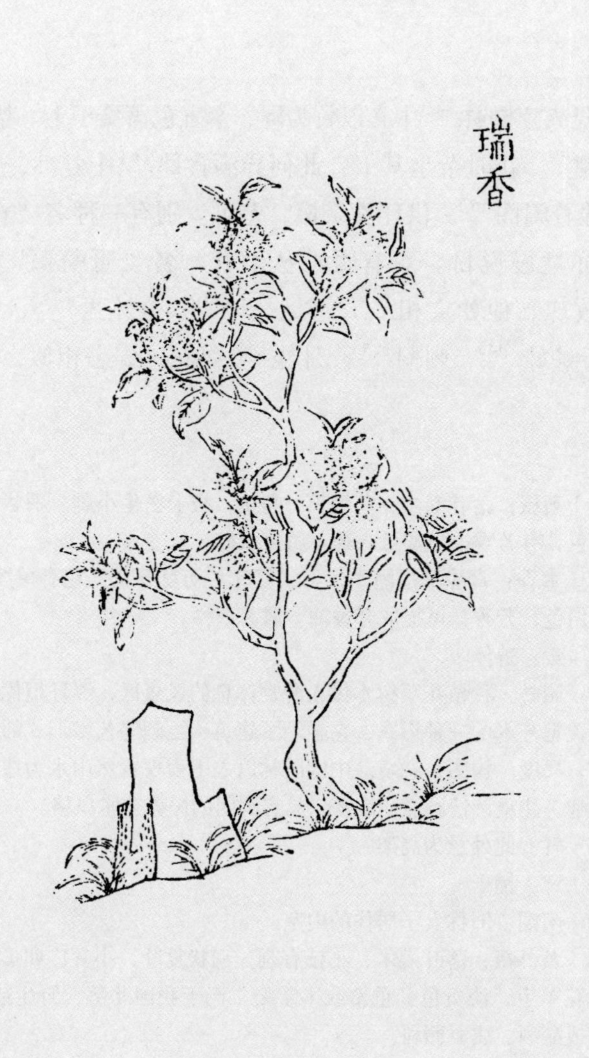

瑞香。《三才图会》插图。

蔷薇[1]　木香[2]

尝[3]见人家园林[4]中必以竹为屏，牵五色蔷薇于上。架木为轩[5]，名“木香棚”。花时杂坐其下，此何异酒食肆[6]中？然二种非屏架不堪植，或移着闺阁[7]，供仕女采掇，差可。别有一种名“黄蔷薇”[8]，最贵，花亦烂熳悦目。更有野外丛生者，名“野蔷薇”[9]，香更浓郁，可比玫瑰。他如宝相[10]、金沙罗[11]、金钵盂[12]、佛见笑[13]、七姊妹、十姊妹[14]、刺桐[15]、月桂[16]等花，姿态相似，种法亦同。

注释

〔1〕蔷薇：落叶灌木，茎细长，蔓生，枝上密生小刺，羽状复叶。花白色或淡红色，有芳香，果实可入药。属蔷薇科。

〔2〕木香：常绿攀援灌木，羽状复叶。初夏开花，花有单瓣、复瓣两种，黄色或白色，芳香，可提取芳香油。属蔷薇科。

〔3〕尝：曾经。

〔4〕园林：种植花草树木供人游赏休息的风景区，以环境优美著称。园林艺术是视觉艺术的一种形式，它融汇了建筑、绘画等艺术形式的特征，讲究空间比例、尺度、构图、意境。中国园林以人工表现自然山水为造景主题，追求自然情趣，注重诗情画意的表现，具有鲜明的民族艺术风格。

〔5〕轩：此处意为高架。

〔6〕肆：铺子。

〔7〕闺阁：旧称女子居住的内室。

〔8〕黄蔷薇：落叶灌木，小枝有刺。羽状复叶，小叶广卵形或圆形。夏季开花，花单生，淡黄色，重瓣或半重瓣。产于我国北部，野生或栽培供观赏。果可食或酿酒。属蔷薇科。

〔9〕野蔷薇：落叶灌木，有钩状刺。羽状复叶。夏季开花，花甚香，白色或淡红色。果小，球形。花、根、叶均可入药。属蔷薇科。

〔10〕宝相：蔷薇的一种，花朵较大，颜色多样。

〔11〕金沙罗：蔷薇的一种，花单瓣，色彩鲜艳夺目。

〔12〕金钵盂：蔷薇的一种，花小，尖瓣，颜色鲜艳。

〔13〕佛见笑：蔷薇花中最大的一种。蔓生多刺，重瓣，黄白色。

〔14〕七姊妹、十姊妹：皆为蔷薇的栽培品种，落叶灌木，重瓣丛簇而生。叶小互生，春末开花，茎枝蔓长。前者多带淡黄色，后者多为粉红色，供观赏。明高濂《遵生八笺》："'十姊妹'，花小，而一蓓十花，故名。其色自一蓓中分红、紫、白、淡紫四色，或云色因开久而变。有七朵一蓓者，名七姊妹云。花甚可观，开在春尽。"

〔15〕刺桐：分枝灌木，花淡红色，其变种有重瓣、单瓣、毛叶之分，属蔷薇科。

〔16〕月桂：这里指"月季"。福建及浙江温州口音"季"读"桂"，故月季亦称月桂。常绿或半常绿小灌木，茎有刺，羽状复叶，小叶阔卵形。夏季开花，花有红色、粉红色、白色等，供观赏。花及根、叶可药用。属蔷薇科。

蔷薇。《三才图会》插图。

木香花。《三才图会》插图。

玫瑰[1]

玫瑰一名“徘徊花”，以结为香囊[2]，芬氲[3]不绝，然实非幽人所宜佩。嫩条丛刺，不甚雅观，花色亦微俗，宜充食品，不宜簪[4]带。吴中有以亩计者，花时获利甚夥[5]。

注释

〔1〕玫瑰：落叶灌木，茎干直立，刺很密，叶子互生，奇数羽状复叶，叶小椭圆形，花多为紫红色，也有白色、黄色、粉红色的，有香气，果实扁圆形，是栽培较广的观赏植物。花瓣可以用来熏茶、做香料、制蜜饯等。属蔷薇科。

〔2〕香囊：亦称“香袋”“香包”，储藏香料的小口袋，用色布、彩绸、色线制成，古人常佩于身上或系于帐中。古乐府《孔雀东南飞》：“红罗复斗帐，四角垂香囊。”制作方法有缝填、缠扎、刺绣、剪贴等。

〔3〕氲：氤氲，形容烟或云气浓郁。

〔4〕簪：首饰名。古人用来插定发髻，或连冠于发的一种长针，后来专指妇女插髻的首饰。《史记·滑稽列传》：“前有堕珥，后有遗簪。”

〔5〕夥：多。

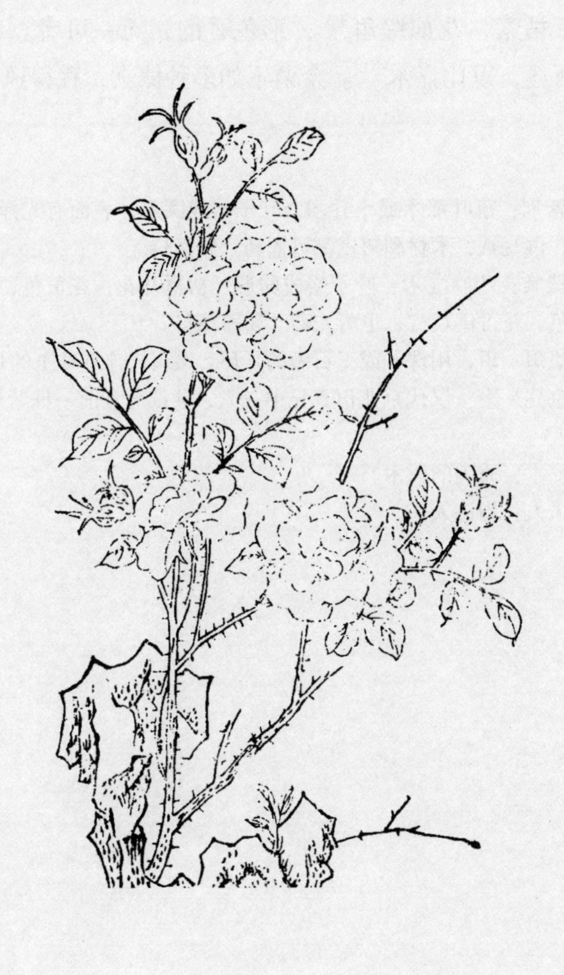

玫瑰。《三才图会》插图。

紫荆[1]　棣棠[2]

紫荆枝干枯索，花如缀珥[3]，形色香韵，无一可者。特以京兆一事[4]，为世所述，以比嘉木[5]。余谓不如多种棣棠，犹得风人[6]之旨。

注释

〔1〕紫荆：落叶灌木或小乔木，叶子略成圆形，表面有光泽，花紫红色，荚果扁平。供观赏，木材和树皮都可入药。属豆科。

〔2〕棣棠：落叶灌木，叶子略成卵形。初夏开花，花黄色，单瓣或重瓣，果实黑褐色。花可供观赏，也可入药。属蔷薇科。

〔3〕缀珥：珥，用珠子或玉石做的耳环。缀珥，连缀珠玉的耳环。

〔4〕京兆一事：汉代京兆田真兄弟三人，共议分堂前一株紫荆树的事。见《续齐谐记》。

〔5〕嘉木：秀美的树木。

〔6〕风人：指诗人。

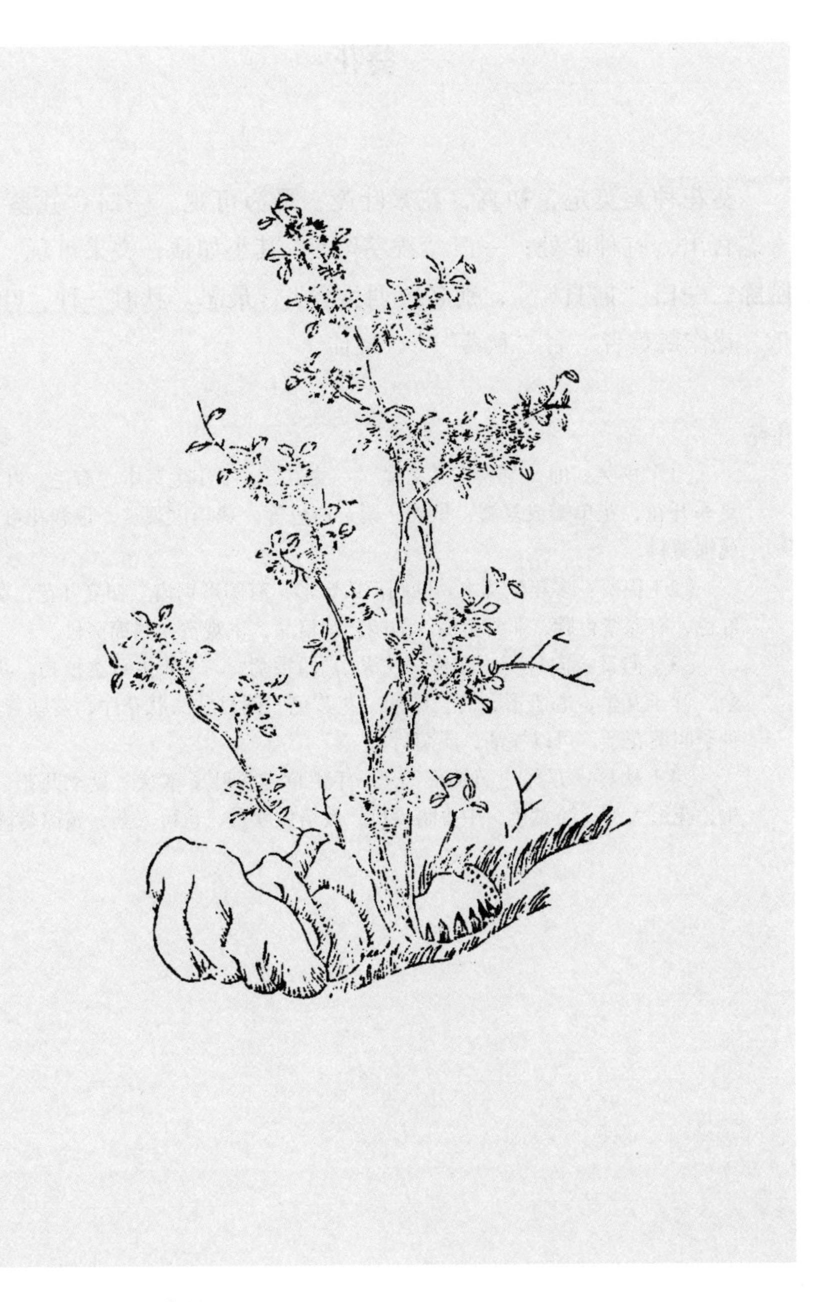

紫荆花。《三才图会》插图。

葵花

葵花种类莫定，初夏，花繁叶茂，最为可观。一曰“戎葵”[1]，奇态百出，宜种旷处；一曰“锦葵”[2]，其小如钱，文采可玩，宜种阶除；一曰“向日”[3]，别名“西番葵”，最恶。秋时一种，叶如龙爪，花作鹅黄者，名“秋葵”[4]，最佳。

注释

〔1〕戎葵：即“蜀葵”，又称“一丈红”。二年生草本，有毛。叶掌状，夏季开花，花单瓣或复瓣，呈红、紫、白色等。栽培供观赏，根和花可入药，属锦葵科。

〔2〕锦葵：多年生草本。叶圆形或肾形，有圆形锯齿。初夏开花，花淡紫红色，有深紫色脉，非常美丽。为园艺栽培品，供观赏，属锦葵科。

〔3〕向日：向日葵，亦称“丈菊”“西番菊”，一年生草本植物。茎高丈余，叶子互生，心脏形，有长叶柄。花黄色，圆盘状头状花序，常朝着太阳。种子叫葵花子，可以榨油，属菊科。

〔4〕秋葵：亦称“黄蜀葵”，一年生草本。叶子掌状。夏季开花，花单生，花冠大型，淡黄色，中央暗褐色。栽培供欣赏，也可入药，属锦葵科。

秋葵。《三才图会》插图。

罂粟[1]

以重台千叶[2]者为佳，然单叶者子必满，取供清味[3]亦不恶，药栏中不可缺此一种。

注释

〔1〕罂粟：二年生草本植物，全株有白粉，叶长圆形，边缘有缺刻。夏季开花，花大型，单生枝顶，红色、粉色或白色，非常美丽。果实球形或椭圆形。种子小而多。果中乳汁干后称鸦片。果壳可入药，花供观赏，种子可榨油，属罂粟科。

〔2〕重台千叶：指花的复瓣。

〔3〕取供清味：罂粟的苗、实、子均可供食用。苏辙《种药苗二首》："畦夫告予，罂粟可储。罂小如罂，粟细如粟。与麦皆种，与穄皆熟。苗堪春菜，实比秋谷。研作牛乳，烹为佛粥。老人气衰，饮食无几。"

薇花[1]

薇花四种：紫色之外，白色者曰“白薇”[2]，红色者曰“红薇”[3]，紫带蓝色者曰“翠薇”[4]。此花四月开，九月歇，俗称“百日红”[5]。山园植之，可称“耐久朋”[6]。然花但宜远望，北人呼“猴郎达树”[7]，以树无皮，猴不能捷也。其名亦奇。

注释

〔1〕薇花：一般称“紫薇花”“满堂红”“百日红”。落叶小乔木，树干光滑。叶椭圆形，全缘。夏季开花，花瓣微皱，分为紫、红、白、堇等各色，花期较长。供栽培观赏，属千屈菜科。

〔2〕白薇：也称“银薇”，紫薇的一种，花白色。

〔3〕红薇：紫薇的另一品种，花分深红、红、淡红三色。

〔4〕翠薇：紫薇的一种，花堇色。

〔5〕百日红：即“紫薇”。该花的花期从四五月开始，至八九月凋谢，故名。

〔6〕耐久朋：这里形容花期长。

〔7〕猴郎达树：即指紫薇。《酉阳杂俎》：“紫薇，北人呼为‘猴郎达树’，谓其无皮，猿不能捷也。”

紫薇花。《三才图会》插图。

石榴[1]

石榴，花胜于果，有大红、桃红、淡白三种，千叶者名“饼子榴”[2]，酷烈如火，无实，宜植庭际。

注释

〔1〕石榴：也称“安石榴”。落叶灌木或小乔木，叶子长圆形，花红色、白色或黄色。果实球形，内有很多种子，种子的外种皮多汁，可食。根皮和树皮可入药。属石榴科。

〔2〕饼子榴：石榴的一种，花大，无果实。

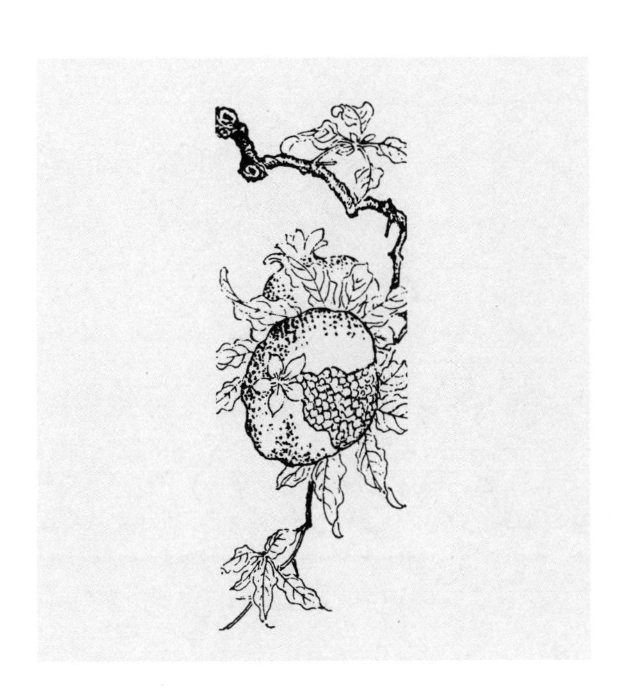

石榴。《程氏墨苑》插图。

芙蓉[1]

宜植池岸，临水为佳，若他处植之，绝无丰致。有以靛[2]纸蘸花蕊上，仍裹其尖，花开碧色，以为佳，此甚无谓[3]。

注释

〔1〕芙蓉：这里指“木芙蓉”。落叶灌木，掌状叶。秋季开花，因花艳如荷花，故有“芙蓉”“木莲”之称。花白色、粉红色或红色，单瓣或重瓣，结蒴果，扁球形，有毛。产于我国，栽培以供观赏，花和叶可入药。属锦葵科。

〔2〕靛：指靛蓝，有机染料，深蓝色。用蓼蓝的叶子发酵而成，用来染布，颜色可以经久不褪。

〔3〕无谓：没有意义。

芙蓉。《三才图会》插图。

萱花[1]

萱草忘忧，亦名“宜男”，更可供食品。岩间墙角，最宜此种。又有金萱[2]，色淡黄，香甚烈，义兴[3]山谷遍满，吴中甚少。他如紫白蛱蝶[4]、春罗[5]、秋罗[6]、鹿葱[7]、洛阳[8]、石竹[9]，皆此花之附庸[10]也。

注释

〔1〕萱花：即萱草。多年生宿根草本植物。块根肥大，长纺锤形。叶丛生，狭长。夏秋间开花，花漏斗状，橘红色或橘黄色，无香气，可供观赏。根和块茎可作农药，属百合科。

〔2〕金萱：萱草的一种。

〔3〕义兴：郡名，晋置，今江苏省宜兴市。

〔4〕紫白蛱蝶：即紫或白色之蝴蝶花，多年生常绿草本，花黄瓣上有赤色斑，白瓣上黄赤色斑，中心呈黄色，属鸢尾科。

〔5〕春罗：即剪春罗，亦称“剪夏罗”“碎剪罗”“剪红罗”。多年生草本。夏季开花，花砖红色或橙红色，属石竹科。

〔6〕秋罗：即剪秋罗，亦称“剪秋纱”“汉宫秋”“夏水仙”等，属石竹科。多年生草本，火红色花，夏秋间开。

〔7〕鹿葱：多年生草本，花淡红紫色，属石蒜科。

〔8〕洛阳：在此指洛阳花，亦名“蘧麦”，又称“锦团石竹”，多年生草本，属石竹科。有红、紫、白等各色及红紫斑者。

〔9〕石竹：亦名“石菊”，多年生草本，属石竹科，花有深红、淡红、白色，单瓣、复瓣等不同。

〔10〕附庸：泛指依附于其他事物而存在的事物。

萱花。《三才图会》插图。

薝蔔[1]

一名“越桃”，一名“林兰”，俗名“栀子”，古称“禅友”[2]，出自西域[3]，宜种佛室中。其花不宜近嗅，有微细虫入人鼻孔，斋阁可无种也。

注释

〔1〕薝蔔：即栀子。常绿灌木或小乔木，叶子对生，长椭圆形，有光泽，花大，白色，有强烈的香气，可供观赏，果实倒卵形，可做黄色染料，也可入药，属茜草科。

〔2〕禅友：明都印《三馀赘笔》：“曾端伯以十花为十友……栀子，禅友。”

〔3〕西域：汉时指现在玉门关以西的新疆和中亚等地区。

玉簪[1]

洁白如玉，有微香，秋花中亦不恶。但宜墙边连种一带，花时一望成雪，若植盆石中，最俗。紫者名“紫萼”[2]，不佳。

注释

〔1〕玉簪：亦名“白萼”“白鹤”。多年生草本，叶丛生，卵状心脏形，有光泽。秋日开白花，或带紫色而有芳香，为庭园观赏植物，鲜花可提取芳香油，属百合科。

〔2〕紫萼：亦称“紫五簪”“紫鹤”，多年生草本，叶丛生，卵形，较玉簪为小。夏秋开花，花淡紫色或白色，无香，生于山坡林下，盆栽供观赏，属百合科。

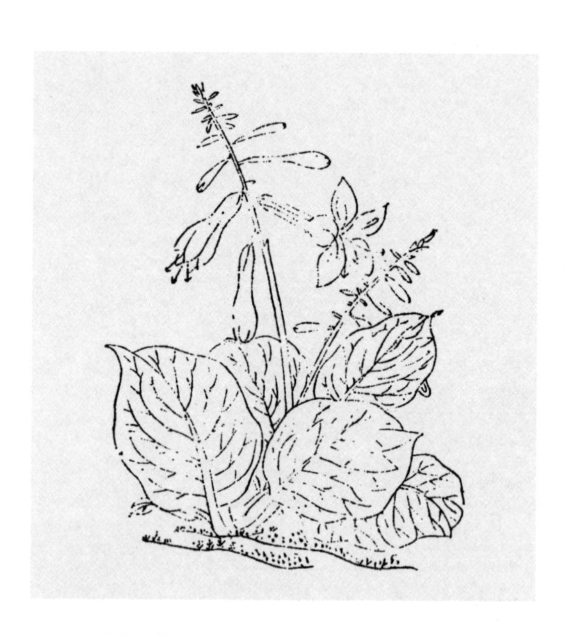

玉簪花。《三才图会》插图。

金钱[1]

午开子落，故名“子午花”。长过尺许，扶以竹箭，乃不倾欹[2]。种石畔尤可观。

注释

〔1〕金钱：金钱花，亦称“夜落金钱”“子午花”“午时花”。一年生草本，叶戟状披针形，有锯齿。秋季开花，花鲜红色，午时开放，翌晨闭合。栽培供观赏，属梧桐科。

〔2〕倾欹：倾斜。

子午花。《三才图会》插图。

藕花[1]

藕花池塘最胜，或种五色官缸[2]，供庭除赏玩犹可。缸上忌设小朱栏。花亦当取异种，如并头[3]、重台[4]、品字[5]、四面观音[6]、碧莲[7]、金边[8]等乃佳。白者藕胜，红者房[9]胜。不可种七石酒缸[10]及花缸内。

注释

〔1〕藕花：即荷花，亦称“芙蕖”“水芙蓉”，属睡莲科。多年生水生草木，地下茎肥大而长，有节，叶子圆形，高出水面。夏季开花，花大，淡红色或白色，有单瓣、复瓣之别，有香味。地下茎叫藕。花谢后花托膨大，形成莲蓬，内生多数坚果，俗称“莲子”，可食，栽培供观赏。唐张籍《送从弟戴玄往苏州》：“夜月红柑树，秋风白藕花。”

〔2〕官缸：官窑所制的瓷器，也泛指明清时期景德镇为宫廷生产的瓷器。官窑指官府经营的瓷窑。宋代政和年间，内府于汴州建窑烧瓷，名曰“官窑”，明代亦有官窑，分设各地。

〔3〕并头：即并头莲，亦称“并蒂莲”，为荷花品种之一，花头瓣化，并分离为两个头，而似一梗上生两朵花，宜独种。

〔4〕重台：即重台莲，为荷花品种之一，花头未瓣化，雌蕊已瓣化。

〔5〕品字：即品字莲，为荷花品种之一，花头瓣化为三个头，作品字形排列。

〔6〕四面观音：即四面莲，为荷花品种之一，花头瓣化成四个头。

〔7〕碧莲：即碧莲花，为荷花品种之一，花被呈白绿色。

〔8〕金边：金边与锦边通，即锦边莲，为荷花品种之一，花被边缘呈紫红色，而其他部分呈白色。

〔9〕房：指花托。

〔10〕七石酒缸：能贮七石酒的缸。

水仙[1]

水仙二种[2]，花高叶短，单瓣者佳。冬月宜多植，但其性不耐寒，取极佳者移盆盎，置几案间。次者杂植松竹之下，或古梅奇石间，更雅。冯夷[3]服花八石，得为水仙，其名最雅，六朝[4]人乃呼为“雅蒜”[5]，大可轩渠[6]。

注释

〔1〕水仙：多年生草本，地下鳞茎作卵圆形，叶子扁平条形，伞状花序，有香味，供观赏，鳞茎和花可以入药，属石蒜科。其单瓣者称“金盏银台”，花纯白色，有黄色副冠；复瓣者称“玉玲珑”，花白色，香气特浓。为冬季室内的观赏植物。

〔2〕水仙二种：指单瓣与复瓣水仙。

〔3〕冯夷：古代的水神名，即河伯。

〔4〕六朝：即吴、东晋、宋、齐、梁、陈。因皆在建康（今南京）建都，故称六朝。

〔5〕雅蒜：即水仙。

〔6〕轩渠：指笑貌。

水仙。《三才图会》插图。

凤仙[1]

号“金凤花”[2]，宋避李后讳[3]，改为“好儿女花”。其种易生，花叶俱无可观。更有以五色种子同纳竹筒，花开五色，以为奇，甚无谓。花红，能染指甲[4]，然亦非美人所宜。

注释

〔1〕凤仙：凤仙花，一名“指甲花”。一年生草本，夏季开花，花大，单瓣或重瓣，色白、紫、粉红不一。果实椭圆形。园艺上品种很多，花供观赏，也可入药，属凤仙花科。

〔2〕金凤花：《广群芳谱》：“桠间开花，头翅尾足俱翘然如凤状，故又有金凤之名。”

〔3〕宋避李后讳：《本草纲目》：“宋光宗李后讳‘凤’，宫中呼为‘好女儿花’。”

〔4〕染指甲：《本草纲目》：“女人采其花及叶包染指甲。”

金凤花。《三才图会》插图。

茉莉[1]　素馨[2]　夜合[3]

夏夜最宜多置，风轮[4]一鼓，满室清芬，章江[5]编篱插棘[6]，俱用茉莉，花时，千艘俱集虎丘[7]，故花市初夏最盛。培养得法，亦能隔岁发花，第枝叶非几案物，不若夜合，可供瓶玩。

注释

〔1〕茉莉：常绿灌木，叶子对生，卵形或椭圆形，有光泽。夏季开花最盛，花白色，香味浓厚。为庭园或温室内常见的盆栽芳香植物之一。花可用来熏制茶叶，亦为提取芳香油的原料。属木犀科。

〔2〕素馨：常绿直立亚灌木。枝条下垂，有角棱。叶对生，羽状复叶。春季开花，花白色而芬芳。栽培供观赏，花为提取芳香油的原料。属木犀科。

〔3〕夜合：百合的一种。多年生草本植物，鳞茎呈球形，白色或浅红色。花呈漏斗形，白色，供观赏。鳞茎可供食用，中医入药。其花日开夜合，故名。

〔4〕风轮：形容风在空中，如同转轮。

〔5〕章江：即赣水，在江西。

〔6〕插棘：用有刺植物的插条做篱笆。

〔7〕虎丘：山名，在江苏省苏州市北郊。

茉莉。《三才图会》插图。

杜鹃〔1〕

花极烂熳，性喜阴畏热，宜置树下阴处。花时，移置几案间。别有一种名“映山红”，宜种石岩之上，又名“山踯躅”。

注释

〔1〕杜鹃：也称“映山红”。半常绿或落叶灌木，叶子互生，卵状椭圆形。春季开花，花多为红色。种类极为繁多。分布于我国长江以南各地，野生在山坡上或栽培于庭园内，是一种美丽而常见的观赏植物，属杜鹃花科。

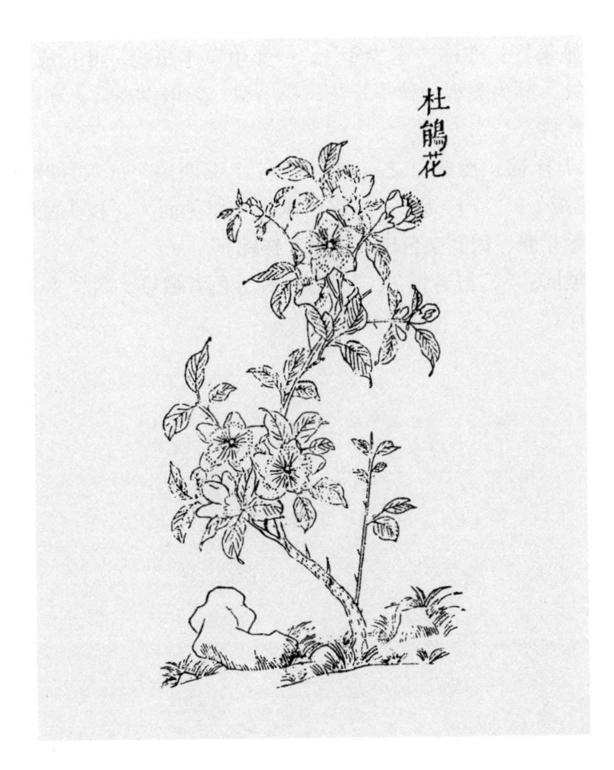

杜鹃花。《三才图会》插图。

秋色[1]

吴中称鸡冠[2]、雁来红[3]、十样锦[4]之属名“秋色”。秋深，杂彩烂然，俱堪点缀，然仅可植广庭，若幽窗多种，便觉芜杂。鸡冠有矮脚[5]者，种亦奇。

注释

〔1〕秋色：秋季的景色。吴中称鸡冠、雁来红、十样锦等为“秋色”。

〔2〕鸡冠：鸡冠花，一年生草本植物。夏秋开花，穗状花序，由于带化现象而呈鸡冠状，有红、白、黄等色，品种很多。栽培供观赏。花和种子可入药，属苋科。

〔3〕雁来红：亦称“老少年”，一年生草本植物。叶长成后，呈鲜红色，有黄色斑纹，颇为美观。秋季开花，花小型。栽培供观赏，亦作蔬菜。全草可药用，属苋科。

〔4〕十样锦：雁来红之一种，一名“锦西风”，六月叶红者曰“十样锦”。《花镜》：“十样锦，一名锦西风，叶似苋而大，枝头乱叶丛生，有红、紫、黄、绿相兼，因其杂色出，故名十样锦。”

〔5〕矮脚：《广群芳谱》：“又有一种五色者最矮，名“寿星鸡冠”，扇面者以矮为佳。”

松[1]

松、柏[2]古虽并称，然最高贵者，必以松为首。天目[3]最上，然不宜种。取栝子松[4]植堂前广庭，或广台之上，不妨对偶。斋中宜植一株，下用文石为台，或太湖石为栏俱可。水仙、兰蕙、萱草之属，杂莳[5]其下。山松宜植土冈之上，龙鳞既成，涛声[6]相应，何减五株九里[7]哉？

注释

〔1〕松：种子植物的一属，一般为常绿乔木。树皮多为鳞片状，叶子针形，花单性，雌雄同株，结球果，卵圆形或圆锥形，有木质的鳞片。木材和树脂都可利用。

〔2〕柏：常绿乔木，叶子鳞片状，果实为球果。可用来造防风林。木材质地坚硬，用来做建筑材料。

〔3〕天目：天目山在浙江临安县（今余杭区）。这里指天目山所产的黄山松。

〔4〕栝子松：即白皮松。常绿乔木，树皮片状脱落，露出白色内皮。叶三四针为一簇，粗硬。球果圆锥状卵形，种子有短翅。为我国特产。木材纹理直，轻软，加工后有光泽和花纹，供细木工用。种子可食或榨油。树姿优美，树皮奇特，可供观赏，属松科。

〔5〕莳：栽种。

〔6〕涛声：波涛之声，形容松林风动的声音。

〔7〕五株九里：都是有关松的故事。《史记·秦始皇本纪》："始皇东行郡县……乃遂上泰山，立石，封，祠祀。下，风雨暴至，休于树下，因封其树为五大夫。"九里，西湖九里松。《西湖志》："唐刺史袁仁敬植松于行春桥，西达灵竺路，左右各三行……苍翠夹道，阴霭如云。"后称其地为"九里松"。

各种松树。《三才图会》插图。

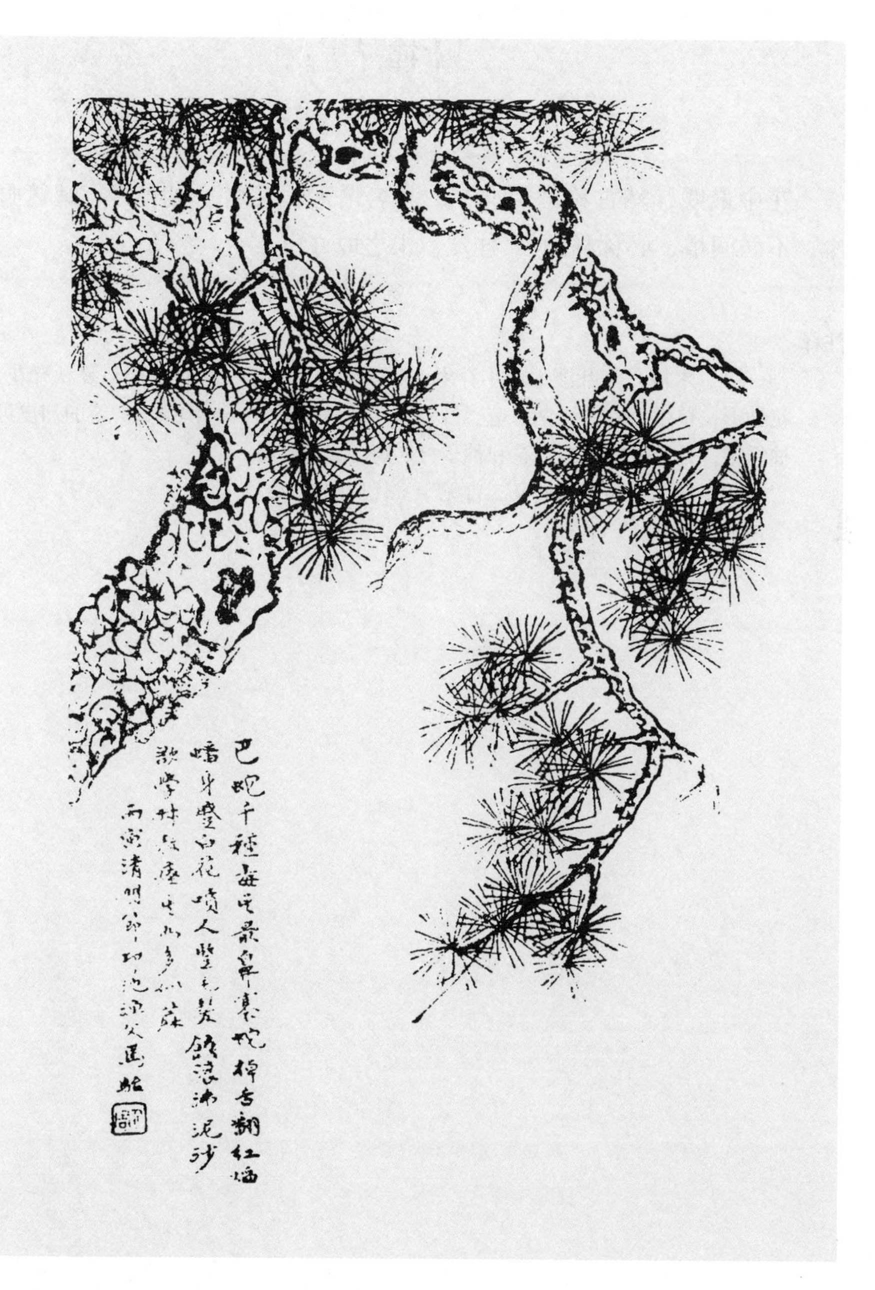

松。《马骀画宝》插图。

木槿[1]

花中最贱，然古称“舜华”，其名最远；又名“朝菌”。编篱野岸，不妨间植，必称林园[2]佳友，未之敢许也。

注释

〔1〕木槿：落叶灌木或小乔木，叶子卵形，互生，掌状分裂。夏秋开花，花钟形，单生，有白、紫、蓝、红等色。栽培供观赏，兼作绿篱。茎的韧皮可抽纤维，是造纸的原料，花和种子可入药。属锦葵科。

〔2〕林园：与园林同义，常见于古代造园文献。

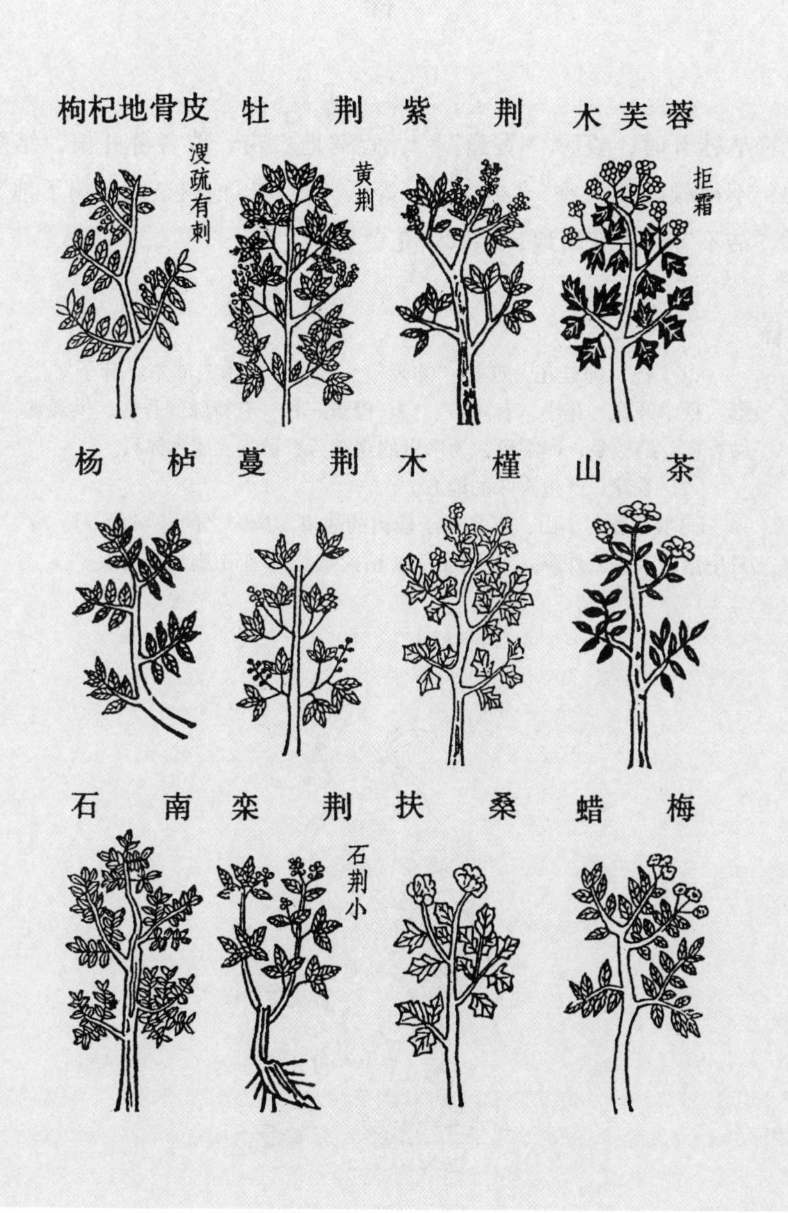

《本草纲目》插图。

桂[1]

丛桂开时，真称“香窟”[2]，宜辟地二亩，取各种并植，结亭其中，不得颜以“天香”“小山”[3]等语，更勿以他树杂之。树下地平如掌，洁不容唾，花落地，即取以充食品。

注释

〔1〕桂：即桂花，亦称“木犀”。常绿小乔木或灌木，叶子对生，椭圆形。秋季开花，花小，有淡黄、白、橙黄三种，有特殊的香气，供观赏，也可做香料，结核果，卵圆形，为珍贵的观赏芳香植物。属木犀科。

〔2〕香窟：产生香味的地方。

〔3〕天香、小山：都是关于桂树的故事。唐宋之问《灵隐寺诗》：“桂子月中落，天香云外飘。”北周庾信《枯树赋》：“小山则丛桂留人。”

桂花。《三才图会》插图。

柳[1]

顺插为杨[2]，倒插为柳，更须临池种之。柔条拂水，弄绿搓黄，大有逸致；且其种不生虫，更可贵也。西湖柳[3]亦佳，颇涉脂粉[4]气。白杨、风杨[5]，俱不入品。

注释

〔1〕柳：落叶乔木或灌木。枝条柔韧，叶子狭长，花雌雄异株。种类繁多，有垂柳、旱柳等。木材白色，轻软，供建筑、制器具等用。属杨柳科。

〔2〕杨：落叶乔木，叶子互生，卵形或卵状披针形。花雌雄异株，种子具毛。种类很多，有银白杨、毛白杨、小叶杨等。

〔3〕西湖柳：即柽柳，又称“三春柳”。落叶灌木，花粉红色。属柽柳科。

〔4〕脂粉：胭脂和粉。旧时借指妇女。

〔5〕风杨：即枫杨。落叶乔木，羽状复叶，互生，叶轴有翅，小叶长椭圆形。春末开花，雌雄同株，花黄绿色，果实翅果。木材轻软，可制家具，种子可榨油。属胡桃科。

柳树。《芥子园画谱》插图。

黄杨[1]

黄杨未必厄闰[2]，然实难长，长丈余者，绿叶古株，最可爱玩，不宜植盆盎中。

注释

〔1〕黄杨：常绿灌木或小乔木，茎有四棱，叶革质，对生，圆状倒卵形。春季开花，雌雄同株，花小，簇生。产于我国，栽培供观赏，木材坚韧致密，供雕刻。属黄杨科。

〔2〕厄闰：厄，受困。闰，一回归年的时间是365天5时48分46秒。阳历把一年定为365天，所余的时间约每四年积累成一天，加在二月里；农历把一年定为354天或355天，所余的时间约每三年积累成一个月，加在一年里。这种方法在历法上叫作闰。厄闰，形容黄杨的寿命较短。《本草纲目》："（黄杨）其性难长，俗说'岁长一寸，遇闰则退'。"

芭蕉[1]

绿窗分映，但取短者为佳，盖高则叶为风所碎耳。冬月有去梗以稻草覆之者，过三年，即生花结甘露[2]，亦甚不必。又有作盆玩者，更可笑。不如棕榈为雅，且为麈尾[3]蒲团[4]，更适用也。

注释

〔1〕芭蕉：亦称“绿天”“甘蕉”。多年生高大草本植物，地下具块状根茎。叶长而宽大，中脉两侧有多数平行支脉。花白色，果实与香蕉相似。原产亚热带，属芭蕉科。叶的纤维可以造纸或编绳索，根茎和花蕾均可作药用。

〔2〕甘露：甘美的露水。

〔3〕麈尾：即拂尘。

〔4〕蒲团：以蒲草编制的圆形坐具，僧人坐禅及跪拜时使用。

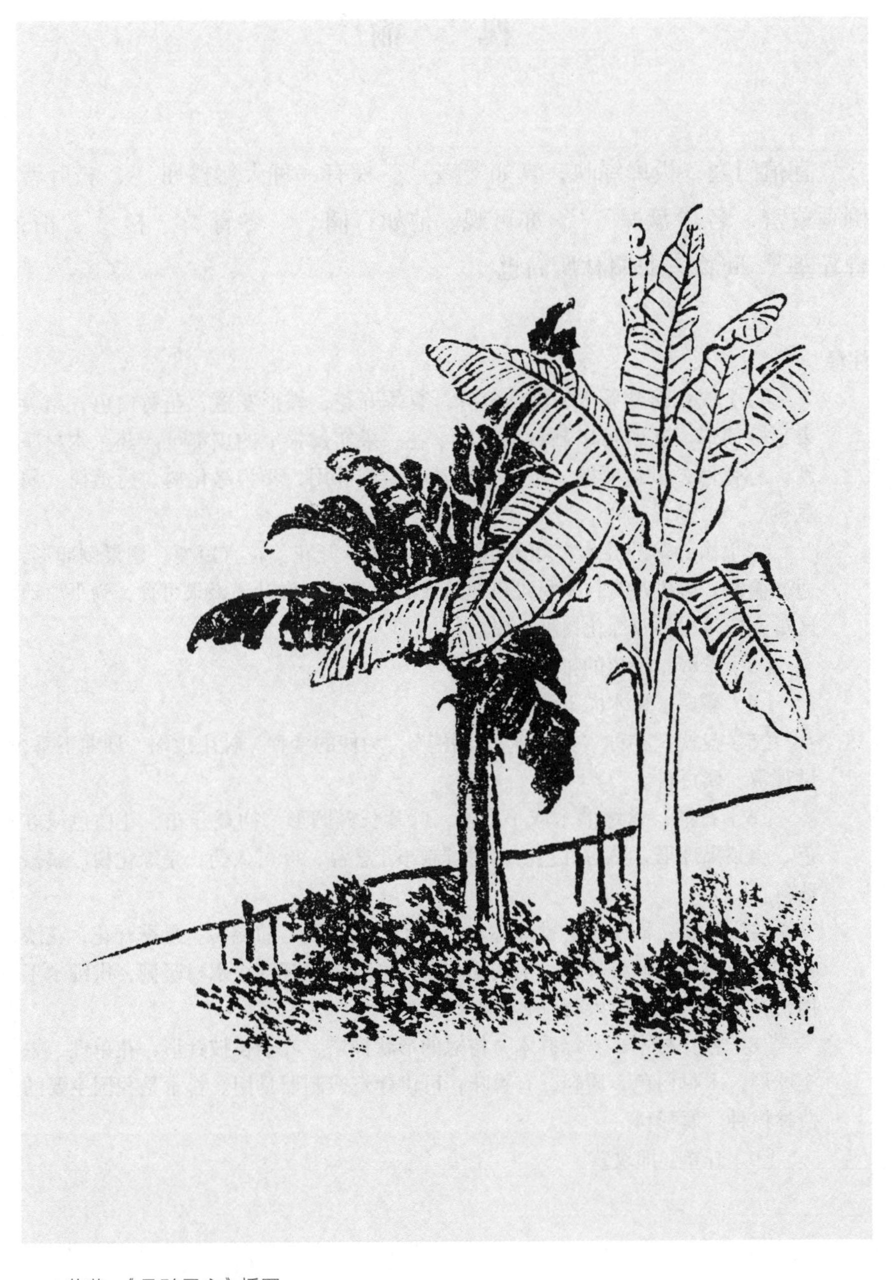

芭蕉。《马骀画宝》插图。

槐[1] 榆[2]

宜植门庭，板扉绿映，真如翠幄[3]。槐有一种天然樛屈[4]，枝叶皆倒垂蒙密，名“盘槐”[5]，亦可观。他如石楠[6]、冬青[7]、杉[8]、柏，皆丘垄[9]间物，非园林所尚也。

注释

〔1〕槐：落叶乔木，羽状复叶。夏季开花，蝶形花冠，花黄白色，结荚果，圆筒形。花蕾可以制黄色染料。花、果实及根上的皮都可入药。木材坚硬，有弹性，供造船舶、车辆、器具和雕刻等用，又为绿化树、行道树。属豆科。

〔2〕榆：落叶乔木，叶子卵形，早春先叶开花，花有短梗。翅果倒卵形，通称榆钱，可供观赏，木材可供建筑或制器具用。嫩叶、嫩果可食，为平原地区重要造林树种及绿化树种。属榆科。

〔3〕翠幄：绿色的帐幕。

〔4〕樛屈：树木向下弯曲。

〔5〕盘槐：亦称“龙爪槐”“蟠槐”，为槐的变种。枝生顶端，屈曲下垂，供观赏。属豆科。

〔6〕石楠：常绿灌木或小乔木，叶片长椭圆形。初夏开花，花白色或红色。小梨果球形，熟时红色。木材可制小工艺品，叶可入药，是绿化树。属蔷薇科。

〔7〕冬青：即女贞。常绿乔木，叶子长椭圆形，前端尖。夏季开花，花淡紫红色或白色，雌雄异株。果实椭圆形，红色，供观赏。木材坚韧，供细木工用，种子和树皮可以入药。属冬青科。

〔8〕杉：杉木，常绿乔木，树冠的形状像塔，叶子长披针形，花单性，果实球形。木材白色，质轻，有香味，可供建筑或制器具用。杉木是我国主要的造林树种。属杉科。

〔9〕丘垄：即坟墓。

槐。《三才图会》插图。

榆。《三才图会》插图。

梧桐[1]

青桐有佳荫，株绿如翠玉，宜种广庭中。当日令人洗拭，且取枝梗如画者，若直上而旁无他枝，如拳如盖，及生棉[2]者，皆所不取，其子亦可点茶[3]。生于山冈者曰“冈桐”[4]，子可作油。

注释

〔1〕梧桐：落叶乔木，叶子掌状分裂，叶柄长。夏季开花，雌雄同株，花单性，黄绿色。木材白色，质轻而坚韧，可以制造乐器和其他器具。种子可以食用，也可榨油。叶入药或作农药。为绿化树，属梧桐科。

〔2〕生棉：寄生的吹棉介壳虫在树的周围飞舞，犹如飞絮。

〔3〕点茶：俗称“注茶”或“沏茶”，即冲茶、泡茶。古人喜好将果物与茶叶同用沸水泡饮，称为“点茶”。

〔4〕冈桐：即“千年桐”。落叶乔木，花白色，有黄、红斑点，果实可榨油，属大戟科。

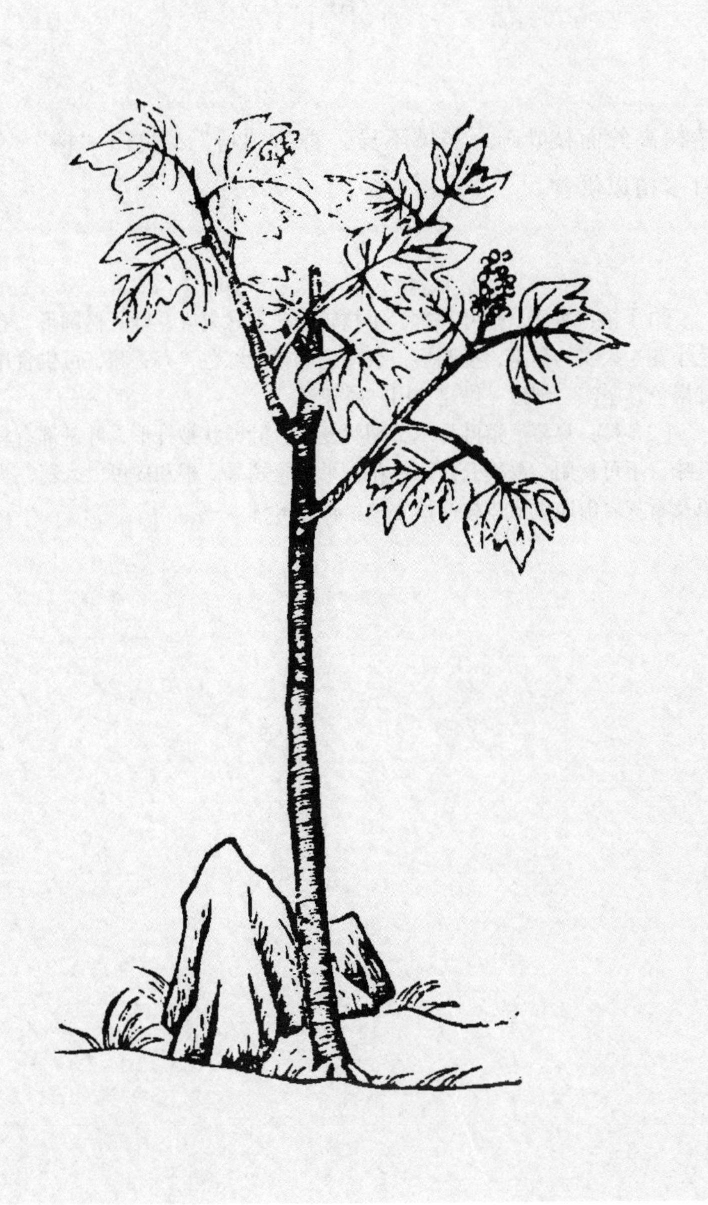

桐。《三才图会》插图。

椿[1]

椿树高耸而枝叶疏，与樗不异，香曰“椿”，臭曰“樗”[2]。圃中沿墙宜多植以供食。

注释

〔1〕椿：香椿。落叶乔木，小枝较粗，羽状复叶，叶长椭圆形。春季开白色小花。果实为蒴果，椭圆形，茶褐色。嫩叶红色，有香味，可供食用。木材红褐色，坚实、细致，供建筑用。属楝科。

〔2〕樗：臭椿。落叶乔木，羽状复叶，叶卵状披针形，叶基部有臭脉，发臭味，不可食用。夏季开白绿色花，果实是翅果。根和皮可以入药，为黄土高原及石灰岩山地重要造林树种之一。属苦木科。

银杏[1]

银杏株叶扶疏，新绿时最可爱。吴中刹宇[2]及旧家名园，大有合抱[3]者，新植似不必。

注释

〔1〕银杏：亦称“白果”“公孙树”。落叶乔木，雌雄异株，叶片扇形。种子椭圆形，外面有橙黄色的种皮，果仁可食用，也可入药。木材致密，可供建筑、家具、雕刻及其他工艺品用，是我国的特产。属银杏科。

〔2〕刹宇：佛教的寺庙。

〔3〕合抱：两臂围拢，形容树木粗壮。

乌臼[1]

秋晚，叶红可爱，较枫树[2]更耐久，茂林中有一株两株，不减石径寒山[3]也。

注释

〔1〕乌臼：即乌柏。落叶乔木，叶子互生，略呈菱形，秋天变红。夏季开黄色小花，花单性，雌雄同株，种子的外面有白蜡层，用来制造蜡烛。叶子可以做黑色染料。树皮、叶子均可入药。属大戟科。

〔2〕枫树：也称“枫香树”。落叶大乔木，叶子互生，通常三裂，边缘有锯齿，秋季变成红色，鲜艳夺目，可供观赏。花单性，雌雄同株，翅果。果实、树脂可以入药。木材轻软，可制箱板。属金缕梅科。

〔3〕石径寒山：唐杜牧《山行》：“远上寒山石径斜，白云深处有人家。停车坐爱枫林晚，霜叶红于二月花。”

竹[1]

种竹宜筑土为垄[2]，环水为溪，小桥斜渡，陟级而登，上留平台，以供坐卧，科头[3]散发，俨如万竹林中人也。否则辟地数亩，尽去杂树，四周石垒令稍高，以石柱朱栏围之，竹下不留纤尘片叶，可席地而坐，或留石台石凳之属。竹取长枝巨干，以毛竹[4]为第一，然宜山不宜城；城中则护基笋[5]最佳，竹不甚雅。粉筋斑紫[6]，四种俱可，燕竹[7]最下。慈姥竹[8]即桃枝竹，不入品。又有木竹[9]、黄菰竹[10]、箬竹[11]、方竹[12]、黄金间碧玉[13]、观音[14]、凤尾[15]、金银[16]诸竹。忌种花栏之上，及庭中平植；一带墙头，直立数竿。至如小竹丛生，曰“潇湘竹”[17]，宜于石岩小池之畔，留植数枝，亦有幽致。种竹有“疏种”“密种”“浅种”“深种”之法[18]；疏种谓三四尺地方种一窠，欲其土虚行鞭；密种谓竹种虽疏，然每窠却种四五竿，欲其根密；浅种谓种时入土不深；深种谓入土虽不深，上以田泥壅[19]之，如法，无不茂盛。又棕竹[20]三等：曰筋头[21]，曰短柄[22]，二种枝短叶垂，堪植盆盎；曰朴竹[23]，节稀叶硬，全欠温雅，但可作扇骨料及画义柄耳。

注释

〔1〕竹：常绿植物，茎圆柱形，中空，有节，叶子平行脉，嫩芽叫笋。种类很多，茎可供建筑和制器具用，笋可以食用，属禾本科或竹科。

〔2〕垄：田中高处叫作垄。

〔3〕科头：意为不戴头冠，裸露头髻。

〔4〕毛竹：亦称“茅竹”“南竹”，禾本科。秆散生，高大，圆筒形。叶披针形，笋箨有毛，分布在我国长江以南各省。竹秆组织致密，坚韧，富有弹性，供建筑及制器具。笋味美，可供食用。

〔5〕护基笋：即护居竹的笋。护居竹，秆高一丈五尺至三丈，秆环突起，且各向左右略偏歪，长江两岸庭园中皆有栽植。《无锡县志》：“护居竹一名

‘哺鸡竹’，言其笋如鸡卵之多。”

〔6〕粉筋斑紫：指粉竹、筋竹、斑竹、紫竹。粉竹，淡竹的一种。筋竹，与淡竹相似，叶较大而疏，竹环突出。斑竹，亦称“湘妃竹”“潇湘竹”。秆上生黑色斑纹，供观赏用。斑竹并不限于一种。紫竹，亦称“乌竹”，新竹秆呈绿色，以后黑色渐次增加，老竹呈紫黑色，大枝小枝均呈黑色或淡黑色，供观赏用。

〔7〕燕竹：亦称早竹或早园竹。因为燕子来时开始出笋，故名。

〔8〕慈姥竹：即慈孝竹。《本草汇言》：“曰箫管竹，圆致异于他处，篁坚而促节，皮白如雪粉，出当涂县慈姥山。”

〔9〕木竹：即石竹。秆孔很小，近于实心。

〔10〕黄菰竹：可能指江浙广泛分布的黄姑竹。

〔11〕箬竹：禾本科，竹的一种，茎高三四尺，中空，节显著，叶子宽而大，可以编制器物或箬笠，故名。竹叶还可用来包粽子。

〔12〕方竹：亦称“四方竹”，禾本科。秆呈钝圆角的四棱形，中空。叶片薄纸质，狭披针形。秆可作造纸原料，笋味美可食，又供观赏。

〔13〕黄金间碧玉：黄金间碧玉竹，秆皮黄色，中有绿条，十分美观。

〔14〕观音：亦称“凤尾竹”，禾本科。秆丛生，形如淡竹，枝叶细瘦，高只有五六尺，可供观赏。秆可作造纸原料。

〔15〕凤尾：亦称“观音竹”，叶排列于枝的两侧，宛若羽状，供观赏用。《竹谱详录》：“凤尾竹生江西，一如笙竹，但下边枝叶稀少，至梢则繁茂，摇摇如凤尾，故得此名。”

〔16〕金银：疑为金竹与银竹的合称。《竹谱详录》：“金竹生江浙间，一如淡竹，高者不过一二丈，其枝干黄净如真金，故名。”《广东通志》：“银竹笋长三四尺，肥白而脆，产西宁。”

〔17〕潇湘竹：《竹谱详录》：“潇湘竹凡二种，出七闽山中，一种圆而长节，大者可为伞柄，小者为箫笛之材。一种细小，高不过数尺，人家移植盆槛中，芃芃可爱。”

〔18〕种竹有“疏种”“密种”“浅种”“深种”之法：《种树书》：“禁中种竹，一二年间无不茂盛，园子云：‘初无他术，只有八字，疏种、密种、浅种、深种。’”

〔19〕壅：把土或肥料培在植物的根上。

〔20〕棕竹：亦称“棕榈竹”。叶掌状顶生，有节如竹，热带植物，属棕榈科。

〔21〕筋头：棕竹的一种。《群芳谱》：“棕竹有三种，上曰‘筋头’，梗

短叶垂，堪置书几。”

〔22〕短柄：棕竹的一种。《群芳谱》：“次曰‘短栖’，可列庭阶。”

〔23〕朴竹：棕竹的一种。《群芳谱》：“次曰‘朴竹’，节稀叶硬，全欠温雅，但可作扇骨料耳。”

竹。《三才图会》插图。

菊[1]

吴中菊盛时，好事家[2]必取数百本，五色相间，高下次列，以供赏玩，此以夸富贵容则可。若真能赏花者，必觅异种，用古盆盎植一枝两枝，茎挺而秀，叶密而肥，至花发时，置几榻间，坐卧把玩，乃为得花之性情。甘菊[3]惟荡口[4]有一种，枝曲如偃盖，花密如铺锦者，最奇，余仅可收花以供服食。野菊[5]宜着篱落间。种菊有六要二防之法：谓胎养[6]、土宜[7]、扶植[8]、雨旸[9]、修葺[10]、灌溉[11]，防虫，及雀作窠时[12]，必来摘叶，此皆园丁所宜知，又非吾辈事也。至如瓦料盆及合两瓦为盆者，不如无花为愈[13]矣。

注释

〔1〕菊：菊花，多年生草本植物，叶子有柄，卵形至披针形，边缘有缺刻或锯齿。秋季开花，品种很多，颜色、形状和大小变化很大，是著名的观赏植物。有的品种可入药。属菊科。

〔2〕好事家：夏文彦《图绘宝鉴》："米元章谓好事家与赏鉴家自是两等，家多资力，贪名好胜，遇物收置，不过听声，此谓好事。"

〔3〕甘菊：亦称"甘野菊""岩香菊""香叶菊"，多年生草本，花管状黄色。属菊科。范成大《菊谱》："甘菊，一名家菊，人家种以供蔬茹。凡菊，叶皆深绿而厚，味极苦，或有毛，惟此叶淡绿柔莹，味微甘，咀嚼香味俱胜，撷以作羹及泛茶，极有风致。天随子所赋即此种，花差胜野菊，甚美，本不系花。"

〔4〕荡口：荡口镇在江苏省无锡市南，与苏州、常熟接壤。

〔5〕野菊：亦称"野菊花"。多年生草本，叶互生，卵状椭圆形，羽状分裂。秋季开花，花黄色。野生在路边荒地。中医学上以花和全草入药，也可配制农药。史正志《菊谱》："野菊，细瘦，枝柯凋衰，多野生，亦有白者。"

〔6〕胎养：开始培养。

〔7〕土宜：土壤适宜。

〔8〕扶植：扶持培植。

〔9〕雨旸：阴雨或晴朗。

〔10〕修葺：修剪整理。

〔11〕灌溉：浇水施肥。

〔12〕防虫，及雀作窠时：《遵生八笺》："初种活时，有细虫穿叶，微见白路萦回，可用指甲刺死。又有黑小地蚕啮根，早晚宜看。四月，麻雀作窠，啄枝衔叶，宜防。又防节眼内生蛀虫……五月间有虫名'菊牛'……六七月后生青虫……"

〔13〕愈：较好。

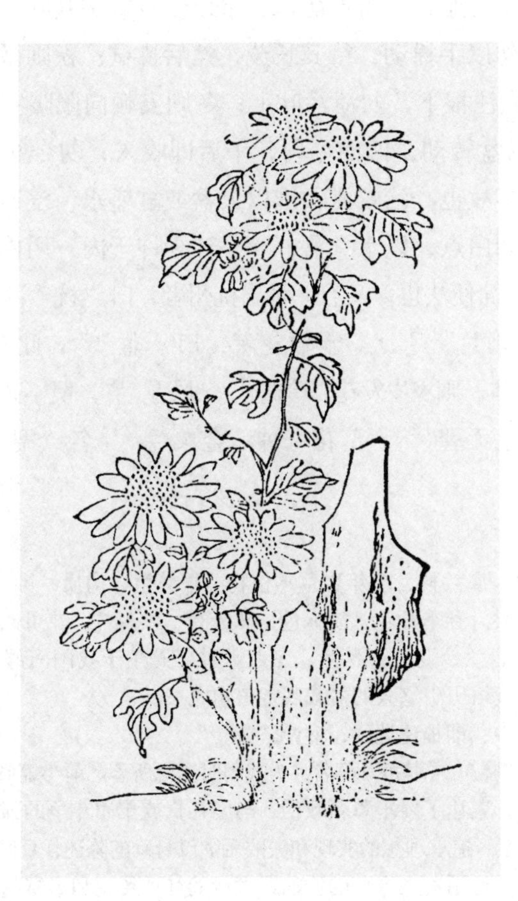

菊。《三才图会》插图。

兰[1]

兰出自闽中[2]者为上，叶如剑芒，花高于叶，《离骚》[3]所谓“秋兰兮青青，绿叶兮紫茎”者是也。次则赣州[4]者亦佳，此俱山斋所不可少，然每处仅可置一盆，多则类虎丘花市。盆盎须觅旧龙泉[5]、均州[6]、内府[7]、供春[8]绝大者，忌用花缸[9]、牛腿[10]诸俗制。四时培植，春日叶芽已发、盆土已肥，不可沃肥水，常以尘帚拂拭其叶，勿令尘垢；夏日花开叶嫩，勿以手摇动，待其长茂，然后拂拭；秋则微拨开根土，以米泔水[11]少许注根下，勿渍污叶上；冬则安顿向阳暖室，天晴无风舁出[12]，时时以盆转动，四面令匀，午后即收入，勿令霜雪侵之。若叶黑无花，则阴多故也。治蚁虱，惟以大盆或缸盛水，浸逼花盆，则蚁自去。又治叶虱如白点，以水一盆，滴香油少许于内，用棉蘸水拂拭，亦自去矣，此艺兰简便法也。又有一种出杭州者，曰“杭兰”[13]；出阳羡[14]山中者，名“兴兰”[15]；一干数花者，曰“蕙”[16]，此皆可移植石岩之下，须得彼中原本，则岁岁发花。珍珠[17]、风兰[18]，俱不入品。箬兰[19]，其叶如箬，似兰无馨[20]，草花奇种。金粟兰[21]名“赛兰”，香特甚。

注释

〔1〕兰：属兰科，多年生草本植物。根簇生，肉质，圆柱形。叶子丛生，条形，先端尖。春季开花，淡绿色，味芳香，供观赏。花可制香料，又以开花季节，分为春兰、夏兰、秋兰、冬兰数种。野生于我国南部和东部山坡林荫下，为我国栽培历史悠久的盆栽观赏植物之一。

〔2〕闽中：即福建地区，盛产“建兰”。

〔3〕《离骚》:《楚辞》篇名，为战国时屈原所著。前半篇倾诉了作者对楚国命运的关怀，表达了要求革新政治，与腐朽贵族集团斗争的强烈意志。后半篇通过神游天上、追求理想的实现和失败后欲以身殉的陈述，反映出热爱楚国的思想感情。作品运用美人香草的比喻，大量的神话传说和丰富的想象，形成绚烂的文采和宏伟的结构，表现出积极的浪漫主义精神，对后世文学产生深远影响。

〔4〕赣州：今江西省赣州市，盛产“赣兰”。

〔5〕龙泉：即“龙泉窑”，我国著名的瓷窑之一，其址位于浙江龙泉市。龙泉窑创烧于北宋早期，南宋晚期为极盛期，明代中期以后逐渐衰落。龙泉窑以盛产青瓷而闻名，瓷釉精亮透明，装饰以刻画为主，有“青玉”的美誉。著名的品种有梅子青、粉青等。

〔6〕均州：即“均州窑”，亦称“均窑”“钧窑”，宋代著名瓷窑之一。其址位于今河南省禹州市。禹州宋称钧州，因设窑烧瓷，故名钧窑。瓷质细腻，釉色以脑脂色、兔丝纹、现砂纹斑者为上等，青黑、葱翠绿之纯色者为中等，青黑错杂等色为最下。

〔7〕内府：即“内窑”“修内司官窑”。宋室南渡后，依照汴京官窑遗制置窑于修内司，址在杭州凤凰山下。造有青瓷、白瓷、青白瓷和黑瓷等。

〔8〕供春：即“龚春”，明代正德、嘉靖年间宜兴制砂壶名手。其作品以栗色“供春壶”闻名。供春壶造型古朴精致，温雅天然，质薄坚实。周澍《台阳百咏》：“最重供春小壶……一具之用数十年，则值金一笏。”传世的供春壶极少。

〔9〕花缸：宜兴所产的本色花缸。

〔10〕牛腿：缸名，因其口大，下部略尖，似牛腿而得名。

〔11〕米泔水：淘米用过的水。

〔12〕舁出：舁，共同抬东西。舁出，抬出。

〔13〕杭兰：杭州所产的兰花。

〔14〕阳羡：今江苏省宜兴市。

〔15〕兴兰：宜兴所产的兰花。

〔16〕蕙：蕙兰，俗称“九节兰”或“夏兰”。多年生草本植物，叶子丛生，狭长而尖，初夏开花，花生七八朵至十余朵不等，黄绿色，有香味，生在山野。

〔17〕珍珠：在此指“珍珠兰”，亦称“金粟兰”“珠兰”，花小而呈黄绿色，香气浓郁，属金粟兰科。

〔18〕风兰：亦称“挂兰”“吊兰”。热带常绿草本，花黄白色，有微香，属百合科。

〔19〕箬兰：亦称“白芨”“朱兰”。叶如箬，花紫，形似兰而无香，四月开，江、浙、闽、广等省均有分布，属兰科。

〔20〕馨：散布得远的香气。

〔21〕金粟兰：亦称“珠兰”“珍珠兰”，金粟兰科。常绿小灌木，叶对生，椭圆形。初夏开花，穗状花序，花小，黄绿色，极芳香。供观赏，也可熏茶。《致富全书》：“别有一种名‘赛兰’者，佛家谓之‘伊兰’，树如茉莉，花如金粟，好事者易名‘金粟兰’，殆非兰种，亦犹蜡梅之于梅花也。”

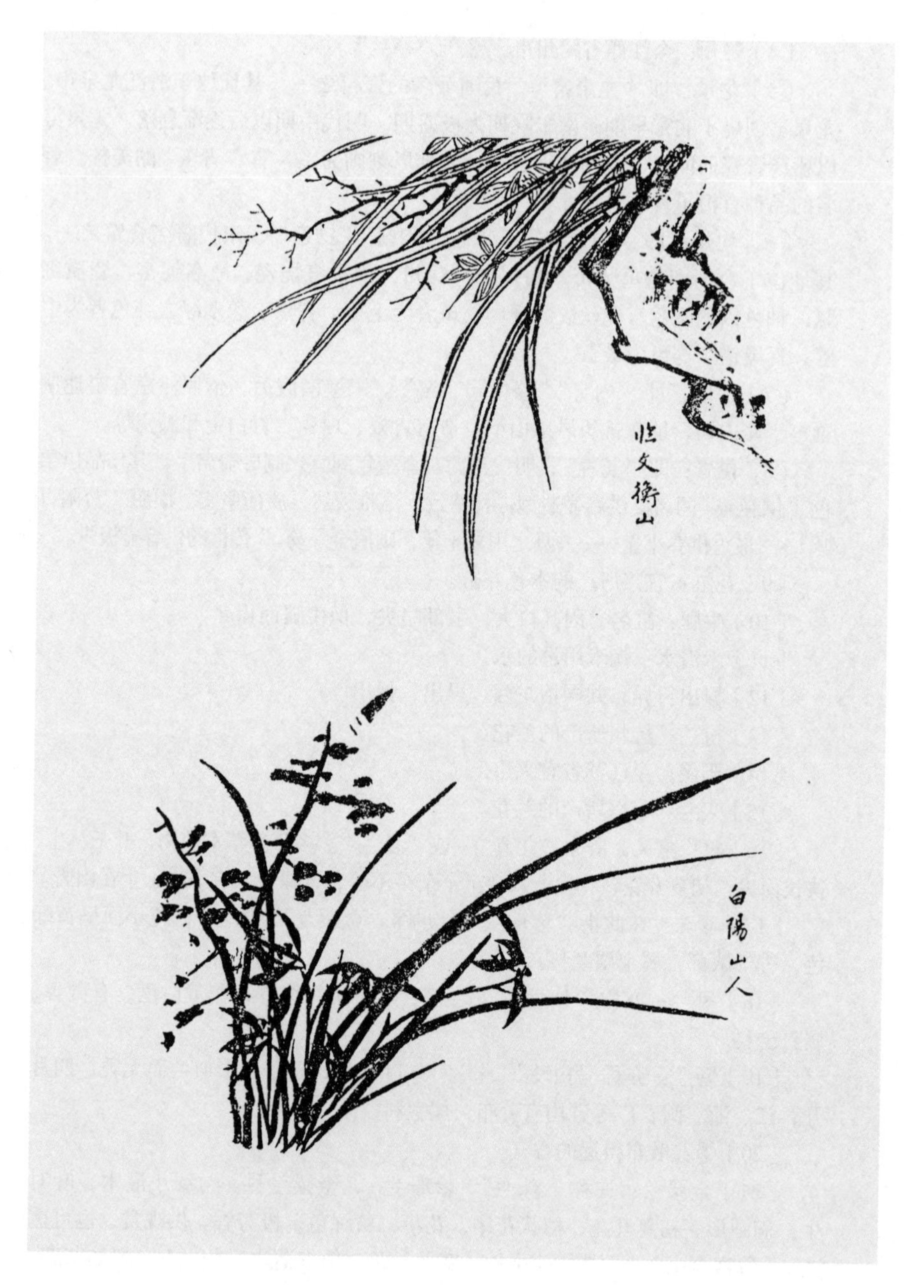

兰花。《芥子园画谱》插图。

瓶花[1]

堂供必高瓶大枝，方快人意。忌繁杂如缚，忌花瘦于瓶，忌香、烟、灯煤熏触，忌油手拈弄，忌井水贮瓶，味咸不宜于花，忌以插花水入口，梅花、秋海棠二种，其毒尤甚。冬月入硫黄[2]于瓶中，则不冻。

注释

〔1〕瓶花：即插瓶之花。文中所言多见明代张谦德的《瓶花谱》。

〔2〕硫黄：非金属元素，有多种同素异形体，黄色，能与氧、氢、卤素（除碘外）和大多数金属化合。用来制造硫酸、火药、火柴、硫化橡胶、杀虫剂等，也用来治疗皮肤病。

盆玩[1]

盆玩，时尚以列几案间者为第一，列庭榭中者次之，余持论则反是。最古者以天目松为第一，高不过二尺，短不过尺许，其本如臂，其针若簇，结为马远[2]之“欹斜诘屈”[3]，郭熙[4]之“露顶张拳”[5]，刘松年[6]之“偃亚层叠”[7]，盛子昭[8]之“拖拽轩翥”[9]等状，栽以佳器，槎牙可观。又有古梅，苍藓鳞皴，苔须垂满，含花吐叶，历久不败者，亦古。若如时尚作沉香片者，甚无谓。盖木片生花，有何趣味？真所谓以“耳食”[10]者矣。又有枸杞[11]及水冬青[12]、野榆[13]、桧柏[14]之属，根若龙蛇，不露束缚锯截痕者，俱高品也。其次则闽之水竹[15]、杭之虎刺[16]，尚在雅俗间。乃若菖蒲九节[17]，神仙所珍，见石则细，见土则粗，极难培养。吴人洗根浇水，竹翦修净，谓朝取叶间垂露，可以润眼，意极珍之。余谓此宜以石子铺一小庭，遍种其上，雨过青翠，自然生香；若盆中栽植，列几案间，殊为无谓，此与蟠桃、双果[18]之类，俱未敢随俗作好也。他如春之兰蕙，夏之夜合、黄香萱、夹竹桃花[19]，秋之黄密矮菊[20]，冬之短叶水仙及美人蕉[21]诸种，俱可随时供玩。盆以青绿古铜[22]、白定[23]、官哥[24]等窑为第一，新制者五色内窑[25]及供春粗料[26]可用，余不入品。盆宜圆，不宜方，尤忌长狭。石以灵璧[27]、英石[28]、西山佐之，余亦不入品。斋中亦仅可置一、二盆，不可多列。小者忌架于朱几，大者忌置于官砖[29]，得旧石凳或古石莲磉[30]为座，乃佳。

注释

〔1〕盆玩：即盆景或盆栽。是用植物或水、石等，经过艺术加工，种植或布置在盆中，使成为自然景物缩影的一种陈设品。

〔2〕马远：宋代画家，钱塘人，字遥父，号钦山，原籍河中（今山西永济），为“南宋四大家”之一。元夏文彦《图绘宝鉴》记载马远：“画山水、

人物、花禽，种种臻妙，院中人独步也。光宁朝画院待诏。”

〔3〕攲斜诘屈：攲斜，倾斜不平。诘屈，弯曲不直。

〔4〕郭熙：宋代画家。郭若虚《图画见闻志》：“郭熙，河阳温人，今为御书院艺学，工画山水寒林……虽复学慕营丘，亦能自放胸臆，巨障高壁，多多益壮，今之世为独绝矣。”

〔5〕露顶张拳：形容姿态粗犷豪放。

〔6〕刘松年：宋代画家。《国绘宝鉴》：“刘松年，钱塘人，居清波门，俗呼为‘暗门刘’。……师张敦礼，工画人物、山水，神气精妙，名过于师。宁宗朝进《耕织图》，称旨，赐金带，院人中绝品也。”与李唐、马远、夏圭并称“南宋四大家”。

〔7〕偃亚层叠：形容形状僵硬古怪、层见叠出。

〔8〕盛子昭：元代画家。字子昭，善画山水、人物、花鸟。始学陈仲美，略变其法，精致有余，特过于巧。

〔9〕拖拽轩翥：翥，鸟向上飞。拖拽轩翥，形容既有拖拽不起之状，又有轩昂高举之势。

〔10〕耳食：指听到传闻不加审查就信以为真。

〔11〕枸杞：落叶小灌木。茎丛生，有短刺。叶卵状披针形。夏秋开紫色花，果实卵圆形，成熟时呈深红色，颇为美观。茎叶作蔬菜，果实可入药。属茄科。

〔12〕水冬青：亦称“水蜡树”，即小叶女贞，落叶灌木。属木犀科。

〔13〕野榆：指野生的榆树。

〔14〕桧柏：即圆柏，常绿乔木。树冠圆锥形，叶有针叶、鳞叶两种，变种很多。球果肉质。木材淡黄褐色至红褐色，细致、坚实，有芳香，供建筑及家具用。枝叶可入药，为绿化树，属柏科。

〔15〕水竹：《考槃馀事》：“又如水竹，亦产闽中，高五六寸许，极则盈尺，细叶老干，潇疏可人，盆植数竿，便生渭川之想。此三友（天目松、石梅、水竹）者，盆几之高品也。”

〔16〕虎刺：亦称“伏牛花”，落叶或常绿小灌木，花白色，果实殷红，经久不凋，属茜草科。

〔17〕菖蒲九节：即九节菖蒲，多年生草本，叶片薄，多在春季采收，花白色，生于山地沟谷或灌木丛中。中医以根茎入药。属毛茛科。

〔18〕双果：骈结的桃，亦称“合欢果”或“鸳鸯桃”。隋吴绛仙诗：“驿骑传双果，君王宠念深。”

〔19〕夹竹桃花：夹竹桃为常绿灌木，叶对生或轮生，披针形。夏季开花，

花桃红色或白色。为我国各地常见的栽培观赏植物。叶、花和树皮有毒，属夹竹桃科。

〔20〕黄密矮菊：即黄、蜜两色的矮型菊花。

〔21〕美人蕉：多年生草本，块状根茎。叶片长椭圆形，绿色。总状花序，四季开花，花黄红色，供观赏，属美人蕉科。

〔22〕青绿古铜：即氧化呈青绿色的古铜器。《遵生八笺》："曹明仲《格古论》云：'铜器入土千年者，色纯青如翠；入水千年者，则色绿如瓜皮，皆莹润如玉；未及千年，虽有青绿而不莹润。'"

〔23〕白定：即白色定窑瓷。宋时建于定州，有素凸花、划花、印花诸种，多牡丹、萱草、飞凤等花，样色分红、白两种，以白色滋润或釉色若竹丝白纹者为真，俗称"粉定"，亦称"白定"。以政和、宣和年间所造者为最多。

〔24〕官哥：即"官窑"与"哥窑"的瓷器。官窑，宋政和间京师自置窑，烧制瓷器，曰"官窑"。南渡后，袭旧制，置于修内司，造青瓷，曰"内窑"，亦称"官窑"。旧官窑品格，与哥窑大致相同。哥窑，宋时，处州龙泉镇有章姓兄弟皆作窑，二人合造一窑，名曰"琉田窑"，为龙泉窑之一。其后，兄弟分造，兄造者曰"哥窑"，弟造者名"章龙泉窑"，简称"章窑"。哥窑瓷较弟窑稍白，而断纹多，号曰"圾碎"。哥窑，即其兄作者。清代窑务官唐英云："兄弟两窑，其色皆青，其别即在有无断纹片耳。"

〔25〕五色内窑：五彩官窑瓷器。釉下五彩，是一种釉下高温烧成的彩绘。大约明时从国外传来。方法为点、洗、染、勾、涂等，样式丰富多彩。《遵生八笺》："宣窑五彩，深厚堆垛，故不甚佳；而成窑五彩，用色浅淡，颇有画意。"

〔26〕供春粗料：供春所制的花盆。

〔27〕灵璧：灵璧石，产于安徽灵璧县，亦称"灵璧大理石"。

〔28〕英石：产于广东英德，俗称"广东白石"，或"广东矾石"，以其为石英质，色白，故名。

〔29〕官砖：明代官窑烧造的砖。

〔30〕石莲磉：雕刻莲花的石磉。这里指宋元时期的覆莲柱础。

瓶花、盆玩。《马骀画宝》插图。

移植盆玩。《三希堂画谱》插图。

卷三

水石

石令人古，水令人远。园林水石，最不可无。要须回环峭拔，安插得宜。一峰则太华[1]千寻，一勺则江湖万里。又须修竹、老木、怪藤、丑树，交覆角立[2]，苍崖碧涧，奔泉汛流，如入深岩绝壑之中，乃为名区胜地。约略其名，匪一端矣。志《水石第三》。

注释

〔1〕太华：即华山，被称为“西岳”。在陕西省华阴市南。

〔2〕角立：突出，独立。

《小瀛洲十老社诗》插图。明钱孺穀、钟祖述辑，陈询画，黄应光刻，古吴申于燕临，清初金陵周龙甫刻，清顺治己丑年（1649）金陵复刻版。

《新刻五闹蕉帕记》插图。明单本撰，明万历金陵唐惠文林阁刊本。中国国家图书馆、日本帝国大学均藏。

广池[1]

凿池自亩以及顷[2]，愈广愈胜。最广者，中可置台榭之属，或长堤横隔，汀蒲[3]、岸苇[4]杂植其中，一望无际，乃称巨浸。若须华整，以文石为岸，朱栏回绕，忌中留土，如俗名战鱼墩[5]，或拟金焦[6]之类。池傍植垂柳，忌桃杏间种。中畜凫[7]雁[8]，须十数为群，方有生意[9]。最广处可置水阁，必如图画中者佳。忌置簰舍[10]。于岸侧植藕花，削竹为阑，勿令蔓衍[11]。忌荷叶满池，不见水色。

注释

〔1〕广池：宽阔的池塘。池为园林水景形式之一，是水面较小的静态水体，南方园林中布置较多，主要用于构景。池的大小、形状及布置方式因地形、环境而异。

〔2〕顷：万亩地。

〔3〕汀蒲：汀，水中小洲；蒲，菖蒲，多年水生草本植物，叶狭扁，开淡黄色小花，属天南星科。

〔4〕岸苇：水涯而高的称“岸”。苇，芦苇，多年生草本，生于湿地或浅水中，属禾本科。

〔5〕战鱼墩：陈植《长物志校注》：“苏州俗名。平地有堆曰墩。所谓战鱼墩，盖土墩之在水中，而便于撒网捕鱼者。”

〔6〕拟金焦：拟，模拟。金焦，指镇江的金山与焦山。此指两山对峙。

〔7〕凫：亦称野鸭，鸟纲，鸭科。体型差异较大。趾间有蹼，善游水，多群栖湖泊中，杂食或主食植物。多为冬候鸟，来去皆迟于雁。

〔8〕雁：鸟纲，鸭科，雁亚科各种类的通称。大型游禽，大小、外形似鹅，颈和翼较长，足和尾较短，羽毛淡紫褐色。善于游泳和飞行。主食植物的嫩叶、根和种子。雁为候鸟，冬季南飞，春来北归，结队呈人字形而飞。

〔9〕生意：富有生命力的气象。

〔10〕簰舍：簰，同“排”，用竹木扎成的大筏，俗称“竹排”或“木排”。舍，小屋。簰舍，竹木排上搭制的小屋。

〔11〕蔓衍：同“蔓延”。形容像蔓草一样不断向周围扩展。

池塘。《马骀画宝》插图。

小池[1]

阶前石畔凿一小池，必须湖石四围，泉清可见底。中畜朱鱼[2]、翠藻[3]，游泳可玩。四周树野藤、细竹，能掘地稍深，引泉脉者更佳，忌方圆八角诸式。

注释

〔1〕小池：狭小的池塘。

〔2〕朱鱼：又称“金鱼”“锦鱼”。鳍大，品种多样，供观赏，属鲤科。

〔3〕翠藻：绿色的水藻。水藻，生长在水里的藻类植物的统称，如水绵、褐藻植物。

修禊之事。《程氏墨苑》插图。

瀑布[1]

山居引泉，从高而下，为瀑布稍易，园林中欲作此，须截竹长短不一，尽承檐溜[2]，暗接藏石罅[3]中，以斧劈石垒高，下凿小池承水，置石林立其下，雨中能令飞泉渍薄[4]，潺湲[5]有声，亦一奇也。尤宜竹间松下，青葱掩映，更自可观。亦有蓄水于山顶，客至去闸，水从空直注者，终不如雨中承溜为雅，盖总属人为，此尤近自然耳。

注释

〔1〕瀑布：园林水景形式之一。瀑布是从山壁或河身突然降落的地方流下的水，是自然山水的一种景观，壮观而有气魄。可分为挂瀑、帘瀑、叠瀑、飞瀑等形式，多见于自然风景园林中。

〔2〕檐溜：下雨时檐口流水。

〔3〕石罅：岩石的缝隙。

〔4〕渍薄：渍，水边。薄，水流激荡而涌起。

〔5〕潺湲：形容河水慢慢流的样子。

瀑布。《芥子园画谱》插图。

凿井[1]

井水味浊，不可供烹煮；然浇花洗竹，涤砚拭几，俱不可缺。凿井须于竹树之下，深见泉脉，上置辘轳引汲，不则盖一小亭覆之。石栏古号“银床”[2]，取旧制最大而古朴者置其上，井有神，井傍可置顽石，凿一小龛[3]，遇岁时奠[4]以清泉一杯，亦自有致。

注释

〔1〕凿井：挖掘水井。

〔2〕银床：井栏。

〔3〕龛：供奉神佛的小阁子。

〔4〕奠：用祭品向死者致祭。

辘轳。《天工开物》插图。

老子观井。《马骀画宝》插图。

天泉[1]

秋水[2]为上，梅水[3]次之。秋水白而冽，梅水白而甘。春冬二水，春胜于冬，盖以和风甘雨，故夏月暴雨不宜，或因风雷蛟龙所致，最足伤人。雪为五谷之精，取以煎茶，最为幽况，然新者有土气，稍陈乃佳。承水用布，于中庭受之，不可用檐溜。

注释

〔1〕天泉：天上所降之水，即雨水、雪水。

〔2〕秋水：秋季所降的雨水。

〔3〕梅水：黄梅季节所降的雨水。

《萝轩变古笺谱》插图。明吴发祥辑，明天启六年（1626）异氏罗轩版，上海博物馆藏。

地泉〔1〕

乳泉漫流如惠山泉〔2〕为最胜，次取清寒者。泉不难于清，而难于寒，土多沙腻泥凝者，必不清寒。又有香而甘者，然甘易而香难，未有香而不甘者也。瀑涌湍急者勿食，食久令人有头疾。如庐山水帘〔3〕、天台瀑布〔4〕，以供耳目则可，入水品则不宜，温泉下生硫黄，亦非食品。

注释

〔1〕地泉：从地下涌出的泉水，为园林水景形式之一。按其出水方式分为山泉、涌泉、滴泉、壁泉、间歇泉等，天然泉水是绝佳的风景点。泉的处理宜顺其自然，景从境出。

〔2〕惠山泉：在江苏省无锡市西郊，今锡惠公园内。唐代陆羽称之为“天下第二泉”。

〔3〕庐山水帘：唐张又新《煎茶水记》：“庐山康王谷水帘水煎茶第一。”

〔4〕天台瀑布：天台山的瀑布。天台山，在今浙江省天台县北。

画平泉法。《芥子园画谱》插图。

流水

江水取去人远者，扬子南泠〔1〕，夹石渟渊〔2〕，特入首品，河流通泉窦〔3〕者，必须汲置，候其澄澈，亦可食。

注释

〔1〕扬子南泠：即今江苏省镇江市金山前中泠泉，号称“天下第一泉”。

〔2〕夹石渟渊：夹，《韵会》：“左右持也。”水停滞。夹石渟渊，指岩石间所涌出的泉水。《煮泉小品》：“扬子固江也，其南岭则夹石渟渊，特入首品，余尝试之，诚与山泉无异。”

〔3〕泉窦：泉眼。

泉水。《马骀画宝》插图。

丹泉〔1〕

名山大川，仙翁〔2〕修炼之处，水中有丹，其味异常，能延年却病，此自然之丹液，不易得也。

注释

〔1〕丹泉：即朱砂泉。朱砂亦称丹砂，无机化合物，红色或棕红色，无毒，是炼汞的主要矿物，中医可入药。南朝宋盛弘之《荆州记》："宜都夷道县西南九十里，有望州山，西面壁立，登此见一州内。东有涌泉，欲雨，辄有赤气，故名丹泉。"

〔2〕仙翁：指道家。

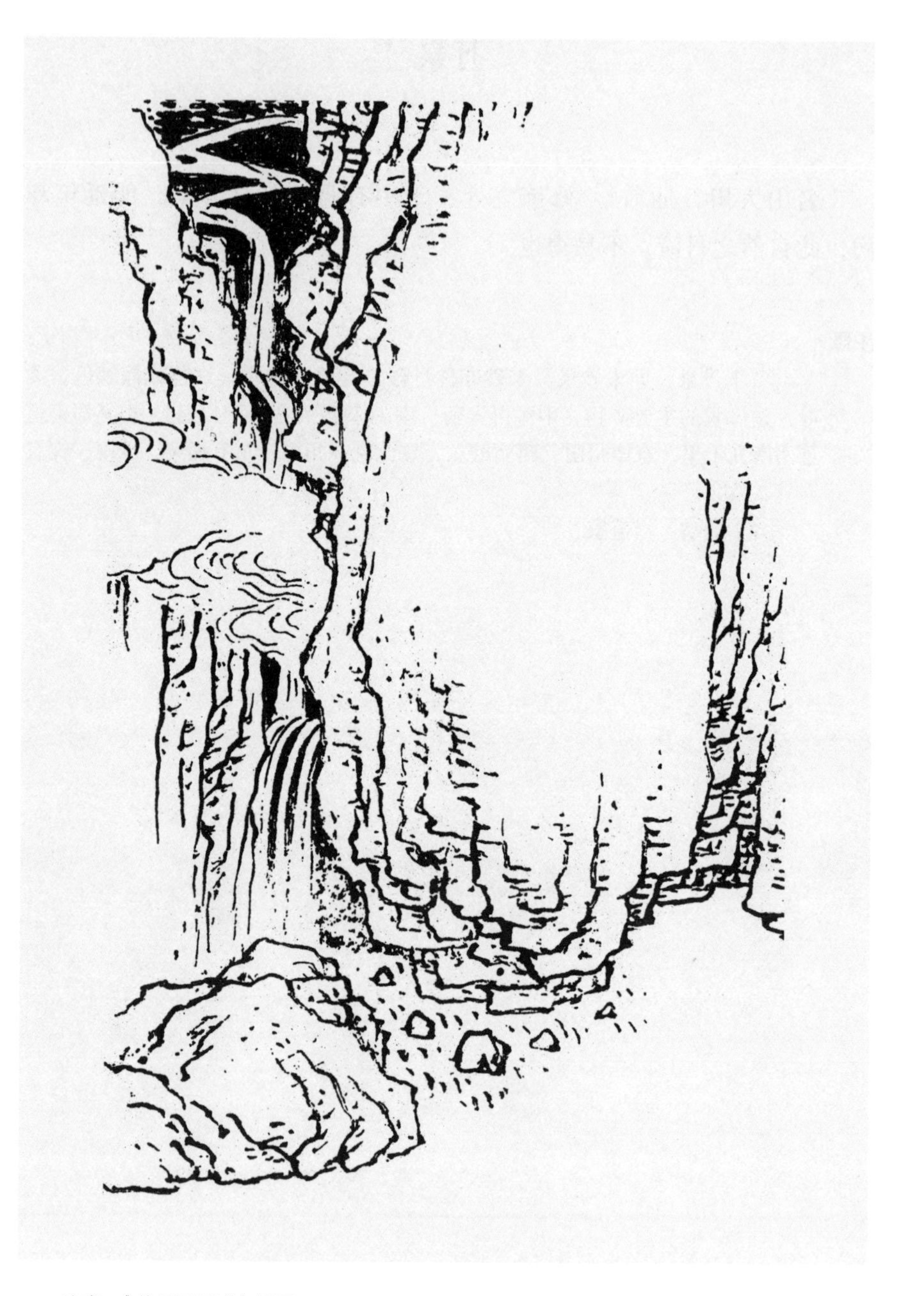

流泉。《芥子园画谱》插图。

品石〔1〕

石以灵璧为上，英石次之。然二种品甚贵，购之颇艰，大者尤不易得，高逾数尺者，便属奇品。小者可置几案间，色如漆，声如玉者最佳。横石以蜡地〔2〕而峰峦峭拔者为上，俗言“灵璧无峰”，“英石无坡”，以余所见，亦不尽然。他石纹片粗大，绝无曲折、屼嵂〔3〕、森耸〔4〕峻嶒者〔5〕。近更有以大块辰砂〔6〕、石青〔7〕、石绿〔8〕为研山〔9〕、盆石〔10〕，最俗。

注释

〔1〕品石：品评观赏石头。园林选石应根据造景的要求以及实用性功能的需要来决定用石的种类、形态、大小、色泽、质地等。

〔2〕蜡地：蜡色的质地。

〔3〕屼嵂：屼，形容山秃。嵂，形容山势高峻。

〔4〕森耸：形容众多而高峻。

〔5〕峻：形容山高。沈约诗：“峻嶒起青嶂。”

〔6〕辰砂：朱砂，亦作丹砂。产于湖南辰州者称“辰砂”，成分为一硫化汞，有金刚光泽及条痕，色呈绯红。

〔7〕石青：即蓝铜矿，亦称“扁青”。产于广东南海，色青翠，经久不变。《本草纲目》：“扁青……今之石青是矣。绘画家用之，其色青翠不渝，俗呼为大青，楚蜀诸处亦有之。”

〔8〕石绿：即孔雀石，颜色美丽，用制饰物及绿色颜料。《海药本草》：“绿盐，出波斯国，生石上，舶上将来谓之石绿（孔雀石），装色久而不变。”

〔9〕研山：以小石堆成山形，放置案头清供。

〔10〕盆石：置于盆中清玩的石头。

米颠拜石。《马骀画宝》插图。

灵璧〔1〕

出凤阳府宿州灵璧县，在深山沙土中，掘之乃见，有细白纹如玉，不起岩岫〔2〕。佳者如卧牛、蟠螭〔3〕，种种异状，真奇品也。

注释

〔1〕灵璧：亦称“磬石”，园林叠山或盆景用石之一。原产于安徽灵璧县磬山，为安山岩之一种，石呈中灰，较清润，质地脆，指弹有共鸣声。石面有坳坎，石形多变化，可掇山石小品，或盆景置石。

〔2〕岩岫：岩，构成地壳的矿物的集合体。岫，山洞。

〔3〕蟠螭：螭形的屈蟠。螭，古代传说中没有角的龙。古代建筑中或工艺品上常用它的形状做装饰。

灵璧石

英石[1]

出英州[2]倒生岩下，以锯取之，故底平起峰，高有至三尺及寸余者，小斋之前，叠一小山，最为清贵，然道远不易致。

注释

〔1〕英石：园林叠山或盆景用石之一。原产广东英德县，呈淡青灰色，间有白色纹路，质坚而脆，手指叩弹有共鸣声。多为中小块石，轮廓变化突兀，表面嶙峋，皱纹深密，精巧多姿。常做特置、散置或庭院、盆景陈设。

〔2〕英州：今广东省英德县。

不同形状的石子。《十竹斋书画谱》插图。明胡正言辑摹，崇祯初十竹斋胡氏刊彩色套印本（中国国家图书馆藏）。

太湖石[1]

石在水中者为贵，岁久为波涛冲击，皆成空石，面面玲珑。在山上者名旱石，枯而不润，赝[2]作弹窝[3]，若历年岁久，斧痕已尽，亦为雅观。吴中所尚假山，皆用此石。又有小石久沉湖中，渔人网得之，与灵璧、英石，亦颇相类，第[4]声不清响[5]。

注释

〔1〕太湖石：园林叠山用石料之一，也称“南山太湖石”。分水石与旱石两种，水石产于太湖中，旱石产于吴兴卞山，太湖诸山亦有。以苏州洞庭西山出产的品质最佳。色泽灰白，丰润光洁，质坚而脆，叩之有声。太湖石可叠筑假山，也常选其中形态多姿，“透、漏、瘦”者做特置石峰。

〔2〕赝：伪造的。《韩非子·说林》：“齐伐鲁，索谗鼎，鲁以其赝往。齐人曰‘赝也’。鲁人曰‘真也’。”

〔3〕弹窝：石受水中二氧化碳侵蚀，表层产生凹凸皱纹，而自然形成涡、沟、洞。涡，又称“弹窝”，形状不规则，大小不等，较浅。《太湖石志》：“石生水中者良，岁久波涛冲击成嵌空，石面鳞鳞作靥，名曰‘弹窝’，亦水痕也，扣之铿然如磬。”

〔4〕第：但是。

〔5〕清响：清脆响亮。

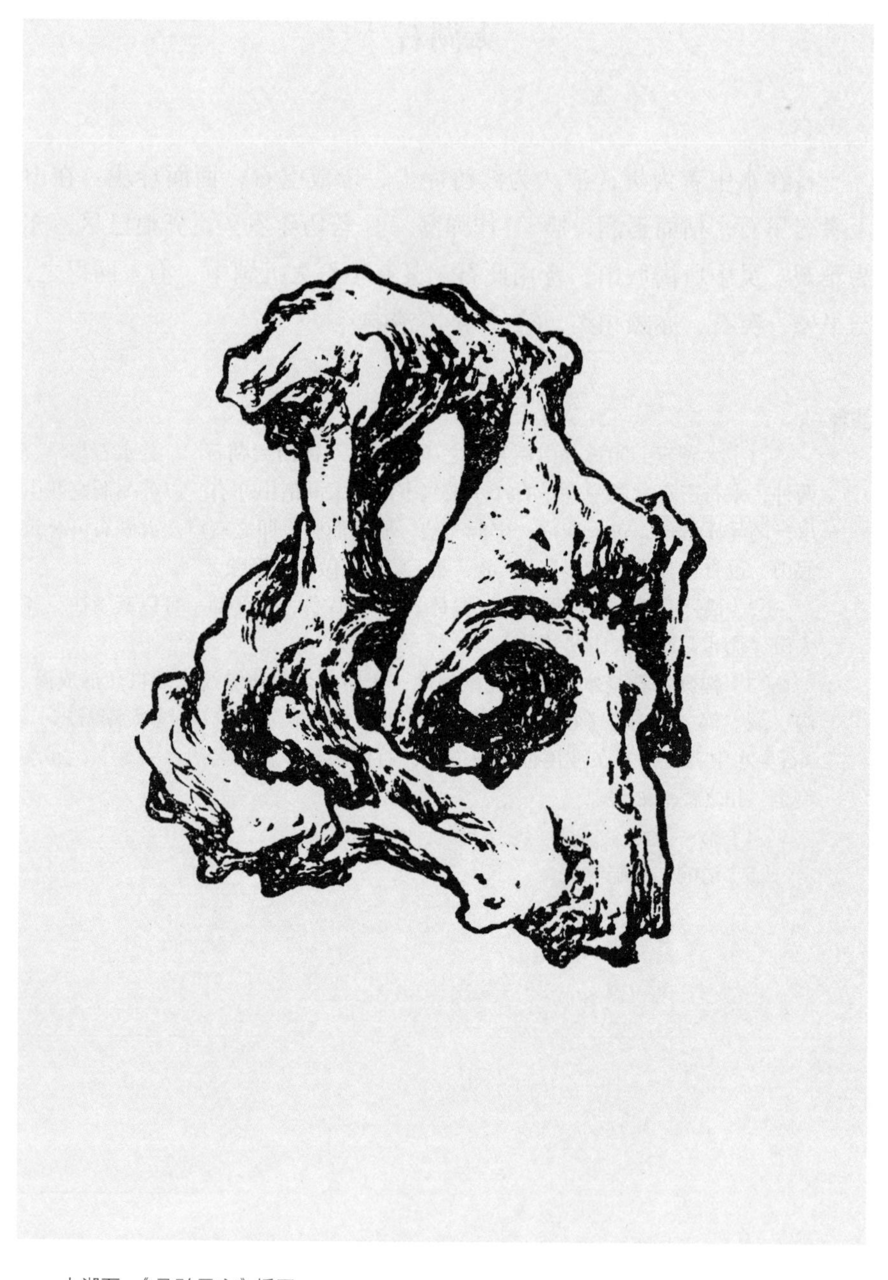

太湖石。《马骀画宝》插图。

尧峰石[1]

近时始出，苔藓丛生，古朴可爱。以未经采凿，山中甚多，但不玲珑[2]耳！然正以不玲珑，故佳。

注释

〔1〕尧峰石：产于苏州尧峰山的石头。

〔2〕玲珑：形容精巧细致。

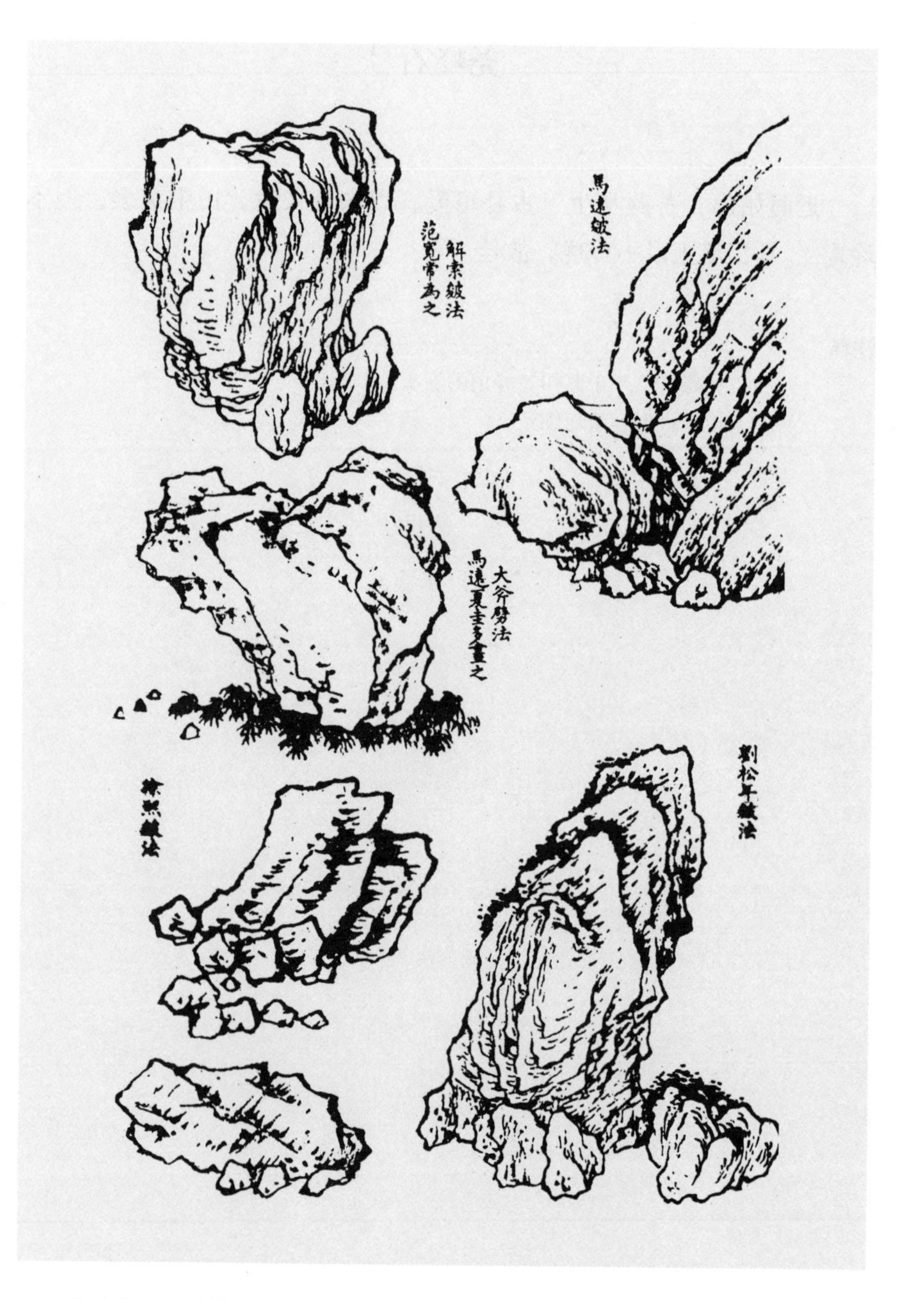

石。《芥子园画谱》插图。

昆山石[1]

出昆山马鞍山[2]下，生于山中，掘之乃得，以白色者为贵。有鸡骨片、胡桃块二种，然亦尚俗，非雅物也。间有高七八尺者，置之大石盆中，亦可。此山皆火石[3]，火气暖，故栽菖蒲[4]等物于上，最茂。惟不可置几案及盆盎中。

注释

〔1〕昆山石：产于昆山县马鞍山的石头。

〔2〕马鞍山：在江苏省昆山县西北，孤峰独秀。

〔3〕火石：即燧石，古代取火的器具，可以制造玻璃。

〔4〕菖蒲：多年生草本植物，生在水边，地下有淡红色根茎，叶子形状像剑，肉穗花序。根茎可做香料，也可入药。

昆山石

锦川[1] 将乐[2] 羊肚[3]

石品惟此三种最下，锦川尤恶。每见人家石假山，辄置数峰于上，不知何味？斧劈以大而顽者为雅。若直立一片，亦最可厌。

注释

〔1〕锦川：石名。古时锦川在辽东锦州城西。今辽宁锦县属锦州市。

〔2〕将乐：石名。这里指将乐县产的石头。将乐县在今福建省南平地区。

〔3〕羊肚：石名。明汪珂玉《珊瑚网》："羊肚，白色小石，植竹蒲盆中者。"

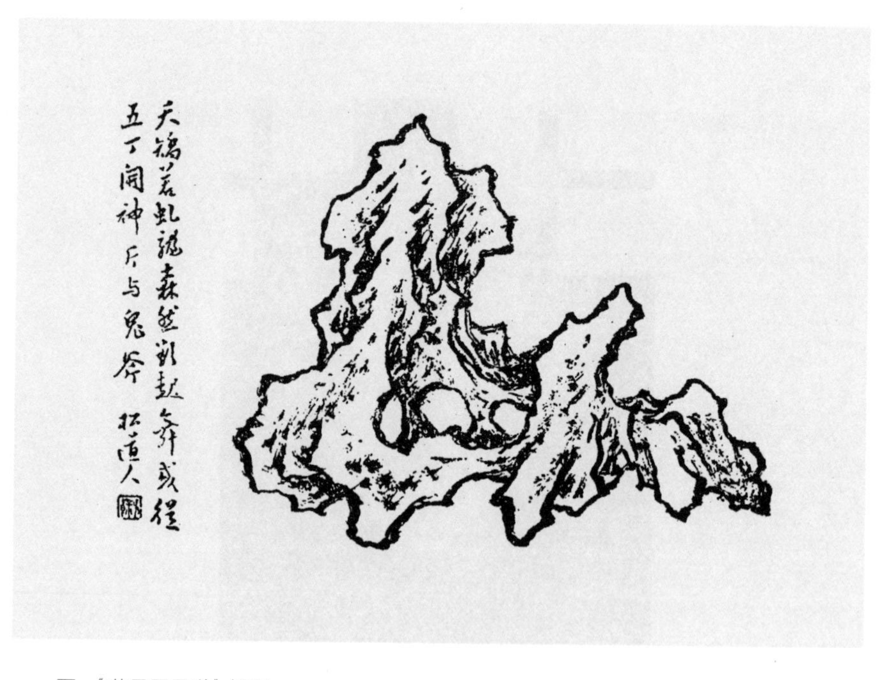

石。《芥子园画谱》插图。

土玛瑙[1]

出山东兖州府沂州[2]，花纹如玛瑙，红多而细润者佳。有红丝石，白地上有赤红纹；有竹叶玛瑙，花斑与竹叶相类，故名。此俱可锯板，嵌几榻屏风之类，非贵品也。石子五色，或大如拳，或小如豆，中有禽、鱼、鸟、兽、人物、方胜、回纹之形，置青绿小盆，或宣窑[3]白盆内，斑然可玩，其价甚贵，亦不易得，然斋中不可多置。近见人家环列数盆，竟如贾肆[4]。新都[5]人有名“醉石斋”者，闻其藏石甚富且奇。其地溪涧中，另有纯红纯绿者，亦可爱玩。

注释

〔1〕土玛瑙：纹理像玛瑙的石子。玛瑙，矿物，主要成分为二氧化硅，有各种颜色，多呈层状或环状，质地坚硬耐磨，是贵重的装饰品，也可做磨具、仪表轴承等。

〔2〕沂州：府名，属山东，今临沂市，属临沂地区。

〔3〕宣窑：即宣德窑，明代宣德（1426—1435）年间景德镇官窑。是明代官窑的最盛时期。瓷器造型多样，精致细巧，颜色鲜艳。其中最优秀的是青花、祭红、甜白和霁青。选料、制样、画器、题款和烧制，无一不精。

〔4〕贾肆：商店。

〔5〕新都：今北京。明初定都南京，明成祖迁都北京，故称“新都”。

石。《马骀画宝》插图。

大理石[1]

出滇中。白若玉、黑若墨为贵。白微带青，黑微带灰者，皆下品。但得旧石，天成山水云烟，如“米家山”[2]，此为无上佳品。古人以镶屏风，近始作几榻，终为非古。近京口[3]一种，与大理相似，但花色不清，石药填之为山云泉石，亦可得高价。然真伪亦易辨，真者更以旧为贵。

注释

〔1〕大理石：大理岩的通称。一种变质岩，由粒状方解石和白云石等组成，一般是白色或带有黑、灰、褐等色的花纹，有美丽光泽，多用作装饰品或雕刻、建筑材料。我国云南大理产的最有名，故称“大理石”。

〔2〕米家山：指宋代米芾、米友仁父子所作的山水画。中国传统山水画，用笔多以线条为主，米芾则以卧笔横点成块面，自成一家，表达出烟雨云雾、迷漫奇幻的景趣。其子米友仁继承和发展家学，世称其画派为“米家山”，对后世影响很大。

〔3〕京口：今江苏省镇江市。

永石[1]

即“祁阳石”[2]，出楚中。石不坚，色好者有山、水、日、月、人物之象。紫花者稍胜，然多是刀刮成，非自然者，以手摸之，凹凸者可验，大者以制屏亦雅。

注释

〔1〕永石：即永州石。永州，隋置，明、清两代为永州府，属湖南省。

〔2〕祁阳石：产于湖南省祁阳县的石子，是古代家具镶嵌选用的石材之一。

卷四

禽鱼

语鸟[1]拂阁以低飞，游鱼排荇[2]而径度，幽人会心，辄令竟日忘倦。顾声音颜色，饮啄态度，远而巢居穴处，眠沙泳浦，戏广[3]浮深；近而穿屋贺厦[4]，知岁[5]司晨[6]，啼春[7]噪晚[8]者，品类不可胜纪。丹林绿水，岂令凡俗之品，阑入其中。故必疏其雅洁，可供清玩者数种，令童子爱养饵饲，得其性情，庶几驯鸟雀，狎[9]凫鱼，亦山林之经济[10]也。志《禽鱼第四》。

注释

〔1〕语鸟：善鸣之鸟。

〔2〕荇：荇菜，多年生水生草本植物。茎细长，节上生根，沉没水中。叶对生，卵圆形，漂浮在水面上。夏秋间开花，花鲜黄色，嫩叶可食。可栽于池塘内供观赏，属龙胆科。《诗经》："参差荇菜，左右流之。"

〔3〕戏广：戏乐于宽广的地方。

〔4〕穿屋贺厦：穿屋，指雀。贺厦，指燕。

〔5〕知岁：喜鹊，鸟纲，鸦科。上体羽色黑褐，有紫色光泽，其余部分白色，尾长稍长于体长的一半。杂食，多筑巢于村舍高树间，早春繁殖，为我国分布极广的留鸟。

〔6〕司晨：鸡，鸟纲，雉科。喙短锐，翼不发达，脚健壮。公鸡善啼，羽毛美艳，喜斗，品种很多。《襄阳记》："鸡主司晨。"

〔7〕啼春：莺。鸟纲，莺科鸟类的通称。体形比麻雀小，喙细长，羽色多平淡，以绿褐色、灰绿色为主。主食昆虫，是农林益鸟。在我国种类很多，分布很广。因初春始鸣，故称"啼春"。

〔8〕噪晚：乌鸦，鸟纲，鸦科。通体羽毛为乌黑色，喙及足强壮。多筑巢于高树，杂食，广布全球。唐代钱起诗：“丹凤城头噪晚鸦，行人马首夕阳斜。”

〔9〕狎：戏弄。

〔10〕山林之经济：指隐居者的学识。晋代张华诗：“隐士托山林，遁世以保真。”

明代妇女赏玩鹦鹉的情景。《燕闲四适》插图。明孙丕显撰，王基校，万历三十九年（1611）北方版。

鱼。《马骀画宝》插图。

鹤[1]

华亭鹤窠村[2]所出，具体高俊，绿足龟文，最为可爱。江陵鹤泽[3]、维扬[4]俱有之。相鹤但取标格[5]奇俊[6]，唳声清亮，颈欲细而长，足欲瘦而节，身欲人立[7]，背欲直削。蓄之者当筑广台，或高冈土垄之上，居以茅庵，邻以池沼，饲以鱼谷。欲教以舞，俟其饥，置食于空野，使童子拊掌顿足以诱之。习之既熟，一闻拊掌[8]，即便起舞，谓之食化[9]。空林野墅，白石青松，惟此君最宜。其余羽族，俱未入品。

注释

〔1〕鹤：鸟纲，鹤科各种类的泛称，大型涉禽，外形像鹭和鹳。常活动于各种平原水际或沼泽地带，食各种小动物和植物。种类很多，最珍贵的一种为丹顶鹤。身体大部分为白色，头部皮肤全部露出，呈朱红色，似肉冠状。其他种类，有“玄鹤”“辽鹤”“白顶鹤”“蓑羽鹤”“白头鹤”“冠鹤”等。

〔2〕华亭鹤窠村：华亭，今上海市松江县。宋沈括《梦溪忘怀录》：“相鹤……惟华亭县鹤窠村出者得地，他处虽时有，皆凡俗也。”

〔3〕江陵鹤泽：江陵，今湖北省江陵县。宋王象之《舆地纪胜》：“晋羊祜镇荆州，江陵泽中多有鹤，常取之教舞，以娱宾客，后遂名江陵郡为‘鹤泽’。”

〔4〕维扬：今江苏省扬州市。嘉庆《扬州府志》：“鹤，鹄也，出吕四场者，脚有龟纹。”

〔5〕标格：风格。唐代杜甫诗：“早年见标格，秀气冲星斗。”

〔6〕奇俊：形容杰出。

〔7〕人立：人立状。

〔8〕拊掌：拍手。

〔9〕食化：供给食物，使之驯化。《考槃馀事》：“欲教以舞，俟其饥馁，置食于空野，使童子拊掌欢颠，摇手起足以诱之，彼则奋翼而唳，逸足而舞矣。习之熟，一闻拊掌即起舞，谓之‘食化’。”

鹤。《马骀画宝》插图。

鸂鶒[1]

鸂鶒能敕水[2]，故水族不能害，蓄之者，宜于广池巨浸，十百为群，翠毛朱喙，灿然水中。他如乌喙[3]白鸭，亦可蓄一二，以代鹅群，曲栏垂柳之下，游泳可玩。

注释

〔1〕鸂鶒：古书上指像鸳鸯的一种水鸟，体形大于鸳鸯，颜色多为紫色，亦好并游，故称“紫鸳鸯”。宋罗愿《尔雅翼》：“黄赤五彩者，首有缨者，皆鸂鶒耳。然鸂鶒亦鸳鸯之类，其色多紫，李白诗所谓‘七十紫鸳鸯，双双戏亭幽’，谓也。”

〔2〕敕水：《遁斋闲览》：“鸂鶒能敕水，故水宿而物莫能害。”

〔3〕乌喙：黑嘴。

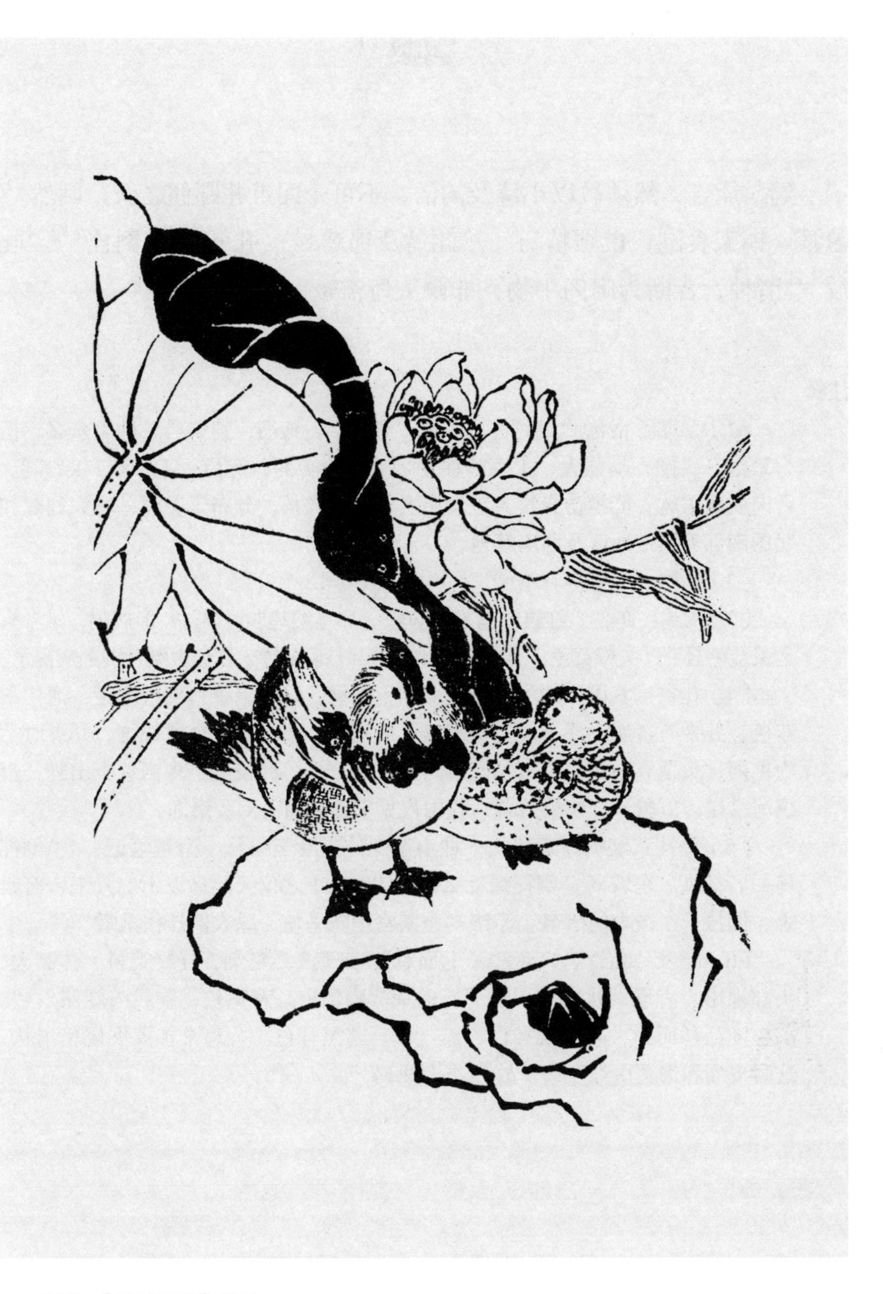

鸳鸯。《马骀画宝》插图。

鹦鹉[1]

鹦鹉能言，然须教以小诗及韵语，不可令闻市井鄙俚之谈，聒然[2]盈耳。铜架食缸，俱须精巧。然此鸟及锦鸡[3]、孔雀[4]、倒挂[5]、吐绶[6]诸种，皆断为闺阁中物，非幽人所需也。

注释

〔1〕鹦鹉：俗称“鹦哥”，亦作“鹦鸦”。鸟纲，鹦鹉科。种类众多，概为攀禽。头圆，嘴强大，上嘴弯曲。羽毛色彩美丽，有白、赤、黄、绿等色。舌肉质而柔软，能模仿人言。主食果实，寿命较长。分布于美洲、澳大利亚和我国南部近热带地区及西南等地。

〔2〕聒然：形容声音嘈杂。

〔3〕锦鸡：亦名“红腹锦鸡”“金鸡”，属鸟纲鸡形目雉科。形似鸡，雄者头上戴金色冠毛，头橙黄色，有黑斑，体之下部与肩部皆朱红色。雌者羽毛灰褐色。

〔4〕孔雀：我国产的为“绿孔雀”，鸟纲，雉科。雄鸟羽色绚烂，通体翠蓝色，并带有金属光泽，尾上覆羽延长成尾屏，上具五色金翠钱纹，开屏时尤为艳丽，头顶有一簇直立冠羽。雌鸟无尾屏，羽色亦较逊。多栖息于山脚一带溪河沿岸，以种子、浆果为食，我国仅见于云南西南部及南部。

〔5〕倒挂：红嘴绿鹦鹉的一种小型变种。清李调元《南越笔记》：“倒挂鸟一名么凤。东坡词‘倒挂绿毛么凤’是也。李之仪云此鸟以十二月来，有收香、倒挂子、采香使诸名。苏诗‘蓬莱宫中花鸟使，绿衣倒挂扶桑暾’。”

〔6〕吐绶：吐绶鸡，亦称“七面鸡”“火鸡”。鸟纲，吐绶鸡科。体高大，头部裸出，有珊瑚状皮瘤，喉下有肉垂。胸饱突，背宽长，胸肌与腿肌发达。羽色随品种而异，有青铜、白、赤、黄、暗黑等色。公鸡常扩翼展尾呈扇状，这时皮瘤和肉垂由红变白，故称“七面鸡”。

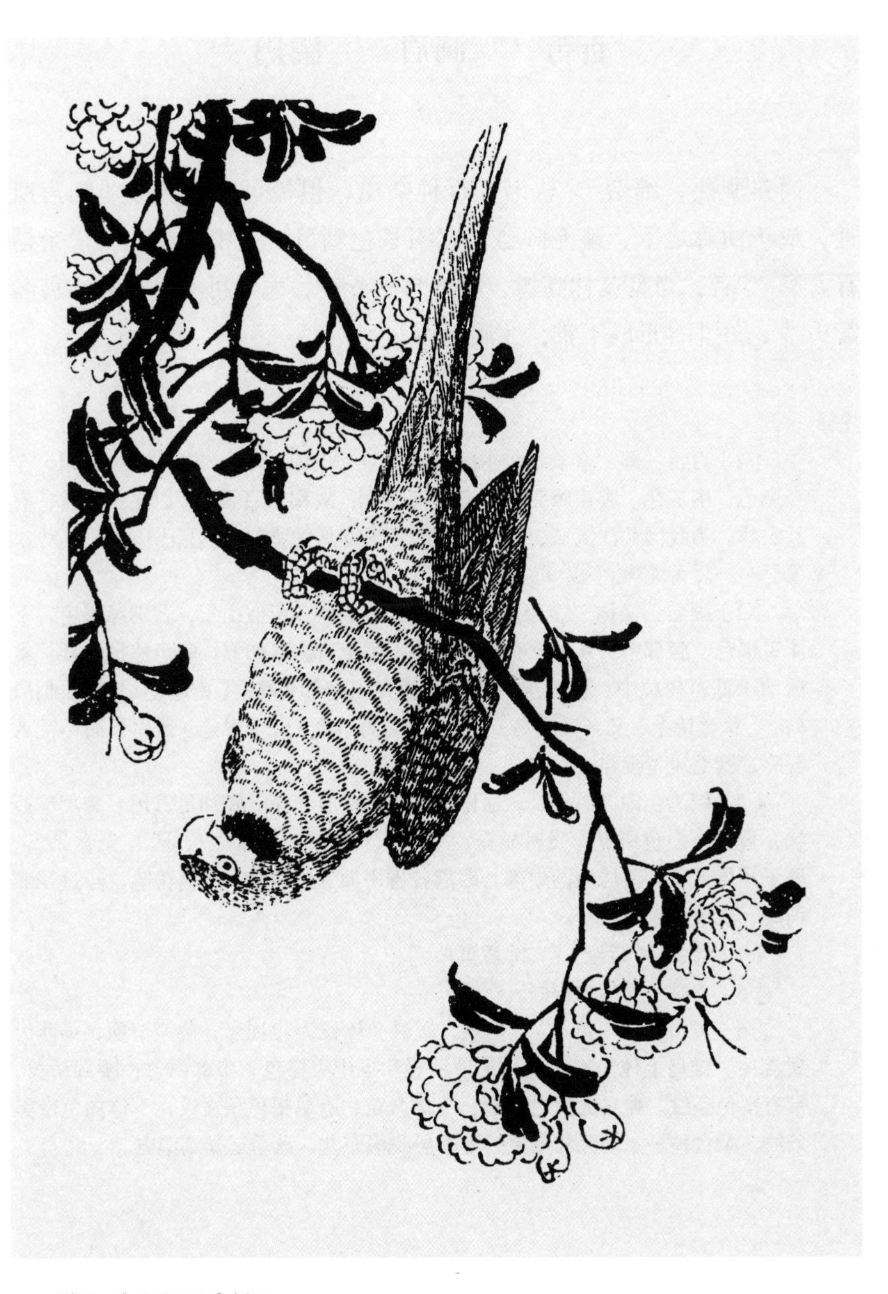

鹦哥。《马骀画宝》插图。

百舌[1] 画眉[2] 鸜鹆[3]

饲养驯熟，绵蛮[4]软语，百种杂出，俱极可听，然亦非幽斋所宜。或于曲廊之下，雕笼画槛，点缀景色则可，吴中最尚此鸟。余谓有禽癖[5]者，当觅茂林高树，听其自然弄声，尤觉可爱。更有小鸟名黄头[6]，好斗，形既不雅，尤属无谓。

注释

〔1〕百舌：即“乌鸫”，亦称“反舌”，鸟纲，鸫科。体长约30厘米。全身黑色，嘴黄色。鸣声嘹亮，声音极富变化，故称“百舌”。以昆虫为食，有益农林。为我国长江流域、华南和西南各地常见的留鸟。《礼记·月令》：“小暑至……反舌无声。”汉郑玄注：“反舌，百舌鸟。”

〔2〕画眉：又称“金画眉”，鸟纲，画眉科。形似山雀，背羽绿褐色，下体黄褐色，腹部中央灰色，头部有黑斑，眼上有白斑如眉，鸣声悠扬悦耳，常活动于低密树林中，食昆虫和种子，为我国南部留鸟。《南越笔记》：“画眉鸟，《草堂诗余》又名黄眉鸟，《闽书》云好斗善鸣，《粤志》谓眉长而不乱者善鸣，胸毛短者善斗。”

〔3〕鸜鹆：即“八哥”。通体羽毛黑色而有光泽，喙和足黄色。鼻羽呈冠状，翼羽有白色斑点，飞时显露，呈“八”字形，故称“八哥”。杂食果实、种子和昆虫等。留居我国中部、南部各省平原和山林间。雄鸟善鸣，经过笼养训练，能模仿人的声音。

〔4〕绵蛮：《诗经》：“绵蛮黄鸟。”

〔5〕禽癖：养鸟的癖好。

〔6〕黄头：即“黄雀”。鸟纲，雀科。体长约12厘米，鸣声清脆，饲养为观赏鸟。雄鸟上体浅黄绿色，头顶羽冠和喉中央黑色。腹部白色，腰部稍黄，带有褐色条纹。雌鸟无黑色羽冠，上体微黄，有暗褐色条文纹，下体白色带黑条纹。杂食种子、幼芽和昆虫。夏季居我国东北，秋季迁徙到南方。

反舌。《三才图会》插图。

乌鸦。《马骀画宝》插图。

画眉。《三才图会》插图。

朱鱼[1]

朱鱼独盛吴中，以色如辰州朱砂[2]故名。此种最宜盆蓄，有红而带黄色者[3]，仅可点缀陂池[4]。

注释

〔1〕朱鱼：又称“砂鱼”，即金鱼，亦称“锦鱼”“火鱼”“金鲫鱼”，鱼纲，鲤科，是由鲫演化而来的观赏鱼类。一般体短而肥，鳍皆大，尾分为三至四片而披散，颜色十分丰富，变种很多，一般分为文种、龙种、蛋种三类。金鱼起源于我国，南宋已开始金鱼家化的遗传研究。现在，世界各国的金鱼都是直接或间接从中国引种的。

〔2〕辰州朱砂：湖南辰州所产的朱砂。

〔3〕红而带黄色者：明张谦德《朱砂鱼谱》：“有等红而带黄色者，即人间所谓金鲫，乃其别种，仅可点缀陂池，不能当朱砂鱼之十一，切勿蓄。”

〔4〕陂池：蓄水池。《礼记·月令》：“毋漉陂池。”

观赏金鱼图。《芥子园画谱》插图。

鱼类

初尚[1]纯红[2]纯白[3]，继尚金盔[4]、金鞍[5]、锦被[6]，及印头红[7]、裹头红[8]、连腮红[9]、首尾红[10]、鹤顶红[11]，继又尚墨眼[12]、雪眼[13]、朱眼[14]、紫眼[15]、玛瑙眼[16]、琥珀眼[17]、金管[18]、银管[19]，时尚极以为贵。又有堆金砌玉[20]、落花流水[21]、莲台八瓣[22]、隔断红尘[23]、玉带围[24]、梅花片[25]、波浪纹[26]、七星纹[27]种种变态，难以尽述，然亦随意定名，无定式[28]也。

注释

〔1〕尚：尊崇，注重。

〔2〕纯红：鱼的一种。《朱砂鱼谱》："首尾通身皆红色。"

〔3〕纯白：鱼的一种。《朱砂鱼谱》："首尾通身皆白色。"

〔4〕金盔：鱼的一种。《朱砂鱼谱》："白身，头顶朱砂王字者。"

〔5〕金鞍：鱼的一种。《朱砂鱼谱》："首尾俱白，腰围金带者。"

〔6〕锦被：鱼的一种。《朱砂鱼谱》："朱砂、白相错如锦者。无脊鳍而呈五色之花蛋。"

〔7〕印头红：鱼的一种。《朱砂鱼谱》："白身，头顶朱砂若方印。"

〔8〕裹头红：鱼的一种。《朱砂鱼谱》："白身，头部作红色。"

〔9〕连腮红：鱼的一种。《朱砂鱼谱》："白身，头部连腮作红色。"

〔10〕首尾红：鱼的一种。《朱砂鱼谱》："首尾俱朱。"

〔11〕鹤顶红：鱼的一种。《朱砂鱼谱》："白身，无脊鳍，头顶有一方红色。"

〔12〕墨眼：鱼的一种。《朱砂鱼谱》："眼球突出于眼眶以外，而眼呈墨色红纹者，为'龙种'（龙种又称'龙眼'）。"

〔13〕雪眼：鱼的一种。《朱砂鱼谱》："朱身白眼。体朱色，眼球突出于眼眶之外，而呈白色红彩者。亦为龙种之一种。"

〔14〕朱眼：鱼的一种。《朱砂鱼谱》："白身朱眼。体白色，眼球突出于眼眶之外，而呈朱色红彩者。为龙种之一种。"

〔15〕紫眼：鱼的一种。《朱砂鱼谱》："白身紫眼。体白色，眼球突出于

眼眶之外，而呈紫色红彩者。亦为龙种之一种。”

〔16〕玛瑙眼：鱼的一种。《朱砂鱼谱》：“白身，玛瑙眼。体白色，眼球突出于眼眶之外，而呈玛瑙色红彩者。亦为龙种之一种。”

〔17〕琥珀眼：鱼的一种。《朱砂鱼谱》：“白身，琥珀眼。体白色，眼球突出于眼眶之外，而呈玛瑙色红彩者。亦为龙种之一种。”

〔18〕金管：鱼的一种。《帝京景物略》：“深赤曰‘金’。管者，鬣下而尾上，周其身者也。”

〔19〕银管：鱼的一种。《帝京景物略》：“莹白曰银。”

〔20〕堆金砌玉：鱼的一种。《朱砂鱼谱》：“满身纯白，背点朱砂，界一线者。”

〔21〕落花流水：鱼的一种。《朱砂鱼谱》：“落花红满地者。”

〔22〕莲台八瓣：鱼的一种。《朱砂鱼谱》：“白身头顶菊花者，或朱砂身，头顶菊花者。”

〔23〕隔断红尘：鱼的一种。《朱砂鱼谱》：“半身朱砂，半身白者，或一面朱砂一面白，作天地分者。”

〔24〕玉带围：鱼的一种。《朱砂鱼谱》：“首尾俱朱，腰围玉带者。”

〔25〕梅花片：鱼的一种。《朱砂鱼谱》：“白身，头顶红梅花，或朱身，头顶白梅花者。”

〔26〕波浪纹：鱼的一种。《朱砂鱼谱》：“有满身白色，朱纹间之；亦有满身朱砂，白色间之，作波浪纹者。”

〔27〕七星纹：鱼的一种。《朱砂鱼谱》：“有满身纯白，背点朱砂；或满身朱砂，背间白色，作七星纹者。”

〔28〕定式：长期形成的固定的格式。

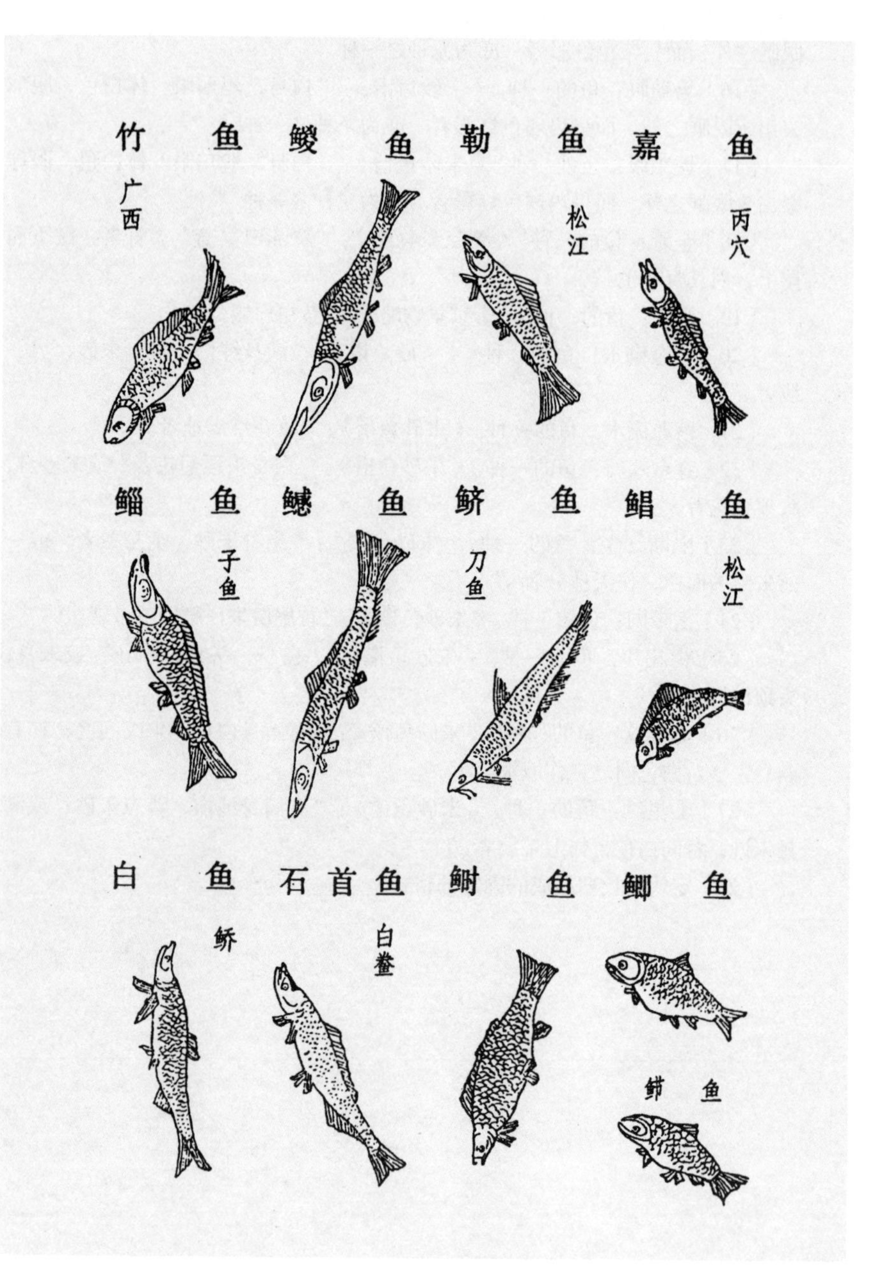

各品种的鱼。《本草纲目》插图。

蓝鱼　白鱼[1]

蓝如翠[2]，白如雪，迫[3]而视之，肠胃俱见，此即朱鱼别种，亦甚贵。

注释

〔1〕蓝鱼白鱼：金鱼的变种。蓝鱼，莹灰色，鳞不透明。白鱼，鱼鳞透明，可见内脏，今称“玻璃鱼”。《朱砂鱼谱》：“纯白者最无用，乃有久之变为葱白者、翡翠者、水晶者，迫而视之，俱洞见肠胃，此朱砂鱼之别种，可贵。但不一二年，复变为白矣。倘亦彩云易散、琉璃脆耶？”

〔2〕翠：青绿色。

〔3〕迫：接近。

鱼尾[1]

自二尾以至九尾，皆有之，第美钟[2]于尾，身材未必佳。盖鱼身必洪纤合度[3]，骨肉停匀[4]，花色鲜明，方入格。

注释

〔1〕鱼尾:《朱砂鱼谱》:“鱼尾皆二，独朱砂鱼有三尾者、五尾者、七尾者、九尾者，凡鱼所无也。第美钟于尾者，身材未必佳，故取节焉乃得。”

〔2〕钟：聚集。

〔3〕洪纤合度：洪，大。纤，细小。洪纤合度，形容大小适宜。

〔4〕骨肉停匀：停匀，也作“亭匀”，多指形体、节奏均匀。骨肉停匀，骨肉均匀。格，规格，格式。

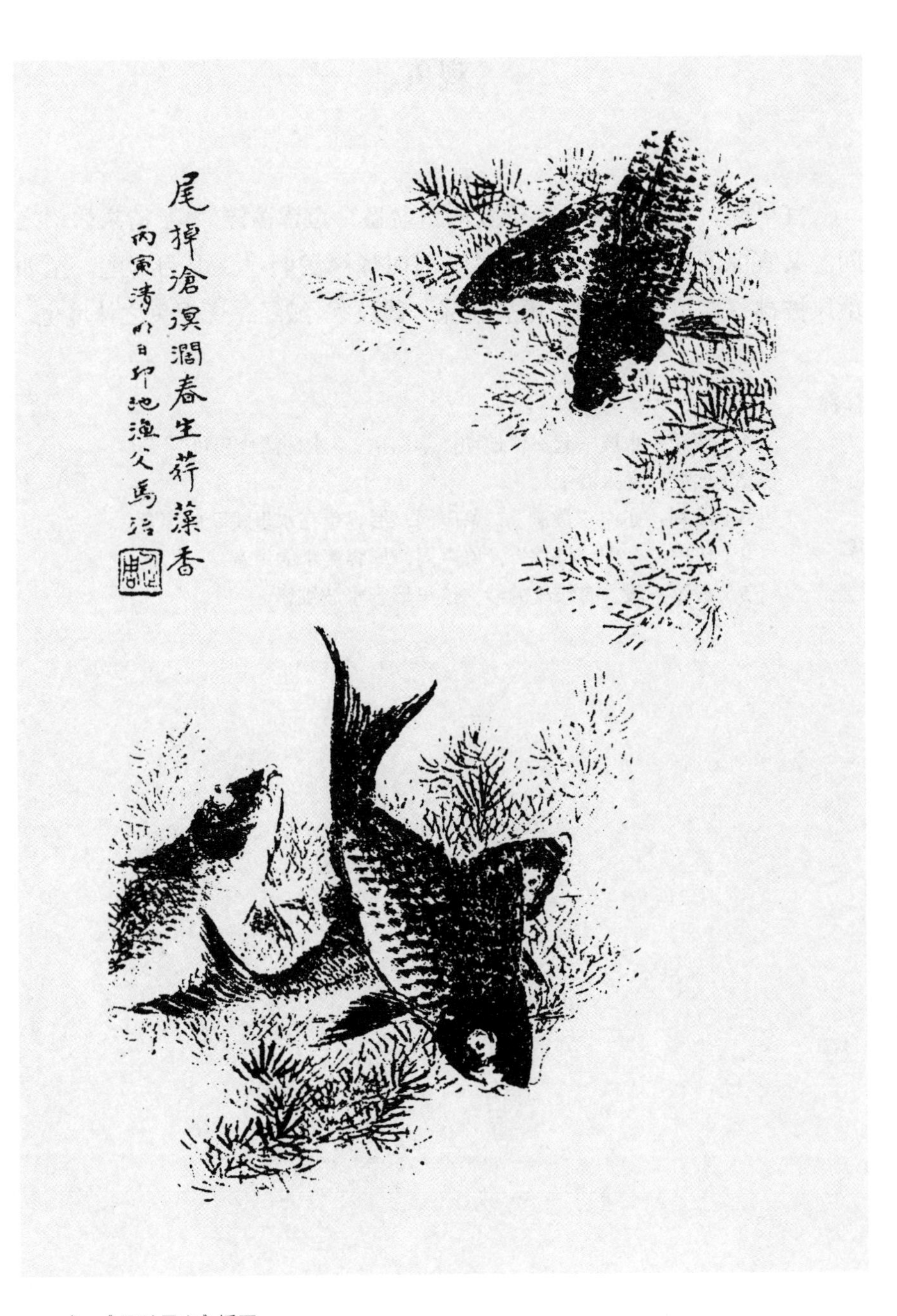

鱼。《马骀画宝》插图。

观鱼

宜早起，日未出时，不论陂池、盆盎，鱼皆荡漾[1]于清泉碧沼之间。又宜凉天夜月、倒影插波[2]，时时惊鳞泼刺[3]，耳目为醒。至如微风披拂，琮琮[4]成韵，雨后新涨，縠纹[5]皱绿，皆观鱼之佳境也。

注释

〔1〕荡漾：水波一起一伏地动。李白赋："水荡漾兮碧色。"

〔2〕插波：穿入波中。

〔3〕泼刺：亦作"泼剌"，象声词，形容鱼在水里跳跃的声音。

〔4〕琮琮：今作"淙淙"，象声词，形容流水的声音。

〔5〕縠纹：縠，有皱纹的纱，这里形容水波细密。

观鱼。《马骀画宝》插图。

吸水[1]

盆中换水一两日，即底积垢腻[2]，宜用湘竹一段，作吸水筒吸去之。倘过时不吸，色便不鲜美，故佳鱼，池中断不可蓄[3]。

注释

〔1〕吸水：这里指吸去缸底的沉淀物。

〔2〕垢腻：污物。

〔3〕蓄：留着而不去掉。

水缸

有古铜缸，大可容二石[1]，青绿四裹[2]，古人不知何用？当是穴中注油点灯之物，今取以蓄鱼，最古。其次以五色内府、官窑、瓷州[3]所烧纯白者，亦可用；惟不可用宜兴所烧花缸，及七石牛腿[4]诸俗式。余所以列此者，实以备清玩一种，若必按图而索[5]，亦为板俗[6]。

注释

〔1〕石：容量单位，十斗等于一石。

〔2〕青绿四裹：四周被氧化铜的青绿色所覆盖。

〔3〕瓷州：即“磁州”。隋置，唐改惠州，今河北省磁县，以产瓷器著名。磁州窑是宋代北方民窑，以富有乡土气息与民间色彩著称，在宋窑中别具一格。产品丰富，花样不凡，装饰手法多样。黑釉及铁锈花为磁州窑的主要特色。该窑区现已成为我国北方主要产瓷地之一。

〔4〕七石牛腿：装七石水的牛腿缸。

〔5〕按图而索：即“按图索骥”，按照图像寻找好马。比喻按照线索寻找，也比喻办事机械死板。《艺林伐山》：“伯乐子执父所著之《相马经》求马，而得悍马，不可驭。伯乐曰：‘此所谓按图索骥也。’”

〔6〕板俗：呆板而庸俗。

观鱼。《三希堂画宝》插图。清代叶九如辑选。

卷五

书画

金生于山，珠产于渊[1]，取之不穷，犹为天下所珍惜。况书画在宇宙，岁月既久，名人艺士，不能复生，可不珍秘宝爱？一入俗子之手，动见劳辱[2]，卷舒[3]失所，操揉[4]燥裂[5]，真书画之厄[6]也。故有收藏而未能识鉴[7]，识鉴而不善阅玩[8]，阅玩而不能装褫[9]，装褫而不能铨次[10]，皆非能真蓄书画者。又蓄聚既多，妍蚩[11]混杂，甲乙次第[12]，毫不可讹[13]。若使真赝并陈[14]，新旧错出，如入贾胡肆[15]中，有何趣味！所藏必有晋、唐、宋、元名迹，乃称博古；若徒取近代纸墨，较量真伪，心无真赏[16]，以耳为目，手执卷轴，口论贵贱，真恶道[17]也。志《书画第五》。

注释

〔1〕渊：深水。

〔2〕动见劳辱：劳，使用过分。辱，污蚀。动见劳辱，对书画频繁取置，不加爱护，使之污损。

〔3〕卷舒：卷起、放开。

〔4〕操揉：把持、揉搓。

〔5〕燥裂：干燥皴裂。

〔6〕厄：灾难。

〔7〕识鉴：识别鉴定。

〔8〕阅玩：展阅赏玩。

〔9〕装褫：装裱，裱褙书画并装上轴子等。

〔10〕铨次：铨，衡量轻重。铨次，这里指对书画选择并顺次编排等级。

〔11〕妍蚩：又作“妍媸”，意为美和丑、好和恶。《方言》：“自关以西，谓好曰妍。”“蚩，恶也。”

〔12〕甲乙次第：分别等级。《后汉书·马融传》：“甲乙谓相次也。”

〔13〕讹：错误。

〔14〕真赝并陈：赝，伪造的。真赝并陈，真的名迹和伪托的书画同时陈设。

〔15〕贾胡肆：贾胡，西域的商贾。肆，商铺。贾胡肆，这里指西域商人开的书画古董店铺。

〔16〕真赏：真诚欣赏，也指真正善于欣赏。

〔17〕恶道：邪道。

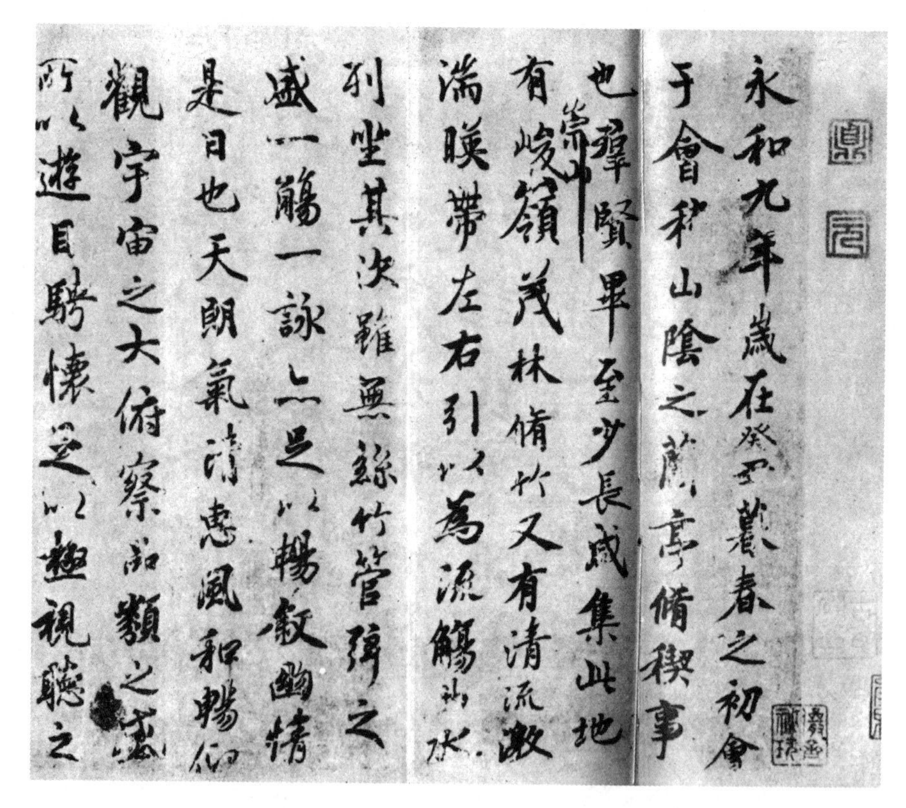

〔晋〕王羲之《兰亭序》

〔明〕董其昌《秋兴八景图册》(之二)

论书

观古法书[1]，当澄心[2]定虑，先观用笔结体[3]，精神照应[4]，次观人为天巧[5]、自然强作[6]，次考古今跋尾[7]，相传来历，次辨收藏印识[8]、纸色、绢素[9]。或得结构而不得锋芒者，模本[10]也；得笔意而不得位置者，临本[11]也；笔势不联属，字形如算子[12]者，集书[13]也；形迹虽存，而真彩神气索然者，双钩[14]也。又古人用墨，无论燥润肥瘦，俱透入纸素[15]，后人伪作，墨浮而易辨。

注释

〔1〕法书：具有较高艺术水平、可以作为法则的字。

〔2〕澄心：使心清净。

〔3〕用笔结体：书法运笔的笔法和字的间架结构。

〔4〕精神照应：作画在意境上整体呼应。

〔5〕人为天巧：人工和天然。

〔6〕自然强作：自然和勉强做作。

〔7〕跋尾：题文字于版本及书画手卷之后。《说文解字注》："题者，标其前；跋者，系其后也。"书画的题跋是作品的一部分，其内容与形式及位置要与作品密切配合。

〔8〕印识：印章与题字。

〔9〕绢素：古人书画所用的生丝白绢。

〔10〕模本：与"摹本"通，指仿摹翻刻之本。宋黄伯思《东观余论》："摹，谓以薄纸覆古帖上，随其细大而拓之，若摹画之摹，故谓之摹。"

〔11〕临本：把法帖放在近旁，仿照写成的本子。《东观余论》："临，谓以纸在古帖旁，观其形势而学之，若临渊之临，故谓之临。"

〔12〕算子：算珠，这里比喻字与字之间排列呆板，笔势缺乏联系。明董其昌《画禅室随笔》："王羲之言：'字如算子，便不是书。'"

〔13〕集书：收集古代碑帖的字而成的书帖。

〔14〕双钩：以法书摹刻石上，按其文字笔画，沿两边用细线钩出，使字体宽窄不失原貌，称为"双钩"。

〔15〕纸素：纸和白帛。

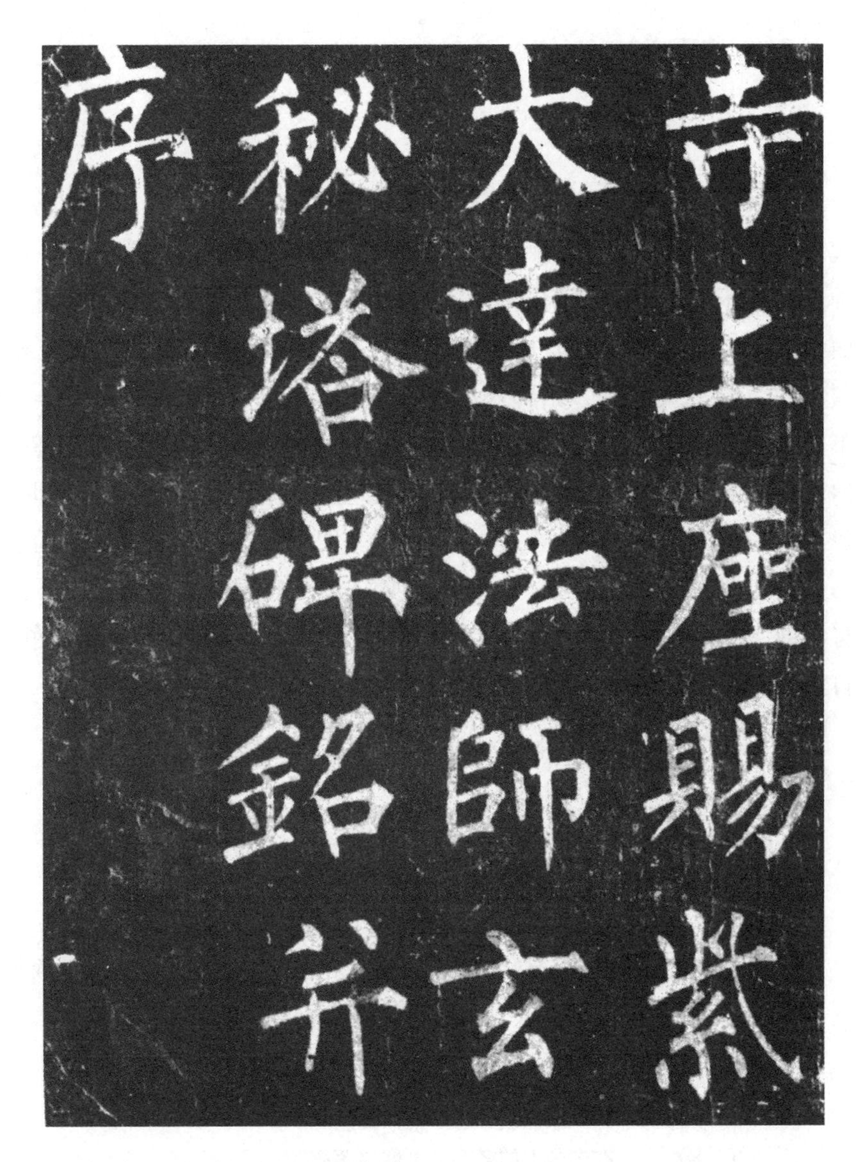

〔唐〕柳公权《大达法师玄秘塔碑》

论画

山水第一，竹、树、兰、石次之，人物、鸟兽、楼殿、屋木小者次之，大者又次之。人物顾盼语言，花、果迎风带露，鸟兽虫鱼，精神逼真，山水林泉，清闲幽旷[1]，屋庐深邃[2]，桥彴[3]往来，石老而润，水淡而明，山势崔嵬[4]，泉流洒落，云烟出没，野径迂回，松偃龙蛇[5]，竹藏风雨，山脚入水澄清，水源来历分晓，有此数端，虽不知名，定是妙手。若人物如尸如塑，花果类粉捏雕刻，虫鱼鸟兽，但取皮毛，山水林泉，布置迫塞[6]，楼殿模糊错杂，桥彴强作断形，径无夷险[7]，路无出入，石止一面，树少四枝，或高大不称，或远近不分，或浓淡失宜，点染[8]无法，或山脚无水面，水源无来历，虽有名款[9]，定是俗笔，为后人填写。至于临摹赝手[10]，落墨设色，自然不古，不难辨也。

注释

〔1〕幽旷：幽静而空旷。

〔2〕深邃：深远。

〔3〕桥彴：独木桥。

〔4〕崔嵬：形容山岭高峻。

〔5〕松偃龙蛇：偃，仰卧。松偃龙蛇，这里指苍劲粗壮的松树皮如同龙鳞，弯曲盘旋的树枝好像卧于林间的蟒蛇。

〔6〕迫塞：逼近，阻塞。

〔7〕夷险：险峻。

〔8〕点染：点，画家点缀景物。染，染色。

〔9〕名款：题在书画上的名字，也称“落款”。

〔10〕赝手：假冒古代名家手笔的人。

〔明〕徐渭《山水花卉人物图册》

书画价

书价以正书[1]为标准，如右军[2]草书[3]一百字，乃敌一行行书[4]，三行行书，敌一行正书；至于《乐毅》[5]《黄庭》[6]《画赞》《告誓》[7]，但得成篇，不可计以字数。画价亦然，山水竹石，古名贤象，可当正书；人物花鸟，小者可当行书；人物大者，及神图佛像、宫室楼阁、走兽虫鱼，可当草书。若夫台阁标功臣之烈[8]，宫殿彰贞节之名[9]，妙将入神，灵则通圣，开厨或失[10]，挂壁欲飞[11]，但涉奇事异名，即为无价国宝。又书画原为雅道[12]，一作牛鬼蛇神[13]，不可诘识，无论古今名手，俱落第二。

注释

〔1〕正书：即“正楷”。字体方正，笔画平直，形成于东汉。

〔2〕右军：王羲之，晋人，字逸少，曾为右军将军，会稽内史，世称“王右军”。

〔3〕草书：书写便捷的一种字体。汉代兴起，各自不相连绵者曰“章草”；晋以后，相连绵者曰“今草”，即一般所称的草书；唐代又产生字字钩连的“狂草”。

〔4〕行书：介于楷书与草书之间的一种字体。楷法多于草法者称“行楷”，草法多于楷法者称“行草”。始于汉末，流行至今。

〔5〕《乐毅》：即《乐毅论》，魏夏侯玄作，晋王羲之书，后人奉为小楷法帖。

〔6〕《黄庭》：即老子《黄庭经》，包括《太上黄庭内景经》和《太上黄庭外景经》。内容以七言歌诀，讲说道家养生修炼的道理。因有王羲之写本而著名，为著名小楷法帖。

〔7〕《画赞》《告誓》：《东方朔画像赞》《告墓文》(亦称《誓墓文》)，均为王羲之书。

〔8〕台阁标功臣之烈：古代帝王常请画像名手在宫殿的台阁上绘制功臣图像，以示褒扬。据《资治通鉴》记载，明帝永平三年(60)，“帝思中兴功臣，乃图画二十八将于南宫云台”。

〔9〕宫殿彰贞节之名：古代帝王常请画像名手在宫殿中绘制贤士烈女图像，以表彰其贞洁。

〔10〕开厨或失：厨内的名画只要一开门，就会失去神采，极言画之神妙。《晋书·顾恺之传》："恺之尝以一厨画，糊题其前，寄桓玄，玄发其厨后，窃取画，而缄闭如旧以还之，绐云：'未开。'恺之见封题如初，但失其画，直云：'妙画通灵，变化而去，亦犹人之登仙。'"

〔11〕挂壁欲飞：指梁代画家张僧繇画龙点睛、破壁飞去的故事，形容其作画的神妙。唐张彦远《历代名画记》："张僧繇于金陵安乐寺画四龙于壁，不点睛，每曰：'点之即飞去。'人以为诞，因点其一，须臾，雷电破壁，一龙乘云上天，未点睛者皆在。"

〔12〕雅道：风雅的事情。

〔13〕牛鬼蛇神：指虚幻怪诞的形象。

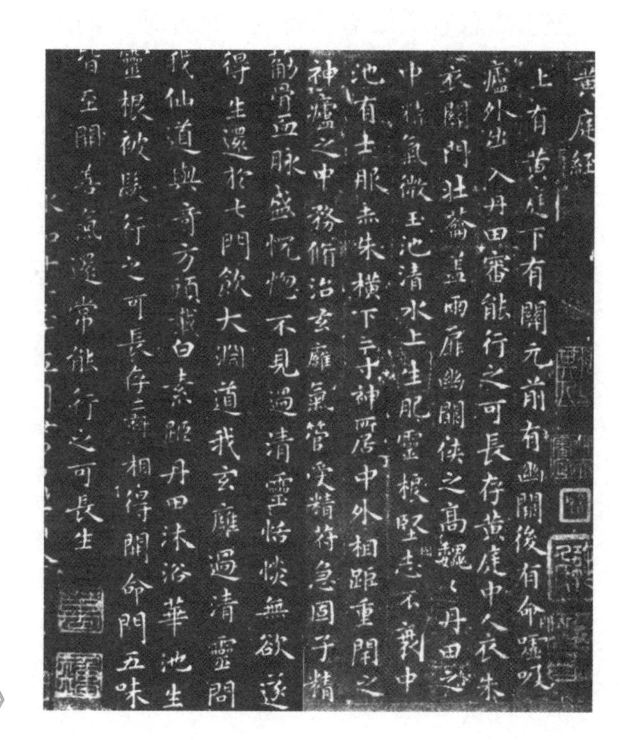

〔晋〕王羲之《黄庭经》

古今优劣

书学必以时代为限，六朝不及晋魏，宋元不及六朝[1]与唐。画则不然，佛道、人物、仕女、牛马，近不及古，山水、林石、花竹、禽鱼，古不及近。如顾恺之[2]、陆探微[3]、张僧繇[4]、吴道玄[5]及阎立德[6]、立本[7]，皆纯重雅正，性出天然；周昉[8]、韩幹[9]、戴嵩[10]，气韵骨法，皆出意表，后之学者，终莫能及。至如关仝[11]、徐熙[12]、黄筌[13]、居寀[14]、李成[15]、范宽[16]、董源[17]、二米[18]、胜国[19]松雪[20]、大痴[21]、元镇[22]、叔[23]明诸公，近代唐、沈[24]及吾家太史、和州[25]辈，皆不藉师资，穷工极致，借使二李[26]复生，边鸾[27]再出，亦何以措手其间。故蓄书必远求上古，蓄画始自顾、陆、张、吴[28]，下至嘉隆名笔[29]，皆有奇观，惟近时点染诸公，则未敢轻议。

注释

〔1〕六朝：三国的吴，东晋以及南朝的宋、齐、梁、陈，均以建康（今南京）为首都，历史上合称“六朝”。

〔2〕顾恺之：东晋著名画家。《晋书·顾恺之传》：“恺之，字长康，晋陵无锡人，博学有才气，尤善丹青，图写特妙。俗传恺之有三绝：才绝、画绝、痴绝。”

〔3〕陆探微：南北朝画家，善画风俗、人物、禽兽。唐张彦远《历代名画记》：“陆探微，吴人，宋明帝时，常在侍从，丹青之妙，最推工者。有宋孝武像、宋明帝像等，并传于代。”

〔4〕张僧繇：南北朝画家。在宫廷秘阁掌管画事，善画山水、佛像。与唐代吴道子并称“疏体”。《历代名画记》：“张僧繇，吴中人也。梁天监中，为武陵王国侍郎，直秘阁，知画事，历右军将军、吴兴太守。”

〔5〕吴道玄：唐代著名画家吴道子。擅长佛教和道教的人物画，被称为“吴带当风”。存世作品有《天王送子图》等。唐朱景元《唐朝名画录》：“吴道玄，字道子，东京阳翟人，小孤贫，天授之性，年未弱冠，穷丹青之妙，浪迹东洛时，明皇知其名，召入内供奉，凡画人物、佛像、神鬼、禽兽、山水、台殿、草木，皆冠绝于世。”

〔6〕阎立德：唐代著名画家。《旧唐书·阎立德传》："阎立德，雍州万年人，隋殿内少监毗之子也。毗初以工艺知名。立德与弟立本，早传家学。武德中，累除尚衣奉御，贞观初，封大安县男，历将作大匠，迁工部尚书，进封为公。"

〔7〕立本：阎立本，唐代著名画家。存世作品有《历代帝王图》《步辇图》等。《旧唐书·阎立本传》："立本有应务之才，而尤善图画，工于写真，秦府《十八学士图》及贞观中凌烟阁《功臣图》，并立本之迹也；时人咸称其妙。"

〔8〕周昉：唐代著名画家，与顾恺之、陆探微、吴道玄并称"人物画四大家"。传世作品有《簪画仕女图》《挥扇仕女图》等。《唐朝名画录》："周昉，字仲朗，京兆（长安）人，好属文，穷丹青之妙，其绘画佛像、真仙、人物、仕女皆神品。"

〔9〕韩幹：唐代著名画家。擅长画菩萨、鬼神、人物、花竹，尤工画马。存世作品有《照夜白图》等。唐朱景元《唐朝名画录》："韩幹，明皇天宝中，召入供奉。"《历代名画记》："韩善写貌人物，尤工鞍马，初师曹霸，后自独擅。"

〔10〕戴嵩：唐代著名画家。特别擅长画牛，与韩幹并称"韩马戴牛"。《历代名画记》："戴嵩，韩晋公之镇浙右，署为巡官，师晋公画，善水牛，田家川原亦有意。"

〔11〕关仝：五代后梁著名画家。擅写关河之势，笔简气壮，被称为"关家山水"。传世作品有《关山行旅》《山溪待渡》等。宋郭若虚《图画见闻志》："关仝，长安人，工画山水，从荆浩学，有出蓝之美，驰名当代，无敢分庭。"

〔12〕徐熙：五代南唐著名画家。擅长描绘江湖间的汀花水鸟，风格潇洒奔放，与黄筌并称为"黄家富贵，徐熙野逸"，是五代花鸟画的两大主要流派。宋刘道醇《圣朝名画评》："徐熙，钟陵人，世仕伪唐，为江南名族，熙画花竹、株木，蝉蝶草虫之类，宋太宗尝曰：'花果之妙，我独知有熙。'"

〔13〕黄筌：五代后蜀著名画家，最擅长描绘宫廷中的异卉珍禽，画风细腻，格调富丽。传世作品有《写生珍禽图》等。元夏文彦《图绘宝鉴》："黄筌，字要叔，成都人，早得时名，十七岁，事蜀王衍为待诏，至孟昶，加检校少府监，累迁至京副使。花竹师滕昌，鸟雀师刁光，山水师李，鹤师薛稷，人物、龙水师孙位，资诸家之善而兼有之，无不臻妙。"

〔14〕居寀：宋代著名画家黄居，字伯鸾，黄筌的少子。画风富丽精雅。《图画见闻志》说他："工画花竹、翎毛。……状太湖石尤过乃父。"可见，黄居寀继承其父黄筌画法，而有出蓝之处。

〔15〕李成：宋代著名画家。字咸熙，擅画山水，传世作品有《读碑窠石

图》等。《宋史·李宥传》："祖成，五代末，以诗酒邀游公卿间，善摹写山水，至得意处，疑非笔墨所成。"

〔16〕范宽：北宋著名画家。《圣朝名画评》："范宽，名中正，字仲立，华原人，性温厚，有大度，故时人目为范宽。"《宣和画谱》："范宽，风仪峭古，嗜酒落魄。"《图绘宝鉴》："宽画山水，初师李成，后师荆浩，既乃叹曰：'与其师人，不若师诸造化。'卜居终南、太华，遍观其胜，落笔雄伟老硬。"

〔17〕董源：五代南唐著名画家。其水墨山水对后世影响很大，为五代北宋间南山水的主要流派。传世作品有《潇湘图》《夏景山口待渡图》等。《图画见闻志》："董源，字叔达，钟陵人，事南唐，为后苑副使，善画山水，水墨类王维，著色类李思训；荆、关之后，殆其人欤？"

〔18〕二米：宋代米芾与儿子米友仁均擅长画山水，世称"二米"。《宋史·米芾传》："米芾，号元章，吴人，历知雍丘县、涟水军、太常博士，知无为军，召为书画学博士，妙于翰墨，沉着飞翥，得王献之笔意，尤工临移，至乱真不可辨。"《宋史·米友仁传》："友仁字元晖，芾子，力学嗜古，亦擅书画，世号'小米'，仕至兵部侍郎、敷文阁直学士。"

〔19〕胜国：本朝称前朝为"胜国"，这里指元朝。

〔20〕松雪：元代著名画家赵孟頫。《元史·赵孟頫传》："孟頫字子昂，号'松雪道人'，湖州人，官至翰林学士承旨，谥文敏，以书名天下，其画山水、木石、花竹、人马尤精致。"

〔21〕大痴：元代著名画家黄公望，擅长山水画，号"大痴道人"。与王蒙、吴镇、倪瓒合称"元四家"。《画史会要》："黄公望，字子久，号一峰，又号'大痴道人'，平江常熟人，山水师董源、巨然，晚年变其法，自成一家。"

〔22〕元镇：元代著名画家倪瓒，字元镇，爱写溪山竹石。钱溥《云林诗集序》："倪瓒，字元镇，云林其自号也。爱写溪山竹石，攻词翰，皆极古意。常独坐扁舟，混迹五湖三泖间。"

〔23〕叔明：元代著名画家王蒙，字叔明，号香光居士，湖州人，擅长山水画。写景多稠密，山川掩映，小径迂回，意境幽深。用解索皴和渴墨点苔，表现山林葱郁苍茫的气氛，为其独到之处。存世作品有《青卞隐居图》《夏日山居图》《秋山草堂图》等。《听雨楼诸贤集》："王蒙，字叔明，吴兴人，号'黄鹤山樵'，赵松雪之外孙也。素好画，得外氏法。"

〔24〕唐、沈：明代著名画家唐寅与沈周。唐寅，字伯虎，号"六如居士""桃花庵主"等，吴县人，擅长山水画，与沈周、文徵明、仇英合称"明四家"。祝允明《祝氏集略》："唐寅，字子畏，自号'六如居士'，吴人，戊午试应天府，录为第一，于应世文字、诗歌，不甚措意，奇趣时发，或寄于

画，下笔辄追唐宋名匠。”明王鏊《震泽集》：“沈周，字启南，世称之曰‘石田先生’，自号‘白石翁’。作绘事，峰峦烟云，波涛花卉，鸟兽虫鱼，莫不各极其态，或草草点缀，而意已足。”

〔25〕吾家太史、和州：指明代文徵明、文嘉父子。文徵明，以字行，号“衡山居士”，长洲人，工行草书，尤精小楷。擅长山水画，多写江南庭园和文人悠闲生活，笔墨苍润秀雅。亦擅长花鸟、人物画，名重当代，形成“吴门派”。《明史·文苑传》：“文徵明，长洲人，初名壁，以字行，更字徵仲，别号‘衡山’……正德末授翰林院待诏。”和州，指文嘉，字休承，号“文水”，徵明之子，精于山水画。

〔26〕二李：唐代著名画家李思训、李昭道父子，世称“二李”。李思训工书法，尤其擅长画山水树石，笔力遒劲，画鸟兽草木，不失神采，画面金碧辉煌，自成一家。后代绘着色山水及青绿及金碧山水，多取以为法。其子李昭道擅画金碧山水，并创制海景，画风工巧繁缛。《旧唐书·李思训传》：“李思训，宗室，孝斌子，开玄初，历左武卫大将军，封彭国公。”《历代名画记》：“思训早以艺称于当时，一家五人，并善丹青，书画称一时之妙。其画山水树石，笔格遒劲，时人谓之‘大李将军’。”《历代名画记》：“昭道，思训子，变父之势，妙又过之，世上言山水者，称‘小李将军’。”

〔27〕边鸾：唐代著名画家。京兆人，擅长画花鸟和折枝草木。下笔轻利，用色鲜明。《唐朝名画录》：“边鸾，京兆人，少工丹青，最长于花鸟，折枝草木之妙，古未有之也。”

〔28〕顾、陆、张，吴：顾恺之、陆探微、张僧繇、吴道子。

〔29〕嘉隆名笔：嘉，明代世宗嘉靖年间（1522—1566）；隆，指穆宗隆庆年间（1567—1572）。名笔，著名画家。

顾恺之画迹。《顾氏画谱》插图。

陆探徽画迹。《顾氏画谱》插图。

张僧繇画迹。《顾氏画谱》插图。

吴道子画迹。《顾氏画谱》插图。

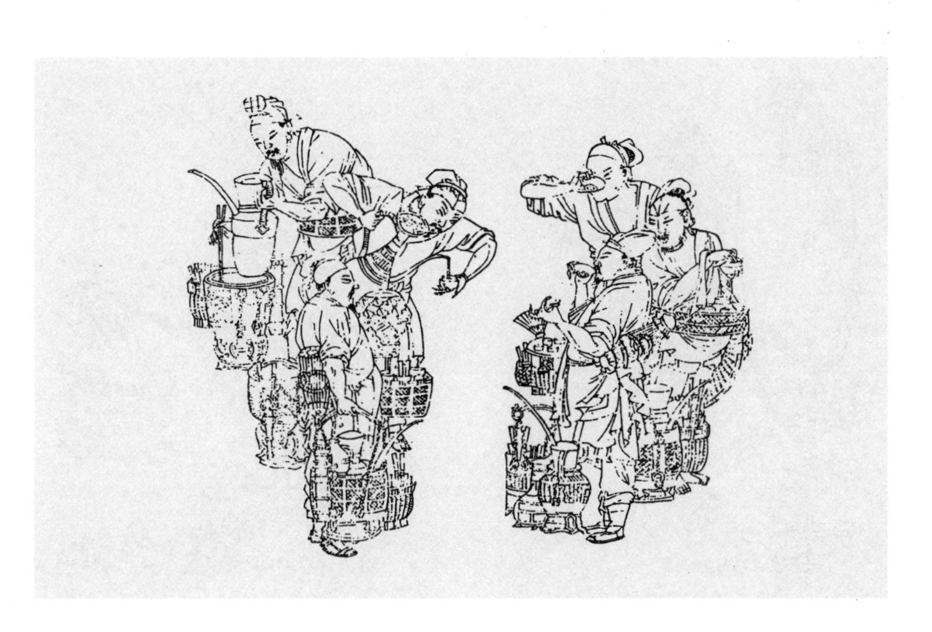

阎立本画迹。《顾氏画谱》插图。

阎立德画迹。《顾氏画谱》插图。

韩幹画迹。《顾氏画谱》插图。

戴嵩画迹。《顾氏画谱》插图。

关仝画迹。《顾氏画谱》插图。

黄筌画迹。《顾氏画谱》插图。

黄居寀画迹。《顾氏画谱》插图。

李成画迹。《顾氏画谱》插图。

范宽画迹。《顾氏画谱》插图。

董源画迹。《顾氏画谱》插图。

米芾画迹。《顾氏画谱》插图。

米友仁画迹。《顾氏画谱》插图。

赵孟頫画迹。《顾氏画谱》插图。

黄公望画迹。《顾氏画谱》插图。

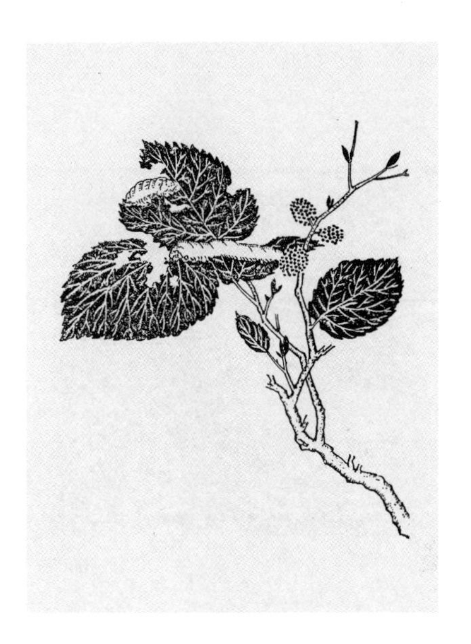

沈周画迹。《顾氏画谱》插图。

倪瓒画迹。《顾氏画谱》插图。

唐寅画迹。《顾氏画谱》插图。

王蒙画迹。《顾氏画谱》插图。

文徵明画迹。《顾氏画谱》插图。

文嘉画迹。《顾氏画谱》插图。

边鸾画迹。《顾氏画谱》插图。

李思训画迹。《顾氏画谱》插图。

李昭道画迹。《顾氏画谱》插图。

粉本[1]

古人画稿，谓之粉本，前辈多宝蓄之，盖其草草不经意处，有自然之妙，宣和[2]、绍兴[3]所藏粉本，多有神妙者。

注释

〔1〕粉本：指古代中国画的稿本。清方薰《山静居画论》："画稿谓粉本者，古人于墨稿上加描粉笔，用时补入缣素，依粉痕落墨，故名之也。"后来只用墨笔钩描的画稿，也称粉本。元夏文彦《图绘宝鉴》："古人画稿谓之粉本。"

〔2〕宣和：宋徽宗赵佶的年号（1119—1125）。

〔3〕绍兴：宋高宗赵构的年号（1131—1162）。

赏鉴[1]

看书画如对美人，不可毫涉粗浮之气，盖古画纸绢皆脆，舒卷不得法，最易损坏，尤不可近风日，灯下不可看画，恐落煤烬，及为烛泪所污；饭后酒余，欲观卷轴，须以净水涤手；展玩之际，不可以指甲剔损；诸如此类，不可枚举。然必欲事事勿犯，又恐涉强作清态，惟遇真能赏鉴，及阅古甚富者，方可与谈，若对伧父[2]辈惟有珍秘不出耳。

注释

〔1〕赏鉴：赏识鉴别。

〔2〕伧父：指粗野的人。南北朝时，南人称呼北人的话。《晋阳秋》："吴人以中州人为伧。"

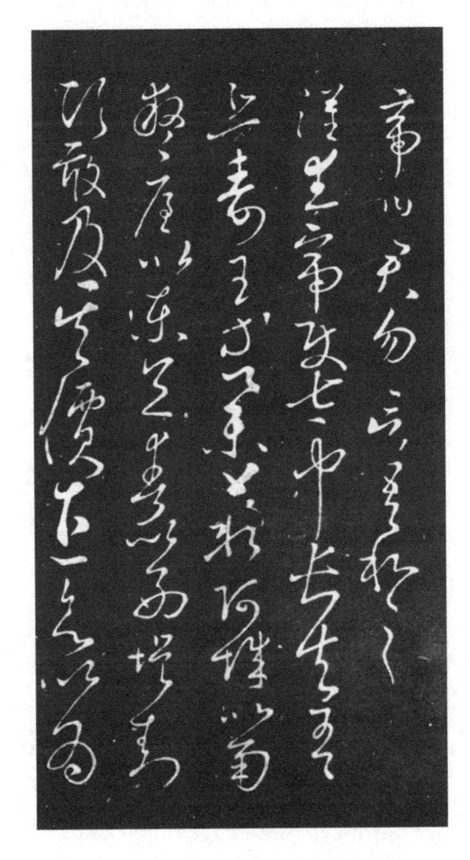

唐太宗屏风书

绢素

古画绢色墨气，自有一种古香可爱，惟佛像有香烟熏黑，多是上下二色，伪作者，其色黄而不精彩。古绢，自然破者，必有鲫鱼口，须连三四丝，伪作则直裂。唐绢〔1〕丝粗而厚，或有捣熟者；有独梭绢〔2〕，阔四尺余者。五代绢极粗如布。宋有院绢〔3〕，匀净厚密，亦有独梭绢，阔五尺余，细密如纸者。元绢〔4〕及国朝内府绢〔5〕俱与宋绢同。胜国时有宓机绢〔6〕，松雪、子昭〔7〕画多用此，盖出嘉兴府宓家，以绢得名，今此地尚有佳者。近董太史〔8〕笔，多用砑光白绫〔9〕，未免有进贤气〔10〕。

注释

〔1〕唐绢：唐代的绢。《遵生八笺》："唐人纸则硬黄短帘，绢则丝粗而厚，有捣熟者，有四尺阔者。"

〔2〕独梭绢：唐、宋、元时的一种绢。阔约四尺或六尺。为绘画所用，质地稀薄。宋代以南京为生产中心发展起来。曹昭《古画论》："唐绢丝粗而厚，或有捣熟者；有独梭绢阔四尺余者……宋亦有独梭绢。"《遵生八笺》："宋绢则光细若纸，摺摩若玉，夹则如常，更有阔五六尺者，名曰独梭。"

〔3〕院绢：书画所用的一种绢。唐绢丝粗而厚，宋代院绢匀净厚密，特别精美。

〔4〕元绢：元代的绢。《遵生八笺》："元绢有独梭者，与宋相似，有宓家机绢皆妙。古画落墨着色，深入绢素，矾染既多，精彩迥异。"

〔5〕国朝内府绢：国朝即本朝，这里指明朝。内府绢即皇家织染局制造、供皇宫中使用的绢。

〔6〕宓机绢：元明时浙江嘉兴宓家所生产的一种极匀净的绢。《浙江通志》引《杜氏画谱》："宓机绢极匀净，出魏塘，赵子昂多用此作画。"

〔7〕子昭：元代画家盛懋，是画家盛洪之子，临安人，居嘉兴魏塘镇。《图绘宝鉴》："盛懋，字子昭……善画山水、人物、花鸟，始学陈仲美，略变其法，精致有余，特过于巧。"

〔8〕董太史：明代书画家董其昌。《松江志》："董其昌，字玄宰，华亭

人，举万历十七年进士，历迁礼部尚书，赠太子太傅，谥文敏。行楷之妙，跨绝一代。其画集宋、元诸家之长，行以己意，论者称其‘气韵秀润，潇洒生动，非人所及也’。”

〔9〕研光白绫：研光，以石磨之，使发光泽。白绫，像缎子而比缎子薄的白色丝织品。

〔10〕进贤气：“进贤”原为冠名，见《汉书·舆服志》，为文士之服。此处形容有士大夫气。

治丝图。《天工开物》插图。

御府书画〔1〕

宋徽宗御府所藏书画，俱是御书〔2〕标题，后用宣和年号，“玉瓢御宝”〔3〕记之。题画书于引首〔4〕一条，阔仅指大，傍有木印黑字一行，俱装池匠〔5〕花押〔6〕名款，然亦真伪相杂，盖当时名手临摹之作，皆题为真迹。至明昌〔7〕所题更多，然今人得之，亦可谓买王得羊〔8〕矣。

注释

〔1〕御府书画：御府，皇帝的府库。御府书画，皇家收藏的书画。

〔2〕御书：皇帝所写的字。宋徽宗所写的字结体修长，笔姿瘦硬挺拔，自号“瘦金体”。

〔3〕玉瓢御宝：宋徽宗用的玉质瓢形御印。宝，帝王使用的印。唐代武则天之后改“玺”为“宝”。

〔4〕引首：装裱时加贴在画心上方（或前面）和下方（或后面）的笺纸。在上面的称上引首，在下面的称下引首，现称“隔水”。

〔5〕装池匠：装池，即装裱，是装饰书画、碑帖等的一门特殊技艺。在书画边缘装饰绫锦，其本身如池，故又称“装池”。明代方以智《通雅·器用》：“潢，犹池也，外加缘则内为池，装成卷册，谓之‘装潢’，即‘裱背’也。”法书名画经过装裱，既可增进美观，便于观赏，又可以保护书画，延长其寿命。装池匠，装裱书画的工匠，唐代称“装潢手”，宋代称“裱背匠”或“装背匠”。

〔6〕花押：旧时文书、契约或书画上的草书签名或代替签名的特种符号。也指镌刻花写姓名的印章。花押不易摹仿，可作为取信的凭记。

〔7〕明昌：金章宗完颜年号（1190—1195）。

〔8〕买王得羊：王，王献之，东晋书法家，人称“王大令”。工书法，尤其擅长行草。羊，羊欣，南朝宋的书法家兼医药家。羊欣幼时曾师从王献之学习书法，所写的字与王献之相仿，使人难辨真假。买王得羊，意为想买到书法家王献之的墨迹，得到的却是羊欣的字，虽然是假的，但还不错。

裱扇面。庭呱作于约19世纪中叶。

院画[1]

宋画院[2]众工，凡作一画，必先呈稿本，然后上真[3]，所画山水、人物、花木、鸟兽，皆是无名者。今国朝内画水陆[4]及佛像亦然，金碧辉灿，亦奇物也。今人见无名人画，辄以形似，填写名款，觅高价，如见牛必戴嵩，见马必韩幹之类，皆为可笑。

注释

〔1〕院画：又称“院体画”。指中国封建时代宫廷画家的作品，文中指宋代宣和年间设置的御前画院（翰林图画院）画家所作的画。为迎合帝王所好，院画多讲究格法，崇尚工丽。但因时代好尚有别，画家所长有异，画风也不尽相同。

〔2〕画院：北宋初设置“翰林图画院”，按才艺高下，授予祗候、待诏、艺学、学生等职衔。宋徽宗时建立“书画学”，规定肄业和考绩制度，画院的规模以此时为盛。南宋重整画院。元、明、清虽未设立画院，但仍召集画家为宫廷服务。

〔3〕上真：根据粉本画成真本，上墨，上色，正式作画。

〔4〕水陆：这里指佛教中作水陆斋仪时供奉的八位神像。水陆斋仪，又称“水陆道场”，是佛教中设坛诵经、超度水陆亡灵的重大仪式。

单条[1]

宋元古画，断无此式，盖今时俗制，而人绝好之。斋中悬挂，俗气逼人眉睫，即果真迹，亦当减价。

注释

〔1〕单条：亦称“条幅”，单独悬挂的细长画幅。

名家

书画名家，收藏不可太杂，大者悬挂斋壁，小者则为卷册，置几案间，邃古篆[1]籀[2]，如钟[3]、张[4]、卫[5]、索[6]、顾[7]、陆[8]、张[9]、吴[10]，及历代不甚著名者，不能具论。

书则右军[11]、大令[12]、智永[13]、虞永兴[14]、褚河南[15]、欧阳率更[16]、唐明皇[17]、怀素[18]、颜鲁公[19]、柳诚悬[20]、张长史[21]、李怀琳[22]、宋高宗[23]、李建中[24]、二苏[25]、二米[26]、范文正[27]、黄鲁直[28]、蔡忠惠[29]、苏沧浪[30]、黄长睿[31]、薛道祖[32]、范文穆[33]、张即之[34]、先信国[35]、赵吴兴[36]、鲜于伯机[37]、康里子山[38]、张伯雨[39]、倪元镇[40]、杨铁崖[41]、柯丹丘[42]、袁清容[43]、危太朴[44]，我朝则宋文宪濂[45]、中书舍人璲[46]、方逊志孝孺[47]、宋南宫克[48]、沈学士度[49]、俞紫芝和[50]、徐武功有贞[51]、金元玉琮[52]、沈大理粲[53]、解学士大绅[54]、钱文通溥[55]、桑柳州悦[56]、祝京兆允明[57]、吴文定宽[58]、先太史讳[59]、王太学宠[60]、李太仆应祯[61]、王文恪鏊[62]、唐解元寅[63]、顾尚书璘[64]丰考功坊[65]、先两博士讳[66]、王吏部穀祥[67]、陆文裕深[68]、彭孔嘉年[69]、陆尚宝师道[70]、陈方伯鎏[71]、蔡孔目羽[72]、陈山人淳[73]、张孝廉凤翼[74]、王徵君稚登[75]、周山人天球[76]、邢侍御侗[77]、董太史其昌[78]。又如陈文东璧[79]、姜中书立纲[80]，虽不能洗院气[81]，而亦铮铮有名者。

画则王右丞[82]、李思训父子、周昉、关仝、荆浩[83]、董北苑[84]、李营邱[85]、郭河阳[86]、米南宫[87]、宋徽宗[88]、米元晖[89]、崔白[90]、黄筌、居寀[91]、文与可[92]、李伯时[93]、郭忠恕[94]、董仲翔[95]、苏文忠[96]、苏叔党[97]、王晋卿[98]、张舜民[99]、扬补之[100]、扬季衡[101]、陈容[102]、李唐[103]、赵千里[104]、马远[105]、马逵[106]、夏珪[107]、范宽、陈珏[108]、陈仲美[109]、李山[110]、赵松雪[111]、管仲姬[112]、赵仲穆[113]、李息斋[114]、吴仲圭[115]、钱舜举[116]、盛子昭[117]、陆天游[118]、曹云西[119]、唐子华[120]、高士安[121]、高克恭[122]、王叔明[123]、黄子久[124]、倪元镇[125]、柯丹丘[126]、方方壶[127]、王元章[128]、戴文进[129]、王孟端[130]、夏太常[131]、赵善长[132]、陈惟允[133]、徐幼文[134]、张来仪[135]、宋南宫[136]、周东村[137]、沈贞吉、沈恒吉[138]、沈石田[139]、杜东原[140]、刘完庵[141]、先太史[142]、先和州[143]、先五峰[144]、唐解元[145]、张梦晋[146]、周官[147]、谢时臣[148]、陈道复[149]、仇十洲[150]、钱叔宝[151]、陆叔平[152]，皆名笔不可缺者。他非所宜蓄，即有之，亦不当出以示人。又如郑颠仙[153]、张复阳[154]、钟钦礼[155]、蒋三松[156]、张平山[157]、汪海云[158]，皆画中邪学，尤非所尚。

注释

〔1〕篆：这里指小篆，为秦朝整理字体后规定的写法，也称“秦篆”。它是在籀文的基础上发展形成的，字体匀圆整齐，较籀文为简。《琅邪台刻石》和《泰山刻石》为小篆风格的代表。

〔2〕籀：籀文，古代的一种字体，即大篆。由于著录于《史籀篇》，故称“籀文”。通行于战国及秦，与篆文相近。

〔3〕钟：三国魏的大臣、书法家钟繇（151—230）。擅长书法，尤精隶、楷，结体朴茂，出乎自然，形成了由隶靡入楷的新貌。与王羲之并称“钟王”。真迹不传。《魏志·钟繇传》：“钟繇，字元常，颍川长社人，封定陵侯，迁太傅，谥成侯。”袁昂《书评》：“钟繇书，意气密丽，若飞鸿戏海，群鹤游天。”

〔4〕张：东汉书法家张芝（？—约192）。擅长章草，后脱去旧习，自创“今草”。被称为“草圣”，对后世书法家影响很大。《后汉书·张奂传》：“张芝，字伯英，敦煌酒泉人，徙属弘农华阴，芝及弟昶，并善草书。”张怀瓘《书断》：“芝尤善章草，书出诸杜度，韦仲将谓之‘草圣’，其行书则二王之亚也。又善隶书，以献帝初平中卒。”

〔5〕卫：晋代书法家卫瓘（220—291）。擅长草书，时人把他与索靖并称“二妙”。《晋书·卫瓘》：“卫瓘，字伯玉，河东安邑人，仕魏至镇东将军，封阳侯。泰始初，进爵为公，领太子少傅，谥曰‘成’。索靖俱善草书，时人号为‘一台二妙’。汉末，张芝善草书，论者谓‘得伯英筋，靖得伯英肉。’”

〔6〕索：晋代书法家索靖(239—303)。尤其擅长章草，骨势峻迈，富于笔力。著有《草书状》。《晋书·索靖传》："索靖，字幼安，敦煌人，靖与尚书令卫以善草书知名，官至后将军，封安乐亭侯。善书，学张伯英，草书尤胜。"

〔7〕顾：顾恺之。

〔8〕陆：陆探微。

〔9〕张：张僧繇。

〔10〕吴：吴道子。

〔11〕右军：王羲之。

〔12〕大令：晋代书法家王献之。《晋书·王献之传》："献之，字子敬，羲之第七子，少有盛名，高迈不羁，工草隶，善丹青。"张怀瓘《书断》："子敬为中书令，太元十三年(388)卒于官，年四十五，族弟珉代居之，时谓子敬为'大令'，珉为'小令'。"

〔13〕智永：南北朝陈、隋间书法家。名法极。所书《真草千字文》有墨迹本及关中刻本传世。《书断》："陈永欣寺僧智永，会稽人，师远祖逸少，兼能诸体，于草最优。"

〔14〕虞永兴：唐代书法家虞世南(558—638)。官至秘书监，封永兴县子，人称"虞永兴"。能文辞，工书法，继承了王羲之父子的书法传统，外柔内刚，笔致圆融遒丽，与欧阳询、褚遂良、薛稷并称"唐初四大书家"。《旧唐书·虞世南传》："虞世南，字伯施，越州余姚人。智永善王羲之书，世南师焉，妙得其体。隋大业初，授秘书郎，太宗引为秦府参军，弘文馆学士。太宗尝称世南五绝：德行、忠直、博学、文词、书翰，授银青光禄大夫，谥曰'文懿'。"

〔15〕褚河南：唐代大臣、书法家褚遂良。《旧唐书·褚遂良传》："遂良，散骑常侍亮之子也。涉文史，尤工隶书，父友欧阳询甚重之。魏徵曰：'褚遂良下笔遒劲，甚得王逸少体。'太宗召令侍书，拜中书令，高宗即位，赐爵河南县公。直言敢谏，累贬爱州刺史，卒于官。"

〔16〕欧阳率更：唐代书法家欧阳询(557—641)。其书法于平正中见险绝，人称"欧体"，对后世影响很大。碑刻有正书《九成宫醴泉铭》《化度寺碑》《虞恭公温彦博碑》等。行书墨迹有《张翰》《卜商》《梦奠》等帖。编有《艺文类聚》一百卷。《唐书·欧阳询传》："欧阳询，字信本，谭州临湘人，仕隋为太常博士。高祖即位，累擢给事中。询初效王羲之书，后险劲过之，因自名其体，尺牍所传，人以为法，高丽尝遣使求之。贞观初，历太子率更令，弘文馆学士，封渤海男。"

〔17〕唐明皇：即唐玄宗。因谥号为至道大圣大明孝皇帝，故称"唐明皇"。712年至756在位。即位初期，整顿弊政，被誉为"开元之治"。后期

奢侈荒淫，安史之乱后在长安抑郁而死。《旧唐书·玄宗本纪》："玄宗，讳隆基，睿宗第三子也。性英断，多艺，尤知音律，善八分书。"

〔18〕怀素：唐代书法家。以擅长"狂草"闻名于世。好饮酒，兴到运笔，字体飞动圆转，且法度具备。与张旭并称"颠张醉素"。存世书迹有《自叙》《苦笋》等帖。《宣和书谱》："释怀素，字藏真，俗姓钱，长沙人，徙家京兆，玄奘三藏之门人也。初励律法，晚精意于翰墨，追仿不辍，秃笔成冢，自谓'得草书三昧'，考其平日得酒发兴，要欲字字飞动圆转之妙，宛若有神。"

〔19〕颜鲁公：唐代大臣、书法家颜真卿（709—785）。善正草书，笔力遒婉。正楷端庄雄伟，气势开张，行书遒劲郁勃，人称"颜体"，对后世影响很大。碑刻有《多宝塔碑》《麻姑先坛记》《李元靖碑》《颜勤礼碑》等。行书有《争座位帖》。书迹有《自书告身》《祭侄文稿》。《唐书·颜真卿传》："颜真卿，字清臣，琅琊临沂人，开元中，举进士，擢制科，天宝末，出为平原太守，历迁刑部尚书，太子太师，封鲁郡公，谥'文忠'。真卿立朝正色，刚而有礼，天下不以姓名称，而独曰'鲁公'。善正草书，笔力遒婉，世宝传之。"

〔20〕柳诚悬：唐代书法家柳公权（778—865）。他的书法骨力遒健，结构劲紧，与颜真卿并称"颜柳"，对后世影响很大。书碑以《玄秘塔碑》《金刚经》《神策军碑》最为著名。书迹有《送梨帖题跋》。《旧唐书·柳公权传》："柳公权，字诚悬，京兆华原人，元和初，进士擢第，咸通初，官至太子少师。公权初学王书，遍阅近代笔法，体势遒媚，自成一家。"

〔21〕张长史：唐代书法家张旭，字伯高。精通楷法，草书最为著名，逸势奇状，连绵回绕，开创了新的风格。正书有碑刻《郎官石记》，草书散见历代集帖中，墨迹有《草书古诗四帖》。《宣和书谱》："张旭，苏州人，官至长史，世称'张长史'。"《唐书·张旭传》："旭嗜酒、工书，每大醉，呼叫狂走，乃下笔，或以头濡墨而书，既醒，自视以为神，不可复得也。世呼'张颠'。文宗时，诏以李白歌诗、裴剑舞、张旭草书为'三绝'。"

〔22〕李怀琳：唐代书法家。唐代窦泉撰、窦蒙注《述书赋注》："李怀琳，洛阳人，国初时，好为伪迹，其大《急就》，称王书，太宗时，待诏文林馆。"

〔23〕宋高宗：即赵构（1107—1187），南宋皇帝，1127年至1162年在位。《宋史·艺文志》："高宗讳构，字德基，徽宗第九子，宣和三年（1121），封康王，建炎元年（1127），即帝位于济州，迁都临安。"《玉海》："高宗初颇喜黄庭坚体格，后又采米芾，已而皆置不用，颇喜羲、献父子，直与之齐驱并辔。"

〔24〕李建中：宋代书法家李建中（945—1013）。其书遒劲淳厚，有唐人风韵。存世书迹有《土母帖》《同年帖》等。《宋史·李建中传》："李建中，

字得中，其先京兆人，祖稠，避地入蜀。官至工部郎中，性简静，恬于荣利，三求掌西京留御司史台，爱洛中风土，就构园池，游山水，多留题，自称‘岩夫、民伯’。善书札，行笔尤工，多构新体，草隶篆籀亦妙。”

〔25〕二苏：宋代苏轼、苏辙兄弟，世称“二苏”。苏轼（1037—1101），北宋文学家、书画家。为“唐宋八大家”之一。词开豪放一派。擅长行书、楷书，用笔丰腴跌宕，与黄庭坚、米芾、蔡襄并称“宋四家”。也喜好画竹，论画主张“神似”，认为“论画以形似，见与儿童邻”。存世书迹有《答谢民师论文帖》《祭黄几道文》《前赤壁赋》等。画迹有《枯木怪石图》《竹石图》等。《宋史·苏轼传》：“苏轼，字子瞻，眉山人，嘉进士，熙宁中，黄州安置，筑室东坡，自号‘东坡居士’，哲宗时，兼端明殿翰林侍读学士，礼部尚书，谥‘文忠’。”苏辙（1039—1112），北宋散文家，“唐宋八大家”之一。《宋史·苏辙传》：“辙字子由，年十九，与兄轼同登进士科，元祐六年（1091）拜尚书右丞，进门下侍郎，卒谥‘文定’。”宋黄庭坚《山谷集》：“子由书，瘦劲可喜。”

〔26〕二米：米芾及其子米友仁。

〔27〕范文正：北宋政治家、文学家范仲淹（989—1052）。工于诗词散文，有《范文正公集》。《宋史·范仲淹传》：“范仲淹，字希文，苏州吴县人，举进士第，仁宗朝，召为右司谏，拜天章阁待制，枢密直学士，参知政事，谥‘文正’。”《山谷集》：“范文正公书，落笔痛快沉着，极近晋、宋人书，盖文正钩指回腕，皆优入古人法度。”

〔28〕黄鲁直：北宋诗人、书法家黄庭坚（1045—1105）。诗歌创作开创了“江西诗派”。擅长行、草书，以侧险取势，纵横奇倔，自成风格，为“宋四家”之一。书迹有《华严疏》《松风阁诗》《王长者、史诗老墓志铭》及草书《廉颇蔺相如传》等。《宋史·黄庭坚传》：“黄庭坚，字鲁直，洪州分宁人，举进士，善草书楷法，亦自成一家，自号‘山谷道人’。”

〔29〕蔡忠惠：北宋书法家蔡襄（1012—1067）。其正楷端正沉着，行书温淳婉媚，为“宋四家”之一。传世碑刻有《万安桥记》，书迹有《谢赐御书诗》等。《宋史·蔡襄传》：“蔡襄，字君谟，兴化仙游人，官至端明殿学士。工书，为当时第一，乾道中，赐谥‘忠惠’。”《东坡集》：“君谟真行草隶，无不如意，其遗力余意，变为飞白，可爱而不可学。”

〔30〕苏沧浪：北宋诗人苏舜钦（1008—1048）。《宋史·苏舜钦传》：“苏舜钦，字子美，易简之孙，梓州铜山人，范仲淹荐之，召为集贤校理，既放废，寓于吴中，在苏州买水石，筑沧浪亭，自号‘沧浪翁’。益读书，时发愤懑于歌诗，其体豪放。善草书，每酣酒落笔，争为人所传。”

〔31〕黄长睿：宋代书法家黄伯思（？ —1118）。博览群书，好古文奇字，善书法。著有《东观余论》《文集》等。《宋史·黄伯思传》："黄伯思，字长睿，邵武人，元符三年（公元1100年）进士，篆隶正行草；章草、飞白，皆至妙绝。官秘书郎，自号'云林子'，别字霄宾，政和八年（1118）卒。"

〔32〕薛道祖：宋代书画家薛绍彭。《书史会要》："薛绍彭，字道祖，长安人，官至秘阁修撰，出为梓潼漕，书名亚米芾。"《清河书画舫》："薛绍彭，别号'翠微居士'，米元章书画友也。紧密藏锋，得晋宋人意，惜少风韵耳。"

〔33〕范文穆：南宋诗人范成大（1126—1193）。著作有《石湖居士诗集》《石湖词》《桂海虞衡志》等，也擅长书法。《宋史·范成大传》："范成大，字致能，吴郡人，自号'石湖居士'。绍兴二十四年（1154）进士，孝宗时，拜参知政事，进资政殿学士，谥'文穆'。"《书史会要》："石湖以能书称，宗黄庭坚、米芾，遒劲可观。"

〔34〕张即之：宋代书法家。《宋史·张即之传》："张即之，字温夫，历阳人，号樗寮，进士，历司农寺丞，授直秘阁，以能书闻天下，金人尤宝其翰墨。"

〔35〕先信国：南宋大臣、文学家文天祥（1236—1283）。先，是对过世者的尊称。文天祥曾受封为"信国公"，故称"先信国"。《宋史·文天祥传》："文天祥，字宋瑞，又字履善，号文山，吉水人，年二十，举进士，理宗亲拔第一，咸淳中，除右丞相，兼枢密使，加少保，信国公。德初，应诏勤王，力图恢复，兵败被执，不屈死。"遗著有《文山先生全集》。

〔36〕赵吴兴：元代书画家赵孟。按：吴兴郡，三国吴置，辖境相当于今浙江临安、余杭、德清西北，及江苏宜兴县。唐代改湖州为吴兴郡。赵孟先世赐第湖州，世称"赵吴兴"。

〔37〕鲜于伯机：元代书法家鲜于枢（1256—1301）。《书史会要》："鲜于枢，字伯机，号'困学民'，渔阳人，官至太常寺典簿，酒酣骜放，作字奇态横生，善行草，赵文敏极推重之，小楷类钟元常。"他还擅长鉴定文物。有《困学斋集》。

〔38〕康里子山：元代书法家巎巎。《元史·巎巎传》："巎巎，字子山，康里氏，官至翰林学士承旨，善真行草书，识者谓得晋、唐人笔意。"

〔39〕张伯雨：元代道士张雨。《书史会要》："道士张雨，字伯雨，号'句曲外史'。"《玉山雅集》云："一名天雨，号'真居子'，钱塘人。"《铁网珊瑚》："真居真人，诗文字画，皆为本朝道品第一。"

〔40〕倪元镇：元代画家倪瓒，字元镇。

〔41〕杨铁崖：元代诗人、书法家杨维桢（1296—1370）。工诗，其乐府尤著名，称"铁崖体"。又善行草书，著有《东维子集》。刘璋《书画史》："杨

维桢，字廉夫，号铁崖、东维子、铁笛道人，会稽人，泰定四年(1327)进士，官至建德路总管府推官，江西儒学提举。行草书虽未合格，然自清劲可喜。”

〔42〕柯丹丘：元代书画家柯九思(1290—1343)。存世书迹有《老人星赋》等，画迹有《清秘阁墨竹图》及《竹谱》等。《画史会要》：“柯九思，字敬仲，号丹丘生，台州仙居人。元文宗筑奎章阁，特授学士院鉴书博士。博学能文，善书，墨竹师文湖州，亦善墨花。”

〔43〕袁清容：元代文学家袁桷(1266—1327)。《元史·袁桷传》：“袁桷，字伯常，号清容居士，庆元人，元至治元年(1321)，迁侍讲学士，所著有《清容居士》等。”《书史会要》：“袁桷笃学，多所通晓，书从晋、唐中来，而自成一家。”

〔44〕危太朴：明代文学家危素(1303—1372)。明宋濂《学士集》：“危素，字太朴，临川人，至元中，为翰林学士承旨，洪武二年(1369年)，授侍讲学士，知制诰，博学善文辞，尤精于书。”

〔45〕宋文宪濂：明代文学家宋濂(1310—1381)。《明史·宋濂传》：“宋濂，字景濂，其先金华之潜溪人，至濂乃迁浦江。元至正中，荐授翰林院编修，辞不行。洪武中，官侍讲学士，知制诰，同修国史。濂视近而明，一黍上能作数字。”明英宗正统年间追谥“文宪”，著有《宋文宪全集》。

〔46〕中书舍人：明代书法家宋璲。明何乔远《名山藏》：“宋璲，字仲珩，宋濂次子，洪武中，召为中书舍人，精篆隶，工真草书，小篆之工，为国朝第一。”

〔47〕方逊志孝孺：明代理学家方孝孺(1357—1402)。《吾学编》：“方孝孺，字希直，一字希古，宁海人，蜀献王聘为世子师，名其读书之庐曰：‘正学’。洪武时，为汉中教授，皇太孙即位，召为翰林博士，寻升侍讲学士，靖难时，以死殉。”

〔48〕宋南宫克：明代书画家宋克(1327—1387)。高启《南宫生传》：“宋克，字仲温，长洲人，家南宫里，故自号‘南宫生’。洪武初，为凤翔同知。素工草隶，逼钟王。”《丹青志》：“宋克善写竹，萧然无尘俗之气。”

〔49〕沈学士度：明代书法家沈度。明杨士奇《东里集》：“沈度，字民则，华亭人，少力学，善篆隶真行八分书。洪武中，举文学，不就，成祖擢为翰林典籍，累官翰林，至侍讲学士。”《陆俨山集》：“吾松二沈先生，特以毫翰际遇文皇，故吾乡有‘大学士’‘小学士’之称。民则不作行草，民生时习楷法，不欲兄弟间争能也。”

〔50〕俞紫芝和：明代书法家俞和。陈善《杭州志》：“俞和，字子中，杭人，号紫芝，隐居不仕，能诗，喜书翰，早年得见赵文敏运笔之法，行草逼真

文敏，好事者得其书，用赵款识，仓猝莫能辨。"

〔51〕徐武功有贞：明代书画家徐有贞。王世贞《吴中往哲像赞》："徐有贞，明吴县人，初名，字元玉，号天夫，举进士，授编修，官侍讲，后迎太上皇于南城复辟，进兵部尚书，华盖殿大学士，封武功伯。于书少所不窥，能诗歌，善行草，得长沙素师、米襄阳风。"

〔52〕金元玉琮：明代诗人、书法家金琮。清钱谦益《列朝诗集》："金琮，字元玉，金陵人，自号赤松山农，善书，初法赵，晚年学张伯雨，精工可爱，文待诏极喜之，得片纸，皆装潢成卷，题曰积玉。"

〔53〕沈大理粲：明代诗人、书法家沈粲。《松江志》："沈粲，字民望，沈度之弟，善真草书，尤长于诗，自中书舍人，累官至大理少卿，自号简庵。"《水东日记》："沈简庵草圣擅一时，真行皆佳。"

〔54〕解学士大绅：明代学者解缙（1369—1415）。明雷礼《国朝列卿经》："解缙，字大绅，吉水人。"《格古要论》："号春雨，吉水人。洪武二十一年（1388）进士，进侍读学士，书小楷精绝，行草皆佳。"著有《文毅集》《春雨杂述》等。

〔55〕钱文通溥：明代书法家钱溥。小楷行草俱工。《国朝列卿纪》："钱溥，字厚溥，华亭人。正统四年（1439）进士，授检讨，成化中，为南京吏部尚书，谥文通。"

〔56〕桑柳州悦：明代书法家桑悦。《思玄集小传》："桑悦，字民怿，别号鹤溪道人，常熟人，领成化乡荐，三试得乙榜，除泰和训导，迁长沙通判，调柳州。书法赵子昂，其俊秀实祖二王，又得北海遗法。"有《桑子庸言》《思玄集》。

〔57〕祝京兆允明：明代书法家、文学家祝允明（1460—1526）。《名山藏》："祝允明，字希哲，长洲人，生而右手指枝，自号枝指生，以举人授兴宁令，稍迁应天府通判，亡何乞归。其书出入晋、魏，晚益奇纵，为国朝第一。"与唐寅、文徵明、徐祯卿并称"吴中四子"。且为明代中期书家的代表。著有《怀星堂集》，撰有《兴宁县志》。

〔58〕吴文定宽：明代书法家吴宽。《震泽集》："吴宽，字厚博，长洲人，成化壬辰（1472）会试第一，廷试又第一，授翰林修撰。弘治中，为礼部尚书，兼学士，赠太子太保，谥文定。作书姿润中时出奇崛，虽规模于苏，而多所自得。"

〔59〕先太史讳：指文徵明。讳，隐避先人的名字以示尊敬。

〔60〕王太学宠：明代书法家王宠。王世贞《吴中往哲像赞》："王宠，字履仁，后字履吉，别号雅宜山人，吴县人，书始摹永兴、大令，晚节稍稍出己

意，以拙取巧，婉丽遒逸，为时所趣，几夺京兆价。”

〔61〕李太仆应祯：明人。明雷礼《国朝列卿纪》：“李应祯，名，以字行，更字贞伯，号范庵，长洲人。景泰癸酉（1453）举乡试，弘治中，为太仆少卿”。《书史会要》：“少卿真行草隶，皆清润端方，如其为人。”

〔62〕王文恪鏊：明代书法家王鏊，别号守溪，人称“震泽先生”。《国朝列卿纪》：“王鏊，字济之，吴县人。成化乙未（1375）进士，武宗时入内阁，进户部尚书，文渊阁大学士，加少傅，改武英，赠太傅，谥文恪。文规模昌黎以及秦、汉，诗萧散清逸，有王、岑风格，书法清劲，得晋、唐笔意。”著有《姑苏志》《震泽集》《震仲长语》等。

〔63〕唐解元寅：明代书画家唐寅。解元，明清两代称乡试考取第一名的人。唐寅曾于应天府乡试中录为第一，故以“解元”作其尊称。祝允明《唐子畏墓志》：“唐寅，字伯虎，更字子畏，吴县人，戊午试应天府，录为第一，会试黜，掾于浙藩，归心佛氏，自号六如居士。”《图绘宝鉴续纂》：“唐寅山水人物，无不臻妙，虽得刘松年、李希古之皴法，其笔墨秀雅，青于蓝也。”

〔64〕顾尚书璘：明代书法家顾璘。《名山藏》：“顾璘，字华玉，上元人，举弘治进士，嘉靖中，为南京刑部尚书。”《书史会要》：“璘善行草，笔力高古。”

〔65〕丰考功坊：明代书法家丰坊。《詹氏小辨》：“丰坊，字人叔，号南禺外史，鄞人，书学极博，五体并能，诸家自魏、晋以及国朝，靡不兼通，规矩尽从手出，盖工于执笔者也。”

〔66〕先两博士讳：指作者的祖父文彭、叔祖父文嘉。对尊长讳而不名是古人的礼节。王世贞《吴中往哲像赞》：“文彭字寿承，号三桥，文徵明伯子，少承家学，善真行草书，尤工草隶，以诸生久次贡，得秀水训导，擢国子助教于南京。”《图绘宝鉴续纂》：“文嘉，字休承，号文水，徵明仲，画精山水。”

〔67〕王吏部榖祥：明代书画家王榖祥。其篆籀八体并臻妙品。又擅画花鸟，精妍有法。《冯元成集》：“王榖祥，字禄之，长洲人，嘉靖乙丑（1565）进士，改庶吉士，授工部主事，转吏部文选员外郎，善书画。”

〔68〕陆文裕深：明人陆深。明夏言《桂渊文集》：“陆深，字子渊，号俨山，华亭人。弘治乙丑（1505）举进士，嘉靖中，为詹事，致仕，赠礼部侍郎。书法妙逼钟、王，比于赵松雪而遒劲过之。”

〔69〕彭孔嘉年：明代书法家彭年。明王世贞《吴中往哲像赞》：“彭年，字孔嘉，号龙池山樵，吴人，书法晋人，已为楷，其小者信本，大者清臣，行草则子瞻。”

〔70〕陆尚宝师道：明代书画家陆师道。工诗、古文及书画。明文震孟《姑苏名贤小记》："陆师道，字子传，号五湖，长洲人，嘉靖戊戌（1538）进士，官至尚宝少卿。师事待诏，刻意为文章及书画，皆入妙品。"

〔71〕陈方伯鎏：明人陈鎏。申时行《赐闲堂集》："陈鎏，字子兼，别号雨泉，嘉靖戊戌进士，官至四川右布政使，书法尤精绝，流榜署，得者以为荣。"

〔72〕蔡孔目羽：明人蔡羽。明王世贞《吴中往哲像赞》："蔡羽，字九逵，居吴之洞庭山，因自号林屋山人。工属文，能为歌诗，正行书亦遒劲，为诸生，与文待诏齐名，贡入太学，授南京翰林孔目。"

〔73〕陈山人淳：明人陈淳。长洲人，字道复，后以字行，更字复甫，号白阳山人。精通经学、古文、诗词、书法篆籀，擅画花卉。

〔74〕张孝廉凤翼：明人张凤翼。《列朝诗集》："张凤翼，字伯起，长洲人，与其弟献翼、燕翼并有才名，吴人语曰：前有'四皇'，后有'三张'。善书，晚年不事干请，鬻书以自给。"

〔75〕王徵君稚登：明人王稚登。《列朝诗集》："王稚登，先世江阴人，移居吴门，十岁为诗，长而骏发，满吴会间，妙于书及篆隶。"

〔76〕周山人天球：明代书画家周天球。于真行《城山房集》："周天球，字公瑕，号幼海，长洲人。"《画史会要》："写兰草法，自赵文敏后失传，复于公瑕仅见。"

〔77〕邢侍御侗：明人刑侗。明李维桢《大泌山房集》："邢侗，字子愿，临邑人。甲戌成进士，终行太仆少卿。书法钟、王、虞、褚、颠米、秃素，而深得右军神体，极为海内所珍。琉球使者入贡，愿小留，买邢书去。"

〔78〕董太史其昌：明代书画家董其昌（1555—1636），华亭人。

〔79〕陈文东璧：明人陈璧。孔辅等《华亭志》："陈璧，字文东，以文学知名，尤善篆隶，真草流畅快健，富于绳墨。洪武间，以秀才任解州判官，调湖广。"

〔80〕姜中书立纲：明人姜立纲。《画史会要》："姜立纲，字廷宪，号东溪。天顺中，授中书舍人，累官至太常寺卿，画得黄子久家法。"《书史会要》："立纲七岁能书，命为翰林院秀才，善楷书，清劲方正。"

〔81〕院气：画院气。画院为"翰林图画院"的简称，是封建帝王御用的绘画机构。北宋初，开始设立，广泛招揽画家，按其才艺，分别授职。

〔82〕王右丞：唐代诗人、画家王维（701—761，又有698—759）。擅写山水诗，精通音乐、绘画。擅画破墨山水及松石，笔力雄壮，尤工平远之景。亦擅长画人物、丛竹等。苏轼称他"诗中有画，画中有诗"。明代董其昌推

其为“南宗”之祖，称“文人之画，自王右丞始”。《旧唐书·王维传》：“王维，字摩诘，太原祁人，玄宗时，尚书右丞。书画特妙，笔综措思，参于造化，而创意经图，即有所缺，如山水平远，云峰石色，绝迹天机，非绘者之所及也。”

〔83〕荆浩：五代后梁画家。擅画山水，气势浑厚。著有《笔法记》《山水诀》，对中国山水画的发展产生了重要影响。存世作品有《匡庐图》。《五代名画补遗》：“荆浩，字浩然，河南沁水人，博通经史，善属文，五季多故，隐于太行山之洪谷，自号‘洪谷子’。尝画山水、竹石以自适，著《山水诀兰》卷。”

〔84〕董北苑：董源，字叔达，又字北苑。

〔85〕李营邱：李成。因为他是营邱人，故称“李营邱”。《宣和画谱》：“凡称山水者，必以成为古今第一，至不名，而曰李营邱焉。”

〔86〕郭河阳：北宋画家郭熙。为山水画大师。《图绘宝鉴》：“郭熙，河阳温县人，为御画院艺学，善山水寒林，宗李成法，得云烟出没、峰峦隐显之态，布置笔法，独步一时，晚年落笔益壮，著《画四山水论》并《诀》。”

〔87〕米南宫：即米芾。

〔88〕宋徽宋：北宋皇帝、书画家赵佶（1082—1135）。擅长书法，称为“瘦金书”，写狂草，传有真书及草书《千字文卷》等。绘画重视写生，以精细逼真著称，尤其擅长画花鸟。存世作品有《芙蓉锦鸡图》《池塘秋晚图》《四禽图》等。《图绘宝鉴》：“宋徽宗，好书画，丹青卷轴，具天纵之妙，有晋、唐风韵，善墨花石，作墨竹紧细，不分浓淡，一色焦墨，自成一家。尤注意花鸟，点睛多用黑漆。”

〔89〕米元晖：米友仁，字元晖。

〔90〕崔白：宋代画家崔白。《图画见闻志》：“崔白，字子西，濠梁人，工画花竹翎毛，体制清赡，虽以败荷凫雁得名，然于佛道鬼神，山林人兽，无不精绝。宋熙宁初，补图画院艺学。”

〔91〕居寀：即黄居寀。

〔92〕文与可：北宋画家文同（1018—1079）。擅画墨竹，画竹叶创造深墨为面、淡墨为背的方法。主张画竹必先“胸有成竹”，此说对后人创作构思产生了积极作用。《宋史·文同传》：“文同，字与可，梓潼人，自号笑笑先生，善画竹及山水。皇进士，官司封员外郎，出守湖州，故亦称‘文湖州’。”

〔93〕李伯时：北宋画家李公麟（1049—1106）。博学多能，喜藏钟鼎古器及书画。擅画人物、佛道像，尤精画鞍马，亦工山水。《宋史·李公麟传》：“李公麟，字伯时，舒州人，第进士，为中书门下后省删定官，元符三年（1100），归老于龙眠山，自号‘龙眠居士’。雅善画，自作山庄图，为世

宝传，写人物尤精，识者以为顾恺之、张僧繇之亚。”

〔94〕郭忠恕：宋代画家、文字学家。工画山水，尤其擅长界画。存世作品有《雪霁江行图》。《宋史·郭忠恕传》：“郭忠恕，字恕先，洛阳人，七岁能诵书属文，尤工篆籀，周广顺中，名为宗正丞兼国子书学博士。太宗即位，授国子监主簿。善画，所图屋壁重复之状，颇极精妙。”

〔95〕董仲翔：宋代画家董羽。《圣朝名画评》：“董羽，字仲翔，毗陵人，善画龙鱼，尤长于海水。仕李煜，为待诏，归宋，为图画院艺学，写香花阁帏床屏及《积水图》，大见称赏。”

〔96〕苏文忠：苏轼，谥“文忠”。

〔97〕苏叔党：北宋文学家、画家苏过（1072—1123）。《宋史·苏过传》：“苏过，字叔党，轼第三子，以诗赋解两浙路，轼迁儋耳，独过侍之。家颍昌，营水竹数亩，名曰小斜川，自号斜川居士，时称为小坡。”

〔98〕王晋卿：北宋画家王诜（1037—？）。工诗词、擅书法，尤精山水画，好写江上云山和幽谷寒林。存世画迹有《烟江叠嶂图》《渔村小雪图》等。《宋史·王诜传》：“王诜，字晋卿，太原人，尚英宗女蜀国公主，为驸马都尉，利州防御使。”《图绘宝鉴》：“诜学李成山水，清润可爱；又作着色山水，师唐李将军，不古不今，自成一家。画墨竹，师文湖州。”

〔99〕张舜民：宋人。工诗文，擅画山水。《宋史·张舜民传》：“张舜民，字芸叟，州人，中进士第，徽宗擢吏部侍郎，坐元党，谪楚州团练副使，自号‘浮休居士’。”《画史会要》：“浮休擅豪翰。”

〔100〕扬补之：宋代画家扬无咎。所画梅花最为著名。《图绘宝鉴》：“扬无咎，字补之，号逃禅老人，南昌人也。高宗朝，以不直秦桧，屡徵不起，又自号清夷长者。水墨人物学李伯时，梅、竹、松、石、水仙，笔法清淡闲野，为世一绝。”

〔101〕扬季衡：宋人。卢廷选《南昌府志》：“扬季衡，补之侄，画墨梅甚得家法，又能作水墨翎毛。”

〔102〕陈容：宋代画家。《闽画记》：“陈容，字公储，自号所翁，长乐人，端平进士，历郡文学，入为国子监主簿，出守莆田。善画龙，得变化之意，曾不经意而得，皆入神妙。时为松竹，学柳诚悬铁钩锁之法。宝间，名重一时。”

〔103〕李唐：南宋画家。擅画山水，创造大斧披皴。兼工人物，并擅画牛。他开创了南宋一代画派，对后世影响很大。存世作品有《万壑松风图》等。《图绘宝鉴》：“李唐，字古，河阳三城人。徽宗朝，补入画院，建炎间，擢画院待诏，善画山水人物，笔意不凡，尤工画牛，高宗尝题《长夏江寺》卷上曰：‘李唐可比唐李思训。’”

〔104〕赵千里：宋代画家赵伯驹。《画继》："赵伯驹，宋宗室，字千里，高宗时，官浙东路钤辖，优于山水、花果、翎毛。"

〔105〕马远：宋代画家，为"南宋四家"之一。多绘剩水残山，时称"马一角"。存世作品有《踏歌图》等。《图绘宝鉴》："马远，兴祖孙，字钦山，画山水、人物、花禽，种种臻妙，院人中独步也。光宁朝，授画院待诏。"

〔106〕马逵：宋代画家。《图绘宝鉴》："马逵，远兄，得家学之妙，山水、人物、花果、禽鸟，疏渲极工，毛羽灿然，飞鸣生动之态逼真。"

〔107〕夏珪：宋代画家。其山水布置皴法与马远相似，但其意苍古简淡，富于气韵。陈善《杭州志》："夏珪，字禹玉，善画，宁宗朝待诏，赐金带，画人物笔法苍老，墨汁淋漓，雪景全学范宽，院中人画山水，自李唐以下，无出其右者。"

〔108〕陈珏：宋代画家。陈善《杭州志》："陈珏，宋钱塘人，号桂岩，善画人物，着色山水，宝年待诏。"

〔109〕陈仲美：宋代画家陈琳。《图绘宝鉴》："陈琳，字仲美，珏之次子，善山水、人物、花鸟，俱师古人，无不臻妙。论者谓'南渡二百年，工人无出此笔也。'"

〔110〕李山：金代画家。《州山人稿》："李山，官金秘书监，作《风雪松杉图》，用笔潇洒，精绝有致，出蹊径外。"

〔111〕赵松雪：即赵孟頫，号松雪。

〔112〕管仲姬：元代女画家管道，赵孟頫之妻。工书擅画。《松雪斋集》："管夫人道，字仲姬，吴兴人，延四年，封魏国夫人，擅长翰墨词章。"《图绘宝鉴》："管夫人善画墨竹，梅兰，晴竹新篁，是其始创，后学为之模范。"

〔113〕赵仲穆：元人赵雍。《图绘宝鉴》："赵雍，字仲穆，文敏子也。官至集贤殿待制，同知湖州总管府事。山水师董源，尤善人马花石。"

〔114〕李息斋：元人李衎。擅画古木竹石，尤工墨竹。著有《竹谱详录》等。苏天爵《滋溪集》："李衎，字仲宾，号'息斋道人'，世为燕人。元皇庆元年(1312)，官至吏部尚书，拜集贤殿大学士。善图古木竹石，庶几王维、文同之高致。"

〔115〕吴仲圭：元代画家吴镇(1280—1354)，"元四家"之一。工草书和诗词，尤擅水墨山水。《沧螺集》："吴镇，字仲圭，号'梅花道人'，嘉兴魏塘人。工词翰，尤善画山水竹木，臻极妙品，不下许道宁、文与可。"

〔116〕钱舜举：元代画家钱选。《画史会要》："钱选，字舜举，号玉潭，灵川人，宋景定间乡贡进士。元初，吴兴有'八俊'之号，以子昂为首，子昂登朝，皆相附宦达，独舜举不合，流连诗画终身。人物、山水、花鸟师赵昌，

青绿山水师赵千里，尤善作折枝。”

〔117〕盛子昭：元代画家盛懋。

〔118〕陆天游：元代画家陆广。《画史会要》：“陆广，字季弘，号‘天游生’，吴人，画仿王叔明，落笔苍古，用墨不凡，其写树枝，有鸾舞蛇惊之势。”

〔119〕曹云西：元代画家曹知白。《松江志》：“曹知白，字又玄，别号云西，华亭人。至元中，为昆山教谕，不乐，辞去。”《四友斋丛说》：“曹云西善画，其平远法李成，山水师郭熙，笔墨清润，全无俗气。”

〔120〕唐子华：元代画家唐棣。《玉山草堂雅集》：“唐棣，字子华，吴兴人，由茂才为吴江令。”《六研斋笔记》：“子华学画于赵松雪，山水学郭熙，得其华润森郁之趣。”

〔121〕高士安：元代画家。《新增格古要论》：“高士安，元回鹘人，字颜敬。居官公暇，登山赏玩，览其湖山秀丽，云烟变灭，蕴于胸中，发于毫端，自然高绝，其峰峦皴法董源，云树学米元章，品格浑厚，元朝第一名。”

〔122〕高克恭：元代画家。邓文原《巴西集》：“高克恭，字彦敬，其先西域人，后占籍大同。至元十二年（1291），由京师贡补工部令史，至刑部尚书，好作墨竹，不减文湖州，画山水，初学米氏父子，后乃用李成、董源、巨然法，造诣精绝。”

〔123〕王叔明：元代画家王蒙。王达善《听雨楼诸贤集》：“王蒙，字叔明，吴兴人。元末，隐居黄鹤山中，自号‘黄鹤山樵’，赵松雪之外孙也。”《画史会要》：“王蒙山水师巨然，甚得用墨法，秀润可喜，亦善人物。”

〔124〕黄子久：即黄公望。

〔125〕倪元镇：即倪瓒。

〔126〕柯丹丘：即柯九思，号“丹丘生”。

〔127〕方方壶：元代画家方从义，善画山水，别树一帜，兼工隶草。《书史会要》：“道士方从义，字无隅，号方壶，贵溪人。工诗文，善古隶章草。”《图绘宝鉴》：“方壶画山水，极潇洒，峰峦高耸，树木槎，云横岭岫，舟泊莎汀，墨气冉冉，非尘俗笔也。”

〔128〕王元章：元代画家、诗人王冕（1287—1359）字元章，号老村，又号煮石山农，浙江诸暨人。擅长画梅花、竹石，墨梅师法扬无咎而另有新意，著有《竹斋诗集》。宋濂《潜溪集》：“王冕，号‘煮石山农’，诸暨人。善画梅，不减扬补之。皇帝取婺州，将攻越，物色得冕，置幕府，擢谘议参军。”

〔129〕戴文进：明代画家戴进（1388—1462）。《图绘宝鉴》：“戴进，字文进，号静庵，又号‘云泉山人’，钱塘人。山水得诸家之妙，神像、人物、

走兽、花果、翎毛，俱极精致。”宣德间，待诏宫廷，世推为明代院体画中第一手，学者众多，有“浙派”之称。

〔130〕王孟端：明代画家王绂。《名山藏》：“王绂，字孟端，号友石，又号‘九龙山人’，无锡人。”《列朝诗集》：“永乐初，以善书荐，供事文渊阁，拜中书舍人。”王进《友石先生诗集序》：“孟端善于绘事，长江远山，丛篁怪石，随意所适，无不妙绝。”

〔131〕夏太常：明人夏昶。工楷书，尤其擅画墨竹，有“夏卿一个竹，西凉十锭金”的民谣。王世贞《吴中往哲像赞》：“夏昶，字仲昭，昆山人，永乐进士，为翰林庶吉士，以工楷法得幸，授中书舍人，累迁太常寺卿。”

〔132〕赵善长：明代画家赵原。擅画山水、龙角凤毛等。《吴县志》：“赵原，字善长，吴人，号丹林，画师董源，甚得其骨格。明初，召天下画士至京师，图历代功臣，原以应对不称旨，坐死。”

〔133〕陈惟允：明人陈汝言。《吴县志》：“陈汝言，字惟允，与兄汝秩齐名，工诗，兼善绘事，洪武初，以荐任济南经历，坐事免。”工山水，与兄有“大小髯”之称。

〔134〕徐幼文：明代画家徐贲。《画史会要》：“徐贲，字幼文，自蜀徙苏州，画法董源。”

〔135〕张来仪：明代画家张羽。工诗文、善书画。《画史会要》：“张羽，字来仪，更字附凤，号静居，由浔阳徙居吴郡，洪武初，徵为翰林院待制，太常寺丞。画法米氏父子，笔意最妙。”

〔136〕宋南宫：即明代画家宋克。

〔137〕周东村：明代画家周臣。《丹青志》：“周臣，字舜卿，吴县人。画山水人物，峡深岚厚，古面奇妆，有苍苍之色，一时称为作者。唐寅、仇英曾从其学。”

〔138〕沈贞吉、沈恒吉：明代两位兄弟画家。其中沈恒吉是沈周的父亲。杨循吉《吴中往哲记》：“沈贞吉，字南斋，弟恒吉，字同斋，相城故家，皆工唐律，兼善绘事。”

〔139〕沈石田：明代大画家沈周（1427—1509），与唐寅、文徵明、仇英并称为“明四大家”。擅画山水，融会宋元名家而自成风格。兼工花鸟，偶写人物。他的画风影响深远。《震泽集》：“沈周，字启南，世称之曰石田先生，家长洲之相城里。间作绘事，峰峦烟云，波涛花卉，鸟兽虫鱼，莫不各极其态，或草草点缀，而意已足，成辄自题其上，时称‘二绝’。”

〔140〕杜东原：明代画家杜琼。精通书画，其山水画师法董源，画面山峰耸立、层峦秀拔，开“吴门派”先声，有《东原斋集》。《震泽集》：“杜琼，

字用嘉，家吴城之乐圃里，别号‘东原耕者’，世称‘东原先生’，又称‘鹿冠道人’。好为诗，兼善画山水、人物。”

〔141〕刘完庵：明人刘珏。王世贞《吴中往哲像赞》：“刘珏，字廷美，号完庵，长洲人，官山西按察佥事，山水出王叔明。”

〔142〕先太史：文徵明。

〔143〕先和州：文嘉。

〔144〕先五峰：明人文伯仁。《图绘宝鉴续纂》：“文伯仁，字德承，号五峰，长洲人，又号葆生、摄山老农，文徵明从子，善画山水人物，效王叔明。”

〔145〕唐解元：唐寅。

〔146〕张梦晋：明代画家张灵。《丹青志》：“张灵，字梦晋，吴县人，家与唐寅为邻，志合才敌，又俱善画，以故契深椒兰。灵画人物，冠服玄古，形色清真；山水间作，笔生墨劲，崭然绝尘。”

〔147〕周官：明代画家。画人物精于白描，形神兼备。《艺苑卮言》：“字懋夫，吴人，与张灵同时，善山水、人物，无俗韵，白描尤精。”

〔148〕谢时臣：明代画家。《图绘宝鉴续纂》：“谢时臣，字思忠，号樗仙，吴县人，善山水，得沈石田意而稍变，人物点缀，极其潇洒，尤善于水，江潮湖海，种种皆妙。”

〔149〕陈道复：明代画家陈淳。《图绘宝鉴》：“陈淳，字道复，又字复甫，号白阳山人，姑苏人，衡山之门人也。善花卉，人所莫及，山水亦淋漓疏爽，不落蹊径，书法行草，放纵妙绝。”

〔150〕仇十洲：明代画家仇英，“明四家”之一。字实夫，号十洲，太仓人，居苏州。擅画人物，尤长仕女，既工设色，又善水墨、白描。《艺苑卮言》：“英号十洲，为周六观作《上林图》，人物、鸟兽、山水、楼观、旗辇、军容，皆臆写古贤名笔，斟酌而成，可谓绘事绝境。”

〔151〕钱叔宝：明人钱穀。《列朝诗集》：“钱穀，字叔宝，号磬宝，长洲人，从文待诏习诗文、书画，点染水墨，得沈氏法。”

〔152〕陆叔平：明人陆治。《吴县志》：“陆治，字叔平，吴县人，居包山，因号包山子。好为古文辞，尤心通绘事，所传写山水，折衷胜国名家，奇伟秀拔过之。点染花鸟、竹石，往往天造。”

〔153〕郑颠仙：明人。《闽中书画录》：“郑颠仙，闽人，画人物，颇野放。”

〔154〕张复阳：明代道士张复。《秀水志》：“张复，字复阳，为道士，居秀山南宫。”《六研斋笔记》：“张复阳，初业儒，弃去，从朱艮庵学道。善诗

工画，仿吴仲圭，苍郁淋漓。”

〔155〕钟钦礼：明人钟礼。《图绘宝鉴》：“钟礼，字钦礼，号‘南越山人’、又号‘一尘不到处’，明上虞人。宏治中，直仁智殿，好画山水，书法学赵孟頫。”

〔156〕蒋三松：明人蒋松。《金陵琐事》：“蒋松，号三松，明金陵人，善山水、人物，多以焦墨为之，尺幅中寸山勺水，悉臻化境。”

〔157〕张平山：明人张路。《祥符县志》：“张路，祥符人，号平山，以字行。少聪慧，见吴道子、戴文进所画人物、山水，临摹效其神，以画成名。”《祥符志》：“张路以善画人物，鸣于汴，笔力苍劲，山水、鸟兽、花卉兼工。”

〔158〕汪海云：明代画家汪肇。《徽州志》：“汪肇，字德初，明休宁人，工绘事，尤长于翎毛，豪放不羁，自谓其笔意飘若海云，因自号海云。”

〔晋〕王献之《东山帖》(局部)

〔唐〕褚遂良《雁塔圣教序》(局部)

唐玄宗《石台孝经》(局部)

〔唐〕欧阳询《九成宫醴泉铭》(局部)

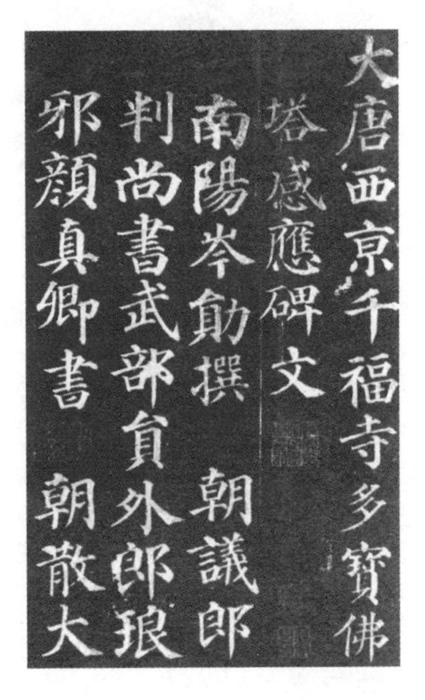

〔唐〕颜真卿《千福寺多宝塔碑》(局部)

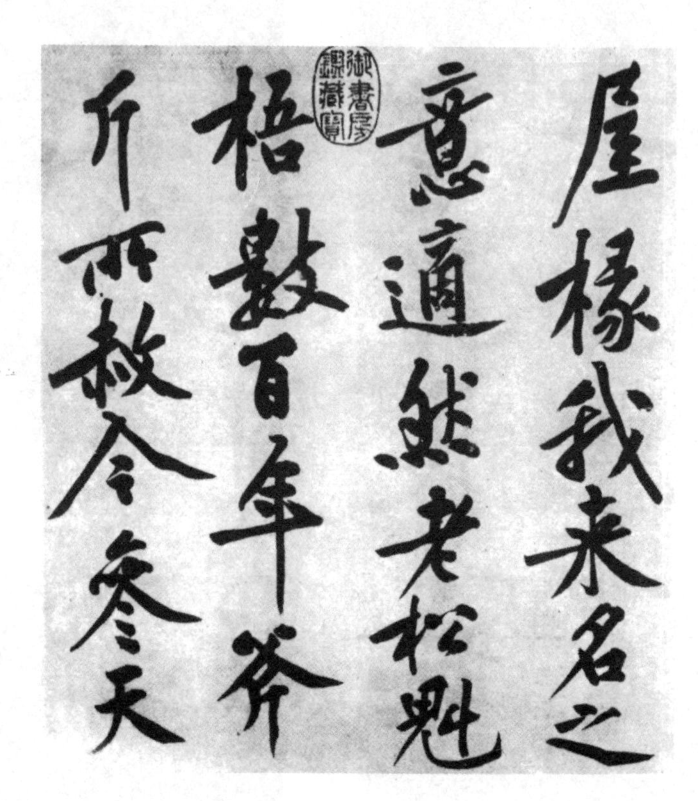

〔北宋〕黄庭坚《松风阁诗卷》

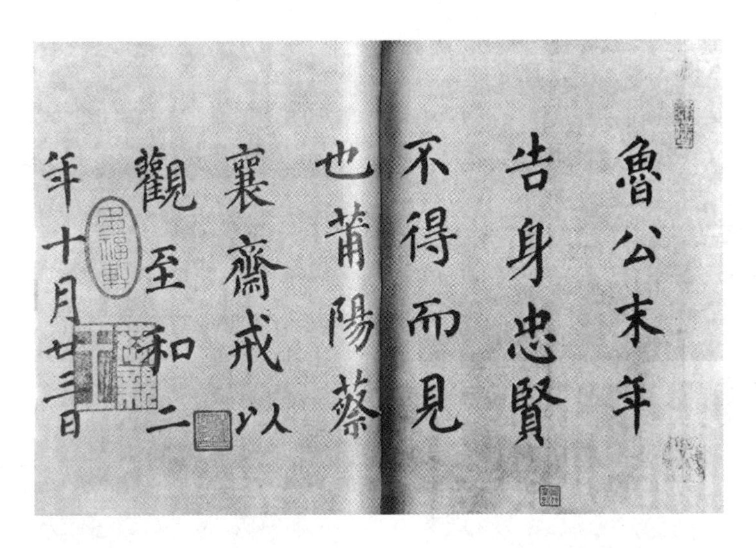

〔北宋〕蔡襄《颜真卿自书告身帖跋》

柯九思画迹。《顾氏画谱》插图。

董其昌画迹。《顾氏画谱》插图。

王维画迹。《顾氏画谱》插图。

荆浩画迹。《顾氏画谱》插图。

郭熙画迹。《顾氏画谱》插图。

李公麟画迹。《顾氏画谱》插图。

郭忠恕画迹。《顾氏画谱》插图。

扬补之画迹。《顾氏画谱》插图。

陈容画迹。《顾氏画谱》插图。

李唐画迹。《顾氏画谱》插图。

赵伯驹画迹。《顾氏画谱》插图。

马远画迹。《顾氏画谱》插图。

夏珪画迹。《顾氏画谱》插图。

管夫人画迹。《顾氏画谱》插图。

赵雍画迹。《顾氏画谱》插图。

吴镇画迹。《顾氏画谱》插图。

钱选画迹。《顾氏画谱》插图。

盛懋画迹。《顾氏画谱》插图。

高克恭画迹。《顾氏画谱》插图。

倪瓒画迹。《顾氏画谱》插图。

方方壶画迹。《顾氏画谱》插图。

戴进画迹。《顾氏画谱》插图。

王绂画迹。《顾氏画谱》插图。

夏昶画迹。《顾氏画谱》插图。

周臣画迹。《顾氏画谱》插图。

〔明〕沈周《庐山高图》

蓮花冠子道人衣日侍君王宴
紫微花柳不知人已去年年鬭綠
與爭緋
蜀後主每於宮中裹小巾命宮妓
衣道衣冠蓮花冠日尋花柳以
侍酣宴蜀之謠已溢耳矣而主之
不挹注之竟至濫觴俾後想搖
頭之令不無扼腕唐寅

〔明〕唐寅《王蜀宫妓图》

谢时臣画迹

陈淳画迹

仇英画迹

钱谷画迹

陆治画迹

钟钦礼画迹

张路画迹

宋绣[1] 宋刻丝[2]

宋绣，针线细密，设色精妙，光彩射目，山水分远近之趣，楼阁得深邃之体，人物具瞻眺生动之情，花鸟极绰约[3]嚵唼[4]适之态，不可不蓄一二幅，以备画中一种。

注释

〔1〕宋绣：宋代的刺绣。刺绣，俗称“绣花”，以绣针引彩线，按照设计的花样，在织物上刺缀运针，以绣迹构成纹样或文字，是我国优秀的民族传统工艺之一。因刺绣多为妇女所作，故又名“女红”。苏绣、粤绣、湘绣、蜀绣为我国“四大名绣”。

〔2〕宋刻丝：宋代的缂丝。缂丝，是我国传统的丝织工艺品之一，历史悠久，新疆楼兰汉代遗址曾出土用缂丝织成的毛织品。隋唐五代流行，盛于宋代，明清时已专业化生产。以生丝作经，各色熟丝作纬，采用“通经断纬”的方法织成，花纹色彩正反两面各一，艺术价值很高，主要产地在苏州。

〔3〕绰约：形容姿态柔美的样子。

〔4〕嚵唼：象声词，成群的鱼、水鸟等吃东西的声音。这里形容鸟类形态生动。

江苏妇女采办公绣的场景。大可堂版《点石斋画报》插图。南宋迁都杭州后，江南成为全国刺绣行业的中心，负责御用织品的织造。

装潢[1]

装潢书画，秋为上时，春为中时，夏为下时，暑湿及沍寒[2]俱不可装裱。勿以熟纸[3]，背必皱起，宜用白滑漫薄大幅生纸，纸缝先避人面及接处，若缝缝相接，则卷舒缓急有损，必令参差其缝，则气力均平，太硬则强急，太薄则失力；绢素彩色重者，不可捣理[4]。古画有积年尘埃，用皂荚[5]清水数宿，托于太平案[6]扦去[7]，画复鲜明，色亦不落。补缀之法，以油纸衬之，直其边际，密其隟缝[8]，正其经纬，就其形制，拾其遗脱，厚薄均调，润洁平稳。又凡书画法帖[9]，不脱落，不宜数装背，一装背，则一损精神。古纸厚者，必不可揭薄。

注释

〔1〕装潢：这里指装裱字画。潢，积水池，原指以黄蘗液染纸。因古代书画用潢纸装裱，故名。《唐六典》："崇文馆装潢匠五人，秘书省有装潢匠十人。"

〔2〕沍寒：沍，冻。沍寒，天寒地冻。

〔3〕熟纸：经研光、加蜡、施胶等加工过的精细纸张，可以防止书写时走墨晕染。否则为生纸。唐代用于拓摹或写经的硬黄，皆为熟纸。

〔4〕捣理：装潢的工艺之一，即字画裱成后，用大块平滑的鹅卵石在裱背摩擦使之光滑平整。

〔5〕皂荚：即"皂角"，豆科植物，其果实可入药，因其富胰皂质，也可用来洗涤丝绸及贵重家具，可不损光泽。

〔6〕太平案：指裱画桌。一般为大型的长方形桌子，亦称"裱台"。

〔7〕扦去：挑去，剔去。

〔8〕隟缝：隟，同"隙"。缝隙，裂缝。

〔9〕法帖：有一定艺术成就的书法作品被称为"法书"。摹刻在石版或木块上的法书叫"法帖"。

巨然画迹。《顾氏画谱》插图。

法糊[1]

用瓦盆盛水，以面一斤渗水上，任其浮沉，夏五日，冬十日，以臭为度；后用清水蘸白芨[2]半两、白矾三分，去滓和元浸面打成，就锅内打成团，另换水煮熟，去水，倾置一器，候冷，日换水浸，临用以汤调开，忌用浓糊及敝帚。

注释

〔1〕法糊：按照裱画规定的标准调成浆糊。《遵生八笺》："《法糊方》：白面一斤，浸三五日，候酸臭作过，入白芨面五钱，黄蜡三钱，白芸香三钱，石灰末一钱，官粉一钱，明矾二钱，用花椒一二两，煎汤去椒，投蜡、矾、芸香、石灰、官粉熬化，入面作糊，粘背不脱。又法：飞面一斤，入白芨末四两，楮树汁调，亦妙。"

〔2〕白芨：也作"白及"。多年生草本，地下有枝状分歧肥厚的块茎。叶片广披针形。夏季开花，红紫或白色。果实圆柱状，根入药，可制浆糊。属兰科。

马骀写杜牧《山行》诗意境。《马骀画宝》插图。

装褫定式[1]

上下天地[2]须用皂绫[3]龙风云鹤等样，不可用团花及葱白、月白二色。二垂带[4]用白绫，阔一寸许，乌丝粗界画[5]二条，玉池[6]白绫亦用前花样。书画小者须挖嵌[7]，用淡月白画绢，上嵌金黄绫条，阔半寸许，盖宣和裱法[8]，用以题识，旁用沉香皮条边；大者四面用白绫，或单用皮条边亦可。参书[9]有旧人题跋，不宜剪削，无题跋则断不可用。画卷有高头者不须嵌，不则亦以细画绢挖嵌。引首[10]须用宋经笺[11]、白宋笺[12]及宋、元金花笺[13]，或高丽茧纸[14]、日本画纸[15]俱可。大幅上引首五寸，下引首四寸，小全幅上引首四寸，下引首三寸，上褾[16]除擫竹[17]外，净二尺，下褾[18]除轴净一尺五寸，横卷长二尺者，引首阔五寸，前褾[19]阔一尺，余俱以是为率。

注释

〔1〕装褫定式：装，装裱、裱褙。褫，剥去旧裱。装褫，书画覆背或揭去旧裱，重新裱褙并制成卷轴。元夏文彦《图绘宝鉴》："古画不脱，不须背褾……故绍兴装褫古画，不许重洗，亦不许裁剪过多。"定式即规定的格式。

〔2〕上下天地：天，指"天头"，立轴中画心之上的部分。地，指"地头"，立轴中画心以下的部分。

〔3〕皂绫：即黑色的绫。

〔4〕二垂带：指立轴中从天杆上挂下来达到天头底线的两条垂带，又称"惊燕"。有的用两条纸代替，或将两条纸粘在天头上。纸条因风飞动，可以惊扰飞燕，以免燕泥点污书画。后用作装饰。

〔5〕乌丝粗界画：纸、绢上划或织成的直行黑色界线，称为"乌丝栏"。乌丝粗界画，即黑色的粗直线。

〔6〕玉池：古代卷轴装裱，卷首所贴之绫称"帜"，唐人称为"玉池"。南朝齐谢赫《画品》："藏书家卷首贴绫，谓之帜，又谓之玉池。"后人把轴幅上的"诗堂"或"引首"也称为"玉池"。

〔7〕挖嵌：将绫按字画的大小挖空，嵌入画心，再进行装裱，亦称"挖

裱”，为全绫裱的一种形式。

〔8〕宣和裱法：即“宣和装”，宋徽宗宣和年间（1119—1125）内府收藏书画的一种装裱格式。以北京故宫博物院所藏梁师闵《芦汀密雪图》卷为例：天头用绫，前后隔水用黄绢，尾纸用白宋笺，连画心本身共五段。按一定格式盖有内府收藏印章。

〔9〕参书：镶裱在画心两侧、留备题跋的笺纸，即明人所谓“诗堂”的一种形式。

〔10〕引首：加裱在画心上下的笺纸。也指国画手卷的第一部分。

〔11〕宋经笺：宋代的一种藏经纸。明胡震亨《海盐县图经》：“金粟寺有藏经千轴，用硬黄茧纸，内外皆蜡，磨光莹（滑），以红丝栏界之……纸背每幅有小红印，文白‘金粟山藏经纸’。有好事者，剥取为装潢之用，称为宋笺。”

〔12〕白宋笺：白色的宋代写经纸。明项元汴《蕉窗九录》：“宋纸有黄白经笺，可揭开用之。”

〔13〕金花笺：古代名纸。即“描金笺”，一种描有金色花纹的熟笺纸。明屠隆《考槃馀事》：“歙县地名龙须者，纸出其间，光滑莹白可爱，有碧云春树笺、龙凤笺、团花笺。”

〔14〕高丽茧纸：高丽，今朝鲜。《蕉窗九录》：“高丽纸以绵茧造成，色白极绫，坚韧如帛，用以书写，发墨可爱。”

〔15〕日本画纸：日本出产的一种光滑如镜的纸。宋陶谷《清异录》：“建元中，日本使真人兴能来朝，善书札，译者乞得二幅，其纸云‘女儿青’，微绀，一云‘卵品’，光白如镜面，笔至上多褪，非善书者不敢用。”

〔16〕上褾：褾，同“裱”。上褾，画身之上的装裱。

〔17〕搌竹：裱画时加在上端的竹制天杆。

〔18〕下褾：画身之下的装裱。

〔19〕前褾：横卷画身之前为“前褾”。

《顾氏画谱》收录的顾德谦画迹，反映了那个时代文人鉴赏风气之盛。

褾轴[1]

古人有镂沉檀[2]为轴身，以裹金[3]、鎏金[4]、白玉、水晶[5]、琥珀[6]、玛瑙[7]、杂宝为饰，贵重可观，盖白檀[8]香洁去虫，取以为身，最有深意。今既不能如旧制，只以杉木为身。用犀、象、角[9]三种，雕如旧式，不可用紫檀[10]、花梨[11]、法蓝[12]诸俗制。画卷须出轴[13]，形制既小，不妨以宝玉为之，断不可用平轴[14]。签以犀、玉为之；曾见宋玉签[15]半嵌锦带内者，最奇。

注释

〔1〕褾轴：即裱轴。裱成字画上下所附的“上杆”“下杆”木条统称为“轴”。天杆扁而细，地杆圆而粗。加轴便于舒卷或悬挂。轴一般为木制。

〔2〕镂沉檀：镂，雕刻。镂沉檀，刻沉香木或檀香木作轴身。沉香木和檀香木，都是名贵的香木。沉香，常绿乔木，木材供薰香用，属瑞香科。檀香，一称白檀，常绿小乔木，木材香气甚烈，可制器物、药剂或用以薰物，属檀香科。

〔3〕裹金：俗称“包金”，即用金箔包裹轴头。

〔4〕鎏金：鎏，成色好的金子。鎏金，俗称“镀金”，在器物的表面上镀上一薄层金子。

〔5〕水晶：纯粹的石英，无色透明，多用来制造光学仪器、无线电器材和装饰品。

〔6〕琥珀：玉石名。产于煤层中，是地质时代中植物树脂经过石化的产物。其红色者曰“血珀”，黄而明莹者曰“蜡珀”。优质、色美、无瑕、透明者，可制饰物。

〔7〕玛瑙：石英类矿物，与玉髓同质，有红、白、黄各色相间而呈带状分布。多为圆洞，水晶簇生其中，品类很多。可作精密仪器的轴承、耐磨器皿及装饰品。

〔8〕白檀：亦称“灰木”。落叶灌木或乔木，枝条细长，叶互生，椭圆形。春季开花，花白色，有香气。果实椭圆形，鲜蓝色，属山矾科。我国南北各地都有分布。木材细密，可作细木工及建筑用材。种子可榨油，根皮与叶可作农药。

〔9〕犀、象、角：为犀角、象牙及牛角三种。犀牛，体大如牛，鼻上生角，自古作药及装饰品用，属哺乳纲奇蹄目犀科。象，体大，鼻长可卷，门牙甚长，露出口外，可供雕刻之用，属哺乳纲长鼻目象科。水牛，体大，具铲形大弯角一对，可供雕刻及各种细工用，属哺乳纲偶蹄目牛科。

〔10〕紫檀：亦称赤檀、血檀，常绿乔木，羽状复叶，花冠蝶形，黄色，果实有翼。木材坚重，心材红色，为贵重家具用材。产于热带，属豆科。明王佐《新增格古要论》："紫檀木，出交趾、广西、湖广，性坚，新者色红，旧者色紫，有蟹爪纹，新者以水湿浸之，色能染物。"

〔11〕花梨：花榈，亦称花梨、花狸，落叶乔木，羽状复叶，夏季开黄白色花，荚果木质，扁平。种子红色，分布于我国各地。可供观赏，木材坚重美丽，为贵重的家具用材之一。属豆科。《新增格古要论》："花梨木出南番、广东，紫红色，与降真香相似，亦有香，其花有鬼面者可爱，花粗而色淡者低，广人多以作茶酒盏。"

〔12〕法蓝：即"珐琅"，即指"景泰蓝"。景泰蓝为我国特种工艺品之一，用紫铜做成器物的胎，把铜丝掐成各种花纹焊在铜胎上，填上珐琅彩釉，然后烧成。明代景泰年间在北京开始大量制造，珐琅彩釉多用蓝色，故称"景泰蓝"。因景泰蓝用珐琅制成，所以也简称珐琅。画轴用景泰蓝，极为美观。但是质脆而重，因此不宜作画轴。

〔13〕出轴：轴身加轴头长出画外的称"出轴"。

〔14〕平轴：没有凸出画外、在轴杆上加粘轴片的称"平轴"。

〔15〕玉签：玉制的签子。

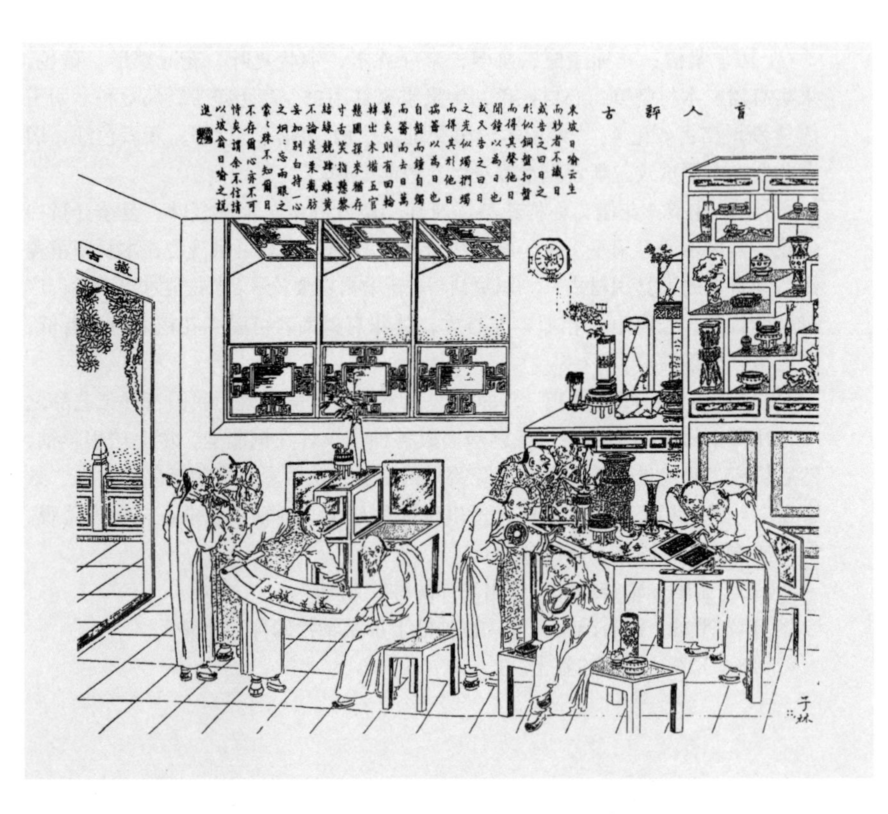

清代文人雅士鉴赏古董字画的场景。大可堂版《点石斋画报》插图。

裱锦[1]

古有樗蒲锦[2]、楼阁锦、紫驼花锦、鸾鹊锦、朱雀锦、凤凰锦、走龙锦、翻鸿锦，皆御府[3]中物，有海马锦、龟纹锦、粟地绫、皮球绫、皆宣和绫[4]，及宋绣花鸟、山水，为装池卷首，最古。今所尚落花流水锦，亦可用；惟不可用宋段[5]及纻绢[6]等物。带用锦带，亦有宋织者。

注释

〔1〕裱锦：裱画所用的锦。锦，有彩色花纹的丝织品，色彩丰富瑰丽，花纹精致古雅。锦的生产工艺要求高，织造难度大，是古代最贵重的织物。著名的品种有云锦、蜀锦等。

〔2〕樗蒲锦：传统丝织纹饰之一。樗蒲，古代一种赌具，中间大两头尖，呈果核状，盛行于汉魏，为斫木制成，一具五，又称“五木”。樗蒲锦，以这种游戏为图案的彩锦，即在果核形内饰适合纹的一种装饰纹样。始于宋代，在明锦纹样中常见。宋程大昌《演繁露》：“今世蜀地织绫，其纹有两尾尖削而腹宽广者，既不似花，亦非禽兽，遂乃名樗蒲。”

〔3〕御府：帝王府库。

〔4〕宣和绫：宋代宣和年间内府所织的绫。绫是中国传统丝织物的一类。《正字通》：“织素为文者曰绮，光如镜面有花卉状者曰绫。”绫采用斜纹组织或变化斜纹组织，质地轻薄、柔软，主要用于书画装裱，也用于服装，以浙江的“缭绫”最为著名。

〔5〕宋段：即宋缎。缎是利用缎纹组织的各种花、素丝织物，表面平滑而有光泽。

〔6〕纻绢：用纻丝织成的绢。绢，古代丝织物的名称。以生丝为经纬，采用平纹或平纹变化组织。质地清爽，供书画、裱糊扇面、扎制灯彩等用。

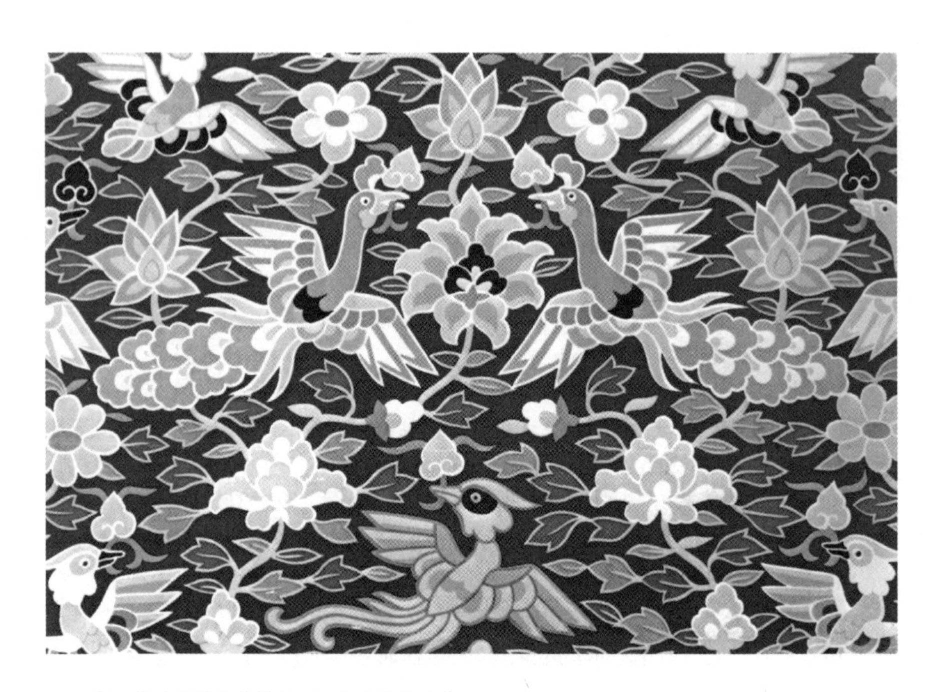

宋代紫地鸾鹊穿花缂丝（辽宁省博物馆藏）

藏画

以杉、桫[1]木为匣，匣内切勿油漆、糊纸，恐惹霉[2]湿，四、五月，先将画幅幅展看，微见日色，收起入匣，去地丈余，庶免霉白[3]。平时张挂，须三、五日一易，则不厌观，不惹尘湿，收起时，先拂去两面尘垢，则质地不损。

注释

〔1〕桫：桫椤，蕨类植物，木本，茎高而直，树皮平滑，叶片大，羽状分裂；茎含淀粉，可食用。

〔2〕霉：东西因霉菌的作用而变质。霉菌，真菌的一类，用孢子繁殖，种类很多，有青霉、黑霉、白霉等。

〔3〕霉白：即白霉。藻状菌纲，毛霉科。菌丝分枝很多，腐生于食物、土壤和潮湿的衣物上。

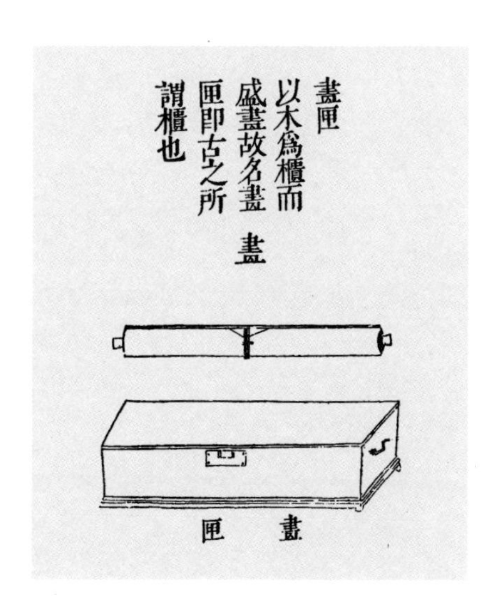

画匣。《三才图会》插图。

小画匣

短轴作横面开门匣，画直放入，轴头贴签，标写某书某画，甚便取看。

卷画

须顾边齐，不宜局促，不可太宽，不可着力卷紧，恐急裂绢素。拭抹用软绢细细拂之，不可以手托起画背就观，多致损裂。

法帖[1]

历代名家碑刻，当以《淳化阁帖》[2]压卷，侍书[3]王著勒[4]，末有篆题者是。蔡京[5]奉旨摹者，曰《太清楼帖》[6]；僧希白[7]所摹者，曰《潭帖》[8]；尚书郎潘师旦[9]所摹者，曰《绛帖》[10]；王寀辅道[11]守汝州[12]所刻者，曰《汝帖》[13]；宋许提举[14]刻于临江[15]者，曰《二王帖》[16]；元祐[17]中刻者，曰《秘阁续帖》[18]；淳熙[19]年刻者，曰《修内司本》[20]；高宗[21]访求遗书，于淳熙阁摹刻者，曰《淳熙秘阁续帖》[22]；后主[23]命徐铉[24]勒石，在淳化[25]之前者，曰《昇元帖》[26]；刘次庄[27]摹阁帖，除去篆题年月，而增入释文者，曰《戏鱼堂帖》[28]；武冈军重摹绛帖，曰《武冈帖》[29]；上蔡人临摹《绛帖》，曰《蔡州帖》[30]；曹彦约[31]于南康[32]所刻，曰《星凤楼帖》[33]；庐江李氏[34]所刻，曰《甲秀堂帖》[35]；黔人秦世章[36]所刻，曰《黔江帖》[37]；泉州重摹阁帖，曰《泉帖》[38]；韩平原[39]所刻，曰《群玉堂帖》[40]；薛绍彭[41]所刻，曰《家塾帖》[42]；曹之格日新[43]所刻，曰《宝晋斋帖》[44]；王庭筠[45]所刻，曰：《雪溪堂帖》[46]；周府[47]所刻，曰《东书堂帖》[48]。吾家[49]所刻，曰《停云馆帖》[50]、《小停云馆帖》[51]；华氏[52]所刻，曰《真赏斋帖》[53]；皆帖中名刻，摹勒皆精。

又如历代名帖，收藏不可缺者，周、秦、汉则史籀篆《石鼓文》[54]、坛山石刻[55]，李斯篆泰山、朐山、峄山诸碑[56]，《秦誓》[57]（《诅楚文》[58]），章帝《草书帖》[59]，蔡邕《淳于长夏承碑》[60]、《郭有道碑》[61]、《九疑山碑》[62]、《边韶碑》[63]、《宣父碑》[64]、《北岳碑》[65]，崔子玉[66]《张平子[67]墓碑》[68]，郭香察隶《西岳华山碑》[69]、《周府君碑》[70]。魏帖则钟元常《贺捷表》[71]、《大飨碑》[72]、《荐季直表》[73]、《受禅碑》[74]、《上尊号碑》[75]、《宗圣侯碑》[76]。吴帖则《国山碑》[77]；晋帖则《兰亭记》[78]、《笔阵图》[79]、《黄庭经》[80]、《圣教序》[81]、《乐毅论》[82]、《东方朔赞》[83]、《洛神赋》[84]、《曹娥碑》[85]、《告墓文》[86]、《摄山寺碑》[87]、《裴雄碑》[88]、《兴福寺碑》[89]、《宣示帖》[90]、《平西将军墓铭》[91]、《梁思楚碑》[92]、羊祜《岘山碑》[93]，索靖《出师颂》[94]；宋、齐、梁、陈帖，则《宋文帝神道碑》[95]，齐倪珪《金庭观碑》[96]，梁萧子云《章草出师颂》[97]、《茅君碑》[98]、《瘗鹤铭》[99]、刘灵《堕泪碑》[100]，陈智永《真行二体千文》[101]、《草书兰亭》。魏、齐、周帖则有魏刘玄明《华岳碑》[102]、裴思顺《教戒经》[103]；北齐王思诚《八分蒙山碑》[104]、《南阳寺隶书碑》[105]、《天柱山铭》[106]；后周《大宗伯唐景碑》[107]。隋帖则有《开皇兰亭》[108]、薛道衡书《尒朱敞碑》[109]《舍利塔铭》[110]、《龙藏寺碑》[111]。唐帖：欧书则《九成宫铭》[112]、《房定公墓碑》[113]、《化度寺碑》[114]、《皇甫君碑》[115]、《虞恭公碑》[116]、《真书千文小楷》[117]、《心经》[118]、《梦奠贴》[119]、《金兰帖》[120]；虞书则《夫子庙堂碑》[121]、《破邪论》[122]、《宝昙塔铭》[123]、《阴圣道场碑》[124]、《汝南公主铭》[125]、《孟法师碑》[126]；褚书则《乐毅论》[127]、《哀册文》[128]、《忠贤像赞》[129]、《龙马图赞》[130]、《临摹兰亭》[131]、《临摹圣教》[132]、《阴符经》[133]、《度人经》[134]；柳书则《金刚经》[135]、《玄秘塔铭》[136]；颜书则《争坐位帖》[137]、《麻姑仙坛记》[138]、《二祭文》[139]、《家庙碑》[140]、《元次山碑》[141]、《多宝寺碑》[142]、《放生池碑》[143]、《射堂记》[144]、《北岳庙碑》[145]、《草书千文》[146]、《摩崖碑》[147]、《干禄子帖》[148]；怀素书则《自叙三种》[149]、《草书千文》[150]、《圣母帖》[151]、《藏真律公二帖》[152]；李北海[153]书则《阴符经》[154]、《娑罗树碑》[155]、《曹娥碑》[156]、《秦望山碑》[157]、《臧怀亮碑》[158]、《有道先生叶公碑》[159]、《岳麓寺碑》[160]、《开元寺碑》[161]、《荆门行》[162]、《云麾将军碑》[163]、《李思训碑》[164]、《戒坛碑》[165]；太宗[166]书《魏徵碑》[167]、《屏风帖》[168]；高宗[169]书《李勣碑》[170]；玄宗[171]书《一行禅师塔铭》[172]、《孝经》[173]、《金仙公主碑》[174]；《孙过庭书谱》[175]；《延陵季子二碑》[176]；柳公绰《诸葛庙堂碑》[177]；李阳冰《篆书千文》[178]、《城隍庙碑》[179]、《孔子庙碑》[180]；欧阳通《道因禅师碑》[181]；薛稷《昇仙太子碑》[182]；张旭《草书千文》[183]；僧行敦《遗教经》[184]。南唐则有杨元鼎《紫阳观碑》[185]，宋则苏、黄诸公[186]，如《洋州园池》[187]、《天马赋》[188]等类。元则赵松雪[189]。国朝则二宋[190]诸公，所书佳者，亦当兼收，以供赏鉴，不必太杂。

注释

〔1〕法帖：具有一定艺术成就的书法作品称为“法书”。摹刻在石版或木版上的法书及拓本，称为“法帖”。《辍耕录》引《法帖谱系》：“熙陵（宋太宗赵匡义）留意翰墨，出御府历代所藏真迹，命王著摩刻禁中，厘为十卷，此历代法帖之祖。”

〔2〕《淳化阁帖》：即《淳化秘阁法帖》，简称《阁贴》，共十卷。被称为“法帖之祖”。《淳化秘阁法帖源流考》：“按《玉海》及《宋史》：‘宋初，秘阁之建，始于端拱元年（988）五月辛酉朔，阁成，选三馆书万余卷，及汉张芝、崔瑗，魏钟繇，晋王羲之、献之、庾亮，梁萧子云，唐太宗、明皇、颜真卿、欧阳询、柳公权、怀素、怀仁等墨迹，藏其中。淳化三年（992）五月甲寅，诏增修秘阁，八月壬戌朔，阁成，九月，幸新秘阁，十一月，诏翰林侍书王著以阁中所藏前贤墨迹及南唐李主重光《建业帖》模刻禁中，厘为十卷，名《淳化秘阁法帖》。’”

〔3〕侍书：宋官名，即翰林侍书学士。

〔4〕王著勒：王著所刻。《宋史·王著传》：“王著，字知微，唐相方庆之后，伪蜀明经及第，善攻书，笔迹甚媚，颇有家法。官至殿中侍御使。”

〔5〕蔡京：蔡京（1047—1126），北宋人。《宋史·蔡京传》：“蔡京，字元长，兴化仙游人，熙宁三年（1070）进士，徽宗时，为尚书右仆射，兼中书侍郎。排斥元澈诸臣，大观中，拜太师，封‘鲁国公’。”《大观帖总释》：“徽宗视《淳化帖》板已皱裂，而王著一时标题多误，临摹或失真，诏出墨迹，更定汇次，订其笔意，仍俾蔡京书签及卷首，刻石太清楼下。”

〔6〕《太清楼帖》：《太清楼帖》，宋代徽宗大观中刻石，总二十二卷，又名《大观帖》。

〔7〕僧希白：希白，宋代僧人。《书史会要》：“释希白，字宝月，号‘慧

照大师’，长沙人。庆历中，尝以《淳化阁帖》模刻于潭之郡斋。”

〔8〕《潭帖》：赵希鹄《洞天清录》：“《潭帖》：《淳化帖》既颁行，潭州即模刻二本，谓之‘潭帖’。予尝见其初本，书与《旧绛帖》雁行，至庆历八年（1048），石已残缺，永州僧希白重摹，东坡犹嘉其有晋人风度。建炎，卤骑至长沙，守城者以为炮石，无一存者。绍兴初，第三次重摹，失真远矣。”

〔9〕潘师旦：《集古求真》：“按：《绛帖》为尚书郎潘师旦所刻，《集古录》著之。自曾宏文误指为驸马潘正夫，且云尚哲宗女秦国公主，遂有‘潘驸马帖’之称。而十二卷伪《绛帖》大令《桓山铭》后，竟伪撰《驸马潘师旦题记》，以附会之。”

〔10〕《绛帖》：清王澍《竹云题跋》：“北宋潘师旦摹刻二十卷，以《淳化阁帖》为底本，而有所损益。潘死后，二子各得十卷。长子负官钱，没入公库。绛州太守补刻后十卷，名‘公库本’；次子补刻前十卷，名‘私家本’，金人重刻，名‘新绛本’。”原石拓本存世极少。

〔11〕王寀辅道：王寀，字辅道，宋代人。工于词章，登第至校书郎。《南村帖考》：“汝帖十二卷，目录一卷，宋大观三年（1109）王寀守汝州时所刻也。字辅道，敷阳人。”

〔12〕汝州：汝州，后魏汝北郡，隋设汝州，今为河南省临汝县。

〔13〕《汝帖》：清程文荣《南村帖考》：“汝帖十二卷，目录一卷，宋大观三年（1109）守汝州时所刻也。”《洞天清录》：“《汝州帖》乃辅道摘诸帖中字牵合为之，每卷后有汝州印，为黄伯思所掊击，不值一文。”

〔14〕宋许提举：《洞天清录》：“许提举‘闲’刻二王帖于临江，模勒极精，诚少诠择。”《新增格古要论》：“《二王帖》：宋许提举‘间’刻于临江，模勒极精。”《南村帖考》，许提举“闲”“间”均误，应作“开”。

〔15〕临江：府名，今南昌地区清江县。

〔16〕《二王帖》：晋代王羲之、王献之父子的行书草帖。为宋代许开在临江任职时所刻，后有许开题跋：“丙寅岁元夕假守许开题”。《集古求真》：“《二王府帖》，曹士冕《法帖谱系》云：‘元中，亲贤宅从禁中借板墨百本，分遗官僚。……余观近世所谓《二王府帖》，盖中原再刻石本，非禁中板本，前有目录，尾无题字，盖显然二物矣。”

〔17〕元祐：宋哲宗赵煦年号（1086—1094）。

〔18〕《秘阁续帖》：宋赵希鹄《洞天清录》：“《元秘阁续帖》：元中，奉旨以《淳化阁帖》之外，续所得真迹，刻《续法帖》。”

〔19〕淳熙：宋孝宗赵年号（1174—1189）。

〔20〕《修内司本》：脩，同修。民国·欧阳辅《集古求真》：“《淳熙箎

内司帖》：宋孝宗淳熙十二年（1185），诏以内府所藏《淳化帖》刻石，集中规模，与原本略无小异，卷尾楷书题云：'淳熙十二年乙巳二月十五日，修内司奉旨摹勒上石。'"该帖又称《淳熙阁帖》。

〔21〕高宗：宋高宗赵构，徽宗第九子，为南宋之祖。

〔22〕《淳熙秘阁续帖》：法帖名，十卷。《淳化阁法帖源流考》："宋孝宗朝，以南渡后所得晋、唐遗墨，摹刻禁中，名《淳熙秘阁续帖》。"

〔23〕后主：五代时南唐国主李煜（937—978），亦称"李后主"。擅长诗文、音乐、绘画。

〔24〕徐铉：《宋史·徐铉传》："徐铉，字鼎臣，扬州广陵人。仕南唐，官至吏部尚书，随李煜入觐，太祖命为率更令，太平兴国初，直学士院。好李氏小篆，臻其妙，隶书亦工，尝受诏同校《说文解字》。"《欧阳修集》："铉与弟锴皆能八分、小篆，在江南以文翰知名，号'二徐'。"

〔25〕淳化：宋太宗赵光义年号（976—997）。

〔26〕《昇元帖》：《淳化阁法帖源流考》："南唐李后主出秘府珍藏，命徐铉刻帖四卷，后刻元二年（938）三月建业文房摹勒上石'，亦名《建业帖》。"

〔27〕刘次庄：宋代长沙人，擅长填词及书法。《书史会要》："刘次庄，字中叟，熙宁进士，有书名，工正行草。元澈中，谪居新淦，筑室东山寺前，俯瞰清流，自谓有'濠梁间想'，因号'戏鱼翁'。崇宁中，官至殿中侍御使。摹古帖最得其真，著有《法帖释文》。"

〔28〕《戏鱼堂帖》：因刘次庄自号"戏鱼翁"，故他所摹刻的《淳化阁帖》又称《戏鱼堂帖》。《洞天清录》："元间，刘次庄以家藏《淳化阁帖》十卷摹刻。"

〔29〕《武冈帖》：法帖名。有新旧二种，皆二十卷。《法帖谱系》："《武冈帖》旧出二十卷，不知刻于何时。碑段稍长，而日、月、光、天、德、字号，间于行中间，字画亦清劲可爱。第一卷卫夫人字，澹无枯笔；第九卷大令诸帖皆误，洵乎出于新绛也。"《洞天清录》："武冈军重摹绛帖二十卷，殊失真，石且不坚，易失精神。后有武臣守郡，嫌其字不精彩，令匠者即旧画再刻，谓之'洗碑'，遂愈不可观，其释文尤舛缪，然武冈纸类北纸，今东南所见绛帖，多武冈初本耳，验其残阙处自可见。"

〔30〕《蔡州帖》：《考槃馀事》："上蔡人重摹《绛帖》，共十卷，出于临江《潭帖》之上。"

〔31〕曹彦约：《宋史》："曹彦约，都昌人，淳熙进士，官至兵部尚书。"

〔32〕南康：宋置军，元置路，明为府，属今江西省九江地区。

〔33〕《星凤楼帖》：《南村帖考》："《星凤楼帖》，著录家或作曹彦约

刻，或作曹士冕刻，或作赵彦约刻。按曹彦约，字简斋，都昌人，淳熙八年（1181）进士，事迹具《宋史》本传，士冕即其子，字端可。赵彦约，《宋史》无传，惟《世系表》有二：一为公广子，一为公子，皆确有其人，无怪《虚舟帖考》三说并存，而无从取证也。余尝合诸说推究之，并证以《辍耕录》所载宋理宗《兰亭一百十七刻》，内有昌谷曹氏本二，而知此帖实曹氏所刻，无可疑者。"

〔34〕庐江李氏：见"甲秀堂帖"注。

〔35〕《甲秀堂帖》：《考槃馀事》："《甲秀堂帖》，宋庐江李氏刻，前有王、颜书，多诸帖未见，后有宋人书亦多，今吴中有重摹者，亦有可观。"

〔36〕秦世章：字子明，贵州省人。《豫章先生文集》《跋秦氏所置法帖》："黔人秦子明，魁梧喜攻伐，其自许不肯出赵国珍下。子明尝以里中儿，不能书为病，其将兵于长沙也，买石摹刻长沙僧宝月古法帖十卷，谋舟载入黔中，壁之黔之绍圣院……子明名世章，今为左藏库副使，东南第八将。'绍圣院'者，子明以军功得请于朝，为阵亡战士追福所作佛祠也。刻石者潭人汤正臣父子……"

〔37〕《黔江帖》：《考槃馀事》："宋秦子明命汤正臣父子刻于长沙，即僧宝月古帖十卷。"

〔38〕《泉帖》：法帖名，即《泉州本阁帖》。为南宋时翻刻于福建泉州的《淳化阁帖》，十二卷。明末论帖，有泉、潭、绛、汝之称。

〔39〕韩平原：韩侂胄，字节夫，宋代安阳人。《图绘宝鉴》："侂胄，嘉泰间为平章太师，善作水墨竹石，自称曰：'太师竹'，卷轴上用'安阳开国'印记。"

〔40〕《群玉堂帖》：宋人刻丛帖名，以摹刻精妙著称。今仅存残本。《汇刻丛帖》："南宋向若水摹刻韩胄所藏法书十卷，原名《阅古堂帖》。韩被杀后，刻石没归公库，嘉定元年（1208），秘书省改名《群玉堂帖》。"清代海宁蒋光煦重刻。

〔41〕薛绍彭：即薛道祖。

〔42〕《家塾帖》：《闲者轩帖考》："熙宁间，薛师正出款（定武）刊一别本……其子绍彭，字道祖，又模之他石，潜易古刻，又剔损古刻'湍流带左右'五字为识。大观中，诏问其子嗣昌取龛宣和殿后。"

〔43〕曹之格日新：《书史会要》："曹之格尝模古帖刻石，曰《宝晋斋帖》。"

〔44〕《宝晋斋帖》：宝晋斋是宋代书画家米芾的书斋名。壁间刻有晋人法帖，曹之格摹刻有《宝晋斋帖》。《汇刻丛帖》："南宋曹之格摹刻十卷。北宋

米芾得晋王羲之《王帖略》，王献之《十二月帖》，谢安《八月五日帖》墨迹，名其斋曰：‘宝晋’。崇宁三年（1104），米芾知无为军时，摹刻上石，至曹之格任无为通判时，又重行摹刻，并加入家藏晋帖及米芾书多种，于淳熙四年（1268）刻成。”

〔45〕王庭筠：《金史》：“王庭筠，字子端，金河东人。号黄华老人，大定进士，后以品第书法、名画，为翰林修撰，山水、古木、竹石，上逼古人，不在米元章下，书法传子曼庆。”

〔46〕《雪溪堂帖》：《元遗山文集》：“《王黄华墓碑》：公尝被旨，与舅氏宣徽公汝霖，品第秘府书画，因集所见及士大夫家藏前贤墨迹，古法帖所无者摹刻之，号‘《雪溪堂帖》一十卷’。”

〔47〕周府：明代周宪王朱有府。

〔48〕《东书堂帖》：《书诀》：“周宪王有小楷《东书堂法帖序》。”《集古求真》：“明周宪王为世子时所镌，以《阁帖》为主，又旁取《绛》《潭》等帖，并增入宋、元人书，仍为十卷。”

〔49〕吾家：指文震亨家。

〔50〕《停云馆帖》：《淳化秘阁法帖源流考》：“明嘉靖间，文待诏父子，取《阁》《绛》《临江》《宝晋》《博古》诸帖摹勒，益以宋、元、明人墨迹，为《停云馆帖》十二卷，《续帖》四卷”。

〔51〕《小停云馆帖》：章简甫自刻一部，与文氏本差别不大，仅天地头略短于原刻碑，禁中称文氏原刻为《大停云馆帖》，章氏自刻为《小停云馆帖》。《集古求真》：“《停云馆帖》，原本只刻四卷，帖首标题为小楷正书；后刻十二卷，改为隶书，字亦略大。章简甫自刻，与原本无甚差别，仅第一卷小楷系用越州石氏本摹刻。”

〔52〕华氏：明代无锡人华夏。清光绪《无锡金匮县志》：“华夏，字中甫，少师事王守仁，中岁与文徵明、祝允明辈为性命交，构‘真赏斋’于东沙，藏鼎彝金石缣素，品鉴推江东巨眼。”

〔53〕《真赏斋帖》：清孙承泽《闲者轩帖考》：“锡山华东沙出其所藏古迹勒成三卷：上卷，钟繇《荐季直表》；中卷，王羲之《袁生帖》；下卷，王方庆《万岁通天进帖》；钩摹者为文待诏父子，刻石者为章简甫，摹勒既精，毡蜡又妙，为有明一代刻帖第一，出《停云馆》上，后以倭乱毁于火，更勒一石，遂有‘火前’‘火后’之别。”

〔54〕史籀篆《石鼓文》：相传周宣王的太史名“籀”，作大篆十五篇。《金石萃编》：“周宣王《石鼓文》：鼓凡十，每鼓约径三尺余，在今北京国子监大成门左右。”原石藏今北京故宫博物院。《法书苑》：“《石鼓文》，谓之

‘周宣王猎碣’，共有十鼓，其文则史籀大篆也。”

〔55〕坛山石刻：宋欧阳修《集古录》：“赞皇县坛山上有周穆王刻石，‘吉日癸巳’四字，笔力遒劲，有剑拔弩张之状。”《虚舟题跋》：“晋卫夫人谓：‘李斯见穆王书’，七日兴叹。盖即此也。”

〔56〕李斯篆泰山、朐山、峄山诸碑：李斯，秦始皇的丞相。定郡县制，下禁书令，变仓颉籀文、大小篆。《泰山碑访碑录》：“秦《泰山刻石》并《二世诏》，李斯篆，在奉符县泰山顶上。”朐山碑，《读史方舆纪要》：“朐山，州南四里，上有双峰如削，俗呼马耳峰……秦始皇三十五年，东巡立石东海上朐界中，以为东门阙，盖在此。”石上有李斯写的小篆，在今江苏东海县南。峄山碑，《寰宇记》：“秦峄山碑，在邹峄山南二十里，亦名邹山，秦始皇东形郡县，上邹峄山，刻石颂秦德，李斯篆书。”

〔57〕《秦誓》：《六一题跋》：“《秦祀巫咸神文》，一作《秦誓文》，俗称《诅楚文》。”

〔58〕《诅楚文》：秦国刻石。内容为秦王祈求天神克制楚兵，复其边城，故称“诅楚文”。《六一题跋》：“右《秦祀巫咸神文》，今俗谓之‘诅楚文’，其言：‘首述秦穆公与楚成王事，遂及楚王熊相之罪’……”《金石录补》：“《诅楚文》三：《集古》作《秦誓巫咸朝邮文》；广州作《湫渊巫亚驼》；《金石略》作《祀巫咸大湫文》；《考槃馀事》作《秦誓诅楚文》，故《秦誓》《诅楚文》，实为一文。

〔59〕章帝《草书帖》：章帝，指东汉章帝刘炟。“章草”即《千字文》残本草书八行，共八十四字，是早期的草书，由草隶发展而成的一种字体。黄伯思《东观余论》：“米元章《跋秘客法帖》：其间一手，伪帖太关，甚至以《千字文》为汉章帝……按《玉海》：绍光七年（1137）十二月七日谕辅臣曰：‘古帝王帖中，有汉章帝千文，千文是梁周兴嗣秘作，缘何章帝书之？此一事，其他可知，岂不误后学者？’”

〔60〕蔡邕《淳于长夏承碑》：即汉淳于长夏承碑。蔡邕，东汉陈留人，字伯喈。灵帝时，拜郎中，所著诗文、碑铭、书记等多篇。《考槃馀事》：“《淳于长夏承碑》，蔡邕八分书，在直隶广平府学。”

〔61〕《郭有道碑》：郭泰，东汉界休人，字林宗，博通坟典，居家教授弟子，至数千人。尝游洛，后归乡里，诸儒送者车千乘，尝举“有道”不就，及卒，蔡邕题其墓曰：“我为碑铭多矣，皆有惭德，惟郭有道无愧色耳。”《考槃馀事》：“《郭有道碑》，蔡邕作文，隶书，在山西平晋县。”

〔62〕《九疑山碑》：《考槃馀事》：“《汉·九疑山碑》，汉蔡邕文，并隶书，在广西。”

〔63〕《边韶碑》:《新增格古要论》:“《边韶墓碑》：边韶，字孝先，教授弟子常百余人，号五经笥。汉桓帝大中大夫。蔡邕隶书。其墓碑在河南开封府东北五里。”

〔64〕《宣父碑》:《新增格古要论》:“东汉蔡邕伯喈隶书，在真定府。”

〔65〕《北岳碑》:《新增格古要论》:“《北岳恒山碑》：一碑，蔡邕汉隶，一碑，蔡有邻唐隶，在定州曲场桥。”

〔66〕崔子玉：后汉人崔瑗，字子玉。《后汉书·崔瑗传》:“瑗字子玉，早孤，锐志好学，明天官历数、京房《易传》、六日七分。诸家宗之，与扶风马融、南阳张衡，特相友好，仕至济北相，高于文辞，尤善为书记箴铭，所作赋、碑、铭、箴等凡五十七篇。”《书品论》:“崔子玉擅名北中，迹罕南渡，世有得其摹者，王子敬见之称美，以为功类伯英。”

〔67〕张平子：后汉人张衡。《后汉书·张衡传》:“衡字平子，南阳西鄂人也。善机巧，尤致思于天文历算，安帝徵拜郎中，再迁为太史令。做浑天仪，著《灵宪算罔论》。”

〔68〕崔子玉《张平子墓碑》:《墨池编》:“崔子玉撰并书。一在南阳，一在项城。”《金石录》:“张平子卒于永平四年(61)；政和中，碑在南阳。”

〔69〕郭香察隶《西岳华山碑》:《格古要论》:“《西岳华山庙碑》，汉郭香察隶字书，在华阴县华山庙。盖汉人碑多不书何人书，汉隶书姓名者，独此帖耳。”

〔70〕《周府君碑》：即《汉周府君碑》或《汉桂阳太守功勋碑》，亦作《桂阳太守周功勋铭》。《韶州图经》:“郭苍撰。初，桂阳有陇水，人患其险，太守下邳周字君光，颓山凿石以通之。延熹三年(161)，故吏区祉刻石以记功，并祉等故吏题名者三十二人。在韶州乐昌县昌乐陇上周君庙中。”《集古录目》:“《汉周府君碑》，汉隶，不著书撰人名氏。”

〔71〕钟元常《贺捷表》：三国魏人钟繇，字元常。欧阳修《六一题跋》:“魏钟繇表石，钟繇法帖者，曹公破关羽《贺捷表》也，其后书云：‘建安二十四年(219)闰月九日，南蕃东武亭侯钟繇上。’”

〔72〕《大飨碑》：宋娄机《汉隶字原》:“魏文帝以延康元年(220)幸谯，大飨父老，立坛于故宅，坛前建石，题曰“大飨之碑”，相传为梁鹄书。”

〔73〕《荐季直表》：钟繇书。吴宽《家藏集》:“史载钟太傅事魏，殊有伟迹，此《荐季直表》，观其为国不蔽贤之美，其书平生所见，特石刻耳。”

〔74〕《受禅碑》：亦称《魏受禅碑》。《汉隶字源》:“黄初元年(220)，在颍昌府临颍县魏文帝庙内。”刘禹锡《嘉话》云：“王朗文，梁鹄书，钟繇镌字，谓之‘三绝’。”

〔75〕《上尊号碑》：亦称《公卿上尊号碑》。《述古书法纂》："《上尊号碑》在河南府。世传《尊号碑》，梁鹄书；颜真卿辨为钟繇书。"

〔76〕《宗圣侯碑》：《金石录》："《魏志》：'文帝以黄初二年（221）正月下诏，以孔羡为宗圣侯，及令鲁郡修起旧庙。今以碑考之，乃黄初元年（220）。"《金石文字记》："八分书，黄初元年，今在曲阜孔庙中。"

〔77〕《国山碑》：碑文为篆体，在今江苏省宜兴县。《集古录》："三国吴孙皓天册元年（272）禅于国山，改元'天玺'，因纪其所获瑞物，刊石于山阴。"

〔78〕《兰亭记》：晋代王羲之书，在浙江山阴（今属绍兴市）。其后翻刻多至数百种，以宋代宣和年间所刻的定武本为著，世称《定武兰亭》。姜夔《兰亭考》："何延之记云：'右军书此时乃有神助，及醒后，他日更书数十百本，无及祓禊所书，右军亦自珍爱。'此书付子孙传学，至七代孙智永禅师，永付弟子辨才；唐太宗求之不得，乃遣萧翼以计取之。"《考槃馀事》："《兰亭记》，王右军作，李龙眠《流觞曲水图》，后有庐陵曾宏父考究并跋，在浙江山阴。"

〔79〕《笔阵图》：王羲之书。《考槃馀事》："《笔阵图》，右军行书，间有草字，末云：'千金勿传，非其人也。永和十二年（356）四月十二日书。'在陕西西安府学。"

〔80〕《黄庭经》：著名小楷法帖。《集古求真》："相传为王羲之书。考褚遂良《右军书目》，此经列为第二；开元时录右军书，此经竟列第一。"自宋以来，刻本繁多，以宋《秘阁续帖》和《越州石氏帖》刻本为最精。

〔81〕《圣教序》：全称《大唐三藏圣教序》，唐碑。贞观时玄奘至印度取经，往返经历十七年，回长安后翻译佛教三藏要籍六百五十七部。贞观二十三年（649），太宗制此序表彰其事。高宗为太子时，又撰《述三藏圣教序记》。高宗朝，将序、记刻石立碑。《考槃馀事》："唐太宗作序，高宗作记，僧玄奘译《多心经》，僧怀仁集右军行书。贞观二十三年八月作，咸亨三年（672）十二月刻石。字体遒劲可爱，石在陕西西安府学。"

〔82〕《乐毅论》：著名小楷法帖。传为王羲之书。唐代褚遂良评价该碑"笔势精妙，备尽楷则"。真迹已佚。《诸道石刻录》："晋《乐毅论》，永和四年（348）书赐官奴，首尾存，中缺，后有草书二行。"

〔83〕《东方朔赞》：《米氏书史》："右军，《东方朔画像赞》，磨破处，欧阳询补之。"

〔84〕《洛神赋》：《洛神赋》为曹植所作，晋代王献之书，即世传《玉版十三行》。《书画舫》："越州人家藏《洛神赋》全本，是子敬小楷，用乌丝栏写成。"

〔85〕《曹娥碑》：即汉代《曹娥孝女碑》。东汉度尚为"孝女"曹娥所立

的碑，内容宣扬封建孝道，碑原立在浙江绍兴的曹娥江边。碑石已佚。现通行的绢本墨迹，书法古淡秀润。《会稽志》："在会稽县东南七十二里。"按《后汉书》云："元嘉元年（151），县长度尚改葬娥，为立碑……"《竹云题跋》："孝女《曹娥碑》，元文宗以墨迹赐柯九思，上有宋高宗跋，但云'晋贤书《曹娥碑》，不名右军，而文待诏称'越州石氏所刻，古雅纯质，不失右军笔意'，则又目为右军，迄无定论。"

〔86〕《告墓文》：即《告誓文》，王羲之小楷十四行，逸少为王述所扼，为文以告先灵，誓不复出，后人因称为"告誓文"，原本为小楷，当时即以刻石，今临摹本亦罕见。

〔87〕《摄山寺碑》：摄山即南京市东郊栖霞山，摄山寺即今栖霞寺。《考槃馀事》："《摄山寺碑》，智永集右军书。"

〔88〕《裴雄碑》：《墨池编》："晋《裴雄碑》，永康五年（167）。"

〔89〕《兴福寺碑》：《集古求真》："吴文碑，僧大雅集王羲之书，明万历末，在西安城壕得之，三十五行，仅存上半，俗称'半截碑'。碑在兴福寺，故人称'兴福寺碑'。"今藏西安碑林。

〔90〕《宣示帖》：《集古求真》："魏钟繇书，刻本始见于《淳化秘阁法帖》，后贾似道别刻一本，其门客廖莹中所模，王用和所镌，最为精善。拓本颇不易得，然是王羲之临本，有徽宗标题可证。相传真迹晋时在王导家，王笼死，纳之棺中，故真迹世不复见。"

〔91〕《平西将军墓铭》：《潜研堂金石文字目录》："晋《平西将军周孝侯碑》，陆机撰，王羲之书，永和六年（350）十月立，在江苏省宜兴县。此碑疑是唐人伪托。"

〔92〕《梁思楚碑》：由卫秀汇集王羲之书而成。《集古录目》："唐《梁思楚碑》，郭翥撰，卫秀集王书，开元十年（722）。"《墨池编》："卫秀撰，开元十五年（727）立，在汾州平遥。"

〔93〕羊祜《岘山碑》：羊祜，西晋大臣，都督荆州军事，他去世后，部属在岘山为其建庙立碑。《考槃馀事》："《羊祜岘山碑》有二石：一在湖广岘山之上，一段投汉水之滨。晋杜预因名为《堕泪碑》。"《金石录目》："有梁重立《羊祜碑》，即《梁改堕泪碑》，大同十年（532）九月立。大同中，以旧碑残缺，再书而刻之，碑阴具载其事。"

〔94〕索靖《出师颂》：索靖，晋代敦煌人，字幼安，官至后将军，封乐亭侯。善书，其草书有"银钩虿尾"之称。《墨缘汇观》："索靖《出师颂》卷，淡牙色纸本，光莹坚厚，纸墨如新，章草十四行。"

〔95〕《宋文帝神道碑》：南朝宋文帝刘义隆（公元424年至453年在位）的

墓道碑，文曰："太祖文皇帝神道之碑"。见宋欧阳修《集古录》、严观《江宁金石待访目》。

〔96〕齐倪珪《金庭观碑》:《金石录目》:"第三百三十二,《桐柏山金庭观碑》，沈约撰，倪珪正书。"

〔97〕萧子云《章草出师颂》：萧子云(487—549)，南齐宗室，入梁，官至国子祭酒，善草隶。《格古要论》:"《出师颂》，梁萧子云章草，虎都鲁沙、仲威模刻，在福州府。"《考槃馀事》:"萧子云《章草出师颂》，在福建福州府学。"

〔98〕《茅君碑》:《天下金石志》:"《梁上元真人、司命茅君九锡文碑》，孙文韬书，普通三年。"《金石录目》:"张绎建，孙文韬正书，普通三年(522)五月立。"

〔99〕《瘗鹤铭》：著名摩崖刻石。梁天监十三年(514)华阳真逸撰，上皇山樵正书，文自左至右。《金石萃编》:"按《瘗鹤铭》原刻焦山之险崖石上，后摧落江中，宋淳熙中尝挽出，不知何年复堕江中。康熙十三年，苏州守长沙陈鹏年募工挽曳，迁而出之者五石，今所拓者是也。"字势雄强秀逸，今碑文已残，在焦山定慧寺东筑亭陈列。

〔100〕刘灵《堕泪碑》:《金石录目》:"刘之遴撰，刘灵正书。梁改《堕泪碑》。"

〔101〕陈智永《真行二体千文》：智永，南朝陈时僧人，号永禅师。擅长书法，草书尤胜。宋阙名撰《诸道石刻录》:"《智永真草千文》，陈浮屠智永书，字为真草相同，末有唐虞世南小楷七十八字，石在夏守缀太尉家。"《金石萃编》:"智永禅师，王逸少之七世孙，妙传家法，为隋、唐间学书者宗匠，写真草千文八百本，散于世，江东诸寺，各施一本……长安崔氏所藏真迹，最为殊绝，命工刊石，篆书置之漕司南厅，庶传永久。"

〔102〕刘玄明《华岳碑》：刘玄明，后魏人，官后魏镇西将军、略阳公、侍郎，见《大代华岳庙碑》文，《北史》无传。刘玄明《华岳碑》，即后魏《大代华岳庙碑》。《集古录目》:"后魏《大代华岳碑》，不著撰人名氏，后魏镇西将军、略阳公、侍郎刘玄明书，太延中，改立新庙，以道士奉祠，春祈秋报，有大事则告，碑以太延五年(439)五月立。"

〔103〕裴思顺《教戒经》:《墨池编》:"庚戌造《教戒经幢记》，裴思顺造。"

〔104〕北齐王思诚《八分蒙山碑》：八分，汉隶的别名。蒙山，在山东省蒙阴县南。《金石录》:"北齐《蒙山碑》，王思诚八分书，天统五年(569)三月。"《遵生八笺》亦作:《北齐·王思诚八分蒙山碑》。

〔105〕《南阳寺隶书碑》:《金石文字记》:"八分书，武平四年(573)六月。今在青州府北门外龙兴寺。"

〔106〕《天柱山铭》:北魏开封人郑道昭书。《金石录》:"北齐《天柱山铭》，在今山东莱州胶水县。初，后魏永平中，郑昭道为郡守，名此山为'天柱'，刻铭其上。至北齐·天统元年(565)，其子述祖继守此邦，复刻铭焉。碑以天统元年五月立。"

〔107〕后周《大宗伯唐景碑》:大宗伯，官名，多指礼部尚书。《墨池编》:"《大宗伯唐景碑》，欧阳询书，碑在京兆。"《金石录目》:"《大宗伯唐景碑》，于志宁撰，欧阳询正书。"

〔108〕《开皇兰亭》:开皇是隋文帝杨坚的年号。《集古求真》:"开皇本《兰亭序》，行书，尾有小字一行，署开皇十八年(606)三月二十日刻，乃此帖石刻之祖，墨拓有宋游景仁跋，即游藏所覆刻。"

〔109〕薛道衡书《尒朱敞碑》:《隋书·薛道衡书》:"薛道衡，字元卿，河东汾阴人，炀帝拜司隶大夫。"《集古录》:"隋·《朱敞碑》，敞者，荣从弟彦伯之子也,"《金石录目》:"第四百七十《朱敞碑》，开皇五年(593)十月。"

〔110〕《舍利塔铭》:《舆地碑目》:"在鄂州胜缘寺，仁寿初立。"

〔111〕《龙藏寺碑》:《六一题跋》:"古齐开府长兼行参军九门张公礼撰，不著书人姓名，字画遒劲，有欧、虞之体，开皇六年(594)建。在今镇州。"即今河北省保定地区正定县。

〔112〕《九成宫铭》:即《九成宫醴泉铭》。正书唐碑，碑额篆书，魏徵撰文。唐太宗贞观六年(632)立。记载唐太宗在九成宫避暑发现涌泉的事。其书法度森严，腴润峭劲，为欧阳询晚年的经意之作，为历代书法家所推崇。《新增格古要论》:"太宗改隋仁寿宫作九成宫，唐欧阳询真书。在陕西麟游县。其文有箴规太宗之意，故末云:'居高思坠，持满戒覆。'"隋仁寿宫，隋文帝所建，每岁避暑于此；唐太宗复修，改名"九成"，高宗改名"万年"。

〔113〕《房定公墓碑》:即《房彦谦碑》。清王昶《金石萃编》:"李伯药撰，欧阳询书，贞观五年(631)三月树。篆书。今在章邱县赵山。"《格古要论》:"房彦谦，字孝冲，唐初，为长昌令，百姓号为'慈父'，立碑颂德。去官不仕，而清白守贫，以子玄龄功，追封'定国公'。其墓碑乃欧阳询真书。"

〔114〕《化度寺碑》:《金石萃编》:"《化度寺塔铭》，故僧邕禅师舍利塔铭，李伯药制文，欧阳询书，贞观五年(631)十一月十六日建。"

〔115〕《皇甫君碑》:《石墨镌华》:"碑旧在鸣犊镇，今在西安府学。于志宁制，欧阳询书。"

〔116〕《虞恭公碑》:温彦博(573—637)的墓碑。《虚舟题跋》:"虞恭

公，温彦博也。今在醴泉县墓所，存七百余字。"《新增格古要论》："唐欧阳询真书，此询第一，笔遒劲，最妙，世人贵尚，惜缺落过半！在州宣禄巡检司，学者率先学此。"

〔117〕《真书千文小楷》：《虚舟题跋》："唐欧阳询小楷'千文'，欧阳率更小楷'千文'。自宋及今，皆未之及。余以雍正五年（1727）见于锡山秦树澧斋阁，阅今五年而归于余，叹息宝爱，以为至幸。……后有跋云：'大唐贞观十五年（641）岁在辛丑三月廿日付子隐之、明奴、通之、善奴，遂命工勒石，安于学舍东壁，永为不朽。'"

〔118〕《心经》：佛教经名。全称《般若波罗蜜多心经》，在佛教中极为流行。《考槃馀事》："《小楷心经》，欧阳询书。"清顾炎武《金石文字记》："淤泥禅寺《心经碑》，正书，贞观二十二年（648）立。"

〔119〕《梦奠帖》：《考槃馀事》："《梦奠帖》，欧阳询书。"

〔120〕《金兰帖》：《新增格古要论》："《金兰帖》，欧阳率更真书凡六十字。"

〔121〕《夫子庙堂碑》：即《孔子庙堂之碑》，是虞世南最著名的正书碑刻之一。《金石萃编》："碑高七尺七寸，广四尺二寸，三十五行，行六十四字，正书，在西安府学。"《集古录》："唐《孔子庙堂碑》，虞世南撰并书。"《虚舟题跋》："唐高祖以武德九年（626）八月即位，十二月，诏封孔德伦为'褒圣侯'，重修孔庙，碑成，墨本进呈。"按元人虞堪《定陶河出孔子庙堂碑序》称："贞观间，刻始成，仅拓数十本赐近臣，庙遂火而石毁，武后时再刻，至宋王彦超则三刻矣。"

〔122〕《破邪论》：《金石录补》："右《破邪论序》，太子中书舍人吴郡虞世南撰并书，永兴小楷，世不多见，此序尤为永兴得意书。"

〔123〕《宝昙塔铭》：《考槃馀事》："《宝昙塔铭》，虞世南书。"

〔124〕《阴圣道场碑》：《金石录》："隋高阳郡《阴圣道场碑》，虞世南撰并行书，大业九年（613）十二月。"《墨池编》："《阴圣道场碑》，虞世南撰，在台州。"

〔125〕《汝南公主铭》：《米芾书史》："世南，《汝南公主铭》起草，洛阳王护处见摹本，云真迹在洛阳好事家，有古跋。"文徵明《甫田集》："虞永兴《汝南公主墓志起草真迹》，米元章尝见之。元初，在郭澈之处，后不知所在，亦不知何年入石。"

〔126〕《孟法师碑》：《长物志》误列虞书，应为褚书。《六一题跋》："唐《孟法师碑》，贞观十六年（642）。右《孟法师碑》，唐岑文本撰，褚遂良书。法师名'静素'，江夏安夏人也。少而好道，誓志不嫁，隋文帝居之至德宫，至唐太宗十二年（638）卒，年九十七。"

〔127〕《乐毅论》：董其昌《画禅室随笔》："贞观中，太宗命褚遂良等摹六本，赐魏徵诸臣。此六本自唐至今，予犹及见其二。"

〔128〕《哀册文》：即《太宗哀册》，无撰人姓名，米友仁以为褚遂良书。太仓吴氏祠有刻本，字大四五分，后有陈深、吴宽跋及王世贞、世懋诗跋。详《集古求真》卷七。

〔129〕《忠臣像赞》：褚遂良书。《考槃馀事》："褚河南《忠臣像赞》。"

〔130〕《龙马图赞》：《唐宋名人法帖》："《龙马图赞并序》，虞世南正书，三十一行，非褚遂良所书。"

〔131〕《临摹兰亭》：《考槃馀事》："《临摹兰亭》，褚遂良临王羲之书，后有'延陵之印'，石在陕西同州学中。"

〔132〕《临摹圣教》：《考圣余事》："《临摹圣教》，褚河南临本，一在陕西西安府同州厅；一在河南归德府州中。"

〔133〕《阴符经》：分上、中、下三篇，合为一卷。内容多谈道家政治哲学思想，又涉及纵横、兵家言和修养、丹术。世传褚遂良小楷《阴符经真迹》尚存，藏北京故宫博物院。《集古求真》："《阴符经》，褚遂良书，有二本：一小楷，一小草；小楷乃永徽五年(654)奉敕所书。翁覃溪以楷书者为真迹；江藻、姚鼐等以为均非褚书。按诸家纷纭其说，其实真草二本，皆伪托耳。考此经为李荃伪作，荃开元时人，褚公安得预书之？"

〔134〕《度人经》：道教经名。传为三国时葛玄所传。全称《太上洞玄灵宝无量度人上品妙经》，通称《无始无量度人上品妙经》，一卷。内容为演说"元始天尊"开劫度人以及科仪、斋法、符术、修炼、教戒、缘起等。此经是南北道教中通行的主要经典。《庚子销夏记》："褚遂良《度人经》，褚河南书，阎立本画，宋时藏韩城范氏家，元澈中上石，此宋拓也。稍有缺字，乃原本坏，非石泐也。字法娟秀，真有美人不胜罗绮之致……"按《集古求真》："《灵宝度人经》原未署名，相传为褚遂良书；宋范正思始以入石。跋云：褚遂良题字，故世人均注为褚书。"

〔135〕《金刚经》：碑帖名。《考槃馀事》："《金刚经》，柳公权书，石在陕西兴唐寺中。"《新增格古要论》："又有柳公权书，在兴唐寺中。"

〔136〕《玄秘塔铭》：即《大建法师玄秘塔铭》，唐碑。裴休撰文，柳公权书，武宗会昌元年(841)立，在今陕西西安碑林。书法遒劲有骨力，为著名'柳书'之一。《考槃馀事》："《玄秘塔铭》，侍书学士柳公权书，石在西安府学。"

〔137〕《争坐位帖》：即《争坐位帖稿》或《座位帖稿》。是唐代颜真卿写给仆射郭英的书稿。《考槃馀事》："《争坐位帖稿》，颜鲁公行书，中多涂改，字体绝妙，凡五碑，正统中，破坏多矣。石在陕西西安府学。"《新增格古

要论》："《座位帖稿》，颜鲁公行草，盖初稿也。"

〔138〕《麻姑仙坛记》：全称《有唐抚州南城县麻姑仙坛记》，唐碑，正书。颜真卿撰文并书，代宗大历六年（771）四月立。在江西临川，已佚。内容描述荒诞的神仙故事。书法端严雄丽，为颜书著名作品。《集古求真》："《麻姑仙坛记》，颜真卿书，大字本固无疑议，此小字本，《集古录》颇有疑辞。《金石录》以为不类，世多以南城为真本。按南城之石，后人补刻。《忠义堂帖》文，尚有中楷一本，则此记有三刻。"

〔139〕《二祭文》：《祭侄季明文》（简称《祭侄文》）和《祭伯父濠州刺史文》，颜真卿撰并书。《集古求真》："《祭侄文》，颜真卿书，以越州石氏刻本为最先，今已不可得见。又《祭伯父濠州刺史文》，亦颜真卿撰并书。乾元元年十月。简称《祭伯父文》，始刻于《淳熙秘阁续帖》，越州石氏博古堂又刻之，此二本今不可得。明刻以吴氏《余清斋本》为佳。"

〔140〕《家庙碑》：《集古录目》："右《颜氏家庙碑》，颜真卿撰并书，李阳冰篆额，树于建中元年（780）。"《考槃馀事》："《颜氏家庙碑》，石在陕西西安府学。"《六一题跋》："唐《颜氏家庙碑》……真卿父惟贞，仕至薛王友，真卿其第二子也。述其祖祢群从官爵甚详。"

〔141〕《元次山碑》：唐颜真卿书。此碑为颜真卿为好友元结亲手撰写并书丹的悼文。

〔142〕《多宝寺碑》：又称"多宝塔碑"。多宝塔是供养多宝如来全身舍利的塔。该碑是唐代西京千福寺僧楚金所造的"多宝佛塔感应碑"。岑勋撰文，颜真卿书，徐浩题额。字体严整圆健。《金石萃编》："碑在西安府学，全文为：'《大唐西京千福寺多宝佛塔感应碑文》。南阳岑勋撰，琅琊颜真卿书，东海徐浩题额。天宝十一载（752）建。'"

〔143〕《放生池碑》：《集古录目》："唐《放生池碑》，唐升州刺史、浙江节度使颜真卿撰并书；肃宗乾元二年（759），使骁卫郎将史元琮，诏：'天下自山南至浙西七道，临江置放生池八十所'，真卿为天下放生池铭上之，碑以大历九年（774）正月立。"

〔144〕《射堂记》：《墨池编》："湖州《射堂记》，颜真卿书。大历十二年（777），鲁公在湖州时刻石。"《金石录目》："撰书人姓名残缺，世传鲁公正书，大历十二年四月立。"《考槃馀事》："《射堂记》，颜鲁公书，石在浙江湖州府长兴县。"

〔145〕《北岳庙碑》：即《修北岳庙碑》，颜真卿书，开元二十三年（735）闰十一月立。《考槃馀事》："《北岳庙碑》，颜鲁公书。"

〔146〕《草书千文》：颜真卿草书，颇似《裴将军传》，明初拓本，清何

子贞题跋。

〔147〕《摩崖碑》:《新增格古要论》:“唐元结作《中兴颂》,颜真卿真书于涪溪崖上,字稍大。”《集古求真》:“二十一行,行二十字,摩崖刻,左行,鲁公书之最大者。原在湖南祁县,四川、贵州二处各刻一本,鹤鸣山与铜梁江上均有刻本。”

〔148〕《干禄字帖》:《考槃馀事》:“《干禄字帖》,颜鲁公真书小楷。辨别字之正俗,颜元孙作,石刻在四川潼川州。”《集古录目》:“唐濠州刺史颜元孙撰,湖州刺史颜真卿书。初,元孙以字书分四声,定为‘正’‘通’‘俗’三体,真卿以大历九年(774)正月刻石于湖州。”

〔149〕《自叙三种》:即怀素《自叙帖》,草书。原刻已毁,原迹现藏北京故宫博物院。《金石录》:“怀素《自叙》草书,大历十二年(777)十月。”原刻良臣跋,有‘建业文房’印,在耀册三原县。”

〔150〕《草书千文》:《考槃馀事》:“僧怀素《三种草书千文》,石在陕西西安府学。”见《停云馆刻本》。单行本,清同光间(1862—1908),长沙有木刻,横行。原迹,宋内府藏有四种,黄绢书一本,明代藏姚公绶家,后归文徵明。清乾嘉间(1736—1820),毕沅摹入《经讯堂帖》,现在上海徐小圃家。

〔151〕《圣母帖》:《新增格古要论》:“《圣母帖》,怀素草书,颇难识,贞元元年(785)岁在癸丑五月立刻石。宋元三年(1090)模刻上石,石在陕西西安府学。”现移置西安碑林。

〔152〕《藏真律公二帖》:《新增格古要论》:“《律公藏真帖》,唐僧怀素草书。藏真律公二帖俱游丝字,末有宋景澈三年(1036)马丞之题,草书二十三字亦妙。又有徵仲书云:‘俗字小异’。石在陕西西安府学。”现已移置西安碑林。

〔153〕李北海:即李邕(678—747),唐代书法家。扬州江都人,字泰和,因曾做北海太守,故世称“李北海”。才能过人,精于翰墨,尤善行草。取法“二王”而有所创造,笔力沉雄,自成一家,李阳冰称之为“书中仙手”。对后世影响很大。

〔154〕《阴符经》:唐李邕书。《考槃馀事》:“李北海《阴符碑》”。

〔155〕《娑罗树碑》:娑罗树是佛教传说中释迦摩尼涅的地方。《金石萃编》:“石在淮安府治。楚州淮阴县《娑罗树碑》,海州刺史李邕文并书,开元十一年(723)十月二日建。”

〔156〕《曹娥碑》:《金石录补》:“唐《曹娥碑》,汉邯郸淳撰,唐刺史李邕书,先天壬子季冬镌勒。”

〔157〕《秦望山碑》:艺风堂《金石文字目》:“秦望山《法华寺碑》,李邕撰并书。开元二十三年(735)十二月。明重刻本。”

〔158〕《臧怀亮碑》：臧怀亮（662—729），字时明，唐代莒人。《历代人物年里碑传综表》："李邕《左羽林大将军臧公神道碑》"。

〔159〕《有道先生叶公碑》：《叶有道碑》，即唐代《有道先生叶国重碑》。《集古录目》："唐《有道先生叶国重碑》，唐松阳令李邕撰并书。国重道术之士，字雅镇，南阳叶县人，碑以开元五年（717）三月立。"

〔160〕《岳麓寺碑》：亦称《麓山碑》。《艺风堂金石文字目》："《麓山寺碑》，李邕文并行书，额篆书，阳文，开元十八年（730）岁次庚午九月壬子朔十一日壬戌。在湖南长沙岳麓书院。"

〔161〕《开元寺碑》：开元寺在福建省泉州市西街，始建于唐朝垂拱二年（686）。《开元寺碑》为唐代李邕撰文并行书。《金石录目》："唐《开元寺碑》，唐淄州刺史李邕撰并书。开元寺，隋所建，本名'正等'，唐改曰'大云'，中宗初，沙门玄治重修，又改曰'神龙寺'，玄宗亲书额，改曰'开元'。碑以开元二十八年（741）七月立。"

〔162〕《荆门行》：《考槃馀事·帖笺》："李北海《荆门行》。"《南帖考》："《群玉帖三》云：'李北海有《荆门行》……今所行唐宋名人帖皆有之，思翁谓李书乃宋人集云麾等碑字为之，信然。'"

〔163〕《云麾将军碑》：《宝刻类编》："《云麾将军李秀碑》，李邕撰并书，天宝元年（742）正月立。幽，存。"《庚子消夏记》："李北海有两《云麾碑》，一李思训，一李秀，官同，姓又同。思训碑在陕西，秀碑在良乡。"

〔164〕《李思训碑》：《宝刻类编》："右《武卫大将军李思训碑》从子撰并书，开元八年（721）六月立。华，存。"《金石萃编》："《李思训碑》，碑高一丈一尺三寸六分，广四尺八寸五分，三十行，每行七十字，行书，在蒲城县。"

〔165〕《戒坛碑》：《集古求真》："少林寺《戒坛铭》，李邕书，僧义净制，宋人著录此帖，皆云张杰八分书，未有言李北海行书者，此本殆后人伪托。"《金石录目》："唐·《少林寺戒坛铭》，三藏法师义净撰，张杰八分书。开元三年（715）正月。"

〔166〕太宗：唐太宗李世民，杰出的政治家。雅好王羲之书法，造诣很深。笔力遒劲，为一时之绝。御府珍藏他的墨迹多达十余种。

〔167〕《魏徵碑》：魏徵（580—643），唐初大臣，著名政治家。贞观七年（633）任侍中，封郑国公。《宝刻类编》："《赠司空魏郑公碑》，唐太宗御制并书，贞观十七年（643）正月立京兆。"

〔168〕《屏风帖》：《艺风堂金石文字目》："《太宗御书屏风碑》七截，刻草书，在浙江余杭县治。"

〔169〕高宗：唐高宗李治，太宗子，公元650年至683年在位。《墨池

编》："高宗雅善真、草、隶、飞白。"

〔170〕《李勣碑》：李勣，原名徐世（594—669），唐初大将，赐姓李，封功英国公。《李勣碑》全称《大唐故司空太子太师上柱国赠太尉扬州在大都督英贞武公之碑》。《宝刻类编》："《英国公杨勣碑》，高宗制并书，仪凤二年（678）十月，京兆存。"《金石萃编》："碑连额一丈八尺八寸，广六尺五寸，三十行，每行字数约九十余，行书，额题：'大唐故司空上柱国赠贞武公碑'十三字，篆书，在醴泉县昭陵刘洞村。"

〔171〕玄宗：即李隆基（685—762），世称"唐明皇"。《旧唐书本纪》："玄宗讳隆基，睿宗第三子也。性英断，多艺，善八分书。"

〔172〕《一行禅师塔铭》：一行（683—727），唐代著名天文学家。原名张遂，精通佛学、历法、数学和天文。出家为僧，卒谥"大慧禅师"。《新增格古要论》："《一行禅师塔碑》，唐明皇御制文，八分御书，在灞桥东原上。"

〔173〕《孝经》：《孝经》为儒家经典之一，共十八章，一般认为是孔门后学所作。内容论述封建孝道、宗法思想，汉代列为七经之一。这里指《石台孝经》，或称《唐玄宗孝经》。唐玄宗书，八分隶书，注作小隶书，末有御跋草书。今在陕西西安。《考槃馀事》："《唐玄宗孝经》，八分隶书，注作小隶书，末有御跋草书，后具列廷臣官勋，石在陕西。"《金石萃编》："碑连额高一丈五尺五寸，四面广五尺，前三面十八行，行五十五字；末一面，前七行与上同，隶书，后半分上下两截，上截表文上字九行，正书，批答三行，大字行书；下截题名四行，额题：'大唐开元天宝圣文神武皇帝注孝经台'十六篆书，在西安府学。"

〔174〕《金仙公主碑》：金仙公主是唐睿宗李旦（公元710—712年在位）的第九个女儿。《金仙公主碑》又称《金仙长公主神道碑》，徐峤之撰，唐明皇御书。《金石萃编》："《金仙长公主神道碑》，即《大唐故金仙长公主神道碑铭并序》，上截四尺七寸八分，广四尺七寸四分，二十六行，字数无考，行书，在蒲城县桥陵。"《金石录》："唐·《金仙长公主碑》，徐峤之撰，唐明皇御书。"

〔175〕《孙过庭书谱》：孙过庭，字虔礼，唐代书法家、书学理论家。博雅能文，尤以草书著名。字体隽拔刚断，自宋以来，皆推能品，著有《书谱》一书，阐述正、草二体书法，有精辟的见解，是一部书、文并茂的书法理论著作。《诸家藏书簿》："孙过庭《草书书谱》，甚有右军法，作字落脚差近前而直，此乃'过庭法'，凡世称右军有此等字，皆孙笔也。凡唐草得二王法，无出其右。又有《千文》一本，是少年书，不逮《书谱》，并在石巩家，今归王铣。"

〔176〕《延陵季子二碑》：吴公子季札是春秋时吴国贵族，封于延陵（今江苏常州），称延陵季子。《集古录目》："《吴季子墓十字碑》，篆书，凡十

字，曰：‘呜呼！有吴延陵季子之墓。”据张从申记：“孔子书，碑已湮埋，玄宗命殷仲容模拓，大历十四年（779）润州刺史萧定重刻于石。”《石墨镌华》：“仲尼季札墓题字，在镇江府。”《学古编》：“《延陵季子十字碑》，人谓孔子书，其文曰：‘呜呼有吴延陵君子之墓’。按《古法帖》止云：‘呜呼有吴君子’而已，篆法敦古可信，今此碑妄增‘延陵之墓’四字，除‘之’字外，三字是汉人方隶，显见其谬。”

〔177〕柳公绰《诸葛庙堂碑》：柳公绰，唐代华原人，字宽。著名书法家柳公权之兄，历吏部尚书，河东节度使，兵部尚书。清缪荃孙《艺风堂金石文字目》：“《诸葛祠堂碑》，裴度撰，柳公绰正书，元和四年（809）岁次乙丑二月十九日。在四川成都本祠。”

〔178〕李阳冰《篆书千文》：李阳冰，唐代赵郡人，字少温，乾元间，为缙云令，后迁当涂令。善词章，尤工篆书，笔法雄劲，气势犀利。李阳冰篆书《千字文》，见《宣和书谱》，御府所藏。

〔179〕《城隍庙碑》：即《唐城隍庙记》。《集古录目》：“唐缙云县令李阳冰撰并篆书。阳冰祷庙而雨，移建于山上，碑以乾元二年（759）八月立。在缙云县。”《集古求真》：“《城隍庙碑》，李阳冰书并撰，在缙云县，石已久佚。”

〔180〕《孔子庙碑》：即《唐重修文宣庙记》。《集古录目》：“唐缙云令李阳冰撰并篆。阳冰为缙云令，重修孔子庙像。碑以上元二年（761）七月刻，在缙云县。”

〔181〕欧阳通《道因禅师碑》：欧阳通，唐代潭州临湘人，官至司礼部判纳言事，书法师于其父欧阳询，人称“大小欧阳体”。民国方若《校碑随笔》：“《道因法师碑》，正书，三十四行，行七十三字，有额，正书阴文七字，在陕西长安，龙朔三年（663）十月。”

〔182〕薛稷《升仙太子碑》：薛稷，唐代书画家。蒲州汾阴人，字嗣通，封晋国公。睿宗时，官至吏部尚书。《金石萃编》：“碑连额高一丈七尺四寸，广六尺五寸，三十三行，行六十六字，行书飞白，额题：《升仙太子之碑》六字，在偃师县缑山仙君庙。”

〔183〕张旭《草书千文》：张旭，唐代书法家。字伯高，善草书，号为“张颠”，又称“草圣”。《集古求真》：“按《千字文》相传为张旭书，石已残缺，止存百余字，现藏西安碑林。”

〔184〕僧行敦《遗教经》：行敦，唐代僧人，擅长行书。《遗教经》又称《佛遗教经》。《墨池编》：“《佛遗教经》，薛稷撰，僧行敦书。”《宣和书谱》：“僧行敦，莫详其家世，作行书，仪刑羲之笔法，天宝间，寓安国寺，以书名。”

〔185〕《紫阳观碑》：即南唐《茅山紫阳观碑》。《金石补录》：“南唐

《茅山紫阳观碑》：右碑南唐为烈祖及元敬皇后重修紫阳观而作，徐铉撰，杨元鼎书，并篆额，己未岁（959）十二月一日建，王文秉刊字。"《金陵琐事》："唐《紫阳观碑》，太子右谕德徐铉文，尚书虞部郎中杨元鼎书并篆额，在玉晨观。"据此，当作南唐，应列在宋帖之前。

〔186〕苏、黄诸公：苏轼、黄庭坚。

〔187〕《洋州园池》：即《洋州园池记》。《寰宇访碑记》："《洋州园池记》，苏轼行书，无年月。"《考槃馀事》："《洋州园池三十首》，苏书。"

〔188〕《天马赋》：《寰宇访碑记》："《天马赋》，米芾撰，行书，元丰三年正月（1080）。明人刻本。"

〔189〕赵松雪：赵孟頫。

〔190〕二宋：明代书法家宋克、宋广。《明史》："宋克，字仲温，长洲人……杜门染翰，日费千纸，遂以善书名天下。时有宋广，字昌裔，亦善草书，称'二宋'。"

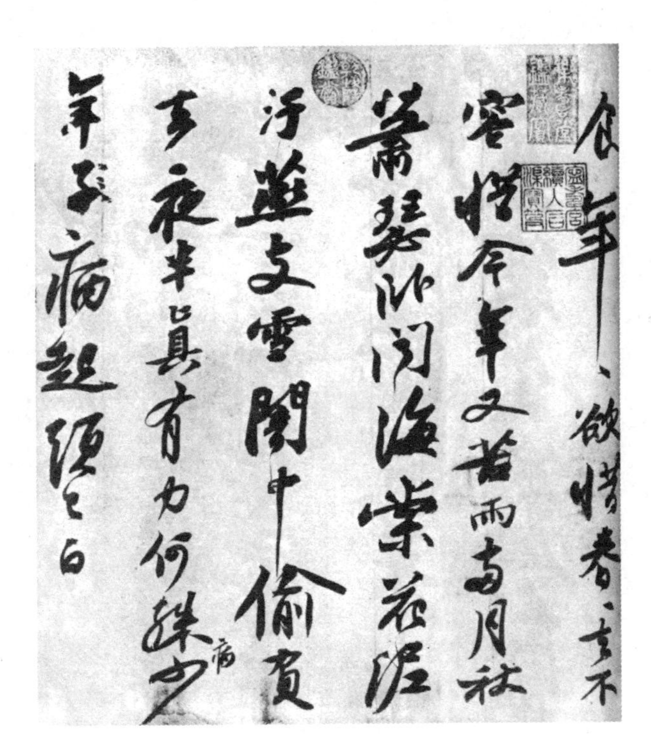

〔宋〕苏轼《黄州寒食诗帖》（局部）

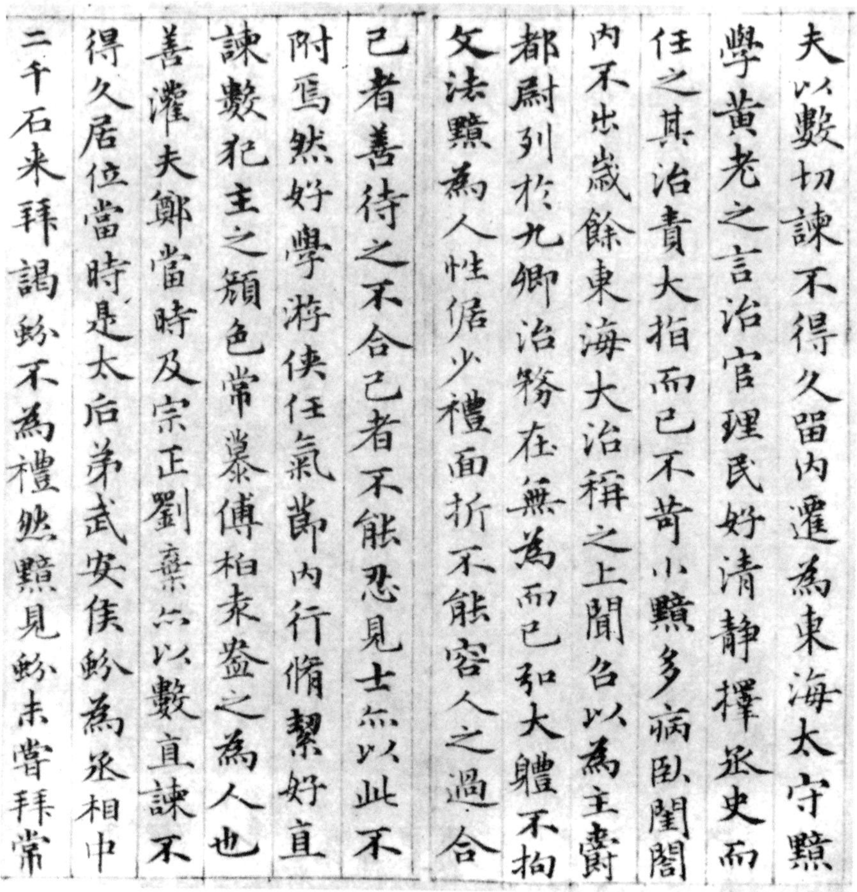

夫以數切諫不得久留内遷爲東海太守黯
學黄老之言治官理民好清静擇丞史而
任之其治責大指而已不苛小黯多病卧閨閤
内不出歲餘東海大治稱之上聞召以爲主爵
都尉列於九卿治務在無爲而已弘大體不拘
文法黯爲人性倨少禮面折不能容人之過合
己者善待之不合己者不能忍見士亦以此不
附焉然好學游俠任氣節内行脩絜好直
諫數犯主之顔色常慕傅柏袁盎之爲人也
善灌夫鄭當時及宗正劉棄亦以數直諫不
得久居位當時是太后弟武安侯蚡爲丞相中
二千石來拜謁蚡不爲禮然黯見蚡未嘗拜常

〔元〕赵孟頫《汉汲黯传》(局部)

南北纸墨

古之北纸[1]，其纹横，质松而厚，不受墨；北墨[2]色青而浅，不和油蜡，故色淡而纹皱，谓之“蝉翅拓”[3]。南纸[4]其纹竖，用油蜡，故色纯黑而有浮光，谓之“乌金拓”[5]。

注释

〔1〕北纸：也称“侧理纸”。横帘造纸，纹横，纸质松而厚，不易吸收墨量。《考槃馀事》：“北纸用横帘造，其纹横，其质松而厚，谓之‘侧理纸’。”

〔2〕北墨：《考槃馀事》：“北墨多用松烟，色青而浅，不和油蜡。”

〔3〕蝉翅拓：用北纸和北墨拓下的字画，颜色疏松干淡而纹路发皱，如同一层薄云从青天飘过，称为“蝉翅拓”。《考槃馀事》：“北拓色淡而纹皱，如薄云之过青天，谓之‘夹纱’，作‘蝉翅拓’也。”

〔4〕南纸：竖帘造纸，纹竖。《格古要论》：“南纸用竖帘造，其纹亦竖。”

〔5〕乌金拓：南纸的纹路为竖纹。南墨加入油烟和蜡，所以用南纸南墨拓出的字画，颜色纯黑而有浮光，称为“乌金拓”。《考槃馀事》：“南纸，其纹竖，墨用油烟以蜡及造乌金纸水，敲刷碑文，故色纯黑而有浮光，谓之‘乌金拓’。”

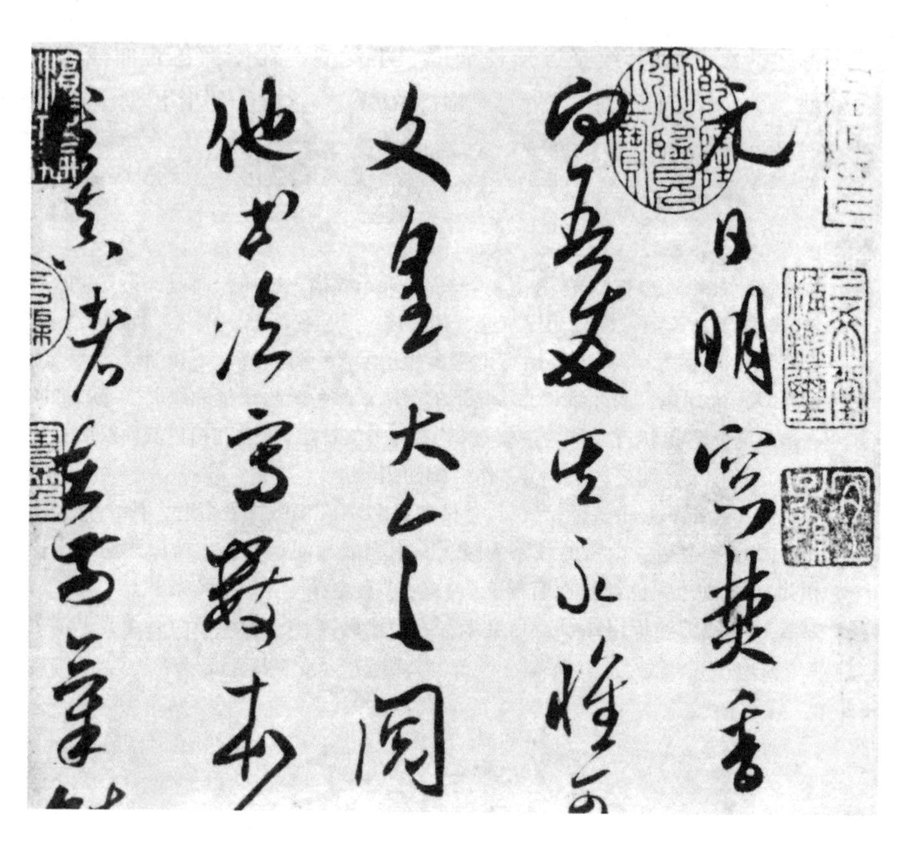

〔宋〕米芾《草书四帖》(局部)

古今帖辨

古帖历年久而裱数多，其墨浓者，坚若生漆，纸面光彩如砑[1]，并无沁墨[2]水迹侵染，且有一种异馨，发自纸墨之外。

注释

〔1〕砑：碾磨光滑。

〔2〕沁墨：墨汁渗染。

〔元〕倪瓒《六君子图轴》

装帖[1]

古帖宜以文木[2]薄一分许为板；面上刻碑额卷数，次则用厚纸五分许，以古色锦或青花白地锦为面，不可用绫及杂彩色；更须制匣以藏之，宜少方阔，不可狭长、阔狭不等，以白鹿纸[3]镶边，不可用绢。十册为匣，大小如一式，乃佳。

注释

〔1〕装帖：将法帖装裱成册，存放在匣中。

〔2〕文木：纹理致密的木材。左思《吴都赋》注："文，文木也，材密致无理，色黑如水牛角，日南有之。"

〔3〕白鹿纸：古代的一种竹料纸。孔齐《至正直记》："世传白鹿纸乃龙虎山写篆之纸也。有碧、黄、白三品；白者莹泽光净可爱，且坚韧胜江西之纸。赵松雪用以写字作画，阔幅而长者称白箓……后以箓字不雅，遂更名白鹿。"

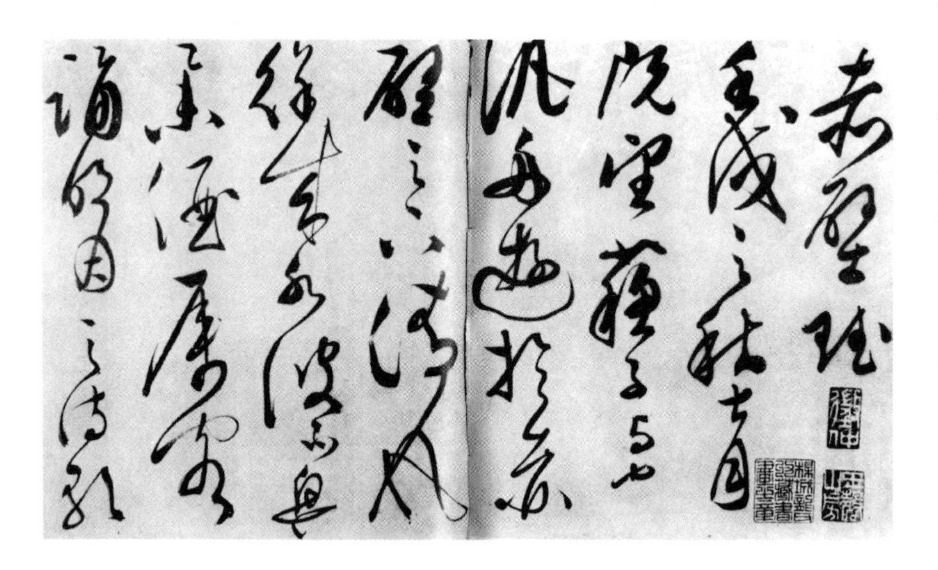

〔明〕文徵明《赤壁赋》

宋板[1]

藏书贵宋刻[2]，大都书写肥瘦有则，佳者有欧、柳笔法[3]，纸质匀洁，墨色清润；至于格用单边，字多讳笔[4]，虽辨证之一端[5]，然非考据要诀也。书以班、范二书[6]、《左传》[7]、《国语》[8]、《老》、《庄》[9]、《史记》[10]、《文选》[11]，诸子[12]为第一，名家诗文、杂记、道释[13]等书次之。纸白板新，绵纸[14]者为上，竹纸[15]活衬[16]者亦可观，糊背[17]批点[18]，不蓄可也。

注释

〔1〕宋板："板"同"版"，雕版印书始于隋，唐五代继之，至宋代更加精湛。其书皆选工书之士，各随其字体缮写刻版，即使民间私刻，亦须由官家颁发式样，以为雕刻模样，故宋版书，最为精美。杭州、建阳、眉山等地为刻书中心。宋版书为后世刻本所推崇。

〔2〕宋刻：宋代的刻本。宋初官刊本校勘极严。版式多黑口单边，书名在上鱼尾下。行款每行字数不等。字体分肥瘦两种。墨色香淡，纸白而韧。各种刻本均加牌记，书中多讳字。装潢采用蝴蝶装。《遵生八笺》："宋人之书，纸坚刻软，字画如写，格用单边，间多讳字，用墨稀薄，虽着水湿，燥无湮迹；开卷一种书香，自生异味。"

〔3〕欧柳笔法：唐代书法家欧阳询与柳公权的笔法。

〔4〕讳笔：古人对当代帝王及先圣名字，均须按照规定改字，或采用缺笔，不能照写，谓之"讳笔"。

〔5〕辨证之一端：辨证，辨别证明。一端，一部分。

〔6〕班、范二书：班固撰《汉书》，范晔撰《后汉书》。

〔7〕《左传》：亦称《左氏春秋》，春秋时期鲁国左丘明撰，是我国最早的编年体史帖。

〔8〕《国语》：相传为左丘明撰，共二十一篇。《国语》是我国第一部国别体史书，分别叙述周王朝和鲁、齐、晋、郑、楚、吴、越八国的史实。

〔9〕《老》《庄》：《老子》与《庄子》两书。《老子》又称《道德经》，周代李耳作，分上、下两篇。《庄子》又称《南华经》，战国时庄周及其门徒所作，共五十二篇。

〔10〕《史记》：西汉司马迁著，共一百三十卷，是我国第一部纪传体通史。

〔11〕《文选》：书名，亦称《昭明文选》，南北朝梁代昭明太子萧统选，凡六十卷。

〔12〕诸子：指春秋战国时诸子百家的著作。

〔13〕道释：道教与佛教。释是“释迦摩尼”的简称，泛指佛教。

〔14〕绵纸：指宣纸或树皮纸。

〔15〕竹纸：以嫩竹为原料制成的纸。宋施宿《嘉泰会稽志》：“然今独竹纸名天下，他方效之，莫能仿佛，遂掩藤纸矣……竹纸上品有三：曰姚黄，曰学士，曰邵公。”

〔16〕活衬：装订古书的一种方式。折页后用竹料白纸夹入作衬里，四周放大为护叶，称为“活衬”，又称“金镶玉”。

〔17〕糊背：用纸另行托背。

〔18〕批点：读者所加的评语及圈点。

悬画月令〔1〕

岁朝〔2〕宜宋画福神〔3〕及古名贤像；元宵〔4〕前后宜看灯、傀儡〔5〕，正二月宜春游、仕女〔6〕、梅、杏、山茶、玉兰、桃、李之属；三月三日〔7〕，宜宋画真武像〔8〕；清明前后宜牡丹、芍药；四月八日〔9〕，宜宋元人画佛及宋绣佛像；十四日〔10〕宜宋画纯阳像〔11〕；端午〔12〕宜真人、玉符〔13〕，及宋元名笔端阳景、龙舟〔14〕、艾虎〔15〕、五毒〔16〕之类；六月宜宋元大楼阁、大幅山水、蒙密树石、大幅云山、采莲、避暑等图；七夕〔17〕宜穿针乞巧〔18〕、天孙织女〔19〕、楼阁、芭蕉、仕女等图；八月宜古桂、天香、书屋等图；九、十月宜菊花、芙蓉、秋江、秋山、枫林等图；十一月宜雪景、蜡梅、水仙、醉杨妃〔20〕等图；十二月宜钟馗〔21〕、迎福、驱魅、嫁妹；腊月廿五〔22〕，宜玉帝〔23〕、五色云车〔24〕等图；至如移家则有葛仙移居〔25〕等图；称寿则有院画寿星〔26〕、王母〔27〕等图；祈晴则有东君〔28〕；祈雨则有古画风雨神龙、春雷起蛰〔29〕等图；立春〔30〕则有东皇太乙〔31〕等图，皆随时悬挂，以见岁时节序。若大幅神图，及杏花燕子、纸帐梅〔32〕、过墙梅、松柏、鹤鹿、寿星之类，一落俗套，断不宜悬。至如宋元小景，枯木、竹石四幅大景，又不当以时序论也。

注释

〔1〕悬画月令：挂画的时令。

〔2〕岁朝：元旦。

〔3〕福神：俗称“天官赐福”，故称福神。

〔4〕元宵：阴历正月十五日为“上元节”，这天夜晚为“元宵”，有观灯的习俗。《清异录》：“陈犀罢司农少卿，省女于姑苏，适上元夜观灯，车马喧腾，目夺神醉……”

〔5〕傀儡：傀儡戏，即木偶戏。《列子·汤问篇》：“周穆王时，巧人有偃师者，为木人，能歌舞。”此为傀儡之始。《乾淳岁时记》：“上元，舞队有大

小金棚傀儡……其品甚夥，不可悉数……如傀儡，杵歌、竹马之类，多至十余队。”这里指描绘木偶戏的图画。

〔6〕仕女：指封建社会中以贵族妇女为题材的中国画。

〔7〕三月三日：古时以三月三日为修禊日，临水为祭，以消除不祥。《荆楚岁时记》：“三月三日，士人并出水渚，为流杯曲水之饮。”

〔8〕真武像：“真武”即“玄武”，中国古代神话中的北方之神。

〔9〕四月八日：中国佛教的“浴佛节”，相传这一天是释迦摩尼的生日。《南史·顾欢传》：“老子入关，之天竺维卫国。国王夫人名曰‘净妙’，老子因其昼寝，乘日精入净妙口中，后年四月八日夜半时，剖右腋而生，坠地即行七步，于是佛道兴焉。”

〔10〕十四日：相传四月十四日是“八仙”之一吕洞宾的生日。吕洞宾，别号纯阳子，通称“吕祖”。《文献通考》：“吕嵒，字洞宾，蒲州永乐县人，贞元十四年(798)四月十八日巳时生，异香满室，天乐浮空，有白鹤飞入帐中，忽不见。”《江南志书》：“吴县，四月十四日，福济观聚谒吕纯阳。”

〔11〕纯阳像：吕洞宾，唐代京兆人，名嵒，别号“纯阳子”，亦称“回道人”。会昌(841—846)中两举进士不第，后隐居终南山修道。被道教全尊道尊为北五祖之一，即俗称“八仙”之一，亦称“吕祖”。

〔12〕端午：阴历五月五日为“端午节”。

〔13〕真人玉符：真人，道家称“修真得道”或“成仙”的人。玉符，玉制之符。《苏州府志》：“吴俗于端午日，挂钟馗、真人玉符。”《抱朴子》：“或问辟五兵之道，答以‘五月五日，作赤灵符，着于心前，名辟兵符。’”这是端午悬符的由来。

〔14〕龙舟：端午日竞渡节，为龙形之舟，谓之“龙舟”。

〔15〕艾虎：用艾草做成的虎形香袋。旧时风俗，端午节佩戴艾虎，可以辟邪除秽。《荆楚岁时记》：“五月午日，以艾为虎形，或剪彩为小虎，帖以艾叶，内人争相戴之。”

〔16〕五毒：旧时称蝎、蛇、蜈蚣、壁虎、蟾蜍五种毒虫为“五毒”。民间风俗，端午节帖五毒符可以避毒虫。《吴趋风土录》：“端午，尼庵翦五色彩笺，状蟾蜍、蜥蜴、蜘蛛、蛇、蚿之形……谓之‘五毒符’。”

〔17〕七夕：农历七月七日之夜为“七夕”。相传此夜牛郎、织女两星在银河相会。

〔18〕穿针乞巧：旧时民间风俗，七夕之夜，妇女要穿针引线，以便向织女星乞求智巧，谓之“穿针乞巧”。《荆楚岁时记》：“七月七日为牵牛织女聚会之夜。是夕人家，妇女结彩缕，穿七孔针，或以金银浜石为针，陈瓜果于庭

中以乞巧。”

〔19〕天孙织女：织女星，即天琴座a星。织女是民间神话中巧于织造的仙女，是天帝之孙，故名。《汉书·天文志》：“织女，天帝孙也。”

〔20〕醉杨妃：山茶花中的一种。

〔21〕钟馗：中国古代传说中的故事人物。钟馗像为浓眉大眼、多胡须、黑衣冠，是捉鬼除妖的象征。民间有在端午节张贴钟馗像的风俗。

〔22〕腊月廿五：民间风俗，在腊月廿五日迎接玉帝下凡人间查视。《帝京景物略》：“十二月二十五日五更，焚香楮，接玉皇，曰‘玉皇下查人间’也，竟此日无妇妪詈声，三十日五更又焚香楮送玉皇上界矣。”

〔23〕玉帝：即“天帝”，也称“玉皇大帝”。是道教中地位最高、权力最大的神。相传他总管三界和十方、四生、六道的一切祸福。《道书》：“玉帝居玉清三元宫第一中位。”亦称“玉皇”或“玉皇大帝”。

〔24〕五色云车：传说中仙人所乘坐的车。

〔25〕葛仙移居：葛仙，指葛洪，晋代道教理论家、医学家、炼丹术家。字稚川，自号抱朴子，丹阳人。

〔26〕寿星：象征长寿的神。《史记·封禅书寿星祠》注：“寿星，盖南极老人星也。”

〔27〕王母：“西王母”之略称，相传为古代仙人，是长生不老的象征。《穆天子传》：“乙丑，天子觞西王母于瑶池之上。”

〔28〕东君：太阳神，日出东方，故名。见《楚辞·九歌》及《汉书·郊祀志》。

〔29〕风雨神龙、春雷起蛰：两画皆宋代画龙名作。詹景凤《东图元览》：“董源兼工画龙，郡城汤氏藏其《风雨出蛰龙图》，宋秘阁物。"《画品》：“《春龙起蛰图》，蜀文成殿下道院军将孙位所作。山临大江，有二龙自山下出，龙蜿蜒骧首云间，水随云气布上，雨自爪鬣中出，鱼虾随之，或半空而陨，一龙尚在穴前，踞大石而蹲，举首看云中，意欲俱往，怒爪如腥，草木尽靡，波涛震骇，涧谷弥漫，山下桥路皆没，山中老少聚观，阖户阚牖，人人惊畏，若屋颠坠，笔势超轶，气象雄放……”

〔30〕立春：节候名，在阳历二月四五日，春节前后。

〔31〕东皇太乙：司春之神。《尚书纬》：“春为东皇，又为青帝。”屈原《九歌》：“《东皇太乙》：‘穆将愉兮上皇’。”王逸《注》：“上皇，谓东皇太乙也。”

〔32〕纸帐梅：画在纸制的帐子上的梅花。

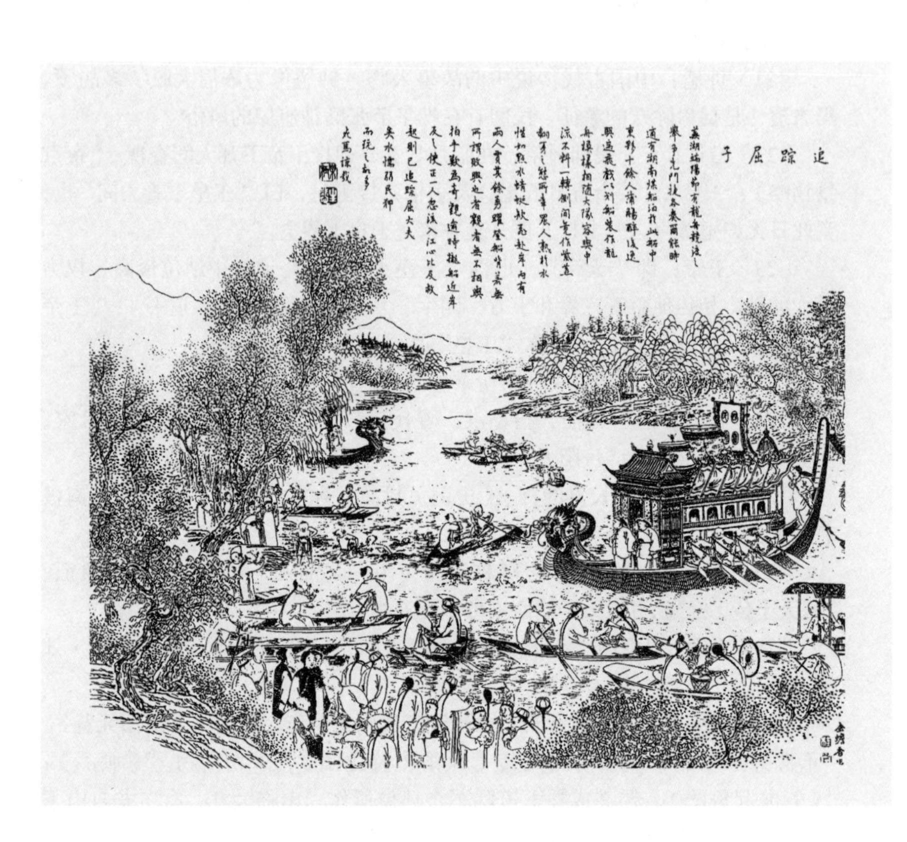

端午节龙舟竞渡的风俗。大可堂版《点石斋画报》插图。

卷六

几榻[1]

古人制几榻，虽长短广狭不齐，置之斋室，必古雅可爱，又坐卧依凭，无不便适。燕衎[2]之暇，以之展经史，阅书画，陈鼎彝[3]，罗肴核[4]，施枕簟[5]，何施不可。今人制作，徒[6]取雕绘文饰[7]，以悦俗眼，而古制荡然[8]，令人慨叹实深。志《几榻第六》。

注释

〔1〕几榻：几，古代设于坐侧，以便凭倚的家具。后称小桌子为几，大桌子为案。榻，一般指狭长而低的坐卧用具。《释名》："人所坐卧曰床。……长狭而卑曰榻，言其体榻然而近地也。"

〔2〕燕衎：燕饮之乐。"燕"通"宴"。衎，乐。《诗经·小雅》："嘉宾式燕以乐。"

〔3〕鼎彝：鼎，古代炊器，相当于现在的锅，煮或盛食物用。形状大多是圆腹，两耳，三足。彝，古代盛酒的器具，也指祭器。《说文解字》："鼎，三足两耳，和五味宝器也。彝，宗庙常器也。"

〔4〕肴核：肴，鱼肉之类熟食。核，有核的果实。《诗经·小雅》："肴核维旅。"

〔5〕枕簟：枕，枕头。簟，竹席。

〔6〕徒：空。

〔7〕文饰：装饰。

〔8〕荡然：清除干净。

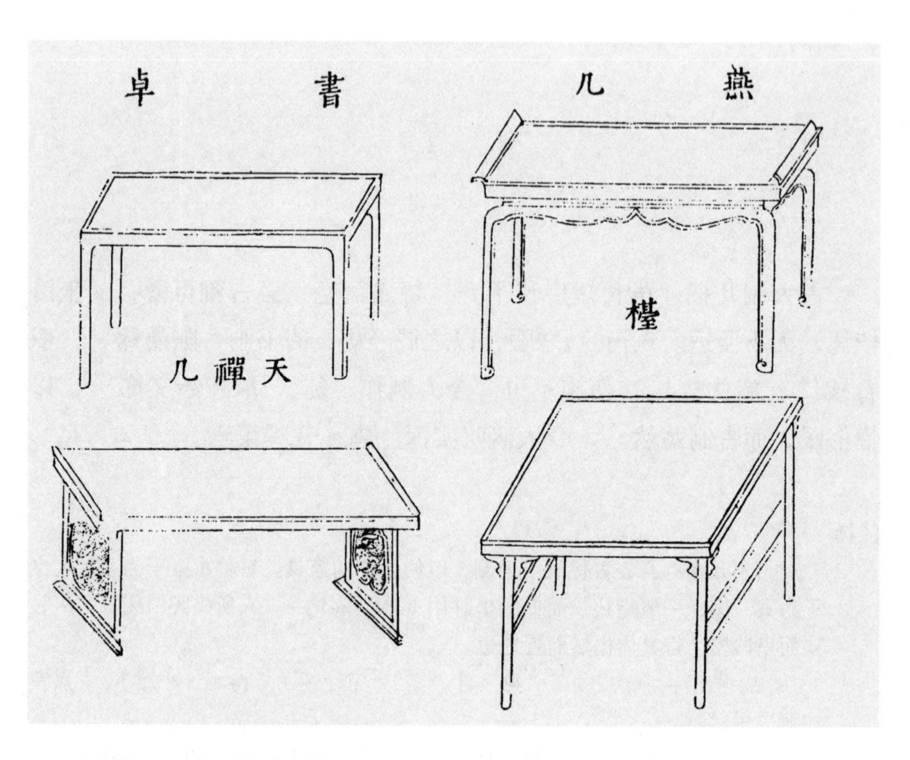

各种桌、几。《三才图会》插图。

室内陈设。明刻《西湖二集》插图。

榻

座高一尺二寸，屏高一尺三寸，长七尺有奇，横三尺五寸，周设木格，中贯湘竹，下座不虚，三面靠背，后背与两傍等，此榻之定式也。有古断纹[1]者，有元螺钿[2]者，其制自然古雅。忌有四足，或为螳螂腿[3]，下承以板，则可。近有大理石镶者，有退光朱黑漆中刻竹树以粉填者，有新螺钿者，大非雅器。他如花楠[4]、紫檀、乌木[5]、花梨，照旧式制成，俱可用，一改长大诸式，虽曰美观，俱落俗套。更见元制榻，有长一丈五尺，阔二尺余，上无屏者，盖古人连床夜卧，以足抵足，其制亦古，然今却不适用。

注释

〔1〕古断纹：旧的断纹。

〔2〕元螺钿：即元代的螺钿。螺钿，镶嵌漆器的一种。螺，指螺贝等的壳，是镶嵌的材料。钿，意为装饰。其工艺特点是，依装饰意图将螺片嵌进漆器表面，组成图案。螺钿工艺在我国有悠久的历史。明曹昭《格古要论》："螺钿器皿，出江西吉安府庐陵县。宋朝内府中物及旧做者，俱是坚漆或有嵌铜线者甚佳。元朝时富豪不限年月做，造漆坚而人物细可爱。"

〔3〕螳螂腿：佛前供桌多用螳螂腿状榻足。

〔4〕花楠：刨花楠，亦称"刨花"，常绿乔木，木材致密美丽，属樟科。

〔5〕乌木：常绿乔木，果实球形，木材黑色，坚重致密，名贵的家具用材，属柿科。明王佐《新增格古要论》："乌木出海南、南番、云南，性坚，老者纯黑色，且脆，间道者嫩。"

榻

服虔通俗文牀三尺五曰榻釋名長狹而卑曰榻言其榻然近地也

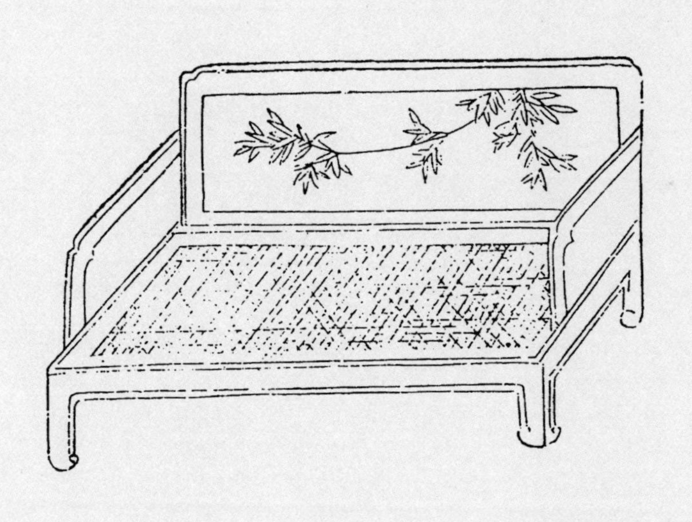

榻。《三才图会》插图。

短榻

高尺许，长四尺，置之佛堂、书斋，可以习静坐禅[1]，谈玄挥麈[2]，更便斜倚，俗名“弥勒榻”[3]。

注释

〔1〕习静坐禅：为修心养气之术，坐禅为佛家用语，即所谓“湛然静坐，不思善恶，不涉是非有无，而游心于安乐自在之境”。

〔2〕谈玄挥麈：谈玄，即“讨论道家无为之理”，魏晋之士多喜好谈玄。麈，古书上指鹿一类的动物，尾巴可以做拂尘。《名苑》：“鹿之大者曰麈，群鹿随之，皆视麈尾所转为准，古之谈者挥之良是也。”

〔3〕弥勒榻：弥勒，佛教菩萨之一，佛寺中常有他的塑像，胸腹袒露，笑容满面。弥勒榻，短榻的一种。榻身上安置三面围子或栏杆的木榻。《遵生八笺》：“短榻，高九寸，方圆四尺六寸，三面靠背，后背稍高如傍……甚便斜倚，又曰‘弥勒榻’。”

竹榻。《三希堂画谱》插图。

几[1]

以怪树天生屈曲若环若带之半者为之，横生三足，出自天然，摩弄滑泽，置之榻上或蒲团[2]，可倚手顿颡，又见图画中有古人架足而卧者，制亦奇古。

注释

〔1〕几：古人设于座侧的小桌子，用来倚靠。《说文解字》："踞几也。徐曰：'人所凭坐也。'"现多指矮或小的桌子，用以搁置物件。如茶几、搁几、炕几等。

〔2〕蒲团：用香蒲草、麦秸等编成的圆形的垫子。用于打坐和跪拜等。

禅椅[1]

以天台藤[2]为之，或得古树根，如虬龙诘曲[3]臃肿[4]，槎枒[5]四出，可挂瓢笠及数珠[6]、瓶钵等器，更须莹滑如玉，不露斧斤者为佳，近见有以五色芝[7]粘其上者，颇为添足[8]。

注释

〔1〕禅椅：僧人打坐用的椅子。比一般扶手椅大而阔敞。《遵生八笺》："禅椅较之长椅，高大过半，惟水磨者佳，斑竹亦可，其制：惟背上枕首横木阔厚，始有受用。"

〔2〕天台藤：浙江天台山所出的藤，特点是坚韧柔软。宋叶梦得《避暑录话》："晁任道自天台来，以石桥藤杖二为赠，自言：'亲取于悬崖间。'柔韧而轻，坚如束筋。"

〔3〕诘曲：同"佶屈"，形容曲折。

〔4〕臃肿：形容肥胖。

〔5〕槎枒：分枝。

〔6〕数珠：亦称"念珠"，佛家记诵读之数的用具。《考槃馀事》："数珠，有以檀香车入菩提子中孔，著眼引绳，谓之'灌香'。"

〔7〕五色芝：《离骚草木疏》：洪庆善曰："《本草》引五色芝云：'皆以五色，生于五岳。'《抱朴子》：'赤者如珊瑚，白者如截肪，黑者如泽漆，青者如翠羽，黄者如装金，而皆光明洞澈如坚冰也。'"

〔8〕添足：出自成语"画蛇添足"，形容多此一举。《战国策》："画地为蛇，先成者饮酒。一人蛇先成，持曰：'吾能为之足'，未成；一人之蛇成，夺其曰：'蛇固无足，子安能为之足？'遂饮其酒。"

敦煌285窟西魏画中的禅椅

天然几[1]

以文木[2]如花梨、铁梨[3]、香楠[4]等木为之；第以阔大为贵，长不可过八尺，厚不可过五寸，飞角处不可太尖，须平圆，乃古式。照倭几[5]下有拖尾者，更奇，不可用四足如书桌式；或以古树根承之。不则用木，如台面阔厚者，空其中，略雕云头、如意之类；不可雕龙凤花草诸俗式。近时所制，狭而长者，最可厌。

注释

〔1〕天然几：厅堂迎面常用的一种陈设家具。一般长七八尺，宽尺余，高过桌面五六寸，两端飞角起翘，下面两足作片状。

〔2〕文木：有天然纹理的木材。

〔3〕铁梨：铁力木，亦称铁棱。常绿大乔木，花白色，材质坚硬致密。属金丝桃科。《新增格古要论》：“铁力木出广东，色紫黑，性坚硬而沉重，东莞人多以为屋。”

〔4〕香楠：亦称“八角楠”。常绿大乔木，果实长椭圆形，紫色。属樟科。《新增格古要论》：“香楠木，出四川、湖广，色黄而香，故名。好刊牌扁。”

〔5〕倭几：即日本式几。中国古代称日本为“倭”，故名。

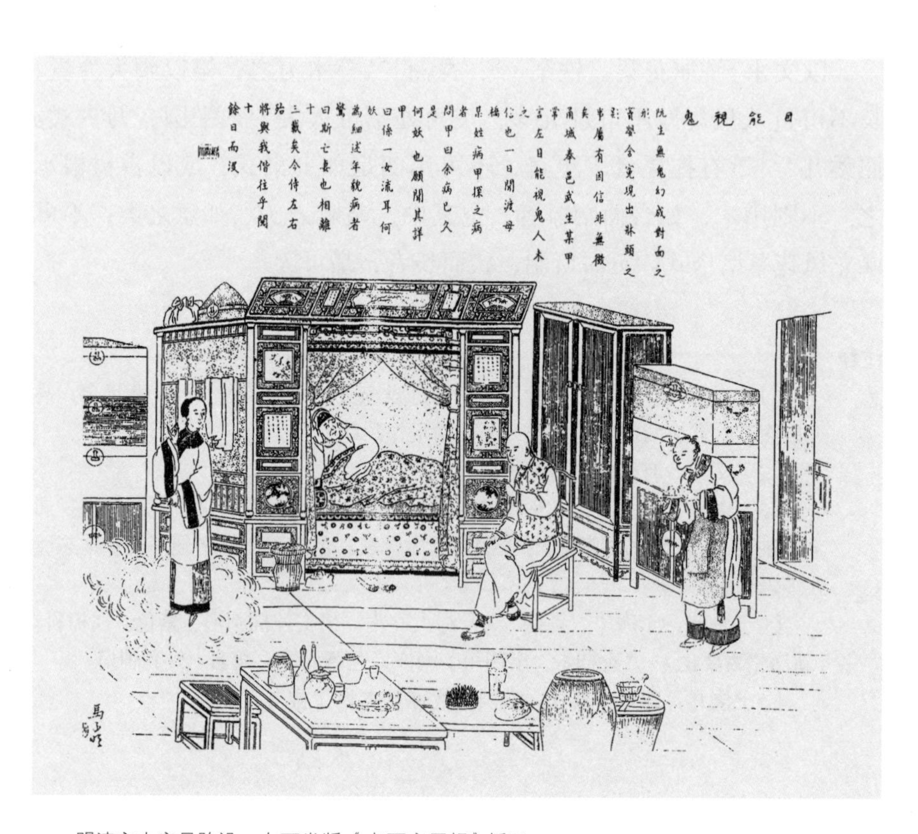

明清室内家具陈设。大可堂版《点石斋画报》插图。

书桌

中心取阔大，四周镶边，阔仅半寸许，足稍矮而细，则其制自古。凡狭长混角[1]诸俗式，俱不可用，漆者尤俗。

注释

〔1〕混角：圆角的意思。

书桌。《花莹锦阵》插图。《花莹锦阵》，不分卷，一册，不著编绘人，黄一明刻，明崇祯年间（约1640）武林养浩斋版。东京大学藏1951年荷兰高罗佩氏影印本。

壁桌[1]

长短不拘，但不可过阔，飞云、起角、螳螂足诸式，俱可供佛，或用大理[2]及祁阳石[3]镶者，出旧制，亦可。

注释

〔1〕壁桌：靠墙壁安置的桌子，用来供佛或陈设。

〔2〕大理：指云南大理县出产的大理石。为结晶质的石灰岩，美丽光泽，粒状细密，通常呈白色，有的带各种斑纹，可用做装饰物。

〔3〕祁阳石：湖南祁阳县出产的石子，即永石或永州石。

黄花梨矮条桌

方桌[1]

旧漆者最佳，须取极方大古朴，列坐可十数人者，以供展玩书画。若近制八仙[1]等式，仅可供宴集，非雅器也。燕几[2]别有谱图。

注释

〔1〕八仙：即八仙桌，桌面较宽的方桌。每边可坐两人，四边围坐八人，故雅称“八仙桌”。

〔2〕燕几：原指古人倚凭用的一种小几。《仪礼》：“缀足用燕几。”《疏》：“燕几当在燕寝之内，常凭之以安其体也。”古时也指用以宴会的“组合家具”。宋黄伯思《燕几图·序》：“燕几图者，图几之制也。……纵横离合，变态无穷，率视夫宾朋多寡、杯盘丰约，以为广狭之则。”

台几

倭人[1]所制，种类大小不一，俱极古雅精丽，有镀金镶四角者，有嵌金银片者，有暗花者，价俱甚贵。近时仿旧式为之，亦有佳者，以置尊彝[2]之属，最古。若红漆狭小三角诸式，俱不可用。

注释

〔1〕倭人：古时称日本人为“倭人”。

〔2〕尊彝：尊，古代盛酒器。彝，古代盛酒器。也泛指祭祀的礼器。

台几。《西湖记》插图。

椅

椅之制最多，曾见元螺钿椅，大可容二人，其制最古；乌木镶大理石者，最称贵重，然亦须照古式为之。总之，宜矮不宜高，宜阔不宜狭，其摺叠单靠[1]、吴江[2]竹椅、专诸[3]禅椅诸俗式，断不可用。踏足处，须以竹镶之，庶历久不坏。

注释

〔1〕摺叠单靠：单靠背可以摺合的椅子。

〔2〕吴江：江苏省一县名。

〔3〕专诸：苏州巷名。

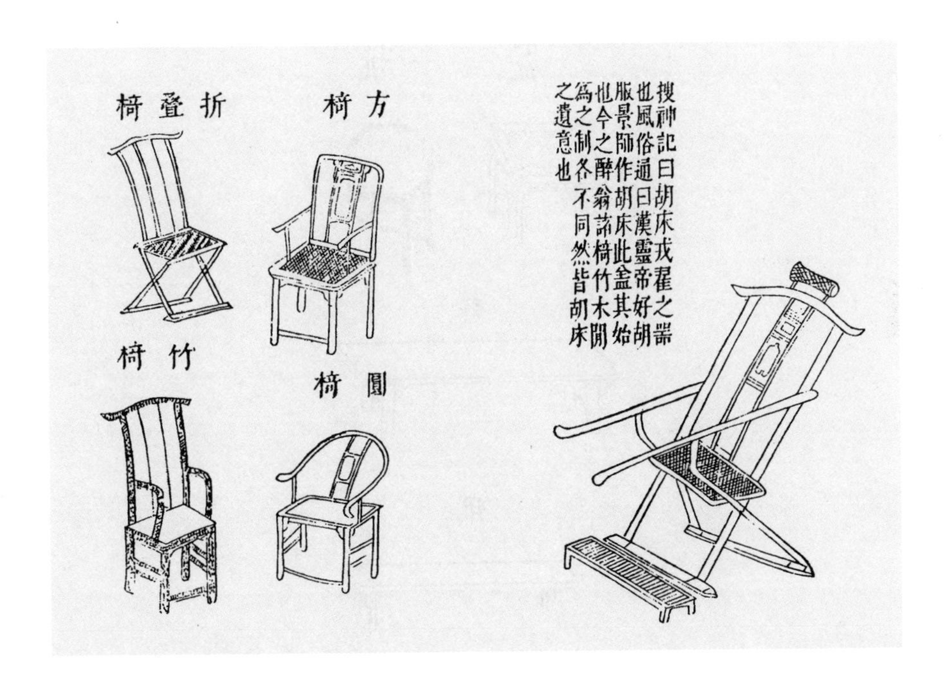

器用。《三才图会》插图。

杌[1]

杌有二式，方者四面平等，长者亦可容二人并坐，圆杌须大，四足彭出[2]，古亦有螺钿朱黑漆者，竹杌及绦[3]环诸俗式，不可用。

注释

〔1〕杌：俗称“杌子”，一种无椅背的坐具。其中圆形的称为“圆杌”，方形的称为“方杌”，长方形的称为“牌杌”。至宋代，逐渐成为正式坐具。

〔2〕彭出：即旁出之意。

〔3〕绦：编丝之绳。

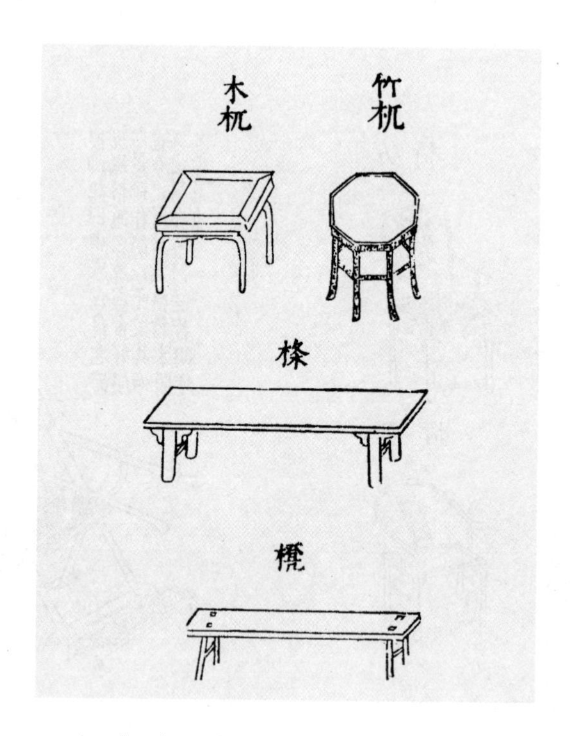

杌。《三才图会》插图。

凳[1]

凳亦用狭边厢者为雅；以川柏[2]为心，以乌木镶之，最古。不则竟用杂木，黑漆者亦可用。

注释

〔1〕凳：一种无背坐具，有方形和长方形的。一般形式可分为无束腰直足式和有束腰马蹄足式两大类。

〔2〕川柏：即柏木。因四川盛产柏木，故名。

屏风、方桌、凳。《重校红拂记》插图。明代张凤翼撰，万历二十九年（1601）金陵继志斋版。

交床[1]

即古胡床[2]之式，两脚有嵌银、银铰钉圆木者，携以山游，或舟中用之，最便。金漆摺叠者，俗不堪用。

注释

〔1〕交床：有靠背的坐具。也称交椅、绳床。古曰“胡床”，是可以折叠的坐具。唐杜宝《大业杂记》：“（炀帝）自幕北还至东都，改胡床为交床，胡瓜为白露黄瓜。”

〔2〕胡床：亦称交床。古时一种可以折叠的轻便坐具。《清异录》：“胡床施转关以交足，穿绳带以容坐，转缩须臾，重不数斤。”

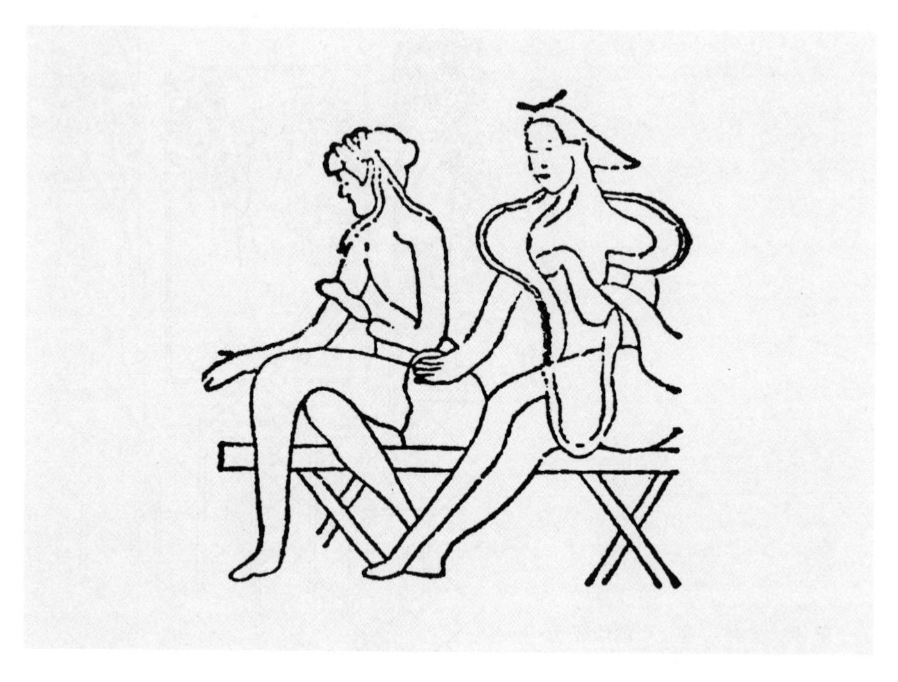

敦煌257窟北魏壁画中双人连坐交脚胡床

橱

藏书橱须可容万卷，愈阔愈古，惟深仅可容一册，即阔至丈余，门必用二扇，不可用四及六。小橱以有座者为雅，四足者差俗，即用足，亦必高尺余，下用橱殿，仅宜二尺，不则两橱叠置矣。橱殿以空如一架者为雅。小橱有方二尺余者，以置古铜玉小器为宜，大者用杉木为之，可辟蠹〔1〕，小者以湘妃竹及豆瓣楠〔2〕、赤水〔3〕、椤木〔4〕为古。黑漆断纹者为甲品，杂木亦俱可用，但式贵去俗耳。铰钉忌用白铜，以紫铜照旧式，两头尖如梭子，不用钉钉者为佳。竹橱及小木直楞，一则市肆中物，一则药室中物，俱不可用。小者有内府填漆〔5〕，有日本所制，皆奇品也。经橱〔6〕用朱漆，式稍方，以经册〔7〕多长耳。

注释

〔1〕蠹：亦称“衣鱼”，昆虫。体形长而扁，银白色，头小，触角鞭状，无翅，有长尾毛三根。常躲在黑暗的地方，蛀食衣服、书籍等，属衣鱼科，也叫蠹鱼、纸鱼。

〔2〕豆瓣楠：又称“斗柏楠”“斗斑楠”等。常绿乔木，树干端直，木材坚密，纹理优美，是我国明清时期高贵家具的用材之一。主要分布在湖南、广西、贵州、云南、四川等省区。属樟科。

〔3〕赤水：赤水木，明清家具用材之一。《新增格古要论》：“赤水木：此木色赤，纹理细，性稍坚且脆，极滑净。”又“紫檀新者呈红色，俗称红木，浸之水中，水染赤色。”由此可知赤水木是一种心材呈红色的优质硬木。

〔4〕椤木：又称“椤树”，木色白，纹理黄，有花纹。

〔5〕填漆：漆器工艺的一种。指堆刻后填彩磨显出花纹来的髹饰技法。清高士奇《金鳌退食笔记》：“明永乐年制漆器，以金银锡木为胎，有剔红、填漆二种所制盘、盒、文具不一。填漆刻成花鸟，彩填稠漆，磨平如画，久而愈新……故价数倍于剔红。”

〔6〕经橱：收藏佛经的橱子。

〔7〕经册：即经本。

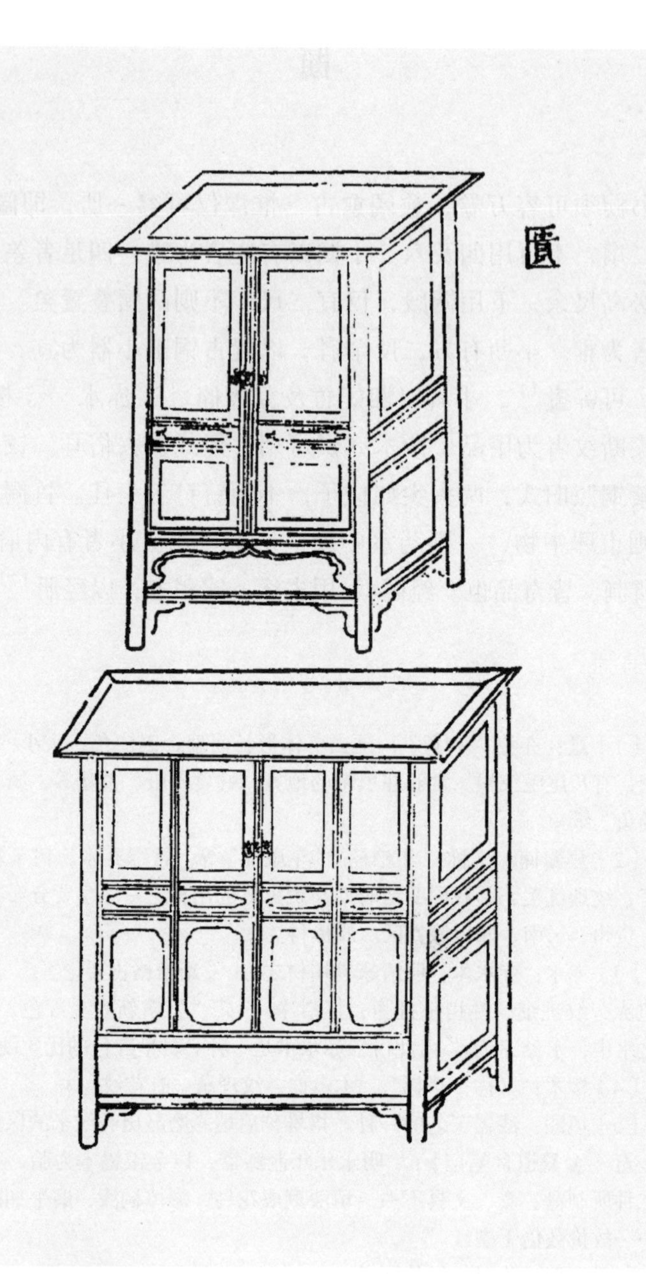

器用。《三才图会》插图。

架

书架有大小二式，大者高七尺余，阔倍之，上设十二格，每格仅可容书十册，以便检取；下格不可以置书，以近地卑湿故也。足亦当稍高，小者可置几上。二格平头，方木、竹架及朱黑漆者，俱不堪用。

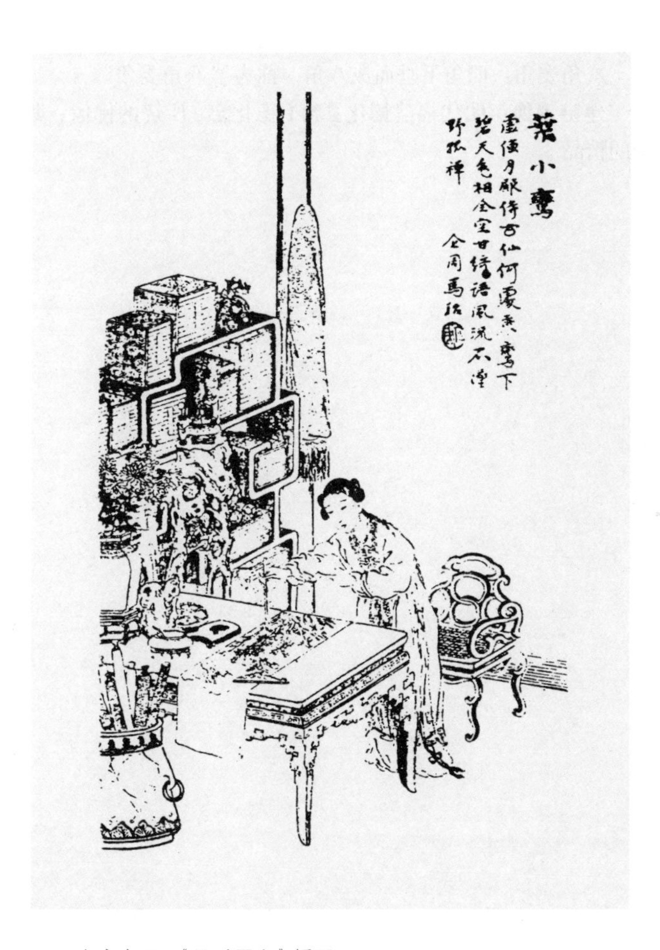

书房布置。《马骀画宝》插图。

佛厨　佛桌

用朱黑漆，须极华整，而无脂粉气，有内府雕花者；有古漆断纹者；有日本制者，俱自然古雅。近有以断纹器凑成者，若制作不俗，亦自可用；若新漆八角委角[1]，及建窑佛像[2]，断不可用也。

注释

〔1〕八角委角：四角下垂而成八角，称为“八角委角”。

〔2〕建窑佛像：明代福建德化县窑（德化窑）所烧的佛像，其色白润，是瓷器中的精品。

床

以宋、元断纹小漆床为第一，次则内府所制独眠床，又次则小木出高手匠作者，亦自可用。永嘉[1]、粤东[2]有摺叠者，舟中携置亦便；若竹床及飘檐[3]、拔步、彩漆、卍字、回纹等式，俱俗。近有以柏木琢细如竹者，甚精，宜闺阁及小斋中。

注释

〔1〕永嘉：今浙江省永嘉县。

〔2〕粤东：今广东省。

〔3〕飘檐：明清家具部件名称。床外踏步上设架如屋檐，称为“飘檐”。

箱

倭箱黑漆嵌金银片，大者盈尺，其铰钉[1]锁钥俱奇巧绝伦，以置古玉重器或晋、唐小卷最宜；又有一种差大，式亦古雅，作方胜、缨络[2]等花者，其轻如纸，亦可置卷轴、香药、杂玩，斋中宜多畜以备用。又有一种古断纹者，上圆下方，乃古人经箱，以置佛座间，亦不俗。

注释

〔1〕铰钉：铰链。

〔2〕缨络：缨络与“璎珞”通，首饰。是串珠玉而成的装饰品，多为颈饰。《妙法莲华经·药草喻品》：“皆以金、银、琉璃、砗磲、玛瑙、真珠、玫瑰七宝合成众华、璎珞……”

屏

屏风[1]之制最古，以大理石镶下座，精细者为贵。次则祁阳石，又次则花蕊石[2]。不得旧者，亦须仿旧式为之。若纸糊及围屏[3]、木屏，俱不入品。

注释

〔1〕屏风：古时建筑物内部挡风用的一种家具，取“屏其风也”之意。最早放置在床后或床侧，后逐渐发展为活动屏风，功能和式样也不断变化。既可用来遮蔽和间隔空间，也可美化环境。

〔2〕花蕊石：《本草纲目》：“花蕊石，或名‘花乳石’，出河南阌乡县。”

〔3〕围屏：可以折叠的屏风。一般由四、六、八、十二片单扇配置连成。因无屏座，放置时分折曲成锯齿形，故别名“折屏”。装饰方法有素纸装、绢绫装和实芯装等。

屏风、几案。《马骀画宝》插图。

脚凳[1]

以木制滚凳，长二尺，阔六寸，高如常式，中分一档，内二空，中车圆木二根，两头留轴转动，以脚踹轴，滚动往来，盖涌泉穴[2]精气所生，以运动为妙。竹踏凳方而大者，亦可用。古琴砖[3]有狭小者，夏日用作踏凳，甚凉。

注释

〔1〕脚凳：搁脚凳。今亦称“矮凳”。

〔2〕涌泉穴：人体经穴之名，在两足心。

〔3〕琴砖：是一种体积庞大、内部空而不实的砖。又称“空心砖”“空砖”“郭公砖”等。多为长方形，外印各种纹饰，盛行于战国末到东汉。出土地区主要在晋南、陕西、山东西部，以河南最多。《遵生八笺》：“弹琴取古郭公砖，上有象眼花纹，方胜花纹，出自河南郑州者佳。”

书桌、圈椅、矮凳。《重校红拂记》插图。

卷七

器具

古人制器尚用[1]，不惜所费，故制作极备，非若后人苟且[2]。上至钟、鼎、刀、剑、盘、匜[3]之属，下至隃糜[4]、侧理[5]，皆以精良为乐，匪徒铭金石、尚欵识[6]而已。今人见闻不广，又习见时世所尚，遂致雅俗莫辨。更有专事绚丽[7]，目不识古，轩窗几案，毫无韵物[8]，而侈言陈设，未之敢轻许[9]也。志《器具第七》。

注释

〔1〕尚用：重视功用。

〔2〕苟且：草率，马虎。

〔3〕匜：古盘器，可以注水，是古代盥洗时浇水的用具。匜形椭长，前有流、后有鋬，有的带盖。在西周中晚期出现，多有四足。春秋时有三足和无足的。战国时无足，形状像瓢。

〔4〕隃糜：墨名。隃糜，本为汉时县名，故城在今陕西省宝鸡地区。因为其地产墨，故以地名名之。东汉时官员每月可得“隃糜大墨一枚，小墨一枚”。因此，古人诗文中，称墨为“隃糜”。后世制墨，用“古隃糜”作名，表示其墨历史悠久、墨质精良。

〔5〕侧理：即侧理纸。西晋张华《博物志》：“南人以海苔为纸，其理纵横邪侧，因以为名。”

〔6〕尚欵识：崇尚题字和款识。《辍耕录》：“所谓‘欵识’，乃分二义：‘欵’谓阴字，是凹入者，刻划成之；‘识’谓阳字，是挺出者。”

〔7〕绚丽：形容华美。

〔8〕韵物：风雅之物。

〔9〕轻许：随便认可。

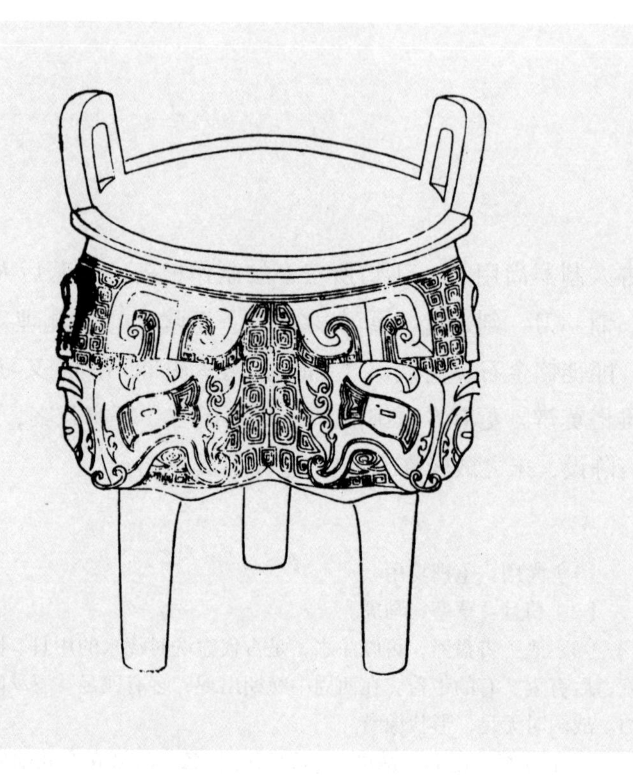

商父乙鼎。《泊如斋重修宣和博古图录》插图。宋王黼等撰，明丁云鹏、吴廷羽同绘，黄德时刻，万历十六年(1588)，新安吴氏泊如斋版。公文书馆藏书。

香炉[1]

三代、秦、汉鼎彝，及官、哥、定窑[2]、龙泉、宣窑[3]，皆以备赏鉴，非日用所宜。惟宣铜彝炉[4]稍大者，最为适用；宋姜铸[5]亦可，惟不可用神炉、太乙[6]及鎏金白铜[7]双鱼[8]、象鬲[9]之类。尤忌者，云间[10]、潘铜[11]、胡铜[12]所铸八吉祥[13]、倭景[14]、百钉[15]诸俗式，及新制建窑、五色花窑[16]等炉。又古青绿博山[17]亦可间用。木鼎可置山中，石鼎惟以供佛，余俱不入品。古人鼎彝，俱有底盖，今人以木为之，乌木者最上，紫檀、花梨俱可，忌菱花、葵花诸俗式。炉顶以宋玉[18]帽顶[19]及角端[20]、海兽诸样，随炉大小配之，玛瑙、水晶之属，旧者亦可用。

注释

〔1〕香炉：用来烧香及熏衣、熏被使用的器物，也作陈设之用。《香笺》："官、哥、定窑、龙泉、宣铜、潘铜、彝炉、乳炉，大如茶杯而式雅者为上。"

〔2〕官、哥、定窑：即"官窑""哥窑""定窑"。

〔3〕龙泉、宣窑：即"龙泉窑""宣窑"。

〔4〕宣铜彝炉：明代宣德年间所铸铜质的彝炉，简称"宣德炉"。宣宗因郊庙所用彝鼎不合古式，命工部按照历代古器样式，铸冶千余件铜香炉，以供宫廷及寺观使用。宣德炉色泽美观丰富，是明代著名的工艺美术品。常见的款识有"大明宣德年制"等，仿制者很多。《帝京景物略》："宣铜炉莫若彝、乳炉口径三寸者，其制百摺彝炉，乳炉、戟耳、鱼耳、蜒蚰耳……"宣德中，礼部尚书吕震等著有《宣德鼎彝谱》。

〔5〕宋姜铸：《遵生八笺》："元时，杭城姜娘子，平江王吉二家铸法，名擅当时，其拨蜡亦精，其炼铜亦净，细巧锦地花纹，亦可人目。或作娓金，或就本色傅之。因其制务法古，式样可观，但花纹细小，方胜、龟纹、回纹居多。平江王家铸法亦可……但制度不佳，远不如姜。"

〔6〕太乙：星名，或"北辰"神名。

〔7〕鎏金白铜：《帝京景物略》："后人辨香炉色五等……鎏金者次，本色为佳，铜质也。鎏腹以下曰'涌祥云'，鎏口以上曰'覆祥云'。"

〔8〕双鱼：作双鱼形装饰，寓意吉祥。

〔9〕象鬲：象形的容器。古时盛馔用鼎，常饪用鬲。

〔10〕云间：今上海市松江县。

〔11〕潘铜：潘氏所铸铜器。《遵生八笺》："近有潘铜打炉，名'假倭炉'。此匠初为浙人，被掳入'倭'，性最巧滑，习倭之技，在彼十年，其凿嵌金银倭花样式，的传倭制，后以倭败还省，在余家数年打造。"

〔12〕胡铜：胡氏所铸铜器。康熙年间《松江府志》："万历年间，华亭胡文明有鎏金鼎、炉、瓶、盒等物，上海有黄娴轩古色炉瓶，制皆精雅，今效之者远不及。"

〔13〕八吉祥：传统吉祥纹样。包括法螺、法轮、宝伞、白盖、莲花、宝瓶、盘长、金鱼。北京雍和宫法物说明册曰：法螺，佛说具菩萨果妙音吉祥之谓。法轮，佛说大法圆转万劫不息之谓。宝伞，佛说张弛自如曲覆众生之谓。白盖，佛说偏覆三千净一切药之谓。莲花，佛说出五浊世无所染着之谓。宝瓶，佛说福智圆满具完无漏之谓。金鱼，佛说坚固活泼解脱坏劫之谓。盘长，佛说回环贯彻一切通明之谓。用八宝组成的吉祥图案称"八宝生辉"。

〔14〕倭景：日本风景式。

〔15〕百钉：炉面如缀钉凸起状。

〔16〕五色花窑：即五彩花磁器。

〔17〕博山：即博山炉，古代焚香用的器具。上有盖，盖上雕镂成山峦形，有人物、动物等图案，象征海上的仙山——博山，故名。下有底座，有的遍体饰云气花纹，有的鎏金或金银错。盛行于汉及魏晋时代，多用青铜制造。《考古图》："香炉象海中博山，下盘贮汤，使润气蒸香，以象海之四环。"

〔18〕宋玉：宋代的玉。

〔19〕帽顶：宋帽不以珠玉为顶，以宝玉为帽顶始于元代。《飞凫语略》："近之有珍玉帽顶，问之，皆曰'此宋制'。又有云：'宋人当未办此，必唐物'，竟不晓此乃元时物。元时王公贵人，俱戴大帽，视其顶之花样为等威。"

〔20〕角端：兽名。《宋书·符瑞志》："角端者，日行万八千里，又晓四裔之语，圣主在位，以达外音幽远之事，则捧书而至。"

香炉案和香炉。《新刻出像音注范睢绨袍论》插图。明无名氏撰，明万历金陵富泰堂刊本，中国国家图书馆、上海图书馆藏。

香炉。《马骀画宝》插图。

香合[1]

宋剔合[2]色如珊瑚者为上，古有一剑环[3]、二花草、三人物之说，又有五色漆胎，刻法深浅，随妆露色，如红花绿叶、黄心黑石者次之。有倭盒三子、五子[4]者，有倭撞金银片[5]者，有果园厂[6]，大小二种，底盖各置一厂，花色不等，故以一合[7]为贵。有内府填漆合，俱可用。小者有定窑、饶窑[8]蔗段[9]、串铃[10]二式，余不入品。尤忌描金及书金字，徽人剔漆[11]并磁合，即宣成、嘉隆等窑[12]，俱不可用。

注释

〔1〕香合："合"与"盒"通。盒，底盖相合，用来收藏物品的器物。

〔2〕宋剔合：即"宋代剔红盒"。"剔红"即"雕漆"，为漆器制法之一种，始于唐代。是在堆起的平面漆胎上剔刻花纹，因为多用鲜艳的朱漆，故名"剔红"。明黄成《髹饰录》："唐制多印板，刻平锦，朱色，雕法古拙可赏；复有陷地黄锦者。宋元之制，藏锋清楚，隐起圆滑，纤细精致。"安徽新安、浙江嘉兴、西塘所产负盛名，目前主要产地为北京、扬州、天水、安徽等地。

〔3〕剑环：即剑鼻，剑柄上端与剑身连接处的两旁突出部分。亦称"剑口""剑首"。为剔红漆器的装饰形式之一。明曹昭《格古要论》："剔红器皿，无新旧，但看朱厚色鲜红润坚重者为好，剔剑环香草者尤佳。"

〔4〕倭盒三子、五子：倭盒，指日本漆盒。所谓几子，即盒内拼成的若干个小格。《遵生八笺》："漆器惟'倭'为最，而胚胎式制亦佳，如圆盒以三子小合嵌内；至有五子盒、七子盒、九子盒，而外围寸半许。内子盒肖莲子壳，盖口描金，毫忽不苟。小盒等重三分，此何法制？方匣有四子匣、六子匣、九子匣。"

〔5〕倭撞金银片：即日本式提盒。《考槃馀事》："香合有倭撞，可携游，必须子口紧密，不泄香气方妙。"陈植《长物志校注》："撞，吴语提盒；有盖，作一、二层皆可。"

〔6〕果园厂：明永乐年间北京出现的宫廷漆器作坊。初由张德刚、包亮等人掌理。嘉靖时，工匠多为云南优秀的制漆艺人，技术力量颇强。制品主要有

雕漆、填漆等，刀法圆熟、题材广泛，尤以雕漆著名。果园厂使漆器制作集中化、专门化，空前扩大了这一传统生产部门的规模，直接影响了后代漆工艺的发展。《金鳌退食笔记》："果园厂在楹星门之西，明永乐年制漆器于此。"

〔7〕一合：盒的底与盖花色合为一体。

〔8〕饶窑：指景德镇窑。江西省景德镇市，旧属饶州府浮梁县，因盛产瓷器出名，号曰"饶窑"。为元代以后我国最大的瓷窑场。陈朝时制瓷已有一定名声，宋代创烧了青白瓷。元代以釉里红、青花著名。明代景德镇成为全国的瓷业中心，所创各种色釉和彩饰空前丰富。清代康熙、雍正、乾隆年间发展更为迅速。

〔9〕蔗段：香盒式样。指形如圆柱的香盒。

〔10〕串铃：香盒式样，指形如铃之贯串的香盒。

〔11〕徽人剔漆：徽州出产的剔红、剔黑漆器。剔红，即雕漆。在堆起的平面漆胎剔刻花纹的技法。始于唐代，以元代嘉兴西塘的最为著名。因多用鲜明的朱漆，故又称"剔红"，效果精丽华美而富有庄重感。剔黑，通体髹黑漆的雕漆。

〔12〕宣成嘉隆等窑：宣窑，明代宣德（1426—1435）间景德镇官窑。是明代官窑的最盛时期。品质骨如朱砂，以青花最为贵重。还有祭红、甜白、霁青等。造型多样，技艺精湛。成窑，明代成化（1465—1487）间景德镇官窑。所制之瓷器，五彩者最贵。最突出的产品是青花加彩瓷器。著名器物有鸡缸杯、高士杯等。嘉窑，明代嘉靖（1522—1566）间景德镇官窑。烧制回青瓷。五彩瓷盛行，有内外夹花和锦地等。装饰趋向繁缛。传世精品很多。隆窑，明代隆庆（1567—1572）间景德镇官窑。制瓷日益繁巧。有青花、五彩等。器形以碗、盘为主，还创烧了各种形式的盖盒及提梁壶。

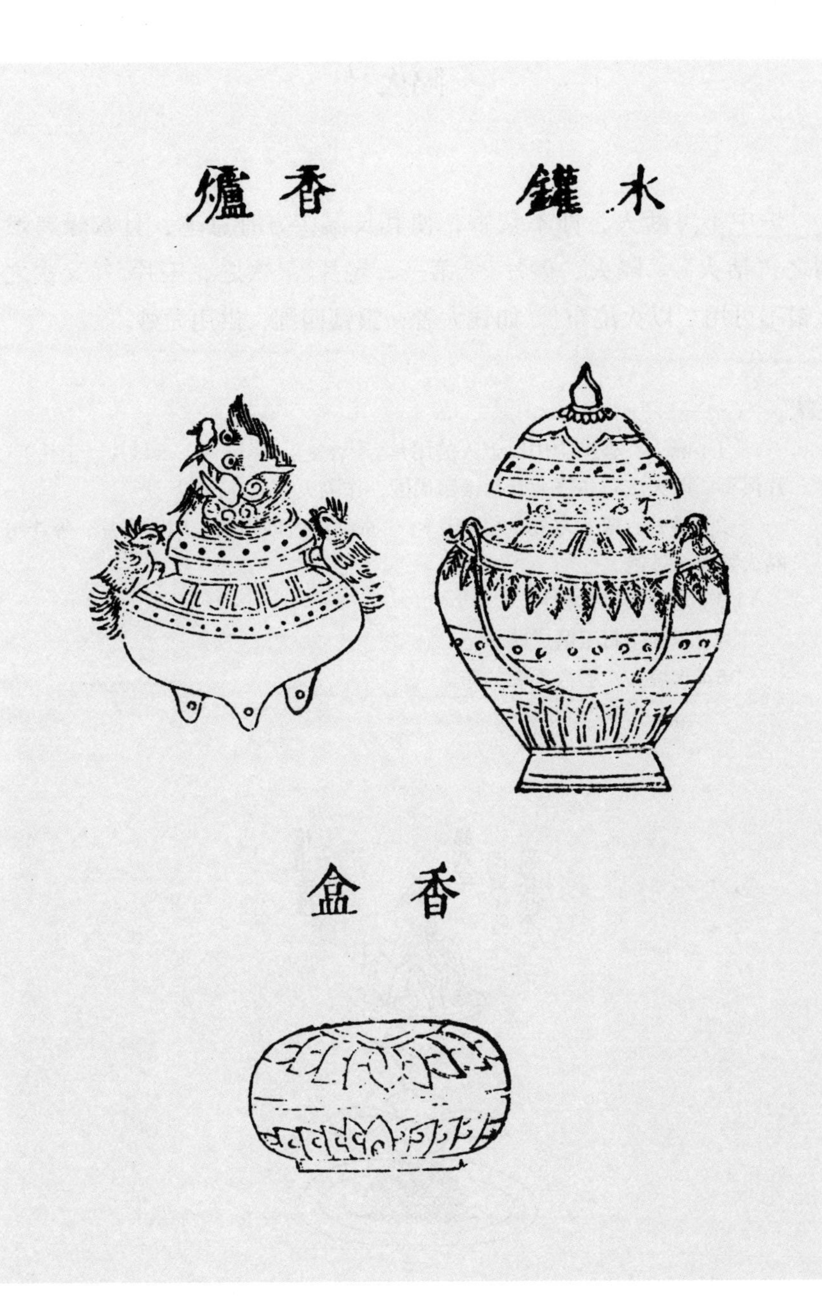

香炉、香盒。《三才图会》插图。

隔火[1]

炉中不可断火，即不焚香，使其长温，方有意趣，且灰燥易燃，谓之“活火”。隔火，砂片[2]第一，定片[3]次之，玉片[4]又次之，金银不可用。以火浣布[5]如钱大者，银镶四围，供用尤妙。

注释

〔1〕隔火：香炉中用以盖火的用具。《香笺》：“银钱、云母片、玉片、砂片俱可。以火浣布如钱大者，银镶周围，作隔火，尤难得。”

〔2〕砂片：隔火之物。《香谱》：“京师烧破砂锅底，用以磨片，厚半分，隔火焚香，妙绝。”

〔3〕定片：定窑瓷片。

〔4〕玉片：将玉磨成薄片。

〔5〕火浣布：遇火不燃的布。

博山香炉。《三才图会》插图。

匙箸〔1〕

紫铜者佳，云间胡文明及南都〔2〕白铜者亦可用；忌用金银，及长大填花诸式。

注释

〔1〕匙箸：筷子。

〔2〕南都：明代南都指今南京。

箸瓶[1]

官、哥、定窑者虽佳，不宜日用，吴中近制短颈细孔者，插筯下重不仆，铜者不品。

注释

〔1〕箸瓶：箸，这里指拨炉火的铜箸。盛箸的瓶子称为“箸瓶”。

博山炉。《古玉图谱》插图。

袖炉[1]

熏衣炙手，袖炉最不可少，以倭制[2]漏空罩盖漆鼓为上，新制轻重方圆二式，俱俗制也。

注释

〔1〕袖炉：袖中可笼之炉。《香笺》：“书斋中熏衣炙手，对客常谈之具，如倭人所制漏孔罩盖漆古，可称清赏，新制有罩盖方圆炉亦佳。”

〔2〕倭制：日本制品。

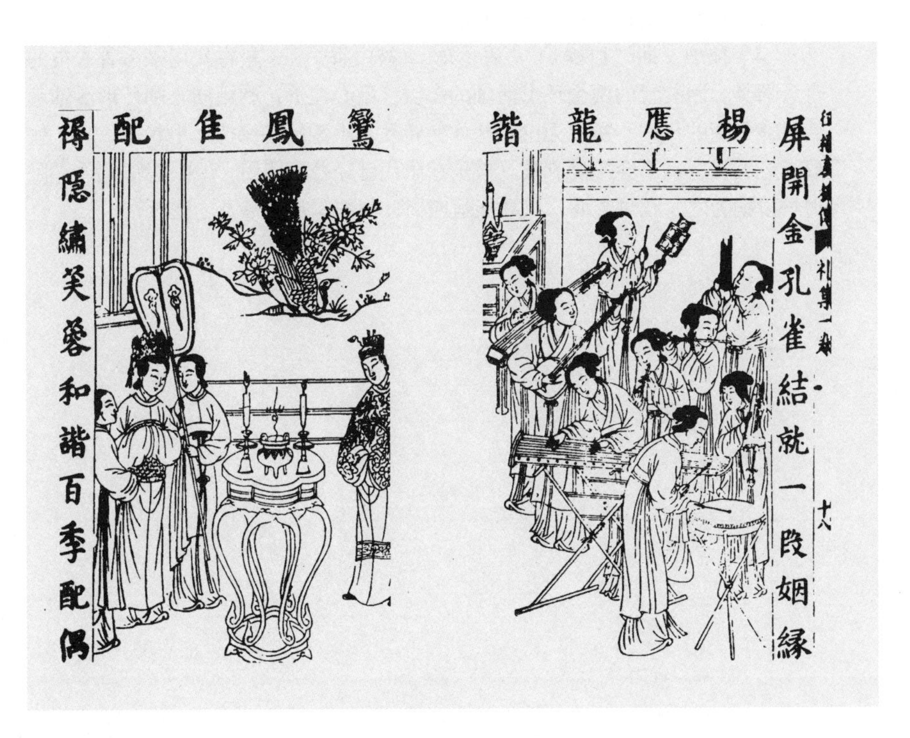

《征播奏捷传》。《新刻全像音注征播传通俗演义》插图。汝南王臣会画，金陵刘希贤刻，明万历三十一年（1603）佳丽书林重刊本。

手炉[1]

以古铜青绿大盆及簠簋[2]之属为之，宣铜[3]兽头三脚鼓炉亦可用，惟不可用黄白铜及紫檀、花梨等架。脚炉旧铸有俯仰莲坐细钱纹者；有形如匣者，最雅。被炉[4]有香球等式，俱俗，竟废不用。

注释

〔1〕手炉：取暖烘手之炉。

〔2〕簠簋：皆祭器，也用来盛放粮食。形制不一，“簠”一般为圆腹、侈口、圈足。“簋”多为长方形，口外侈，有四短足，有盖。

〔3〕宣铜：明代宣德年间所制铜器。

〔4〕被炉：即“卧褥炉”“香熏球”“被中香炉”，是古代用来熏香衣被的奇巧器具。因装置的两个环形活轴的小盂，重心在下，利用同心圆环形活轴起着机械平衡的作用，所以无论熏球如何转动，小盂始终保持水平状态，其中盛放点燃的香料，不会燃烧衣被。被炉在唐代已经普遍使用。《考槃馀事》：“卧褥炉以铜为之，花纹透漏，机环能运四周，而炉体常，可置之被褥。”

各种样式的香炉。《坐隐图》插图。

香筒[1]

旧者有李文甫[2]所制，中雕花鸟竹石，略以古简[3]为贵；若太涉脂粉，或雕镂故事人物，便称俗品，亦不必置怀袖间。

注释

〔1〕香筒：插香之筒。
〔2〕李文甫：明代著名雕工。
〔3〕古简：古雅简朴。

年节跪拜场景。《点石斋画报》插图。

笔格[1]

笔格虽为古制，然既用研山，如灵璧、英石，峰峦起伏，不露斧凿者为之，此式可废。古玉有山形者，有旧玉子母猫[2]，长六七寸，白玉为母，余取玉玷或纯黄、纯黑玳瑁之类为子者；古铜有鋈金双螭挽格[3]，有十二峰为格，有单螭起伏为格；窑器有白定[4]三山、五山及卧花哇[5]者，俱藏以供玩，不必置几研间。俗子有以老树根枝，蟠曲万状，或为龙形，爪牙俱备者，此俱最忌，不可用。

注释

〔1〕笔格：即“笔架”，架笔的文具。有玉制、铜制、瓷制等各种，样式繁多。《书史》：“薛绍彭《论笔砚间物》云：‘格笔须白玉，研磨须墨古。’”

〔2〕子母猫：大小猫。《遵生八笺·燕闲清赏笺》：“旧玉子母六猫，长七寸，以母横卧为座，以子猫起伏为格，真奇物也。”

〔3〕双螭挽格：两螭相挽成格之意。《说文解字》：“若龙而黄，北方谓之地蝼，或无角曰螭。”古人雕刻，多仿其形以为装饰。

〔4〕白定：白色定窑瓷器。

〔5〕卧花哇：哇与“娃”通。《遵生八笺》：“又白定卧花哇哇，莹白精巧。”

筆架

制作峯巒用以架筆此與貝光祿諸物
皆几案閒物也其贊曰架閣與端明同
譜系性剛峻未仕時嘗語人曰孔子作
春秋游夏不敢措一辭以生殺所繫非
若急於矜耀者以文章满天下及居是
官聞之者往往閣筆而不下盖亦知所
畏矣嗚呼嗚筆且不可以妄動況爲國任
賞刑者乎

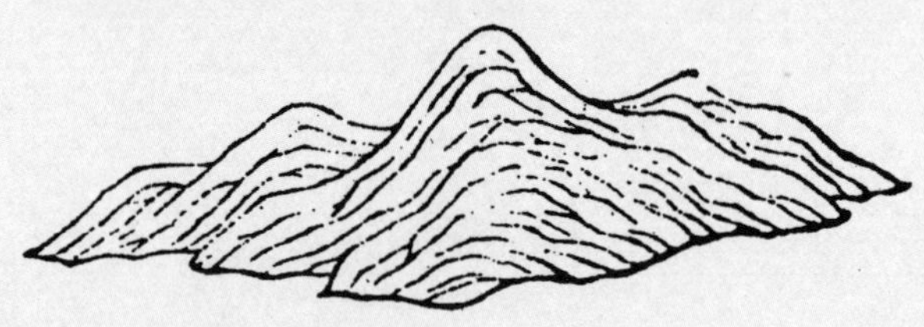

笔架。《古玉图谱》插图。

笔床[1]

笔床之制，世不多见，有古鎏金者，长六七寸，高寸二分，阔二寸余，上可卧笔四矢，然形如一架，最不美观。即旧式，可废也。

注释

〔1〕笔床：放置毛笔的文具。明屠隆《文具雅编》："笔床之制，行世甚少。古有鎏金者，长六七寸，高寸二分，阔二寸余，如一架然，可卧笔四矢。以此为式，用紫檀乌木为之，亦佳。"

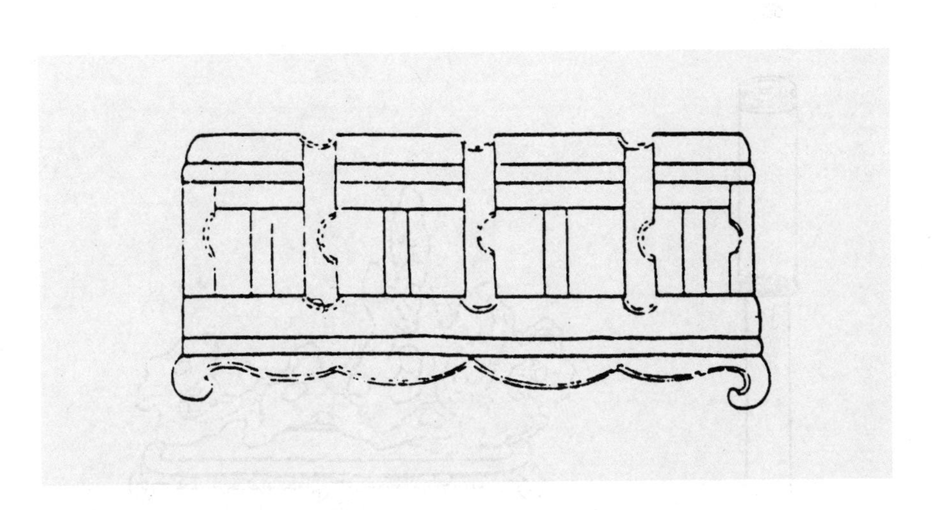

笔床。《古玉图谱》插图。

笔屏[1]

镶以插笔，亦不雅观，有宋内制[2]方圆玉花版，有大理旧石、方不盈尺者，置几案间，亦为可厌，竟废此式可也。

注释

〔1〕笔屏：插笔的工具。

〔2〕宋内制：宋代内府所制。

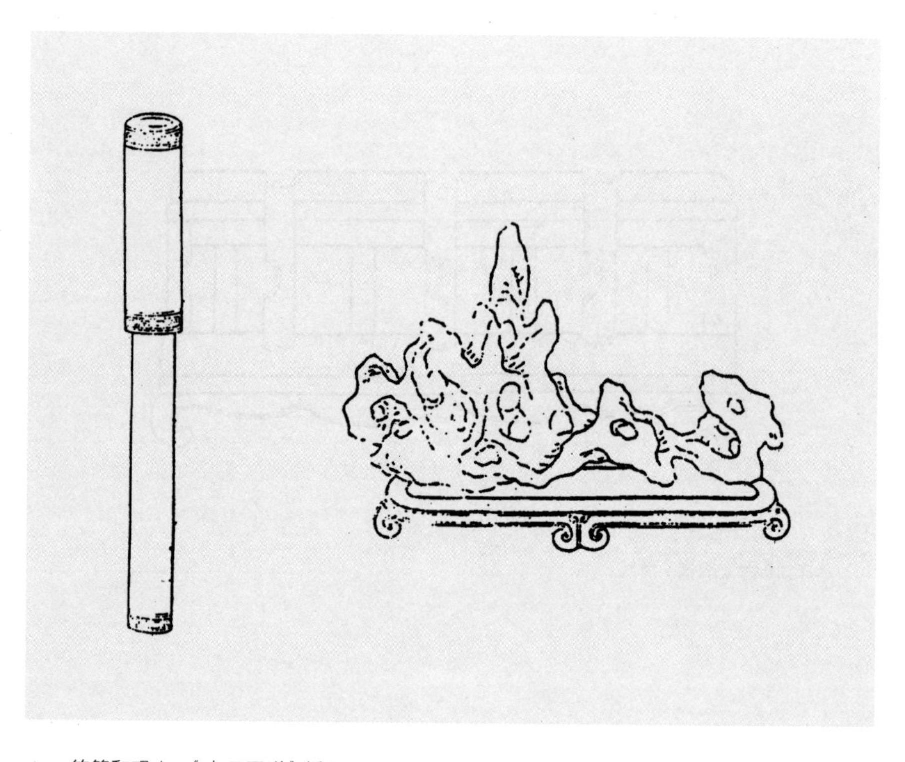

笔管和砚山。《古玉图谱》插图。

笔筒[1]

湘竹、栟榈[2]者佳，毛竹以古铜镶者为雅，紫檀、乌木、花梨亦间可用，忌八棱花式。陶者有古白定竹节者，最贵，然艰得大者。青冬磁细花及宣窑者，俱可用。又有鼓样[3]中有孔插笔及墨者，虽旧物，亦不雅观。

注释

〔1〕笔筒：用陶瓷、竹木等制成的插笔的筒。

〔2〕栟榈：即棕榈。

〔3〕鼓样：鼓的形式。

清末妇女创作立轴书法的情景。大可堂版《点石斋画报》插图。

笔船[1]

紫檀、乌木细镶竹篾者可用，惟不可以牙，玉为之。

注释

〔1〕笔船：即笔盘。

笔洗[1]

玉者有钵盂洗、长方洗、玉环洗；古铜者有古镂金小洗，有青绿小盂，有小釜、小卮、小匜[2]，此五物原非笔洗，今用作洗最佳。陶者有官、哥葵花洗、磬口洗、四卷荷叶洗、卷口蔗段洗；龙泉有双鱼洗、菊花洗、百折洗；定窑有三箍洗、梅花洗、方池洗；宣窑有鱼藻洗、葵瓣洗、磬口洗、鼓样洗，俱可用。忌绦环[3]及青白相间诸式。又有中盏作洗，边盘作笔觇者，此不可用。

注释

〔1〕笔洗：用来洗涮毛笔的小盂。有玉制、铜制、陶制等种类，式样品种繁多。其中陶制笔洗，以宋官哥窑所产的粉青纹者为佳。

〔2〕小釜、小卮、小匜：釜即锅，又为古量器。卮，古酒浆器。匜，古代舀水用的器具，形状像瓢。

〔3〕绦环：用丝绳围成一圈。

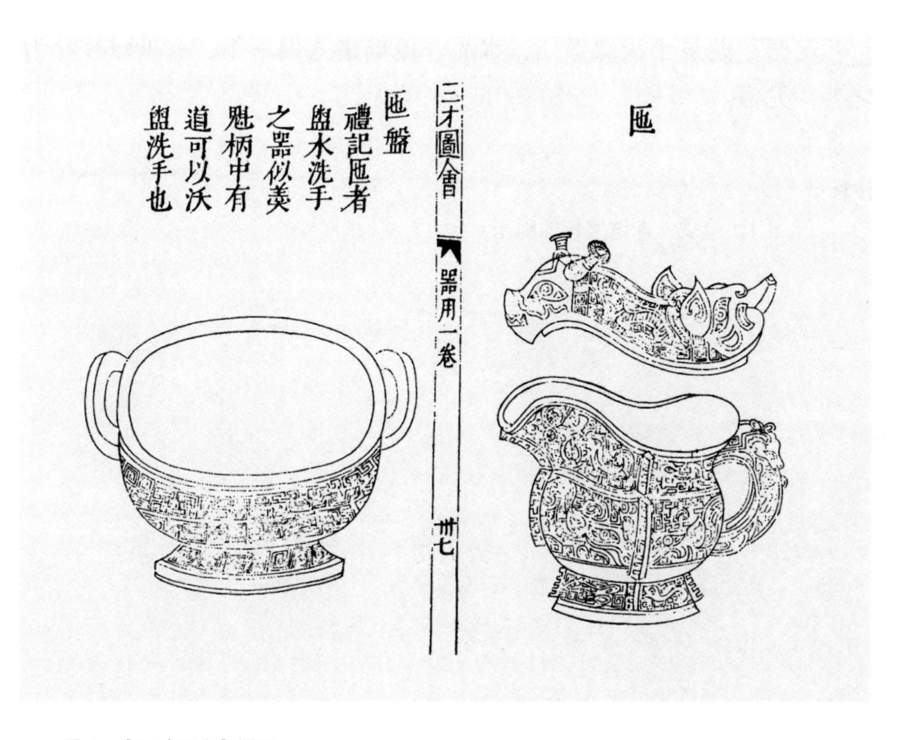

器用。《三才图会》插图。

笔觇[1]

定窑、龙泉小浅碟俱佳，水晶、琉璃诸式俱不雅，有玉碾片叶为之者，尤俗。

注释

〔1〕笔觇：即试笔用的碟子。

水中丞[1]

铜性猛，贮水久则有毒，易脆笔，故必以陶者为佳。古铜入土岁久，与窑器同，惟宣铜[2]则断不可用。玉者有元口瓮，腹大仅如拳，古人不知何用？今以盛水，最佳。古铜者有小尊罍[3]、小甑之属，俱可用。陶者有官、哥瓮肚小口钵盂诸式。近有陆子冈[4]所制兽面锦地与古尊罍同者，虽佳器，然不入品。

注释

〔1〕水中丞：即水盂。因无流（嘴）故与水注相区别。如意足式样的水丞，多为晋、唐时代的器物。

〔2〕宣铜：即明代宣德年间所制造的铜器。

〔3〕小尊罍：尊，古代的盛酒器。罍，酒尊，因其刻画成云雷形，故名。

〔4〕陆子冈：明代嘉靖、万历年间著名琢玉艺人，一作“子刚”。《苏州府志》：“陆子冈，碾玉妙手，造水仙簪，玲珑奇巧，花茎细如毫发。”《太仓州志》：“五十年前，州人有陆子冈者，用刀雕刻，遂擅绝，今所遗玉簪价，一枝值五十六金。”北京故宫博物院珍藏“子冈”款的玉器很多，器形多变，古雅精致。款署之印，有“子冈”“子刚”“子刚制”三种。

洗水丞。《历代名瓷图谱》插图。

水注[1]

古铜玉俱有辟邪[2]、蟾蜍[3]、天鸡、天鹿[4]、半身鸬鹚杓[5]、金雁壶[6]诸式滴子[7]，一合者为佳；有铜铸眠牛，以牧童骑牛作注管者，最俗。大抵铸为人形，即非雅器。又有犀牛、天禄[8]、龟、龙、天马[9]口衔小盂者，皆古人注油点灯，非水滴也。陶者有官、哥、白定、方圆立瓜、卧瓜、双桃、莲房、蒂、茄、壶诸式，宣窑有五采桃注、石榴、双瓜、双鸳诸式，俱不如铜者为雅。

注释

〔1〕水注：滴水于砚的器具，即砚滴。俗称水盂，有流的叫“水注”，无流的叫“水丞”。式样方圆不等，有铜、瓷、玉、石等多种。

〔2〕辟邪：我国古代传说中的一种神兽，似狮而带翼。辟，除也。可见“辟邪”喻意驱除邪秽。因此古代织物、军旗、带钩、印纽等物，常用辟邪为装饰。

〔3〕蟾蜍：又名癞虾蟆，属两栖纲无尾目前凹亚目蟾蜍科。形状丑恶，体态肥大。蟾蜍纹为古代寓意纹样。战国、秦汉至魏晋，蟾蜍一直被视为神物。人们认为它可以辟五兵、镇凶邪、助长生、主富贵，因此广泛作为装饰使用。

〔4〕天鹿：兽名，又作“天禄”，古代以为祥瑞的征象。《艺文类聚》九十九引《瑞应图》：“天鹿者，纯善之兽也，道备则白鹿见，王者明惠及下则见。”

〔5〕鸬鹚杓：酒具。鸬鹚，水鸟名，羽毛黑色，嘴扁而长，上嘴的尖端有钩。善捕鱼。

〔6〕金雁壶：金的雁形壶。

〔7〕滴子：滴水的器具。

〔8〕天禄：兽名，即天鹿。

〔9〕天马：张衡《东京赋》：“天马半汉。”萧统《文选》注：“天马，铜马也。”

水注。《历代名瓷图谱》插图。

糊斗[1]

有古铜有盖小提卣[2]大如拳，上有提梁索股[3]者；有瓮肚如小酒杯式，乘方座者；有三箍长桶、下有三足；姜铸回文小方斗，俱可用。陶者有定窑蒜蒲长罐[4]，哥窑方斗如斛中置一梁者，然不如铜者便于出洗。

注释

〔1〕糊斗：糊斗即浆糊斗，用来盛贮浆糊的器具。

〔2〕小提卣：卣，古代盛酒器。器形是椭圆口、深腹、圈足，有盖和提梁，主要盛行于商代和西周。《博古图》："卣之为器，中尊也。"

〔3〕提梁索股：提梁，两耳上的横把。索股，作绳索纽结状。

〔4〕蒜蒲长罐：蒜蒲，蒜头。蒜蒲长罐，即像蒜头的长形罐。

洗、簠、卣。《古玉图谱》插图。

蜡斗〔1〕

古人以蜡代糊，故缄封必用蜡斗熨之，今虽不用蜡，亦可收以充玩，大者亦可作水杓。

注释

〔1〕蜡斗：古人用蜡代替浆糊，蜡斗即为用以熨蜡使其熔化的器具。

镇纸[1]

玉者有古玉兔、玉牛、玉马、玉鹿、玉羊、玉蟾蜍、蹲虎、辟邪、子母螭[2]诸式，最古雅。铜者有青绿虾蟆、蹲虎、蹲螭、眠犬、鎏金辟邪、卧马、龟、龙，亦可用。其玛瑙、水晶、官、哥、定窑，俱非雅器。宣铜马、牛、猫、犬、狻猊[3]之属，亦有绝佳者。

注释

〔1〕镇纸：压纸、压书的文具。通常用铜、玉、石、竹等材料做成。

〔2〕子母螭：大小两螭。

〔3〕狻猊：兽名，即狮子。属食肉目猫科，又称野马。《穆天子传》："狻猊野马，走五百里。"注："狻猊，狮子亦食虎豹。"

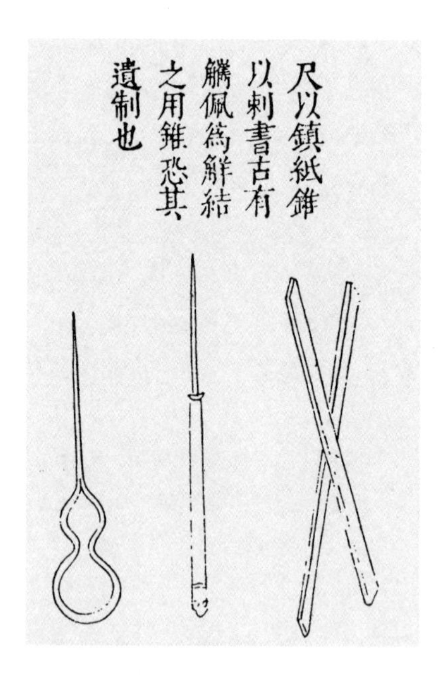

压尺。《三才图会》插图。

压尺[1]

以紫檀、乌木为之，上用旧玉璏为纽[2]，俗所称昭文带是也。有倭人镠金双桃银叶为纽，虽极工致，亦非雅物。又有中透一窍，内藏刀锥之属者，尤为俗制。

注释

〔1〕压尺：即镇纸，用来压纸、压书的文具。多用铜、铁或玉制。清陈浏《陶雅》："镇纸谓之压尺，铜与瓷玉皆有之，亦多肖生物者。"常用镇纸，多为铜制，形状似尺，上刻有人物、山水、花鸟及名人书法，亦可作欣赏品。

〔2〕纽：即提系。

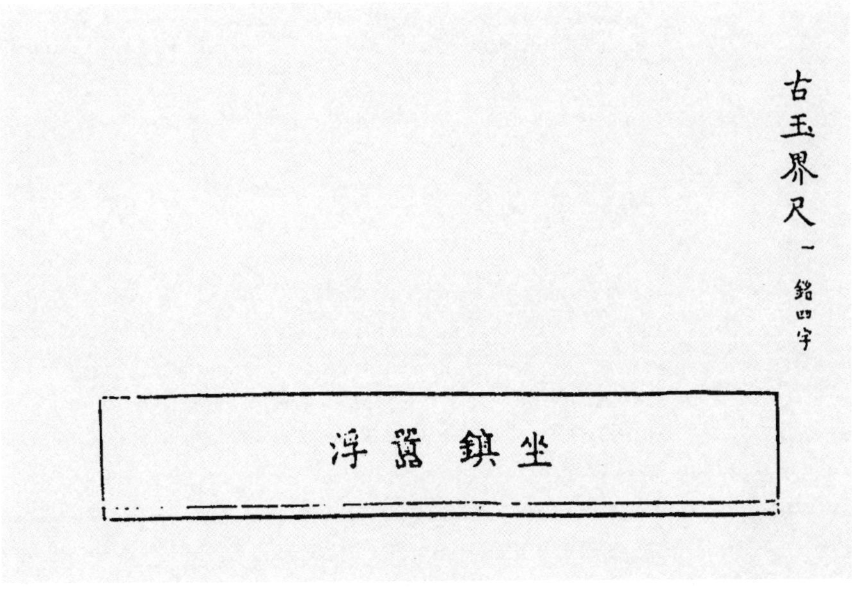

界尺。《古玉图谱》插图。

秘阁[1]

以长样古玉为之，最雅；不则倭人所造黑漆秘阁如古玉圭者，质轻如纸，最妙。紫檀雕花、及竹雕花巧人物者，俱不可用。

注释

〔1〕秘阁：又称“臂搁”，临书枕臂用的器物。《考槃馀事》：“有倭人造黑漆秘阁，如圭元首方下，阔二寸余，肚稍虚起，恐惹字黑，长七寸，上描金泥花样，其质轻如纸，为秘阁上品。”

贝光[1]

古以贝螺[2]为之，今得水晶、玛瑙，古玉物中，有可代者，更雅。

注释

〔1〕贝光：《遵生八笺·燕闲清赏笺》："贝光多以贝、螺为之，形状亦雅，但手把稍大，不便用。"

〔2〕贝螺：贝，软体动物的统称。水产上指有介壳的软体动物。螺，软体动物，体外包着锥形、纺锤形或扁椭圆形的硬壳，上有旋纹。

贝光。《古玉图谱》插图。

裁刀[1]

有古刀笔[2]，青绿裹身，上尖下圆，长仅尺许，古人杀青[3]为书，故用此物，今仅可供玩，非利用也。日本所制有绝小者，锋甚利，刀靶俱用鸂鶒木[4]，取其不染肥腻，最佳。滇中鋈金银者亦可用；溧阳[5]、昆山[6]二种，俱入恶道，而陆小拙[7]为尤甚矣。

注释

〔1〕裁刀：裁纸刀。《遵生八笺·燕闲清赏笺》："姚尺之外，无可入格。余有古刀笔一把，青绿裹身，上尖下环，长仅盈尺，古人用以杀青为书，今入文具，极雅称；近有崇明裁刀亦佳。"

〔2〕刀笔：写字的工具。古代用笔在竹简上写字，有误，则用刀刮去重写，所以"刀笔"连称。《后汉书·刘盆子传》："腊月大会，酒未行，其中一人出刀笔书谒欲贺。"注："古者记事于简册，谬误者以刀削而除之，故曰'刀笔'。"孔尚任《享金簿》："刀笔一具，《考工记》所谓'削'也。上锐下圆，曲如初月，记云：'合六而成规'，验之果然。"

〔3〕杀青：竹简的制作方法。去掉竹外的一层青皮，防止新竹的腐朽或虫害，以便于简册的长期使用与保存。《后汉书·吴传》："父恢欲杀青简，以写经书。"注："以火炙简令汗，取其易书，复不蠹，谓之'杀青'，亦谓之'汗简'。"

〔4〕鸂鶒木：即鸡翅木。家具用材。产于海南省，干多结瘿，白质黑章，纹如鸡翅，故名。子为红豆，可作装饰，又有"相思木"之称。《格古要论》："鸂鶒木出西番，其大者半紫褐色，内有蟹爪纹，半纯黑色如乌木，有距者价高。"

〔5〕溧阳：今江苏省溧阳县。

〔6〕昆山：今江苏省昆山县。

〔7〕陆小拙：明代苏州剪刀店名。

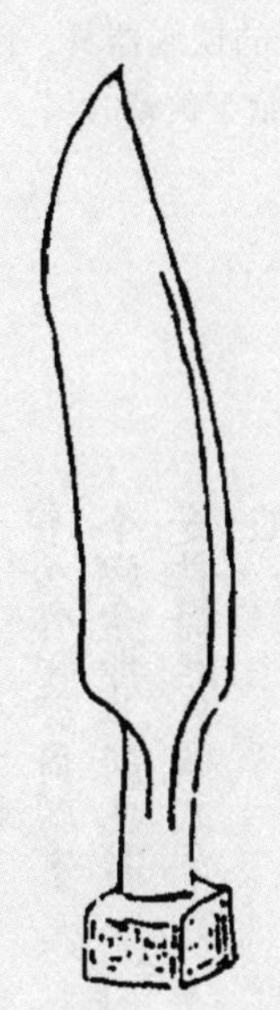

裁刀。《古玉图谱》插图。

剪刀[1]

有宾铁[2]剪刀，外面起花镀金，内嵌回回字[3]者，制作极巧，倭制摺叠者，亦可用。

注释

〔1〕剪刀：使布、纸、绳等东西断开的铁制器具，两刃交错，可以开合。《古史考》："剪，铁器也。用以裁布帛，始于黄帝时。"

〔2〕宾铁：精致的铁。

〔3〕回回字：回族文。指阿拉伯文。

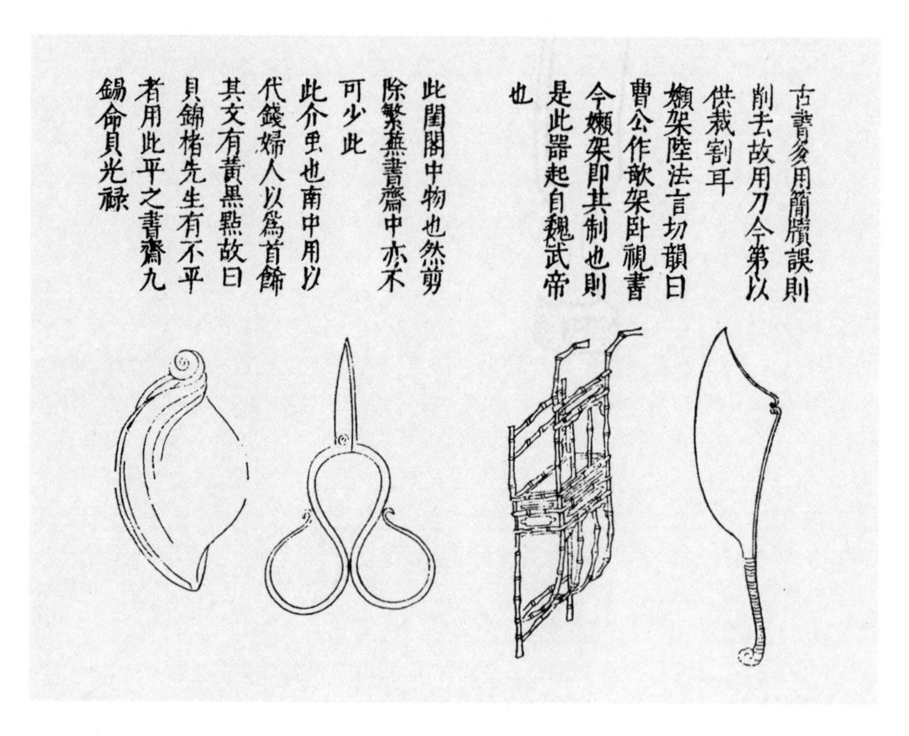

器用。《三才图会》插图。

书灯[1]

有古铜驼灯、羊灯、龟灯、诸葛灯，俱可供玩，而不适用。有青绿铜荷一片檠[2]，架花朵于上，古取金莲之意，今用以为灯，最雅。定窑三台、宣窑二台者，俱不堪用。锡者取旧制古朴矮小者为佳。

注释

〔1〕书灯：古代灯具，阅书之用。

〔2〕檠：灯台。

书灯。《马骀画宝》插图。

灯

闽中珠灯第一，玳瑁、琥珀、鱼魫[1]次之，羊皮灯[2]名手如赵虎所画者，亦当多蓄。料丝出滇中者最胜[3]，丹阳[4]所制有横光，不甚雅；至如山东珠、麦[5]、柴、梅[6]、李、花草、百鸟、百兽、夹纱[7]、墨纱[8]等制，俱不入品。灯样以四方如屏，中穿花鸟，清雅如画者为佳，人物、楼阁，仅可于羊皮屏上用之，他如蒸笼圈、水精球、双层、三层者，俱最俗。篾丝[9]者虽极精工华绚，终为酸气[10]。曾见元时布灯，最奇，亦非时尚也。

注释

〔1〕鱼魫：鱼魫灯，即“明角灯”，古代彩灯名，以鱼的脑骨架制成。《苏州府志·物产》：“以明角染五色作花者为鱼魫灯。”明亲王仪仗有鱼魫灯，见《明史·仪卫志》。

〔2〕羊皮灯：彩灯名。《乾淳岁时记》：“羊皮灯，则镞镂精巧，五色妆染，如影戏之法。”

〔3〕料丝出滇中者最胜：料丝灯，彩灯名。以玛瑙、紫石英等做原料，抽丝而成。明田艺蘅《留留青》：“料丝灯、屏风，出云南金齿卫，用玛瑙、紫石英诸药捣为屑，煮烂为粉，用北方天花菜点凝成膏，乃纵横织丝如绢匀薄，上施绘画也。”在明代以云南昆明制作的为最佳，古朴优美，晶莹可爱。

〔4〕丹阳：今江苏省丹阳县。明代丹阳县盛产料丝灯。《绍兴府志》：“元宵，明旧制：弛禁十日，而越中亦颇盛……朱门画屋，出奇制，炫华饰，相矜豪奢，闽三齐之琉璃珠，滇之料丝，丹阳之上料丝，金陵之夹纱、羊角，省城之羊皮……”

〔5〕麦：麦灯。《太仓州志》：“麦灯，南关有顾后山者，多巧思，取麦秆绩丝成灯，擅独技。”

〔6〕梅：梅花灯。

〔7〕夹纱：夹纱灯，古代彩灯名。《苏州府志》：“剡纸刻花竹禽鸟，用轻绡夹之，名夹纱灯。”

〔8〕墨纱：墨纱灯，彩灯名。清沈涛《补东杂记》：“沈则庵名宋，南苹

之孙，德清县之新市人，流寓在镇，善画花鸟，能于纱上用灯草灰作剔墨之画，以纱绷灯，照以火光，则纱隐无质，而花鸟浮动如生，亦绝技也。”

〔9〕篾丝：用竹劈成的丝。

〔10〕酸气：酸腐之气，或称“寒酸气”。

咸通十年正月二日街坊点灯张乐，昼夜喧闹。大可堂版《点石斋画报》插图。

灯。《马骀画宝》插图。

镜〔1〕

秦陀〔2〕、黑漆古〔3〕、光背质厚无文者为上；水银古〔4〕花背者次之。有如钱小镜，满背青绿，嵌金银五岳〔5〕图者，可供携具；菱角、八角、有柄方镜，俗不可用。轩辕镜〔6〕，其形如球，卧榻前悬挂，取以辟邪〔7〕，然非旧式。

注释

〔1〕镜：有光滑的平面，能照见形象的器具。古代多用铜铸厚圆片磨制，镜背常铸有纹饰。现在用平面玻璃镀银或镀铝做成。

〔2〕秦陀：即秦图，为秦代具有图形之古镜。《豫志》："今三吴所尚古董，皆出于洛阳，缘大冢禁于有司，不得发，发者其差小者耳。古器惟镜最多，'秦图'平面最小，'汉图'多海马、葡萄，飞燕稍大，'唐图'多车轮，其缘边乃如剑脊。"

〔3〕黑漆古：黑漆色古铜。《博物要览》："今之古镜，以水银为上，铅背次之，青绿又次之。又若铅背，埋土年远，遂变纯黑，名为'黑漆古'，此价最高，而此色甚易为假。"

〔4〕水银古：水银色古铜。《五杂俎》："古墓中镜，朱砂、青绿皆有，不必入水也。古人棺内多灌水银，遂有'水银古'者。"

〔5〕五岳：五岳，指东岳泰山、西岳华山、南岳衡山、北岳恒山和中岳嵩山，是我国历史上的五大名山。这里指镜背作五岳图形。《考槃馀事》："五岳图篆法有二：一出唐镜，一出《道德经》。"

〔6〕轩辕镜：古镜名。《洞天清录》："轩辕镜，其形如球，可作卧榻前悬挂，取以辟邪。"

〔7〕辟邪：辟除邪祟。《古镜记》："陕汾阴侯生，天下奇士也。王度常以师礼事之，临终赠度以古镜，曰：'持此则百邪远人。'"

海馬猨猊鑑

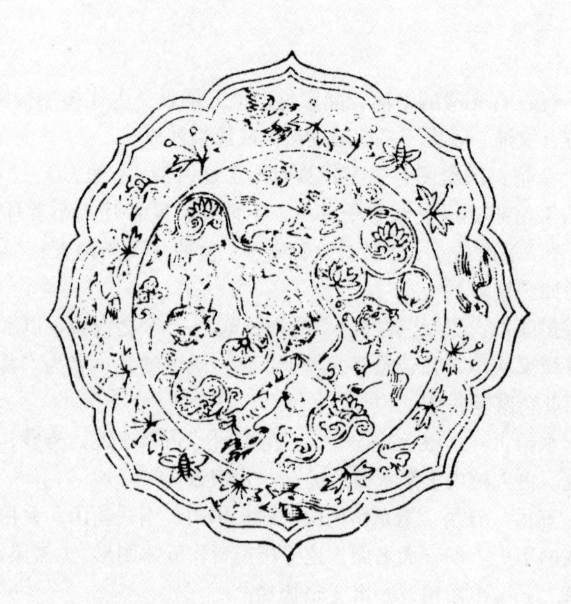

镜。《三才图会》插图。

对镜梳妆

钩[1]

古铜腰束绦钩，有金、银、碧填嵌者，有片金银者，有用兽为肚者，皆三代[2]物也；有羊头钩、螳螂捕蝉钩，鎏金者，皆秦汉物也。斋中多设，以备悬壁挂画，及拂尘[3]、羽扇等用，最雅。自寸以至盈尺，皆可用。

注释

〔1〕钩：带钩。束在腰间皮带上的钩，多用青铜制，也有铁制、金制和玉制的，制作较为精致。春秋战国时，由鲜卑族传入中原。其制一端曲首，背有圆纽，样式很多，盛行于战国至汉代，魏晋时仍沿用。

〔2〕三代：夏、商、周三代。

〔3〕拂尘：即拂子，掸尘土和驱除蚊蝇的用具，柄的一端扎马尾，古用麈尾。

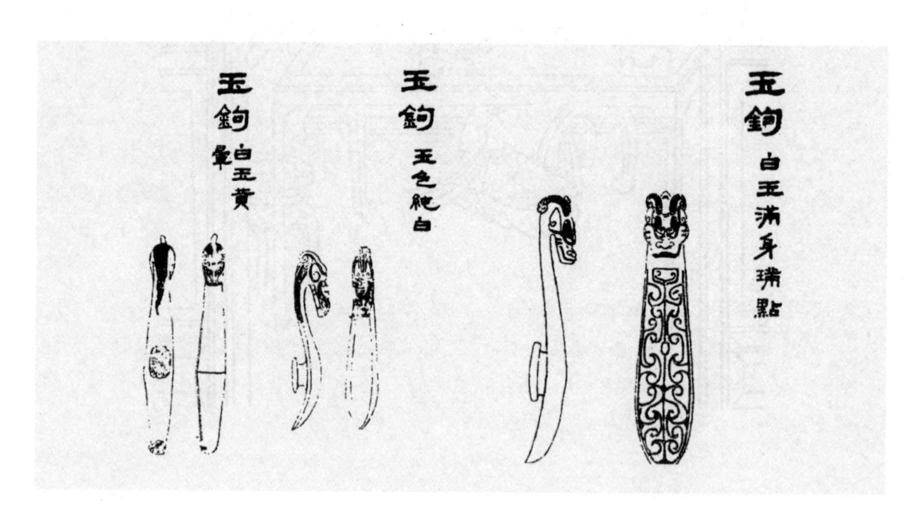

钩。《古玉图考》插图。

束腰[1]

汉钩[2]、汉玦[3]仅二寸余者，用以束腰，甚便；稍大则便入玩器，不可日用。绦[4]用沉香、真紫，余俱非所宜。

注释

〔1〕束腰：腰带。

〔2〕汉钩：汉代的带钩。

〔3〕汉玦：汉代的佩玉。《汉书·五行志》注："师古曰：半环曰'玦'。"

〔4〕绦：编丝绳。

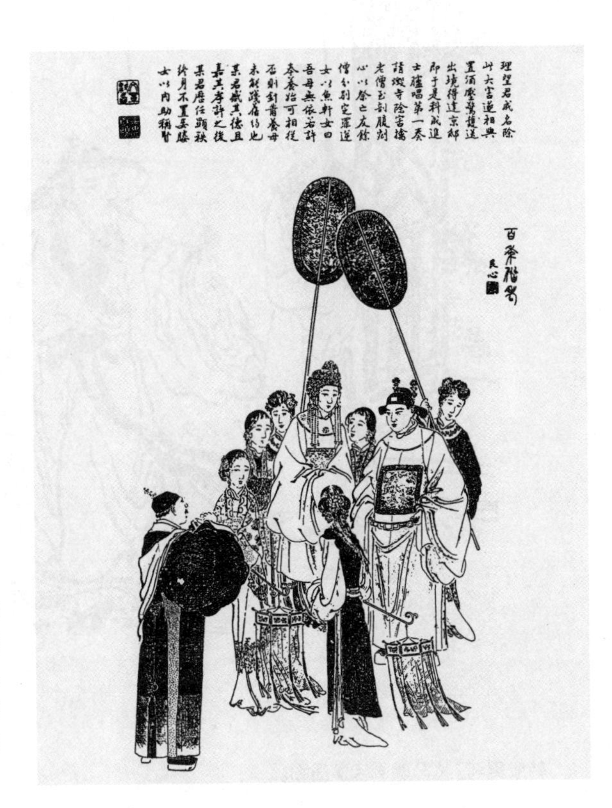

明代婚礼服装，其中新郎戴乌纱帽，穿盘领袍，袍的前后缀有补子，为官服。新娘戴凤冠，穿长裙，外著比甲。大可堂版《点石斋画报》插图。

韩康卖药。《马骀画宝》插图。

禅灯[1]

高丽者佳[2]，有月灯，其光白莹如初月；有日灯，得火内照，一室皆红，小者尤可爱。高丽有俯仰莲、三足铜炉，原以置此，今不可得，别作小架架之，不可制如角灯之式。

注释

〔1〕禅灯：一种采用高丽窍石制成的石灯，窍内置灯油。因石质不同，光色各异。白色的为月灯，红色的为日灯。

〔2〕高丽者佳：高丽，即高句骊，今“朝鲜”。《洞天清录》：“禅灯，高丽者佳。”

灯。《三才图会》插图。

香橼盘[1]

有古铜青绿盘，有官、哥、定窑冬青磁、龙泉大盘，有宣德暗花白盘，苏麻尼青[2]盘，朱砂红盘，以置香橼，皆可。此种出时，山斋最不可少。然一盘三四头，既板且套，或以大盘置二三十，尤俗，不如觅旧朱雕茶橐架一头，以供清玩，或得旧磁盘长样者，置二头于几案间，亦可。

注释

〔1〕香橼盘：盛香橼的盘子。

〔2〕苏麻尼青：亦称“苏泥勃青”，一种外来的陶瓷青花料。发色凝重幽艳，光彩焕发，色性安定，因料中含有铁和其他杂质，所以常出现深浅不同的色泽。元代与明初的青花，多用它绘制花卉枝叶，明成化以后，逐渐被回青等代替。《唐氏肆考》：“宣窑青花，一名苏麻尼青，成化时已少，正德间得回青，嘉窑御器遂用之。”

佛堂。《李卓吾批评西游记》插图。明崇祯（1628—1644）刊本。

如意[1]

古人用以指挥向往，或防不测，故炼铁为之，非直美观而已。得旧铁如意，上有金银错，或隐或见，古色蒙然者，最佳。至如天生树枝竹鞭等制，皆废物也。

注释

〔1〕如意：一种象征吉祥的器物。出于印度梵语“阿那律”之意。用玉、竹、骨等制成，头呈灵芝形或云形，柄微曲，供赏玩。

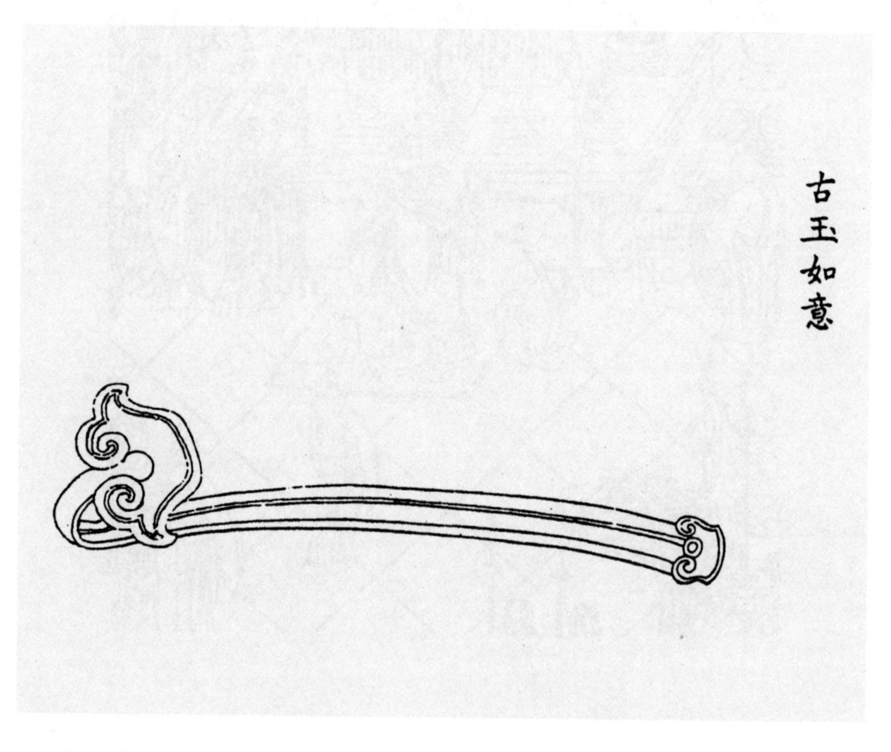

如意。《古玉图谱》插图。

如意。《马骀画宝》插图。

麈

古人用以清谈，今若对客挥麈，便见之欲呕矣。然斋中悬挂壁上，以备一种，有旧玉柄者，其拂以白尾[1]及青丝为之，雅。若天生竹鞭、万岁藤[2]，虽玲珑透漏，俱不可用。

注释

〔1〕白尾：白麈尾。

〔2〕万岁藤：即古藤。

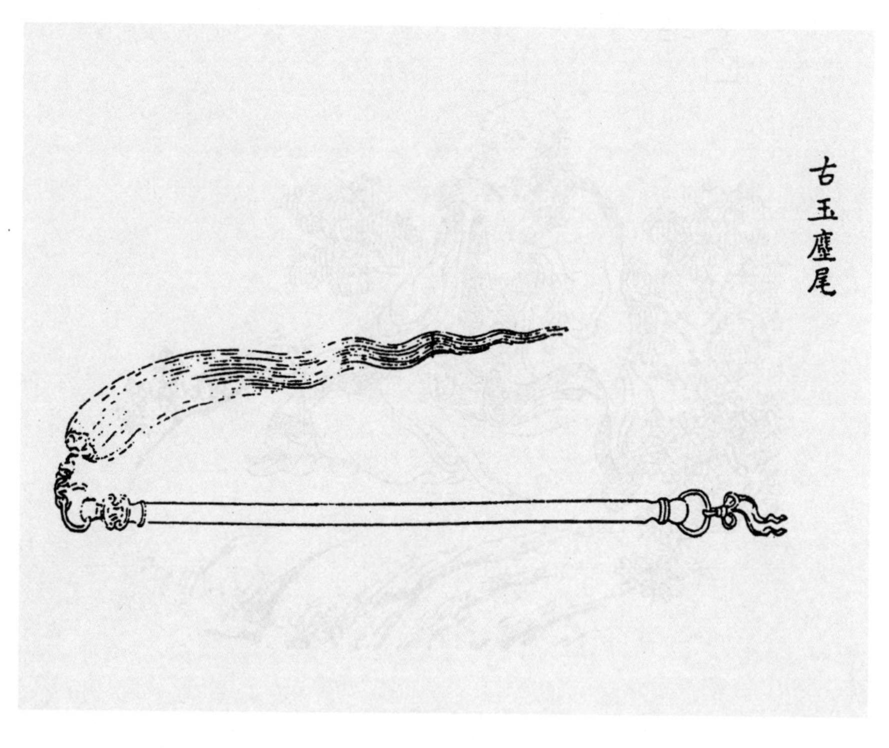

麈尾。《古玉图谱》插图。

麈。《马骀画宝》插图。

钱[1]

钱之为式甚多，详具《钱谱》，有金嵌青绿刀钱，可为签，如《博古图》[2]等书成大套者用之；鹅眼[3]货布[4]，可挂杖头。

注释

〔1〕钱：古钱，古代的货币。上有各种书体及精美纹饰，是历史研究的重要参考资料。

〔2〕博古图：博古，指古器。后来对印拓或摹钟鼎等古器物的字画叫博古图。《宣和博古图》三十卷，宋代王黼等撰。

〔3〕鹅眼：小钱。

〔4〕货布：货币名。

铸钱。《天工开物》插图。

铸钱。《天工开物》插图。

瓢[1]

得小匾葫芦，大不过四五寸，而小者半之，以水磨其中，布擦其外，光彩莹洁，水湿不变，尘污不染，用以悬挂杖头，及树根禅椅之上，俱可。更有二瓢并生者，有可为冠者，俱雅。其长腰[2]鹭鸶[3]曲项[4]，俱不可用。

注释

〔1〕瓢：用来舀水或撮取面粉等的器具，多用对半剖开的匏瓜做成，也有用木头挖成的。

〔2〕长腰：这里指中间细长形的葫芦。

〔3〕鹭鸶：这里指鹭鸶颈形的葫芦。

〔4〕曲项：这里指颈部弯曲的葫芦。

器用。《三才图会》插图。

钵[1]

取深山巨竹根，车旋为钵，上刻铭字[2]或梵书[3]，或《五岳图》，填以石青，光洁可爱。

注释

〔1〕钵：形状像盆而较小的器具，常用做僧家的饭器。

〔2〕铭字：在器物上雕刻文字，用以自警，或记述功德，能够永久保留。古代多刻于钟鼎及日用器上。《礼记·祭统》注：“铭谓书之刻之以识事者也。”

〔3〕梵书：即佛经。

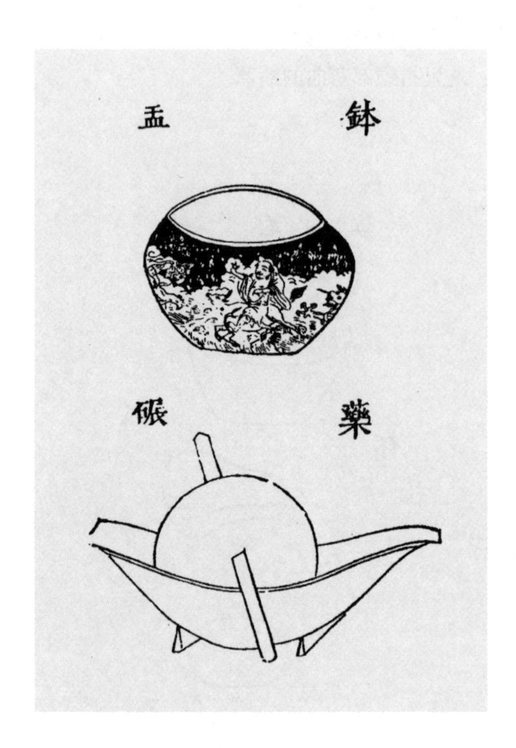

钵。《三才图会》插图。

花瓶[1]

古铜入土年久，受土气深，以之养花，花色鲜明，不特古色可玩而已。铜器可插花者：曰尊[2]，曰罍[3]，曰觚[4]，曰壶，随花大小用之。磁器用官、哥、定窑古胆瓶，一枝瓶、小蓍草瓶、纸槌瓶，余如暗花、青花、茄袋、葫芦、细口、匾肚、瘦足、药坛及新铸铜瓶，建窑等瓶，俱不入清供，尤不可用者，鹅颈壁瓶[5]也。古铜汉方瓶，龙泉、均州瓶，有极大高二三尺者，以插古梅，最相称。瓶中俱用锡作替管[6]盛水，可免破裂之患。大都瓶宁瘦，无过壮，宁大，无过小，高可一尺五寸，低不过一尺，乃佳。

注释

〔1〕花瓶：插花用的瓶子，供观赏。

〔2〕尊：本为礼器，宋代以后为一种盛酒器。形似觚而中部较粗，口径较大，也有少数方尊。盛行于商代和西周，春秋战国已很少见。另有一类形制特殊的盛酒器，常模拟鸟兽形状，也称为“尊”。

〔3〕罍：古时盛酒或盛水器。有方形和圆形两种，方形，宽肩、两耳、有盖。圆形，大腹、圈足、两耳，一般有鼻，主要盛行于商和西周。《释名》：“罍，酒尊也。”注：“形似壶，大者受一斛。”

〔4〕觚：古代饮酒器，大致相当于后世的酒杯。长身、侈口，口和底部都呈喇叭状，主要盛行于商和西周，商代前期的觚较后期和西周的粗短一些。

〔5〕鹅颈壁瓶：悬挂在墙壁上的鹅颈瓶。

〔6〕替管：用来盛水的器具。

钟磬[1]

不可对设，得古铜秦、汉镈钟、编钟[2]，及古灵璧石磬声清韵远者，悬之斋室，击以清耳。磬有旧玉者，股三寸，长尺余，仅可供玩。

注释

〔1〕钟磬：乐器。钟，响器，中空，用铜或铁制成。磬，古代打击乐器，形状像曲尺，用玉或石制成。

〔2〕镈钟、编钟：古代乐器。镈钟，青铜制，又称“特钟”，用木槌击奏。镈钟，对编钟而言，后者为编悬，前者为特悬。编悬十六钟共簴（簴，古时悬挂钟鼓的架子），特悬每钟一簴。湖北随县曾侯乙墓出土的编钟是战国早期著名的青铜乐器，对研究我国的乐器史具有重要价值。

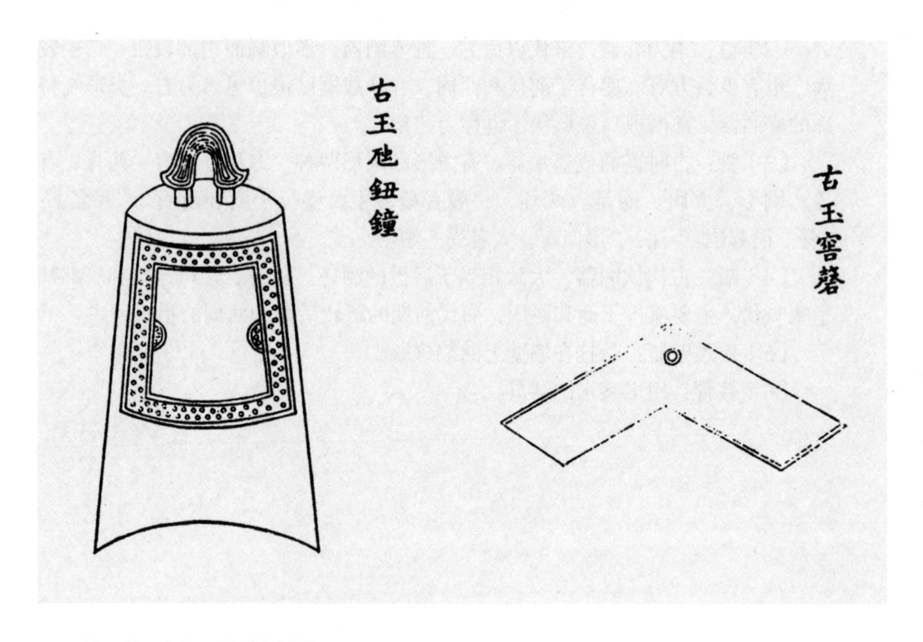

钟、磬。《古玉图谱》插图。

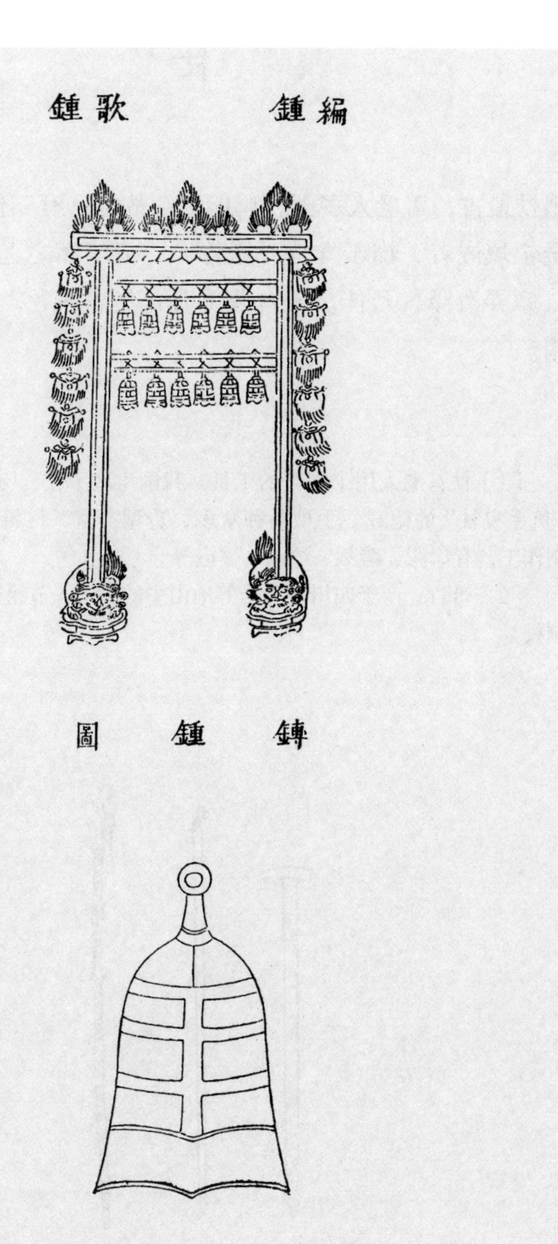

编钟、镈钟。《三才图会》插图。

杖[1]

鸠杖最古，盖老人多咽，鸠能治咽故也。有三代立鸠、飞鸠杖头，周身金银填嵌者，饰于方竹、筇竹[2]、万岁藤之上，最古。杖须长七尺余，摩弄滑泽，乃佳。天台藤更有自然屈曲者，一作龙头诸式，断不可用。

注释

〔1〕杖：老人用来扶行的工具。我国生产手杖，历史悠久，《礼记》就有“负手曳杖”的记载。手杖品种众多，造型丰富，材料有木、竹、藤、骨等。制作工艺有涂漆、雕刻、绘画、镶嵌等。

〔2〕筇竹：产于四川黎、筇等地山中的竹子，节粗而茎细，坚实，可用来制杖。

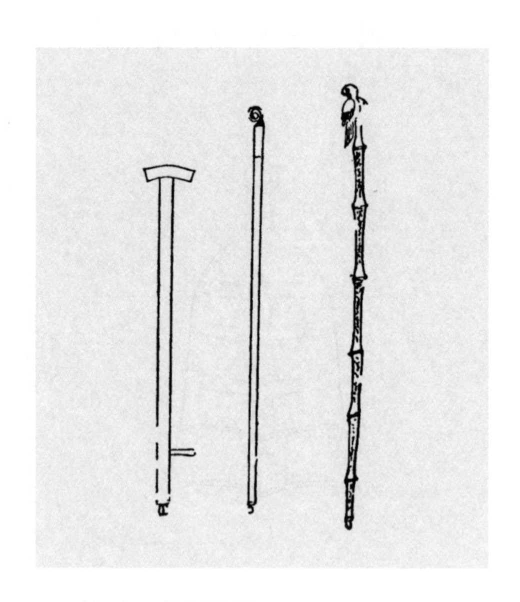

杖。《三才图会》插图。

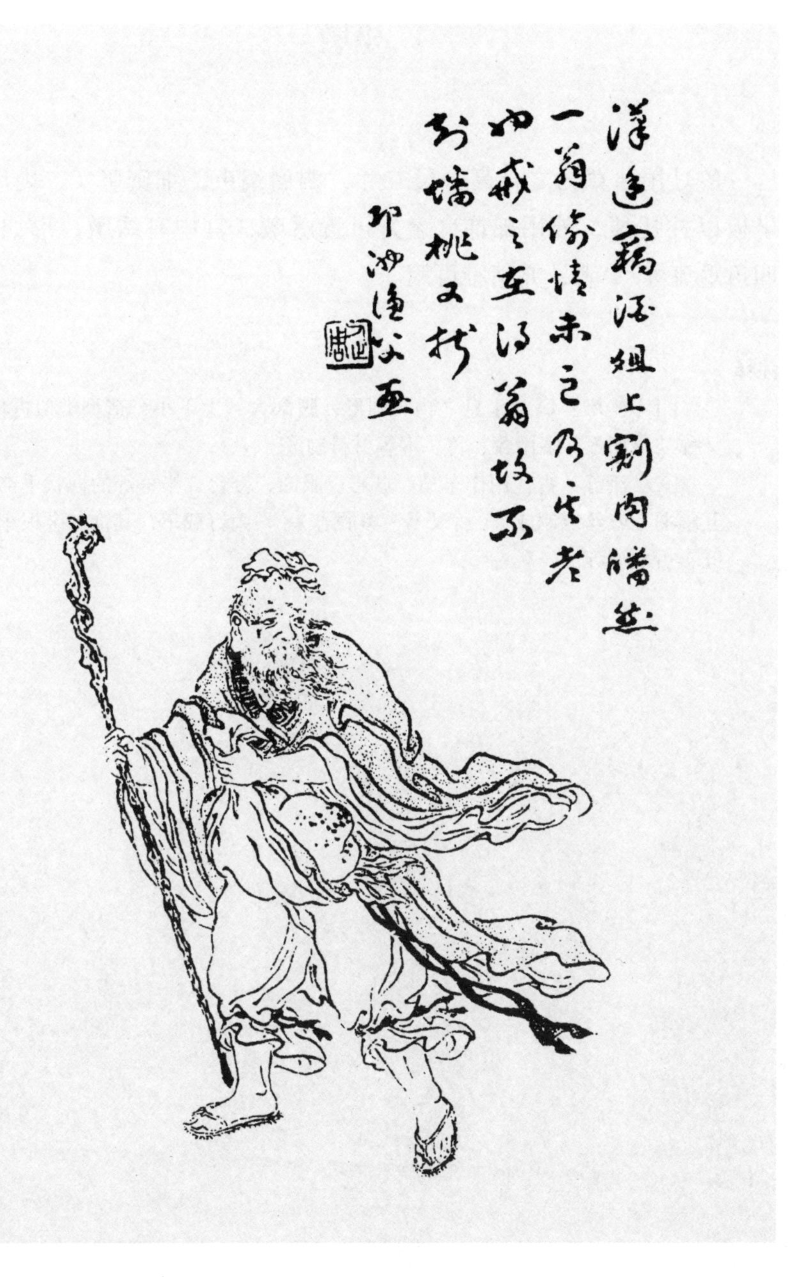

杖。《马骀画宝》插图。

坐墩[1]

冬月用蒲草为之，高一尺二寸，四面编束，细密坚实，内用木车坐板以柱托顶，外用锦饰，暑月可置藤墩，宫中有绣墩，形如小鼓，四角垂流苏[2]者，亦精雅可用。

注释

〔1〕坐墩：高起坐息之物。圆形，腹部大，上下小，造型类似古代的鼓，又称“鼓墩”。多用藤、竹、木等材料制成。

〔2〕流苏：古代用作车马、灯彩、服饰、楼台、帐幕等的穗状垂饰品，用五彩羽毛或丝线制成。《后汉书·舆服志》：“大行载车，其饰如金根车……垂五彩折羽流苏。”

坐团[1]

蒲团[2]大径三尺者，席地快甚，棕团[3]亦佳；山中欲远湿辟虫，以雄黄熬蜡作蜡布团，亦雅。

注释

〔1〕坐团：编织而成的圆形坐垫。

〔2〕蒲团：坐具，僧人坐禅及跪拜所用垫子，织蒲为之，圆形，故曰蒲团。

〔3〕棕团：以棕丝织成的圆形坐具。

僧衣、坐团。《马骀画宝》插图。

数珠[1]

以金刚子[2]小而花细者为贵，宋做玉降魔杵[3]、玉五供养[4]为记总[5]，他如人顶[6]、龙充[7]、珠玉、玛瑙、琥珀[8]、金珀、水晶、珊瑚[9]、车渠[10]者，俱俗；沉香、伽南香[11]者则可；尤忌杭州小菩提子[12]及灌香于内者。

注释

〔1〕数珠：即念珠。佛教用物。念佛号或经咒时，用以计数的工具，故称“数珠”。

〔2〕金刚子：即菩提子，为菩提树的种子，可以制数珠。菩提树为热带常绿大乔木，属桑科。《格古要论》：“金刚子出安南、海南，六楞，遍身花纹，深细可爱，坚且实，故名金刚子。作数珠，冬月不冷，有龙眼大者，有桐子大者，愈小愈精，大者不值钱，又要花纹深细。”

〔3〕降魔杵：佛教法器。《演密钞》：“杵头有四角形者，如寻常塑画，金刚神手所执者，名‘降魔杵’是也。”

〔4〕五供养：佛家语。指五种供养物：涂香、供花、烧香、饭食、灯明。

〔5〕记总：即一串珠当中的配件，作为记数之别。

〔6〕人顶：人顶骨制成的数珠。

〔7〕龙充：龙鼻骨制成的数珠。

〔8〕琥珀：古代松柏树脂的化石，为碳化氢的化合物，淡黄色、褐色或红褐色的固体，透明或半透明状。质脆，燃烧时有香气，摩擦可生电，用来制造琥珀酸和各种漆，也可做装饰品。

〔9〕珊瑚：许多珊瑚虫的石灰质骨骼聚集而成的东西。形状像树枝，多为红色，也有白色或黑色的，可供玩赏，也可做装饰品。

〔10〕车渠：软体动物，介壳质厚，略呈三角形，表面有辐射状渠垄。壳内部呈白色，有光泽，可制装饰品。清时以为顶珠，产于我国海南岛及东西沙群岛。《博物要览》：“车渠，海中大贝也，背上垄文如车轮之紧，故名车渠。”

〔11〕伽南香：即奇南香。

〔12〕小菩提子：菩提树的种子。菩提树，叶三角状卵形。冬季开花，隐花果生于叶腋，近球形，无柄。原产印度，我国南方有栽培。可制橡胶，是绿化树。

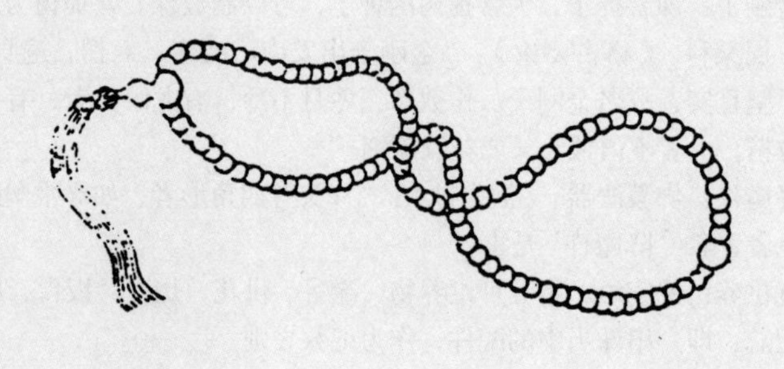

素珠。《古玉图谱》插图。

数珠。《马骀画宝》插图。

番经[1]

常见番僧[2]佩经，或皮袋，或漆匣，大方三寸，厚寸许，匣外两旁有耳系绳，佩服中有经文[3]，更有贝叶[4]金书[5]，彩画、天魔变相，精巧细密，断非中华所及，此皆方物[6]，可贮佛室，与数珠同携。

注释

〔1〕番经：古称外国为“番”。番经是外国的经，即“梵书”。

〔2〕番僧：外国僧人。

〔3〕经文：这里指各种佛经。

〔4〕贝叶：贝叶树，常绿乔木，茎上有环纹，叶子大，掌状羽形分裂，花淡绿而带白色。叶子叫贝叶，可以做扇子，又可代替纸，用来写字，也叫贝多。

〔5〕金书：即描金作字。

〔6〕方物：即地方特产。此处指国外物产。

弥勒佛像，宋待诏高文进画，越州僧知礼雕，宋雍熙元年(984)越州版。

扇 扇坠[1]

羽扇最古，然得古团扇雕漆柄为之，乃佳；他如竹篾、纸糊、竹根、紫檀柄者，俱俗。又今之摺叠扇[2]，古称“聚头扇”，乃日本所进，彼国今尚有绝佳者，展之盈尺，合之仅两指许，所画多作仕女、乘车、跨马、踏青、拾翠之状，又以金银屑饰地面，及作星汉[3]人物，粗有形似，其所染青绿奇甚，专以空青[4]、海绿[5]为之，真奇物也。川中蜀府制以进御，有金铰藤骨[6]、面薄如轻绡者，最为贵重；内府别有彩画、五毒、百鹤鹿、百福寿等式，差俗，然亦华绚可观；徽、杭[7]亦有稍轻雅者；姑苏[8]最重书画扇，其骨以白竹[9]、棕竹、乌木、紫白檀[10]、湘妃、眉绿[11]等为之，间有用牙及玳瑁[12]者，有员头[13]、直根、绦环、结子、板板花诸式，素白金面，购求名笔图写，佳者价绝高。其匠作则有李昭、李赞[14]、马勋、蒋三、柳玉台、沈少楼[15]诸人，皆高手也。纸敝墨渝，不堪怀袖，别装卷册以供玩，相沿既久，习以成风，至称为姑苏人事，然实俗制，不如川扇适用耳。扇坠宜用伽南、沉香为之，或汉玉小玦及琥珀眼掠[16]皆可，香串[17]、缅茄[18]之属，断不可用。

注释

〔1〕扇、扇坠：扇，夏季必备的引风用品，别称“摇风”“凉友”。古代的障扇、雉扇为障尘蔽日用具，仪仗的一种。我国古代用扇，有团扇、纨扇、羽扇等，原不能折叠。隋以前用绫绢料，隋唐出现纸扇。明清时品种渐多，制作精美。扇坠，扇的饰物。

〔2〕摺叠扇：通称“摺扇”。相传出于日本或朝鲜，明清盛行，不仅用以取凉，也为文人士大夫的装饰品。明刘元卿《贤奕传编》：“摺叠扇一名撒扇，盖收则摺叠，用者撒开。”以扇骨聚其头而散其尾，故又称“聚头扇”。

〔3〕星汉：银河。

〔4〕空青：《本草纲目》：“空青，药名，产铜矿中，大块中空有水者良，

可明目，颇珍贵。”

〔5〕海绿：一种来自国外的绿色颜料。

〔6〕金铰藤骨：用金属钉铰穿制的藤骨。

〔7〕徽杭：徽州，府治，今安徽省歙县；杭州，今浙江省杭州市。

〔8〕姑苏：山名，在江苏省吴县西南。吴王夫差姑苏台在其上，隋代因山名州，故称吴县曰姑苏，今江苏省苏州市。

〔9〕白竹：《竹谱详录》：“白竹生江东、两广、安南俱有之，枝叶与淡竹同，出笋时箨叶纯白，无赤色及斑，花边，根甚长，节又白密，作马尤韧。济源一种与淡竹同，破作篾，条色正白，堪织笠，亦名白竹。”

〔10〕紫白檀：紫檀与白檀。

〔11〕眉绿：斑竹的一种。

〔12〕玳瑁：爬行动物，形状像龟，甲壳黄褐色，有黑斑，很光润，可以做装饰品，产于热带和亚热带海中。

〔13〕员头：即圆头，为扇形式之一种。

〔14〕李昭、李赞：《金陵琐事》：“李昭、李赞、蒋诚制扇骨最精。”《古夫于亭杂录》：“成、宏间，留都扇骨以李昭制者为最。见《顾东江清集》。”

〔15〕马勋、蒋三、柳玉台、沈少楼：《秋园杂佩》：“宣宏间，扇名于时者，尖根为李昭，马勋为单根圆头……后又有蒋三苏台、荷叶李、玉台柳、邵明若、李文甫耀、濮仲谦，雕边之最精者也。”《敝帚轩剩语》：“折扇，今吴中折扇，凡紫檀、象牙、乌木者，俱目为俗制，惟以棕竹、猫竹为之者，称‘怀袖雅物’；其面重金，亦不足贵，惟骨为时所尚。往时名手有马勋、马福、刘永晖之属，其值数铢；近年则有沈少楼、柳玉台，价遂至一金，而蒋苏台同时尤称绝技，一柄直三四金。”

〔16〕琥珀眼掠：用琥珀制成的掠眼。《博物要览》：“黑水晶可作掠眼及素珠、图章、镇纸、印池……掠眼以色晶者，水晶性凉，能消眦火故也。”

〔17〕香串：即香珠。

〔18〕缅茄：落叶乔木，荚果内种子通常二粒，可以雕刻用来装饰，原产缅甸，故名。属豆科。

扇子。《马骀画宝》插图。

枕

有“书枕”，用纸三大卷，状如碗，品字相叠，束缚成枕。有“旧窑枕”，长二尺五寸，阔六寸者，可用。长一尺者，谓之“尸枕”，乃古墓中物，不可用也。

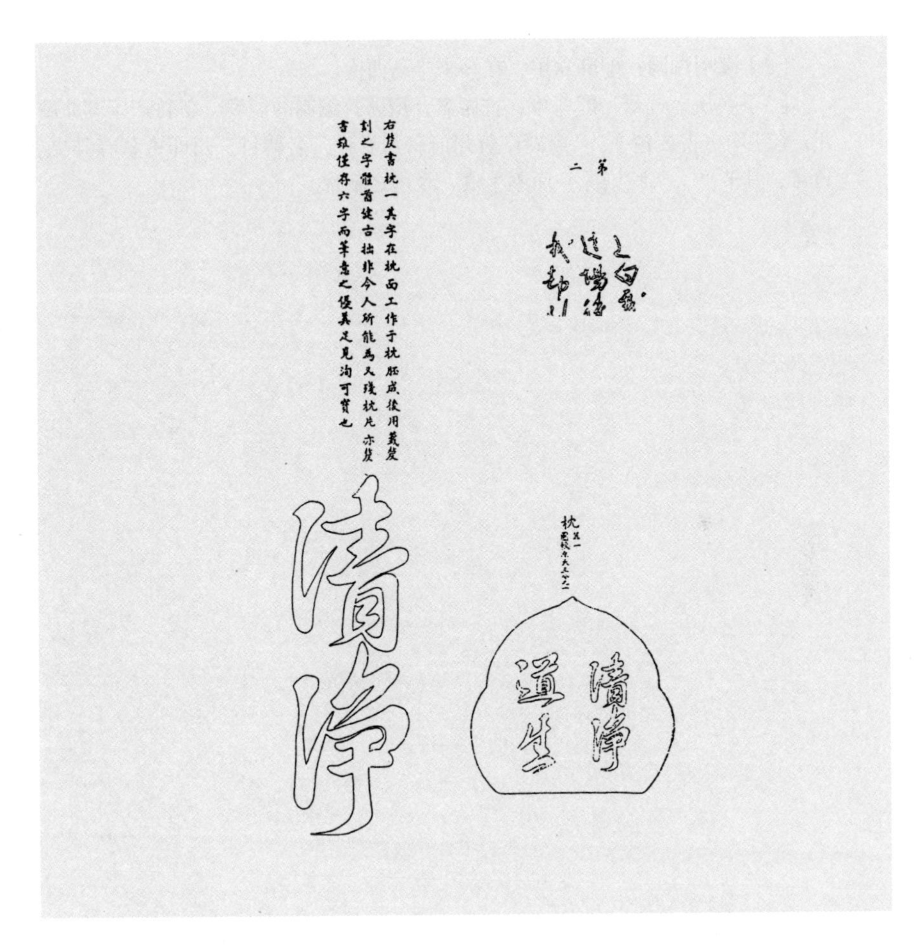

枕。《钜鹿宋器丛录》插图。

簟

茭蕈[1]出满喇伽国[2]，生于海之洲渚岸边，叶性柔软，织为“细簟”，冬月用之，愈觉温暖，夏则蕲州之竹簟[3]最佳。

注释

〔1〕茭蕈：草席名。

〔2〕满喇伽国：即麻六甲，在马来半岛西南。

〔3〕蕲州之竹簟：即蕲簟，古席名，用蕲竹编制的篾席，蕲竹产于湖北蕲州。《新增格古要论》：“今湖广黄州府蕲州有竹，名蕲竹，州即古蕲春县也。竹簟，其节平，久睡则凉，而不生痕，今谓之蕲簟。”

草席。《马骀画宝》插图。

琴[1]

琴为古乐，虽不能操，亦须壁悬一床，以古琴历年既久，漆光退尽，纹如梅花，黯如乌木，弹之声不沉者为贵。琴轸[2]犀角、象牙者雅。以蚌珠[3]为徽[4]，不贵金玉。弦[5]用白色柘丝[6]，古人虽有朱弦清越[7]等语，不如素质[8]有天然之妙。唐有雷文[9]、张越[10]；宋有施木舟[11]；元有朱致远[12]；国朝有惠祥、高腾、祝海鹤[13]及樊氏、路氏，皆造琴高手也。挂琴不可近风露日色，琴囊须以旧锦为之，轸上不可用红绿流苏，抱琴勿横，夏月弹琴，但宜早晚，午则汗易污，且太燥，脆弦。

注释

〔1〕琴：拨弦乐器。古属八音之一丝类。古为五弦，后改七弦。周代已有。琴面标志泛音位置及音位的徽，定型于汉代。琴身为狭长形木质音箱，底有出音孔两个，琴面张弦七根。音域较宽，音色变化丰富。

〔2〕琴轸：琴下的转弦。

〔3〕蚌珠：蚌，软体动物，有两个椭圆形介壳，可以开闭。壳表面黑绿色，有环状纹，内有珍珠层。生活在淡水中，有的种类产珍珠，即蚌珠，多为圆形颗粒，乳白色或略带黄色，光润滑泽，为高贵饰物。

〔4〕徽：琴上各为徽识，饰以金玉圆点，谓之“徽”。宋崔遵度《琴笺》：“琴以金玉为徽，示重器也；然每为琴灾，不若以产珠蚌为徽。”

〔5〕弦：乐器上发声的线，一般用丝线、铜丝或钢丝等制成。

〔6〕柘丝：食柘叶的柘蚕所吐的丝。柘，亦称“柘刺”，落叶灌木或乔木，树皮灰褐色，叶卵形或椭圆形，花小，果实球形。叶可饲蚕，木材坚硬致密，是贵重的木料，属桑科。《本草纲目》：“柘叶饲蚕，取丝作琴瑟，清响胜常。”

〔7〕朱弦清越：《礼记·乐记》：“清庙之瑟，朱弦而疏越。”《仪礼》注：“越，瑟下孔也。”

〔8〕素质：未经加染的本色。

〔9〕雷文：唐代制琴名手。《琴笺》：“唐琴，蜀中有雷文、张越二家，制

琴得名，其龙池、凤沼间有弦，余处悉洼，令关声而不散。”

〔10〕张越：唐代制琴名手。

〔11〕施木舟：宋代制琴名手。

〔12〕朱致远：元代制琴名手。

〔13〕惠祥、高腾、祝海鹤：明代制琴名手。《琴笺》：“国朝琴，成化间，有丰城万隆；弘治间，有钱塘惠祥、高腾、祝海鹤擅名，当代人多珍之。又樊氏、路氏琴，京师品为第一。”

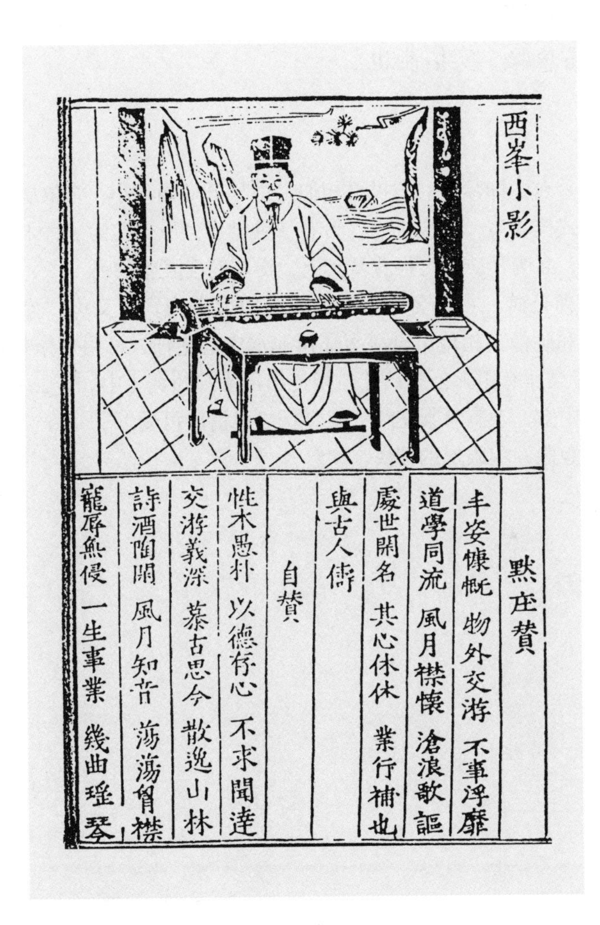

《琴谱传真》，明杨表正撰，王德一校录，明万历元年(1573)金陵刊本。

琴台[1]

以河南郑州所造古郭公砖[2]，上有方胜及象眼[3]花者，以作琴台，取其中空发响，然此实宜置盆景及古石；当更置一小几，长过琴一尺，高二尺八寸，阔容三琴者，为雅。坐用胡床，两手更便运动；须比他坐稍高，则手不费力。更有紫檀为边，以锡为池，水晶为面者，于台中置水蓄鱼藻，实俗制也。

注释

〔1〕琴台：即琴桌。与拱桌相似，但稍低矮而狭小，多依墙而设，作为陈设之用，式样较多，也很讲究。另有一种琴桌，下部实为一种木架，上托的汉墓空心砖，名为琴砖，可再置琴其上，奏琴时会发生共鸣。

〔2〕郭公砖：古砖名，空心，以长而大者为贵，又称“空心砖”，有的刻有纹饰和画像。相传出自河南郑州泥水中的绝佳，可用来作琴几。《格古要论》：“琴桌面有用郭公砖最佳，相传出河南郑州泥土中。砖长五尺，阔一尺，灰白色，中空，上有象眼花纹，架琴抚之，清冷可爱。”

〔3〕象眼：象眼形的花纹。

琴、琴台。《玉簪记》插图。图出《新镌女上贞观重会玉簪记》二卷。明高濂撰，歙北谢虚子校正，黄近阳镌刻，明万历间（约1598前后）观化轩刊本，上海图书馆藏。

研[1]

研以端溪[2]为上，出广东肇庆府，有新旧坑、上下岩之辨，石色深紫，衬手[3]而润，叩之清远，有重晕、青绿、小鸲鹆眼[4]者为贵；其次色赤，呵之乃润；更有纹慢而大者，乃西坑石，不甚贵也。又有天生石子，温润如玉，摩之无声，发墨[5]而不坏笔，真希世之珍。有无眼而佳者，若白端[6]、青绿端[7]，非眼不辨；黑端[8]出湖广[9]辰[10]、沅[11]二州，亦有小眼，但石质粗燥，非端石也。更有一种出婺源[12]歙山、龙尾溪，亦有新旧二坑，南唐时开，至北宋已取尽，故旧砚非宋者，皆此石。石有金银星及罗纹、刷丝、眉子，青黑者尤贵。黎溪石出湖广常德、辰州二界，石色淡青，内深紫，有金线及黄脉，俗所谓“紫袍、金带”者是。洮溪研出陕西临洮[13]府河中，石绿色，润如玉。衢研出衢州开化[14]县，有极大者，色黑。熟铁研出青州[15]，古瓦研出相州[16]，澄泥研[17]出虢州[18]。研之样制不一，宋时进御有玉台、凤池、玉环、玉堂诸式，今所称“贡研”，世绝重之。以高七寸，阔四寸，下可容一拳者为贵，不知此特进奉一种，其制最俗。余所见宣和旧研有绝大者，有小八棱者，皆古雅浑朴；别有圆池、东坡瓢形、斧形、端明诸式，皆可用。葫芦样稍俗；至如雕镂二十八宿[19]、鸟、兽、龟、龙、天马，及以眼为七星形，剥落研质，嵌古铜玉器于中，皆入恶道。研须日涤，去其积墨败水，则墨光莹泽，惟研池边斑驳墨迹，久浸不浮者，名曰“墨锈”[20]，不可磨去。研，用则贮水，毕则干之。涤砚用莲房壳，去垢起滞，又不伤研。大忌滚水磨墨，茶酒俱不可，尤不宜令顽童持洗。研匣宜用紫黑二漆，不可用五金，盖金能燥石；至如紫檀、乌木及雕红、彩漆，俱俗，不可用。

注释

〔1〕研：同“砚”，磨墨用具。《释名·释书契》：“砚，研也；研墨使和濡也。”我国制砚的历史久远，古砚多用铁、铜、银、石、瓦、陶、澄泥等制成。品种繁多，装饰各异。以砚石细腻、雕刻精美、发墨快、不损笔、不易干涸、易洗涤者为上品。

〔2〕端溪：县名，汉置，今属广东省肇庆市，肇庆古称端州，以出产砚石而闻名，世称“端砚”。相传创始于唐代武德年间。端砚为中国“四大名砚”（端砚、歙砚、洮砚、澄泥砚）之一，石质优良、细腻滋润、雕刻精美，具有发墨不损毫，呵气可研墨的特色。

〔3〕衬手：置于手中，以手抚之。

〔4〕鸲鹆眼：即石眼，指石上的圆形斑点。石眼是端砚独有的特色，生有石眼的端砚十分宝贵。石眼形体圆正或尖长，呈青绿或翠绿色，瞳子碧黑，深浅相间，晶莹光泽。品类不一，名目繁多，极具观赏价值。宋朱敦儒《樵歌》：“琴上金星正照，砚中鸲眼相青。”

〔5〕发墨：《筠轩清秘录》：“发墨谓磨不滑，停墨至久，墨汁发光，如油如漆，明亮照人，此非墨能如是，乃砚使之然也。故砚以发墨为上，色次之。”

〔6〕白端：纯白色的端石。《广东新语》：“端石之纯白者，产广东肇庆之七星岩，可为柱础及几、案、盘，盂，最白者，妇人以之傅面，名为乾粉。”

〔7〕青绿端：呈青绿色的端石。石质幼嫩，润滑。上等的绿端砚石，色泽纯净，青绿晶莹，是端砚中较为名贵的一种。

〔8〕黑端：黑色的端石。

〔9〕湖广：指湖北、湖南，原为明代省名。元代的湖广包括两广在内，明代把两广划出，但仍用旧名。

〔10〕辰州：府名。今属湖南省黔阳地区。

〔11〕沅州：府名。今属湖南省黔阳地区。

〔12〕婺源：县名。今属江西省上饶地区。婺源砚，即“歙砚”，因产于龙尾山，又名“龙尾砚”，我国“四大名砚”之一。歙县和婺源均有生产。砚石质地坚韧，纹理美观，贮水不耗，历寒不冰，呵气可研，发墨如油。且雕刻精细，浑朴大方。《婺源砚谱》载，始于唐代开元中，到南唐时，设置砚务，专门为朝廷督制石砚。宋赵希鹄《洞天清禄集》称：“细润如玉，发墨如汎油，并无声，久用不退锋，或有隐隐白纹成山水、星斗、云月异象。”

〔13〕临洮：县名。今属甘肃省临洮地区。所产之砚，称为“洮砚”，我国“四大名砚”之一。砚石呈碧绿色，质地坚韧细腻，晶莹剔透。石纹跌宕多

姿，变化万千。具有色泽雅丽、发墨快、久保水分的优点。宋代已有生产，明代雕刻工艺更趋精致。《洞天清禄集》："除端、歙二石外，惟洮河绿石，北方最贵重。绿如蓝，润如玉，发墨不减端溪下岩，然石在临洮大河深水之底，非人力所致，得之为无价之宝。"

〔14〕开化：县名。今属浙江省金华地区。

〔15〕青州：古九州之一，明置青州府，今益都县，属山东省昌潍地区。青州砚纹理细密，有黑白斑点。不着墨，无光泽，可制为器。

〔16〕相州：旧地名。今河南省安阳市，属安阳地区。

〔17〕澄泥砚：我国"四大名砚"之一。产于山西绛县。唐代已开始生产。制作过程是缝绢袋于汾水中，一年后泥满结实，风干，将泥制成砚形，再经烧炼而成。故名"澄泥砚"。特点是质地类瓦，坚硬耐用，发墨细润。《砚谱》："虢州澄泥，唐人以为第一，今人罕用。泽州吕翁作澄泥砚，坚重如石，手触辄生晕，上著'吕'字；青潍州'石末砚'，皆'瓦砚'也。"

〔18〕虢州：旧地名。今河南省卢氏县，属洛阳地区。

〔19〕二十八宿：我国古代天文学家把天空中可见的星分成二十八组，称为"二十八宿"，东西南北四方各七宿。印度、波斯、阿拉伯古代也有类似的说法。

〔20〕墨锈：《蕉窗九录》："砚池边斑驳墨迹，久浸不浮者名曰墨锈。"

东坡先生品砚图。《三希堂画谱》插图。

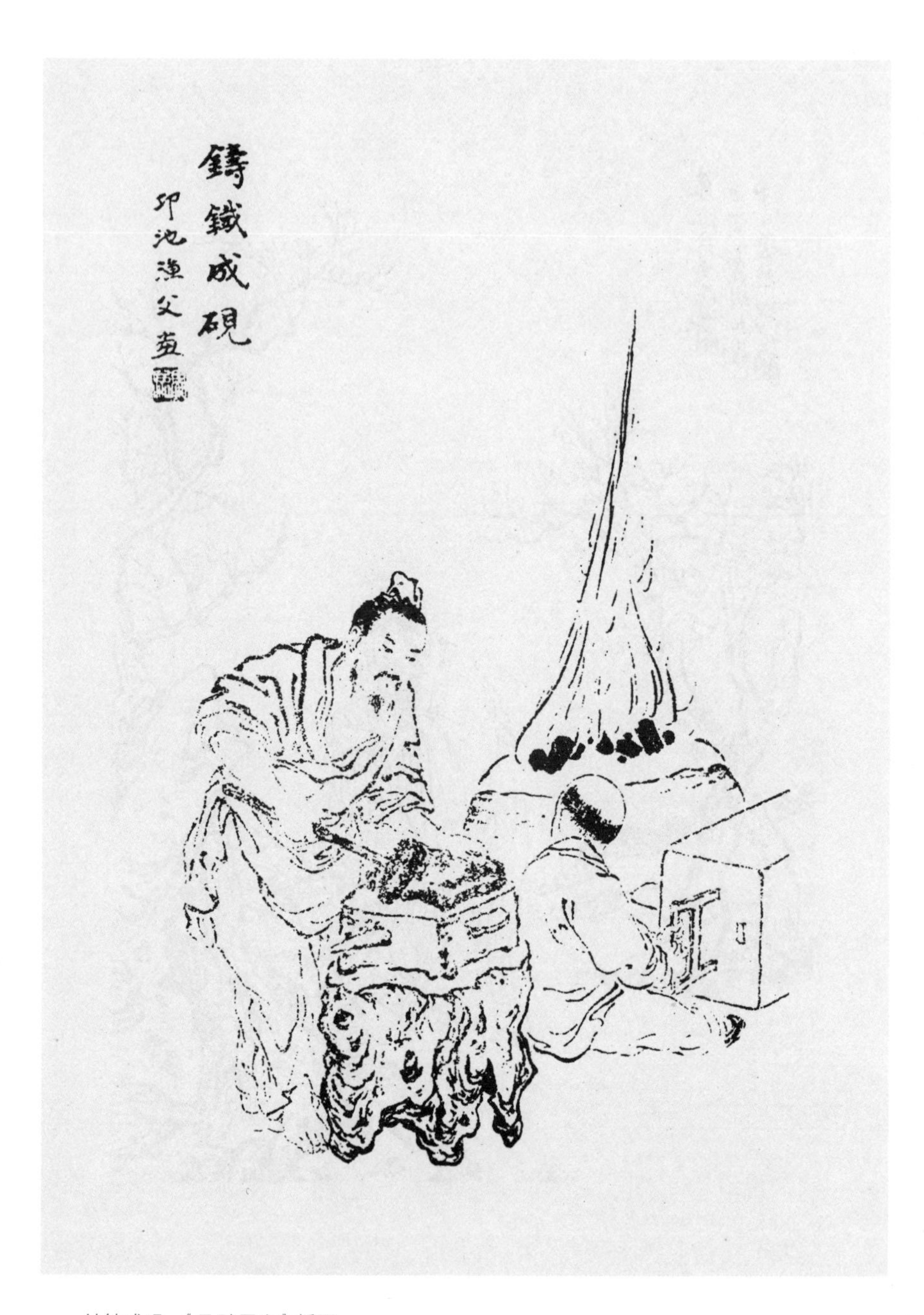

铸铁成砚。《马骀画宝》插图。

笔[1]

尖、齐、圆、健，笔之四德，盖毫[2]坚则尖，毫多则齐，用苘[3]贴衬得法，则毫束而圆，用纯毫附以香狸[4]、角水[5]得法，则用久而健，此制笔之诀也。古有金银管、象管、玳瑁管、玻璃管、镂金、绿沉管[6]，近有紫檀、雕花诸管[7]，俱俗不可用，惟斑管[8]最雅，不则竟用白竹[9]。寻丈书笔，以木为管，亦俗，当以筇竹为之，盖竹细而节大，易于把握。笔头式须如尖笋，细腰、葫芦诸样，仅可作小书，然亦时制也。画笔，杭州者佳。古人用笔洗，盖书后即涤[10]去滞墨，毫坚不脱，可耐久。笔败则瘗[11]之，故云败笔成冢[12]，非虚话也。

注释

〔1〕笔：写字画画的用具。毛笔是我国传统的一种独特的书写绘画工具。历史悠久，品种繁多，主要有羊毫、狼毫、紫毫、兼毫四大类。我国古代除毛笔外，还有竹笔、木笔和苇笔等。

〔2〕毫：长锐毛谓之“毫”，因笔用毫为之，故谓之“毫”。明代屠隆《纸墨笔砚笺》：“笔之所贵者在毫。”今笔分“羊毫”“狼毫”“鸡毫”“紫毫”等。

〔3〕苘：即苘麻，俗称“青麻”。一年生草本，叶心脏形，花钟形，黄色。茎有纤维，色白而有光泽，可供织布及打绳索等用，属锦葵科。

〔4〕香狸：又称“灵猫”，体比家猫大，毛黄黑色，背部有黑纹和斑点，颈有黑白相间的波状纹。有香囊，可分泌油质液体称“灵猫香”，可作香料或供药用。夜行性，杂食，可人工饲养，属哺乳纲食肉目灵猫科。

〔5〕角水：即胶水。

〔6〕镂金绿沉管：《续齐谐记》：“王羲之《笔经》：‘有以绿沉漆竹管见遗，亦可爱玩。’是绿沉如今以漆调雄黄之类，若调绿漆之，其色深沉，故谓之‘绿沉’，非精铁也。”

〔7〕管：笔管即笔杆，用不同材料制成。《纸墨笔砚笺》：“古今有金管、银管、斑管、象管、玳瑁管、玻璃管、镂金管、绿沉管、漆管、棕管、竹管、紫檀管、花梨管，然皆不若白竹之薄标者为管最便，特用笔之妙尽矣。”

〔8〕斑管：即斑竹制的笔杆。

〔9〕白竹：普通笔管用箬竹或苦竹秆制成，因箬竹叶缘略有枯白色，故称“白竹”。

〔10〕涤：清洗。

〔11〕瘗：埋藏。

〔12〕败笔成冢：《尚书故实》：“僧智永，王羲之后也。学书积年，秃笔入于瓮，一瓮皆容数石，后埋于地，号退笔冢。”

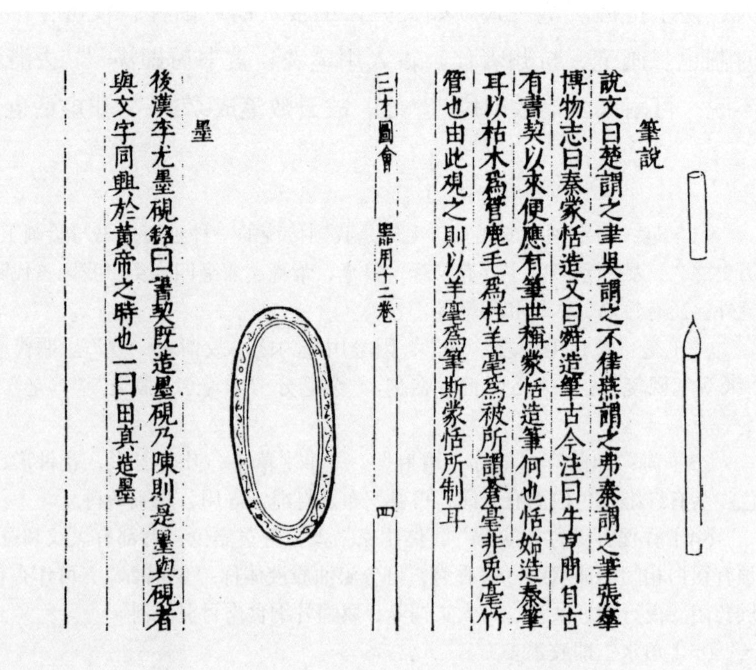

筆說

說文曰楚謂之聿吳謂之不律燕謂之弗秦謂之筆張華博物志曰秦蒙恬造又曰舜造筆古今注曰牛亨問自古有書契以來便應有筆世稱蒙恬造筆何也恬始造秦筆耳以枯木爲管鹿毛爲柱羊毫爲被所謂蒼毫非兔毫竹管也由此觀之則以羊毫爲筆斯蒙恬所制耳

三才圖會　器用十二卷　四

墨

後漢李尤墨硯銘曰書契既造墨硯乃陳則是墨與硯者與文字同興於黃帝之時也一曰田真造墨

笔、墨。《三才图会》插图。

墨[1]

墨之妙用，质取其轻，烟取其清，嗅之无香，磨之无声，若晋、唐、宋、元书画，皆传数百年，墨色如漆，神气完好，此佳墨之效也。故用墨必择精品，且日置几案间，即样制亦须近雅，如朝官[2]、魁星[3]、宝瓶[4]、墨玦[5]诸式，即佳亦不可用。宣德墨[6]最精，几与宣和内府所制同，当蓄以供玩，或以临摹古书画，盖胶色已退尽，惟存墨光耳。唐以奚廷珪[7]为第一，张遇[8]第二。廷珪赐国姓、今其墨几与珍宝同价。

注释

〔1〕墨：书画用的黑色颜料。《述古书法纂》记载：西周“邢夷始制墨，字从黑土，煤烟所成，土之类也”。因制作原料不同，可分油烟墨、漆烟墨、松烟墨三种。安徽徽州所产者最有名，俗称“徽墨”或“黄山松烟”。

〔2〕朝官：《宋史新编》：“凡一品以下常参之者，谓之朝官。”这里指墨的一种。

〔3〕魁星：北斗第一星。这里指墨的一种。

〔4〕宝瓶：天文家所分十二宫之一，即“玄枵”之次。这里指墨的一种。

〔5〕墨玦：墨的一种。

〔6〕宣德墨：明宣德年间所制的墨。

〔7〕奚廷珪：即李廷珪，其墨称“李廷珪墨”。五代造墨名匠奚廷珪，南唐赐姓李。其墨每松烟一斤，用珍珠三两、玉屑一两、龙脑一两和以生漆捣十万杵，故坚硬如石，历久不坏，声名远播。

〔8〕张遇：制墨名匠。《渑水燕谈录》：“李廷、张遇墨，著名当世。其面多龙文，宫中以画眉。”

制墨。《天工开物》插图。

制墨。《天工开物》插图。

纸[1]

古人杀青为书，后乃用纸，北纸用横帘[2]造，其纹横，其质松而厚，谓之侧理[3]；南纸用竖帘[4]，二王[5]真迹，多是此纸。唐有硬黄纸，以黄蘖[6]染成，取其辟蠹[7]。蜀妓薛涛[8]为纸，名十色小笺，又名蜀笺。宋有澄心堂纸，有黄白经笺，可揭开用；有碧云春树、龙凤、团花、金花等笺；有匹纸长三丈至五丈；有彩色粉笺及藤白、鹄白、蚕茧等纸。元有彩色粉笺、蜡笺、黄笺、花笺、罗纹笺，皆出绍兴；有白箓、观音、清江等纸，皆出江西；山斋俱当多蓄以备用。国朝连七[9]、观音、奏本、榜纸，俱不佳，惟大内用细密洒金五色粉笺，坚厚如板，面砑光如白玉，有印金花五色笺，有青纸如段素，俱可宝。近吴中洒金纸、松江[10]潭笺，俱不耐久，泾县[11]连四[12]最佳。高丽别有一种，以绵茧造成，色白如绫，坚韧如帛，用以书写，发墨可爱，此中国所无，亦奇品也。

注释

〔1〕纸：我国古代四大发明之一，用以书写、印刷、绘画或包装等的片状纤维制品。相传东汉蔡伦始用破布、树皮、鱼网等造纸。

〔2〕横帘：即横式帘，供荡料及压纸用。

〔3〕侧理：横纹纸名。

〔4〕竖帘：即纵式帘，供荡料及压纸用。

〔5〕二王：即王羲之、献之父子，为晋代著名书法家。

〔6〕黄蘖：亦称“黄柏”“蘖木”。落叶乔木，羽状复叶，对生。夏季开花，花黄绿色。果实球形，黑色。树皮厚，软木质，可制瓶塞，并供药及黄色染料。木材供建筑等用。为我国长白山及小兴安岭林区主要阔叶树种之一，属芸香科。

〔7〕辟蠹：辟除蠹鱼为害。

〔8〕薛涛：唐代名妓，以诗驰名，暮年居成都浣花溪，好制松花小笺，时称“薛涛笺”，亦名“蜀笺”“浣花笺”“红笺”等。其形制为红色小幅诗笺，

颜色花纹精巧鲜丽。在我国制笺发展史上，具有重要的地位，后历代均有仿制。《纸墨笔砚笺》："元和初，蜀妓薛洪度以纸为业，制小笺十色，名'薛涛笺'，亦名'蜀笺'。"

〔9〕国朝连七：《考槃馀事》："永乐中，江西西山置官局造纸，最厚大而好者曰'连七'，曰'观音纸'。"

〔10〕松江：今上海市松江县。

〔11〕泾县：今安徽省泾县，属芜湖地区。

〔12〕连四：即"连史纸"，一种毛笔书写用纸。原产于我国江西、福建等省，用石灰处理的嫩竹浆，经漂白、打浆后用手工抄造而成，纸质洁白细致，经久不变。

造纸。《天工开物》插图。

造纸。《天工开物》插图。

剑[1]

今无剑客，故世少名剑，即铸剑之法亦不传。古剑铜铁互用，陶弘景[2]《刀剑录》所载有："屈之如钩，纵之直如弦，铿然有声者"，皆目所未见。近时莫如倭奴[3]所铸，青光射人。曾见古铜剑，青绿四裹者，蓄之，亦可爱玩。

注释

〔1〕剑：古代兵器，属于"短兵"。一般由"身"和"茎"两部分组成。我国制剑在春秋战国时期已取得很高成就。古代名剑有干将、莫邪、龙渊、太阿、鱼肠等。春秋前，剑为插在腰间的短兵器。春秋时，剑身加长，变茎为柄，以后剑体进一步加长，柄加大，装潢日益精美。

〔2〕陶弘景：南北朝时秣陵人，字通明。齐高帝时，尝为诸王侍读，后隐居于句容曲山，自号"华阳隐居"，晚号"华阳真逸"，又曰"华阳真人"。

〔3〕倭奴：指日本人。

卖剑买牛。《古今人物画谱》插图。

印章〔1〕

以青田石〔2〕莹洁如玉、照之灿若灯辉者为雅；然古人实不重此，五金、牙、玉、水晶、木、石皆可为之，惟陶印则断不可用，即官、哥、青冬〔3〕等窑，皆非雅器也。古鋈金、镀金、细错金银、商金、青绿、金玉、玛瑙等印，篆刻精古，纽〔4〕式奇巧者，皆当多蓄，以供赏鉴。印池以官、哥窑方者为贵，定窑及八角、委角者次之，青花白地、有盖、长样俱俗。近做周身连盖滚螭白玉印池〔5〕，虽工致绝伦，然不入品。所见有三代玉方池，内外土锈〔6〕血侵〔7〕，不知何用，今以为印池，甚古，然不宜日用，仅可备文具一种。图书匣〔8〕以豆瓣楠、赤水、椤为之，方样套盖，不则退光素漆者亦可用，他如剔漆〔9〕、填漆、紫檀镶嵌古玉，及毛竹、攒竹者，俱不雅观。

注释

〔1〕印章：也称“图章”，上刻文字以为信。秦统一六国后，皇帝的印信称“玺”，唐以后称“宝”，郡王以下官员称“印”，职卑者曰“钤记”“图记”，私人所用曰“图章”，亦称“小印”“私印”。印章也多用于书画题识，是中国特有的一种艺术品。文字随时代而变化，风格各不相同。古代多用铜、银、金、玉等制成，元以后石章盛行。

〔2〕青田石：雕刻工艺品用材。产于浙江青田县。是以叶蜡石为主要组成的一种石料。色彩丰富，青色居多。

〔3〕青冬：《考槃馀事》：“印章有哥窑、官窑、青冬窑者。”《景德镇陶录》：“作东青器，讹作‘冬青’或‘冻青’。”

〔4〕纽：印鼻，亦称“印首”。印章顶部的雕刻装饰叫作“纽”，用来提系。印纽的不同兽形可以显示职位官阶，以别尊卑。

〔5〕印池：即印泥池。

〔6〕土锈：《筠轩清秘录》：“土锈谓玉上蔽黄土，笼罩浮翳，坚不可破，一种佳色自不同，非若血侵，古原质与改制不易辨，似难伪造。”

〔7〕血侵：《博物要览》：“玉器如汉、唐之物，入眼可辨，至若古玉，存

遗传世者少，出土者多土锈尸侵，似难伪造。古之玉物，上有血侵，色红如血。”

〔8〕图书匣：收藏图书的小盒。

〔9〕剔漆：剔漆即剔红，亦称“雕漆”，为漆器的一种制法，始于唐代。在器物的漆灰胎子上面上多层漆，待积累到相当厚度，然后用刀剔出花纹来。

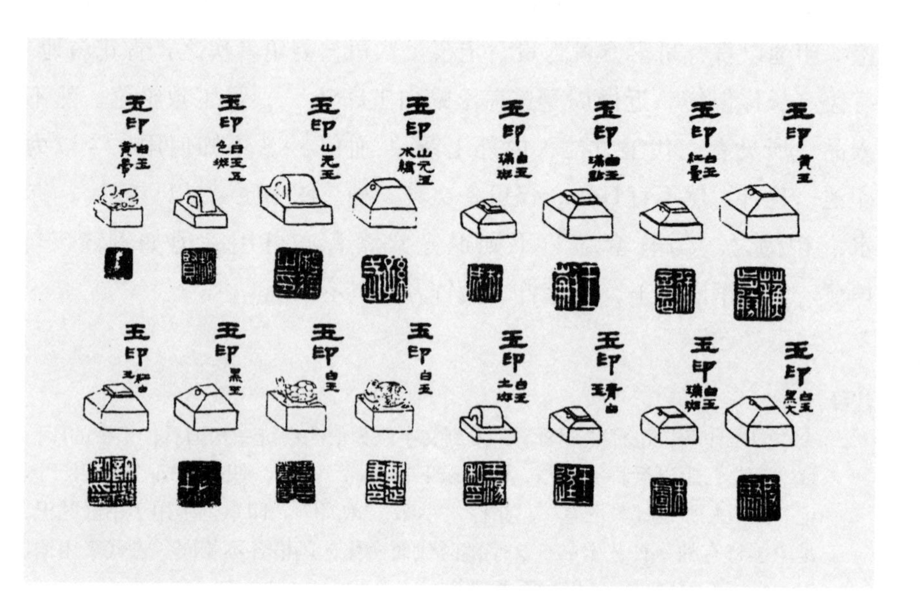

各种玉制印章。《古玉图考》插图。

文具[1]

文具虽时尚，然出古名匠手，亦有绝佳者，以豆瓣楠、瘿木及赤水、椤为雅，他如紫檀、花梨等木，皆俗。三格[2]一替[3]，替中置小端砚一，笔觇[4]一，书册一，小砚山一，宣德墨一，倭漆墨匣一。首格置玉秘阁一，古玉或铜镇纸一，宾铁古刀大小各一，古玉柄棕帚一，笔船[5]一，高丽笔二枝；次格古铜水盂一，糊斗、蜡斗各一，古铜水杓一，青绿鎏金小洗[6]一；下格稍高，置小宣铜彝炉一，宋剔合[7]一，倭漆小撞[8]、白定或五色定小合[9]各一，倭小花尊[10]或小觯[11]一，图书匣一，中藏古玉印池、古玉印、鎏金印绝佳者数方，倭漆小梳匣[12]一，中置玳瑁小梳及古玉盘匜等器，古犀玉小杯二；他如古玩中有精雅者，皆可入之，以供玩赏。

注释

〔1〕文具：收置文事用品的器具。

〔2〕格：一层谓之一格。

〔3〕替：与“屉”通。

〔4〕笔觇：试笔之碟。

〔5〕笔船：置笔之具。

〔6〕青绿鎏金小洗：古代鎏金铜器笔洗。

〔7〕宋剔合：宋代剔红漆盒。

〔8〕倭漆小撞：日本漆提盒。倭漆，指日本泥金漆器。明代时传入我国，被大量仿制。

〔9〕五色定小合：五色定窑瓷的小盒。

〔10〕倭小花尊：日本制的小型花酒杯。

〔11〕小觯：古代饮酒器。圆腹、侈口、圈足，形似小瓶，多有盖。这种形状的觯多为商代器。西周有方柱形而四角圆的，春秋时演化为长身、侈口、圈足的形制。《玉篇》：“觯，酒觞也。”

〔12〕倭漆小梳匣：日本漆小型收贮梳具的匣子。

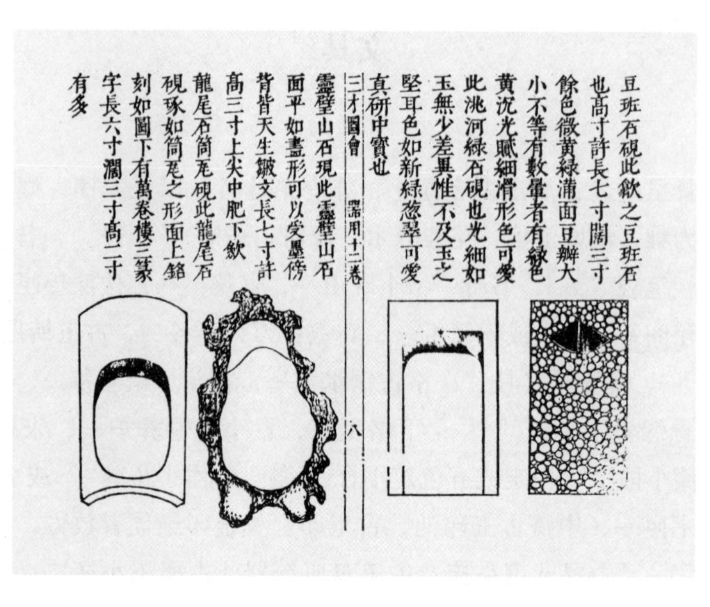
豆班石硯此歙之豆班石
也高寸許長七寸闊三寸
餘色微黃緑蒲面豆瓣大
小不等有數暈者有緑色
黃沉光膩細滑形色可愛
此洮河緑石硯也光細如
玉無少差異惟不及玉之
堅耳色如新緑葱翠可愛
真研中寶也
三才圖會　器用十二卷　八
靈壁山石現此靈壁山石
面平如畫形可以受墨傍
背皆天生皺文長七寸許
高三寸上尖中肥下歛
龍尾石筒毛硯此龍尾石
硯琢如筒毛之形面上銘
刻如圖下有萬卷樓三篆
字長六寸濶三寸高二寸
有多

各种砚。《三才图会》插图。

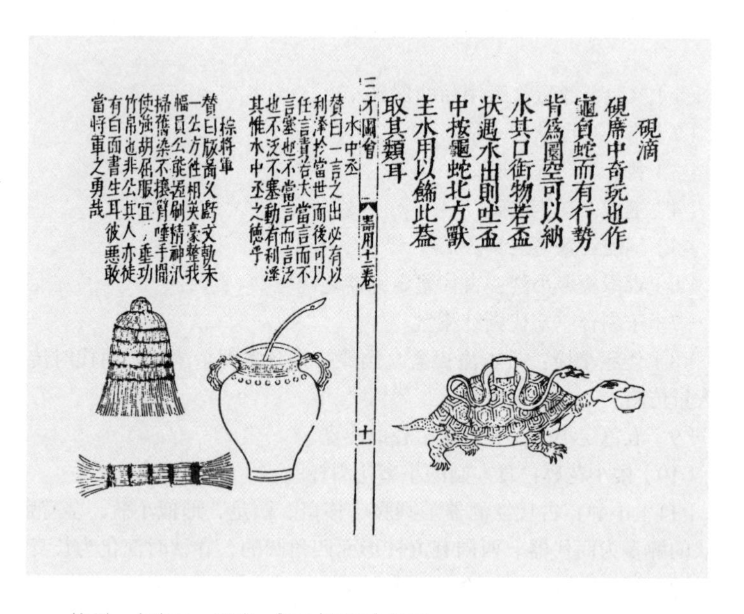
硯滴
硯席中奇玩也作
黿負蛇而有行勢
背爲圓空可以納
水其口銜物若盂
狀遇水出則吐盂
中按龜蛇北方獸
主水用以飾此器
取其類耳
三才圖會　器用十二卷　十一
水中丞
贊曰一言之出必有以
利澤於當世而後可以
任言責若夫當言而不
言塞也不當言而言泛
也不泛不塞動有利澤
其惟水中丞之德乎
棕將軍
贊曰版函乂爵文執未
一公方性相英豪整我
幅員公能猶刷精神汎
掃舊染不撓貿唾手關
使強胡屈服宜乎垂功
竹帛也非公其人亦徒
有白面書生耳彼悪敢
當将軍之勇哉

棕刷、水中丞、砚滴。《三才图会》插图。

梳具[1]

以瘿木[2]为之，或日本所制，其缠丝[3]、竹丝[4]、螺钿、雕漆[5]、紫檀等，俱不可用。中置玳瑁梳[6]、玉剔帚[7]、玉缸[8]、玉合[9]之类，即非秦、汉间物，亦以稍旧者为佳；若使新俗诸式阑入[10]，便非韵士[11]所宜用矣。

注释

〔1〕梳具：收贮理发的用具。常见的用木制，也有角、骨、铝、象牙等制。精致的梳子经过雕、描、刻、烫等装饰，是一种实用与欣赏结合的工艺品。古时也可做为首饰。

〔2〕瘿木：因患瘤病发生树瘿的树木。《博物要览》："影子木一名瘿木，乃树之瘿瘤也。有紫檀影、花梨影、楠木影诸种，惟檀影为贵，以其色紫又纹理缜密故也。"

〔3〕缠丝：红白相间的玛瑙。《飞凫语略》："玛瑙以红色者为上，红白相间者曰缠丝，品最下，制为酒杯、书镇之属。"

〔4〕竹丝：劈竹而成之细篾。

〔5〕雕漆：漆器的制作方法之一。器物上叠涂朱漆，或杂以他色，雕刻种种形状，令其文浮见，谓之"雕漆"。

〔6〕玳瑁梳：以玳瑁背甲制成的梳子。

〔7〕玉剔帚：玉制的剔帚，用以剔去梳或栉上的积垢。

〔8〕玉缸：即玉制小型缸式贮发油之器。

〔9〕玉合：即玉盒。

〔10〕阑入：不应入而入谓之"阑入"。

〔11〕韵士：风雅之士。

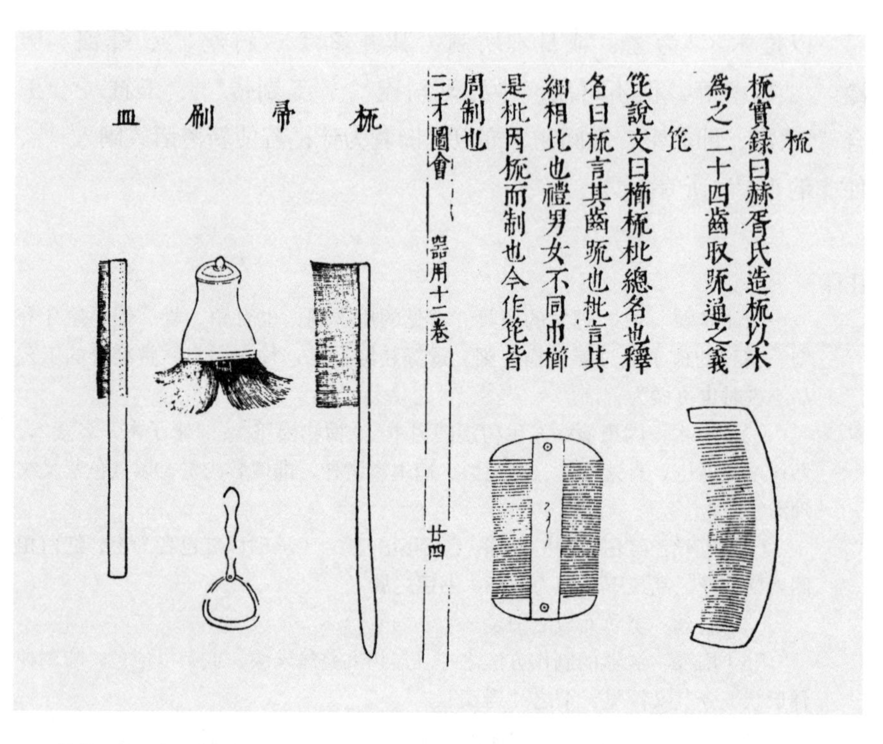

梳

梳實録曰赫胥氏造梳以木爲之二十四齒取疏通之義

篦

篦說文曰櫛梳枇總名也釋名曰梳言其齒疏也枇言其細相比也禮男女不同巾櫛是枇因梳而制也今作篦皆周制也

三才圖會　器用十二卷　廿四

梳　帚　刷　皿

梳具。《三才图会》插图。

海论铜玉雕刻窑器

三代秦汉人制玉，古雅不凡，即如子母螭、卧蚕纹、双钩碾法，宛转流动，细入毫发，涉世既久，土锈[1]血侵最多，惟翡翠色、水银色，为铜侵者，特一二见耳。玉以红如鸡冠者为最；黄如蒸栗[2]、白如截肪[3]者次之；黑如点漆、青如新柳[4]、绿如铺绒[5]者又次之。今所尚翠色，通明如水晶者，古人号为碧，非玉也。玉器中圭璧[6]最贵；鼎彝、觚尊[7]、杯注、环玦[8]次之；钩束[9]、镇纸、玉璏、充耳[10]、刚卯[11]、瑱珈[12]、珌琫[13]、印章之类又次之；琴剑觿佩[14]、扇坠又次之。铜器：鼎、彝、觚、尊、敦[15]、鬲最贵；匜[16]、卣[17]、罍[18]、觯[19]次之；簠[20]簋[21]、钟[22]注[23]、歃血盆[24]、奁花囊[25]之属又次之。三代之辨，商则质素无文；周则雕篆细密；夏则嵌金、银，细巧如发，款识少者一二字，多则二三十字，甚或二三百字者，定周末先秦时器。篆文：夏用鸟迹[26]；商用虫鱼[27]；周用大篆[28]；秦以大小篆；汉以小篆[29]。三代用阴款[30]，秦、汉用阳款[31]，间有凹入者；或甩刀刻如镌碑，亦有无款者。盖民间之器，无功可纪，不可遽谓非古也。有谓铜器入土久，土气湿蒸，郁而成青；入水久，水气卤浸，润而成绿。然亦不尽然，第铜性清莹不杂，易发青绿耳！铜色：褐色不如朱砂，朱砂不如绿，绿不如青，青不如水银，水银不如黑漆，黑漆最易伪造，余谓必以青绿为上。伪造有冷冲[32]者，有屑凑[33]者，有烧斑者，皆易辨也。窑器：柴窑[34]最贵，世不一见，闻其制：青如天，明如镜，薄如纸，声如磬，未知然否？官、哥、汝窑[35]粉青色为上，淡白次之，油灰最下。纹：取冰裂、鳝血、铁足[36]为上，梅花片、黑纹次之，细碎纹最下。官窑隐纹如蟹爪；哥窑隐纹如鱼子；定窑以白色而加以泑水如泪痕者佳，紫色黑色俱不贵。均州窑色如胭脂者为上，青若葱翠、紫若墨色者次之，杂色者不贵。龙泉窑甚厚，不易茅蔑[37]，第工匠稍拙，不甚古雅。宣窑冰裂、缮血纹者，与官、哥同，隐纹如橘皮、红花、青花者，俱鲜彩夺目，堆垛[38]可爱；又有元烧枢府字号[39]，亦有可取。至于永乐细款青花杯[40]，成化[41]五彩葡萄杯及纯白薄如玻璃者，今皆极贵，实不甚雅。雕刻精妙者，以宋为贵，俗子辄论金银胎，最为可笑，盖其妙处在刀法圆熟，藏锋不露，用朱极鲜，漆坚厚而无敲裂；所刻山水、楼阁、人物、鸟兽，皆俨若图画，为绝佳耳！元时张成[42]、杨茂[43]二家，亦以此技擅名一时；国朝果园厂所制，刀法视宋尚隔一筹，然亦精细。至于雕刻器皿，宋以詹成[44]为首，国朝则夏白眼[45]擅名，宣庙[46]绝赏之。吴中如贺四、李文甫、陆子冈，皆后来继出高手；第所刻必以白玉、琥珀、水晶、玛瑙等为佳器，若一涉竹木，便非所贵。至于雕刻果核，虽极人工之巧，终是恶道。

注释

〔1〕土锈：泥土的锈蚀。

〔2〕蒸栗：蒸熟的栗肉色。

〔3〕截肪：切开的猪油色。

〔4〕新柳：新发柳叶之色。

〔5〕铺绒：铺开的绿绒。《新增格古要论》：“铺绒线石，颜色纯绿，明莹如铺绒相似。”

〔6〕圭璧：古代帝王、诸侯朝聘或祭祀时所执的玉器。《后汉书·明帝纪》：“亲执圭璧，恭祀天地。”《周礼·冬官·考工记》：“圭璧五寸，以祀日、月、星辰。”

〔7〕觚尊：觚，酒器。尊与“樽”同，古注酒器。

〔8〕环玦：环，环形玉器，孔与边宽相等。玦，玉佩，形状为半个玉环。

〔9〕钩束：钩，带钩。束，带。

〔10〕充耳：古冠冕旁皆有，下垂及耳，谓之“充耳”。

〔11〕刚卯：佩饰物。刚卯于正月卯日作，长三寸，广一寸，四方，用玉、金等制成，著草带佩之。宋高似孙《纬略》：“陈简斋以玉刚卯寿向芗林，刚卯，佩印也。其制外方内圆，以正月卯日作，铭刻于上，以避邪厉。”

〔12〕瑱珈：即充耳。《诗经·卫风》：“充耳莹。”《传》：“充耳谓之

瑱。”又：“副六珈。”孔氏曰：“王后之衡，皆以玉为之，垂于副之两旁，其下以瑱悬瑱，而加此饰，故谓之珈。”

〔13〕珌琫：佩刀之饰，饰于上者谓“珌”，饰于下者谓“琫”。

〔14〕觿佩：觿，古代解结用的锥子，多以牙、骨制成。童子随身佩戴，也是一种装饰。《礼记·内则》注：“觿，解结锥也。”

〔15〕敦：盛黍稷的器物。由鼎演变而来，三短足、圆腹、口侧附衔环兽首。有盖，盖上有三环，翻转过来呈盘状。形制多样，多为春秋战国时器。

〔16〕匜：古代用来注水的器物。形状椭长，前有流，后有鋬，有的带盖。匜在西周中晚期出现。

〔17〕卣：古代盛酒器。器形为椭圆口、深腹、圈足，有盖和提梁。形式多样，主要盛行于商代和西周。

〔18〕罍：古代盛酒或盛水器。有方形和圆形两种。方形，宽肩，两耳，有盖。圆形，大腹，圈足，两耳。罍主要盛行于商和西周。

〔19〕觯：古代饮酒器。器形像尊而小，圆腹、侈口、圈足，多有盖。

〔20〕簠：古人用来盛稻粱的用具。长方形，口向外侈，盖上有两耳，器上有四个短足，盖子与器物的形状大小相同。通行于周代中期，战国以后逐渐衰退。

〔21〕簋：作用与簠同。簋的形态变化最多，一般为侈口、圆腹、圈足、两耳。在商周奴隶制社会，鼎和簋可以标志贵族的等级。据礼书记载和考古发现，簋往往成偶数出现。

〔22〕钟：古时祭祀或宴飨时用的乐器。目前所见最早的钟属于西周中期。西周至春秋的钟大多为甬钟。有的单独悬挂，称为特钟。有的大小相次组成悬挂，称为编钟。钟由范铜制成，中空，撞击可发出声音。

〔23〕注：像鸟嘴一样的形状，能用来灌水的器物。

〔24〕歃血盆：盛血以供歃血之盆。古代人们结盟，有以牲畜血涂口边的习俗，称为“歃血”。

〔25〕奁花囊：藏香之器。

〔26〕鸟迹：即“鸟篆”，亦作“鸟籀”。文字笔画以鸟形饰之，故名。

〔27〕虫鱼：即“虫书”“虫篆”，形容字迹像虫蚀。为秦书八体之一。

〔28〕大篆：亦称“篆文”。甲骨文、金文、籀文及春秋战国时通行于六国的文字总称为“大篆”。

〔29〕小篆：亦称“秦篆”，秦代通行的文字，字体较籀文简化。秦始皇统一六国后，采取李斯的意见，推行统一文字的政策，以小篆为正字，对汉字的规范化起了很大的作用。小篆形体匀圆整齐，存世有《琅邪台刻石》和《秦

山刻石》残石，可代表其风格。

〔30〕阴款：阴文款。器铭凹陷者为“阴文”。用阴文印章钤出的印文为红地白字，故也称“白文”。

〔31〕阳款：阳文款。器铭凸起者为“阳文”。用阳文印章钤出的印文为朱色，故也称“朱文”。

〔32〕冷冲：修补古铜器。《筠轩清秘录》：“冷冲，谓三代、秦、汉铜器，或落一足，或堕一耳，或出土时误搏击成小孔，或收藏家偶触物成茅损者，用铅补冷钎，以法蜡填饰，点缀颜色，山黄泥调抹，作出土状。”

〔33〕屑凑：《筠轩清秘录》：“屑凑，谓搜索古冢旧器不完者，或取其耳，或取其足，或取其，或取其腹，或取古壶盖，作圆鼎腹，或取旧镜面，作方片，凑方鼎身，亦用铅冷钎，凑合成器，法蜡填饰，点缀颜色，山黄泥调抹，作出土状。”

〔34〕柴窑：著名瓷窑，是五大名窑（柴、汝、官、哥、定）之首。世传五代周世宗柴荣时烧造，故称“柴窑”。以“雨过天青色”瓷器著名。窑址在河南郑州。

〔35〕汝窑：宋代五大名窑之一。在河南省临汝县，古称汝州，故名，北宋创设。胎土细润，釉水莹润，厚若堆脂。以淡青色为主，尤以粉青色釉著名。装饰以釉下画花为多，缠枝花图案最有特色。

〔36〕铁足：铁色之足。《饮流斋说瓷》：“紫口铁足。谓口际有边，深黄而近紫，足则铁色也。”《遵生八笺》：“所谓官者，烧于宋修内司中，为官家造也。在杭之凤凰山下，其土紫，故足色若铁。时云紫口铁足。”

〔37〕茅蔑：即“茆蔑”。《博物要览》：“行家以窑器损露曰蔑，剥落稍少曰茆。”

〔38〕堆垛：物件堆成圆锥体，自底层起，以上各层顺次减少，至第一层至一为止。

〔39〕元烧枢府字号：即元代江西景德镇烧造进御的陶瓷器。胎体厚重，色白微青，称卵白釉。常见器皿有盘、碗等，式多小足。装饰以印花为主。《博物要览》：“新旧饶窑，元烧小足印花，内有‘枢府’字号者，价重且不易得。”

〔40〕永乐细款青花杯：永乐，明成祖朱棣年号（1403—1424）。《博物要览》：“我明永乐年造压手杯，坦口折腰，沙足滑底，中心画有双狮滚球，球内篆书‘大明永乐年制’六字，或白字细若粒米，此为上品。鸳鸯心者次之，花心者又其次也。杯外青花深翠，式样精妙，传世可久，价亦甚高。”

〔41〕成化：成化，明宪宗朱见深年号（1465—1487）。

〔42〕张成：元末雕漆工艺名家，生卒不详。浙江嘉善西塘人。《清秘藏》："雕红漆器，元时张成、杨茂二家，技擅一时，第用朱不厚，间多敲裂。"北京故宫博物院藏张成造"山水人物纹剔红圆盒"一件。

〔43〕杨茂：元末雕漆工艺名家，生卒不详。浙江嘉善西塘人。《嘉兴府志》："杨茂嘉兴府西塘杨汇人，剔红最得名。"又工戗金、戗银法。所制漆器，组织严谨，刀法有力，花纹自然柔和，表现出高超的技艺。北京故宫博物院藏杨茂造"山水人物纹剔红八方盒"一件、"花卉纹剔红渣斗"一件。

〔44〕詹成：宋代雕刻名手。

〔45〕夏白眼：明代雕刻名手。

〔46〕宣庙：指明宣宗朱瞻基年间（1426—1435）。

制瓷。《天工开物》插图。

制瓷。《天工开物》插图。

琢玉。《天工开物》插图。

琢玉。《天工开物》插图。

卷八

衣饰

衣冠制度[1]，必与时宜[2]，吾侪既不能披鹑[3]带索[4]，又不当缀玉垂珠，要须夏葛、冬裘，被服娴雅[5]，居城市有儒者之风，入山林有隐逸之象，若徒染五采[6]，饰文缋[7]，与铜山金穴之子，侈靡斗丽，亦岂诗人粲粲[8]衣服之旨乎？至于蝉冠朱衣[9]，方心曲领[10]，玉珮[11]朱履[12]之为"汉服"也；幞头[13]大袍之为"隋服"也；纱帽[14]圆领之为"唐服"也；檐帽[15]襕衫[16]、申衣[17]幅巾[18]之为"宋服"也；巾环[19]襈领[20]、帽子系腰之为"金元服"也；方巾[21]圆领之为"国朝[22]服"也，皆历代之制，非所敢轻议也。志《衣饰第八》。

注释

〔1〕制度：制作的法式。

〔2〕时宜：相宜于时。

〔3〕披鹑：鹑衣，补缀的破衣。披鹑，披着打补丁的衣服。

〔4〕带索：以草绳系腰。

〔5〕娴雅：娴静文雅。

〔6〕五采：与"五彩"通。指青、黄、赤、白、黑五色相间，也泛指各种颜色。

〔7〕文缋：花纹图案。

〔8〕粲粲：鲜明的样子。

〔9〕朱衣：红色的衣服。

〔10〕方心曲领：宋代以前，官员穿着朝服，里面只衬一个圆形的护领。从宋开始，凡穿朝服，项间必套一个上圆下方、形似缨络锁片的饰物，称为“方心曲领”，一直沿用到明代。

〔11〕玉珮：与“玉佩”通，亦名“佩玉”。以玉为佩饰。《礼记·玉藻》：“古之君子，必佩玉。”

〔12〕朱履：即红鞋。

〔13〕幞头：一种包头用的巾帛。东汉时已较流行。魏晋以后，巾裹成为男子的主要首服。北周武帝时，裁出脚，后幞发，故称“幞头”。幞头的式样，为不同身份的重要标志。《中华古今注》：“本名上巾，亦名折上巾，但以三尺皂罗后裹发，盖庶人常服。沿至后周，裁为四角，名曰‘幞头’。”《席上腐谈》：“唐人幞头，初以皂纱为之，后以其软，遂折桐木山子在前衬起，名曰军容头，以为起于鱼朝恩，五代相承用之。唐人添四带，以两角垂前，以两角垂后。”

〔14〕纱帽：古代君主或贵族、官员所戴的一种帽子。以纱制成，故名。《北齐书·平秦王归彦传》：“齐制，宫内惟天子纱帽，臣下皆戎帽。特赐归彦纱帽以宠之。”明代开始定为文武官常礼服。后泛指官帽。参阅《明史·舆服志三》。

〔15〕檐帽：帽缘形如檐的帽子。

〔16〕襕衫：亦作“褴衫”“蓝衫”，一种服装样式。在衫的下摆加接一幅横襕，故名，为古代士人的服装。《宋史·舆服志》：“衫以白细布为之，圆衲大袖，下拖横襕为裳，腰间有襞积，进士及国子生、州县生服之。”《正字通·衣部》：“明制生员襕衫用蓝绢裾袖缘以青，谓有襕缘也；俗作褴衫；因色蓝改为蓝衫。”

〔17〕申衣：即“深衣”。古代诸侯、大夫、士家居所穿的衣服，也是庶人的长礼服。衣裳相连，前后深长，故名。深衣出现于春秋战国，改变了过去服装的裁制方法，将左面衣襟前后片缝合，后面衣襟加长，形成三角形，穿时绕至背后，用腰带系扎。《礼·深衣》注：“谓连衣裳而纯之以采也。”疏：“衣裳相连，被体深邃，故谓之‘深衣’。”

〔18〕幅巾：即“头巾”，俗称“幞头”。古代男子用绢一幅束头发，是一种表示儒雅的装束。《朱子家礼》：“幅巾用黑缯六尺许，中屈之，右边就屈处为横辄，左边反屈之，自辄左四五寸间，斜缝向左圆曲而下，遂循左边至于两末，复反以所缝余缯使之向里，以辄当额前裹之至两耳旁，各缀一带，广二寸，长二尺，自巾外过顶后相结而垂之。”

〔19〕巾环：巾上所系之环。《明会典》：“洪武六年（1375）令：庶民巾环，不得用金玉、玛瑙、珊瑚、琥珀，未入流者并同。”

〔20〕褾领：滚领。

〔21〕方巾：这里指“四方平定巾”，即明代初期颁行的一种方形软帽。为职官、儒士所戴的便帽，以黑色纱罗制成，形状四角皆方，故名。《前闻记》：“今士庶所戴方顶大巾，相传太祖皇帝召会稽杨维桢，杨戴此以见，上问所戴何巾？维桢对曰：‘四方平定巾。’上悦，遂令士庶依其制戴。或谓有司初进样，方直其顶，上以手按偃落后，俨如民字形，遂为定制。”

〔22〕国朝：本朝（明朝）。

清代朝廷官员服饰及室内陈设。大可堂版《点石斋画报》插图。

《富春堂版书》中的人物服饰。《新刻出像音主花千金记》插图。简名《千金记》，明沈采撰，明万历金陵富春堂刊本。中国国家图书馆藏书。

道服〔1〕

制如申衣，以白布为之，四边延以缁色〔2〕布，或用茶褐为袍，缘以皂布〔3〕。有月衣〔4〕，铺地如月，披之则如鹤氅〔5〕。二者用以坐禅〔6〕策蹇〔7〕，披雪〔8〕避寒，俱不可少。

注释

〔1〕道服：道家的法服。形制是斜领交裾，四周用黑色布为缘，用茶褐色为袍制者又称“道袍”。

〔2〕缁色：即黑色。

〔3〕皂布：即黑布。

〔4〕月衣：有月形的衣服。即“披风”，为御寒之服。

〔5〕鹤氅：用鸟的羽毛制成的衣服。

〔6〕坐禅：僧人或居士盘坐，以修心养神，亦称“打坐”。

〔7〕策蹇：驱策驽马。

〔8〕披雪：挡雪。

道衣。《三才图会》插图。

禅衣[1]

以洒海刺[2]为之，俗名“琐哈刺”，盖番语[3]不易辨也。其形似胡羊[4]毛片缕缕下垂，紧厚如毡，其用耐久，来自西域，闻彼中亦甚贵。

注释

〔1〕禅衣：佛教僧人的衣服。《汉族僧服考略》：“佛教僧侣的衣服，根据佛教的制度，限于三衣或五衣。”三衣指：僧伽黎，即大衣；郁多罗僧，即上衣；安陀会，即内衣。五衣是在三衣外，加上僧祇支和涅僧。僧祇支是覆肩衣，涅僧是裙子。规定颜色不许用上色或纯色，在新制的衣服上，必须缀上另一种颜色的布，用以破坏衣服的整色。也指单衣，其形制与袍略同，只是不用衬里。这种禅衣除平时在家穿着，也可用做官员朝服，但只能作衬衣，穿在袍服里面。

〔2〕洒海刺：《格古要论》：“洒海刺出西番，绒毛织者，阔三尺许，紧厚如毡。”

〔3〕番语：即外国语，古称外国为“番”。

〔4〕胡羊：即绵羊。头上有弯角，毛长而绵密，色白卷曲，肉可食，毛皮为裘，属哺乳纲偶蹄目牛科。

袈裟是佛教僧尼的法衣，又名“离尘衣”“无垢诉”“福田衣”等。其形制是覆左膊而掩右腋，用一大环作为扣搭。袈裟是由许多块碎布补缀而成的，又称“衲衣”。衣色由于常服颜色的变化而变化，一般以红色为上。大可堂版《点石斋画报》插图。

被[1]

以五色氆氇[2]为之，亦出西番[3]，阔仅尺许，与琐哈剌相类，但不紧厚；次用山东茧绸[4]，最耐久，其落花流水、紫、白等锦，皆以美观，不甚雅，以真紫花布为大被，严寒用之，有画百蝶于上，称为"蝶梦"者，亦俗。古人用芦花为被，今却无此制。

注释

〔1〕被：卧具，古称"寝衣"。睡觉时盖在身上的东西，一般用布或绸缎做面，用布做里子，装上棉花或丝绵等。

〔2〕氆氇：也称"普罗"，我国藏族地区出产的一种羊毛织品，可做床毯、衣服等。产生于公元7世纪吐蕃时期的"拂庐"。有十多个品种。明曹昭《格古要论》："普罗，出西番及陕西甘肃。亦用绒毛织者，阔一尺许，与洒海刺相似，却不紧厚。"

〔3〕西番：指西方国家。

〔4〕茧绸：茧是由柞蚕丝织成的绸子，也称"土绸"或"府绸"。柞蚕，体绿色，以麻栎叶为饲料，结褐色茧，其丝用以织绸，今山东、河南、东北及贵州等省皆以人工饲养。属昆虫纲鳞翅目天蚕蛾科。

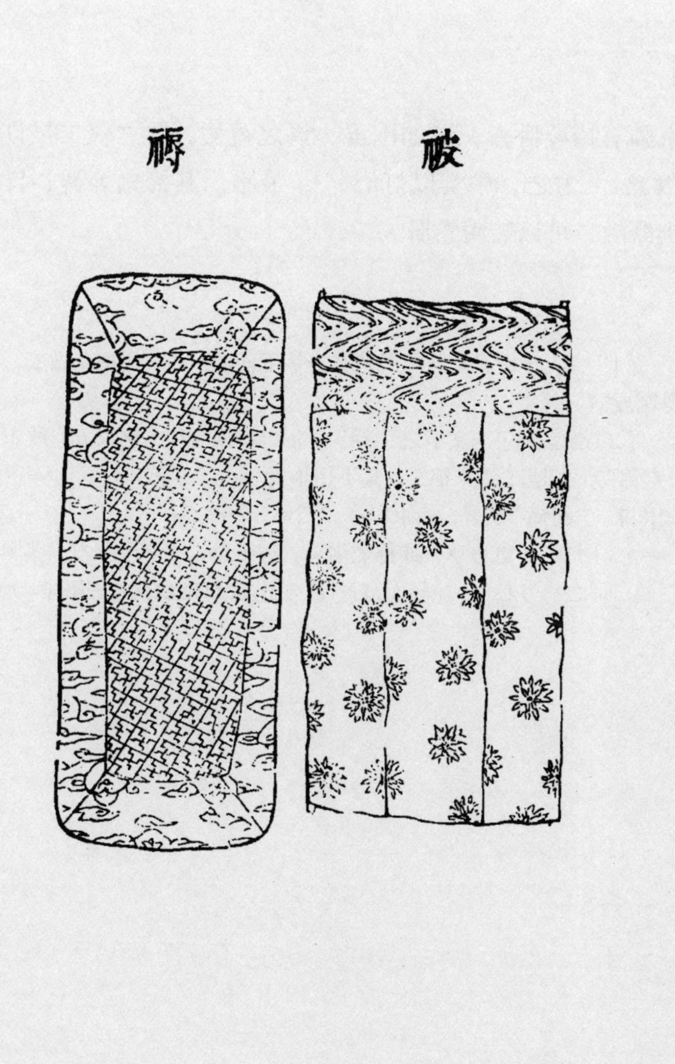

被、褥。《三才图会》插图。

褥[1]

京师有摺叠卧褥，形如围屏，展之盈丈，收之仅二尺许，厚三四寸，以锦[2]为之，中实以灯心[3]，最雅。其椅榻等褥，皆用古锦为之。锦既敝，可以装潢卷册。

注释

〔1〕褥：坐卧具。睡觉时垫在身体下面的东西，用棉花做成，也有用树皮等制成的。

〔2〕锦：杂色织文谓之“锦”。古以厚缯为地，别以五彩线织之，素地曰“素锦”，朱地曰“朱锦”，其不用地者别名“织成”。汉时陈留多产之，三国以来，“蜀锦”最著，南京以产“云锦”著称。

〔3〕灯心：灯心草，亦称虎须草、碧玉草，多年生草本，茎圆而长，中有白髓，谓之“灯心”。质轻而富弹性，用以点灯制烛及各种用途。属灯心草科。

明代卧室的布局。《新锲晋代许旌阳得道擒蛟铁树记》插图。

绒单[1]

出陕西、甘肃，红者色如珊瑚，然非幽斋所宜，本色者最雅，冬月可以代席。狐腋[2]、貂褥[3]不易得，此亦可当温柔乡[4]矣。毡[5]者不堪用，青毡用以衬书大字。

注释

〔1〕绒单：绒单亦称“绒毯”。织物松厚而能保体温者曰“绒”，其由毛织成者曰“毛绒”，由丝织成者曰“丝绒”。

〔2〕狐腋：腋同“掖”。狐，属哺乳纲食肉目犬科，种类很多，外形略像狼，面部较长。性狡猾多疑，昼伏夜出。毛通常赤黄色，细密温暖，为高贵裘类。

〔3〕貂褥：貂皮制成的褥。貂，哺乳纲食肉目鼬科动物。身体细长，四肢短，耳朵三角形，听觉敏锐，种类很多，色黄黑或带紫，毛皮珍贵。

〔4〕温柔乡：《飞燕外传》：“是夜，进合德，帝大悦，以辅属体，无非不靡，谓为温柔乡。曰：我老是乡矣，不能效武皇帝更求白云乡也。”

〔5〕毡：动物毛（主要是羊毛、骆驼毛、牦牛毛等）经湿、热、挤压等制成的片状无纺织物，具有回弹、吸震、保暖等性能。早在周代已有制毡技术和使用毡的记载。

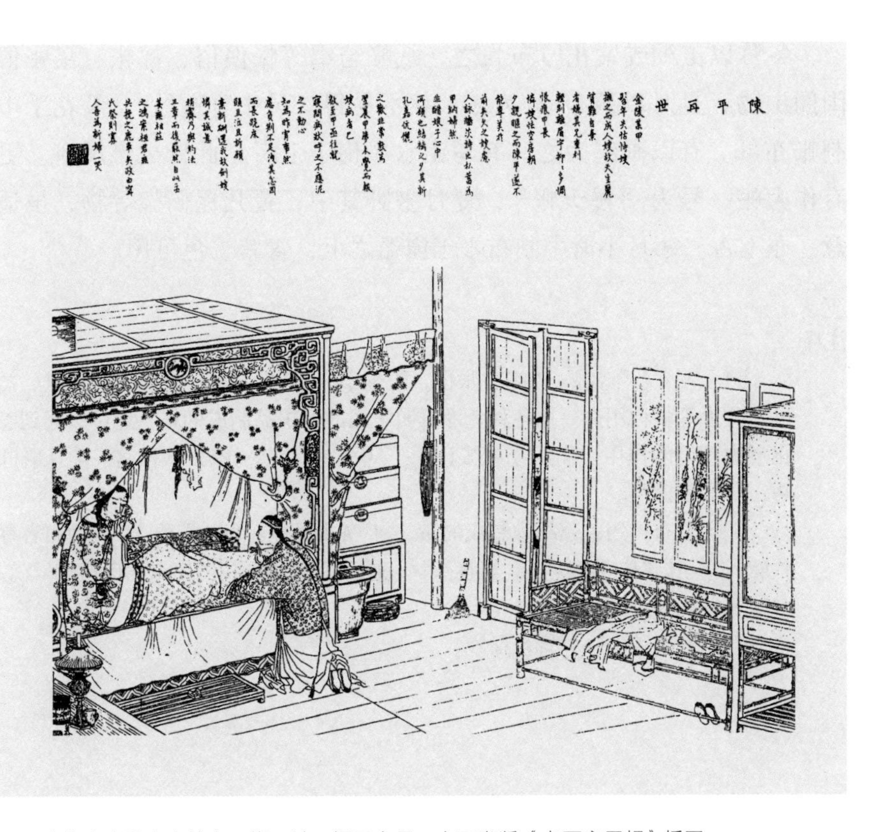

清代家庭卧室中的床、帐、被、褥及家具。大可堂版《点石斋画报》插图。

帐[1]

冬月以茧紬或紫花厚布为之，纸帐与绢等帐俱俗，锦帐、帛帐俱闺阁中物，夏月以蕉布[2]为之，然不易得。吴中青撬纱[3]及花手巾制帐亦可。有以画绢为之，有写山水墨梅于上者，此皆欲雅反俗。更有作大帐，号为“漫天帐”，夏月坐卧其中，置几榻橱架等物，虽适意，亦不古。寒月小斋中制布帐于窗槛之上，青紫二色可用。

注释

〔1〕帐：《释名》：“帐，张也，张施于床上也。”帐具有保暖、避虫、挡风、防尘等多种用途。用各种色泽鲜明华丽的丝织品制成的帐，还可以起到美化室内环境的作用。沈约《咏帐诗》：“甲帐垂和璧，螭云张桂宫。随珠既吐曜，翠被复含风。”

〔2〕蕉布：用芭蕉纤维制成的布。《广东新语》：“蕉类不一，可为布者称蕉麻。”蕉麻亦称“麻蕉”，属芭蕉科，原产菲律宾，我国广东、广西、云南、台湾等省均有栽培。

〔3〕青撬纱：一种青色稀纱。

冠〔1〕

铁冠最古，犀玉〔2〕、琥珀次之，沉香、葫芦〔3〕者又次之，竹箨、瘿木者最下。制惟偃月〔4〕、高士〔5〕二式，余非所宜。

注释

〔1〕冠：古时贵族男子所戴的帽子。古代礼俗，贵族男子年二十而加冠，举行“冠礼”。古时的冠，是加在发髻上的一个小罩子，与后世的帽子大不相同。冠圈的两旁有两根小丝带，可以在颌下打结。冠的种类很多，质料和颜色也不尽相同。

〔2〕犀玉：犀角与玉。

〔3〕葫芦：亦称蒲芦、壶芦、匏等，一年生草本，花白色，浆果两端膨大，中有细腰，成熟后除去果肉而干之，可做各种容器，属葫芦科。

〔4〕偃月：冠形如“偃月”。明朱之蕃《箨冠》诗：“龙孙头角旧青霄，蜕甲斑纹永不凋。偃月制成笼短鬓，切云翦就映高标。都门挂后名心隐，湖曲归来逸兴骄。酒漉葛巾慵更著，行吟搔首自逍遥。”

〔5〕高士：《后汉书·郭泰传》：“林宗尝行遇雨，巾袘角垫。”今高人道士所著，是“林宗折角”。

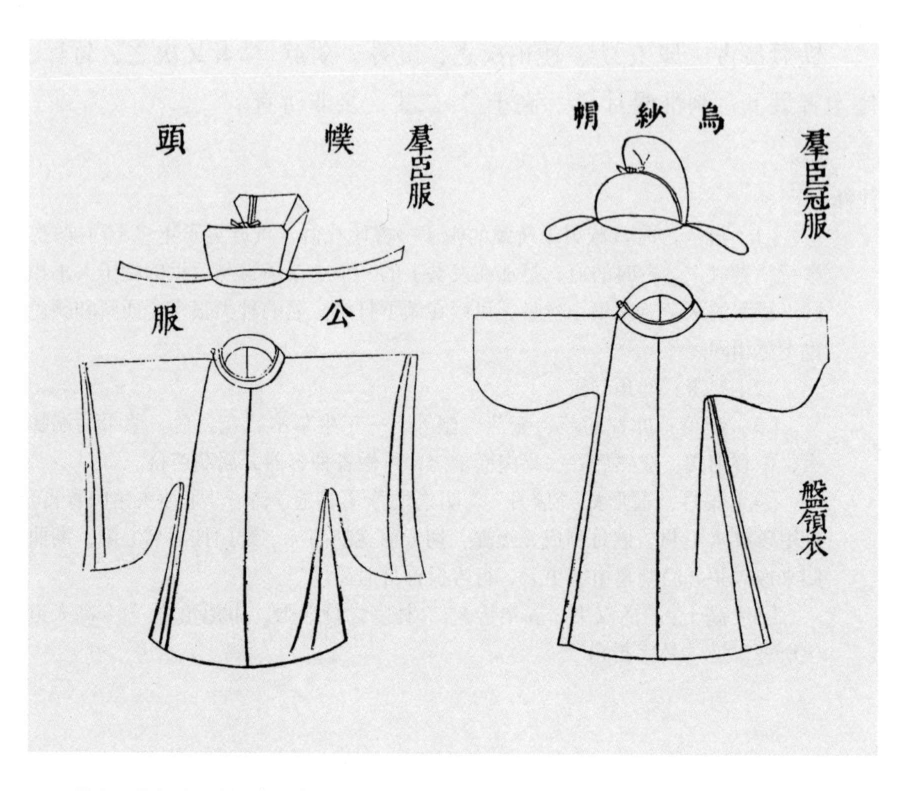

幞头、纱帽和服装。《三才图会》插图。

巾[1]

唐巾[2]去汉式不远，今所尚“披云巾”[3]最俗，或自以意为之，“幅巾”最古，然不便于用。

注释

〔1〕巾：帽的一种，以葛或缣制成，横著额上。也指包裹头发的小块纺织品。

〔2〕唐巾：唐代帝王所戴的一种便帽，后来也为士人所用。《留青日札》：“唐巾，唐制，四脚，二系脑后，二系颔下，服牢不脱，有两带四带之异，今进士巾亦称唐巾。”

〔3〕披云巾：《考槃馀事》：“披云巾，或缎或毡为之，匾巾方顶，后用披肩半幅，内絮以棉，此癯仙所制，为踏雪冲寒之具。”

诸葛巾

此名綸巾（綸音關）諸葛武侯嘗服綸巾執羽扇指揮軍事正此巾也因其人而名之今鮮服者

忠靖冠

有梁隨品官之大小爲多寡兩旁暨後以金線屈曲爲文此卿大夫之章非士人之服也嘉靖初更定服色遂有限制

治五巾

有三梁其制類古五積巾俗名緇布冠其實非也士人嘗服之

雲巾

有梁左右及後用金線或素線屈曲爲雲狀制頗類忠靖冠士人多服之

方巾

此即古所謂角巾也制同雲巾特少雲文相傳國初服此取四方平定之意

東坡巾

巾有四墻墻外有重墻比內墻少殺前後左右各以角相向著之則角界在兩眉間以老坡所服故名嘗見其畫像至今冠服猶爾

唐巾

其制類古毋追嘗見唐人畫像帝王多冠此則固非士大夫服也今率爲士人服矣

漢巾

漢時衣服多從古制未有此巾疑厭常喜新者之所爲假以漢名耳

各种式样的巾。《三才图会》插图。

笠〔1〕

细藤者佳，方广二尺四寸，以皂绢缀檐〔2〕，山行以避风日；又有叶笠〔3〕、羽笠〔4〕，此皆方物，非可常用。

注释

〔1〕笠：供避暑使用的称为“凉笠”，供避雨使用的称为“雨笠”。今俗称“斗笠”或“箬笠”。

〔2〕缀檐：俗称“滚边”，用料缝其边缘。

〔3〕叶笠：以竹叶或树叶做成的斗笠。

〔4〕羽笠：由鸟羽所制的斗笠。

笠、履。《马骀画宝》插图。

履[1]

冬月用秧履[2]最适，且可暖足。夏月棕鞋[3]惟温州者佳，若方舄[4]等样制作不俗者，皆可为济胜之具[5]。

注释

〔1〕履：鞋。单底的称“履”，复底的称“舄”。清朱骏声《说文通训定声》：“古曰‘屦’，汉以后曰‘履’，今曰‘鞋’。”

〔2〕秧履：用芦花、稻草编织的鞋，冬季可以用来取暖。

〔3〕棕鞋：即棕榈苞毛制成的鞋。

〔4〕方舄：舄是古时祭祀所用的履。在古履中，以舄为贵。与其它鞋履不同，舄一般装有木制的厚底，可以不受潮湿。晋崔豹《古今注》：“舄以木置履下，干腊不畏泥湿也。”

〔5〕济胜之具：游览用交通工具。南朝宋刘义庆《世说新语》：“许椽好游山水，而体便登涉，时人云：‘非徒有胜情，且有济胜之具。’”

靴、袜、舄。《中东宫冠服》插图。

卷九

舟车

舟之习于水也，弘舸[1]连舳[2]，巨舰[3]接舻[4]，既非素士[5]所能办；蜻蜓[6]蚱蜢[7]，不堪起居；要使轩窗阑槛，俨若精舍[8]，室陈[9]厦飨[10]，靡不咸宜，用之祖远[11]饯近[12]，以畅离情；用之登山临水，以宣幽思；用之访雪载月[13]，以写高韵；或芳辰缀赏[14]，或靓女[15]采莲，或子夜[16]清声，或中流歌舞[17]，皆人生适意之一端也。至如济胜之具，篮舆[18]最便，但使制度新雅，便堪登高涉远；宁必饰以珠玉，错以金贝[19]，被以缋罽[20]，藉以簟茀[21]，缕以钩膺，文以轮辕[22]，绚以鞗革[23]，和以鸣鸾[24]，乃称周行[25]、鲁道[26]哉？志《舟车第九》。

注释

〔1〕弘舸：大船。

〔2〕连舳：《吴都赋》刘注："舳，船前也。"连舳接舻，船头尾相连。

〔3〕巨舰：《释名·释船》："上下重床曰舰。四方施板以御矢石，其内如牢槛也。"

〔4〕接舻：《说文通训定声》："船尾谓之舻。"

〔5〕素士：儒素之人。儒素，指儒者的操行。

〔6〕蜻蜓：昆虫名。身体细长，胸部的背面有两对膜状的翅，生活在水边，是益虫，属脉翅目蜻蜓科。此处借用指小船。

〔7〕蚱蜢：昆虫名。像蝗虫，常生活在一个地区。危害禾本科、豆科等植物，是害虫，属直翅目飞蝗科。此处借用指小船。

〔8〕精舍：精致的屋宇。

〔9〕室陈：指舱内陈设。

〔10〕厦飨：指舱外宴饮。

〔11〕祖远：饯送远行。

〔12〕饯近：饯，酒食送行。饯近，饯别近游。

〔13〕载月：形容夜深。

〔14〕芳辰缀赏：芳辰与良辰、吉日同义。梁元帝《纂要》：“春曰青阳，辰曰良辰，曰嘉辰，曰芳辰。”缀赏，共赏。

〔15〕靓女：美女。

〔16〕子夜：乐府诗的一种。《唐书·乐志》：“《子夜歌》者，《晋曲》也，晋有女子名子夜，造此声，声过哀苦。”

〔17〕中流歌舞：汉武帝《秋风辞》：“横中流兮扬素波，萧鼓鸣兮发棹歌。”

〔18〕篮舆：古时一种竹制的坐椅。《晋书·隐逸传》：“弘要之还州，问其所乘，答云：‘素有足疾，向乘篮舆，亦足自返。’”

〔19〕金贝：古代黄金、白银、赤铜，通称为金。古人以贝壳为货币，至秦，废贝行钱。

〔20〕缋罽：缋，同“绘”，彩画。罽，毛织的地毯。缋罽，有彩画的毛毯。

〔21〕簟茀：簟，方纹席。茀，车之蔽。

〔22〕轮辕：轮，车轮。辕，车前驾牲畜的两根直木。

〔23〕鞗革：《诗经·小雅·蓼萧》：“鞗革忡忡。”鞗，为辔首之饰。

〔24〕鸣鸾：车铃声。

〔25〕周行：善道。《诗经·小雅·鹿鸣》：“人之好我，示我周行。”《毛传》：“周，至；行，道也。”

〔26〕鲁道：鲁国平坦的道路。

清代的汉口渡舟。大可堂版《点石斋画报》插图。

清代冬至祀天典礼中的皇室用车。大可堂版《点石斋画报》插图。

巾车[1]

今之“肩舆”，即古之“巾车”也。第古用牛马，今用人车，实非雅士所宜。出闽、广者精丽，且轻便；楚中[2]有以藤为扛者，亦佳；近金陵[3]所制缠藤者，颇俗。

注释

〔1〕巾车：即“肩舆”，俗称“轿子”。旧时的交通工具，方形，用竹子或木头制成，外面套着帷子，两边各有一根杆子，由人抬着走或由骡马驮着走。

〔2〕楚中：指今湖南、湖北两省境。

〔3〕金陵：今江苏省南京市。

巾车。《新锲重订出像附释标注鹜鸿记题评》插图。

篮舆

山行无济胜之具，则“篮舆”似不可少，武林[1]所制，有坐身踏足处，俱以绳络者，上下峻坂[2]皆平，最为适意，惟不能避风雨。有上置一架，可张小幔者，亦不雅观。

注释

〔1〕武林：山名，在浙江杭县。为今浙江省杭州市的古称。

〔2〕峻坂：陡坡。

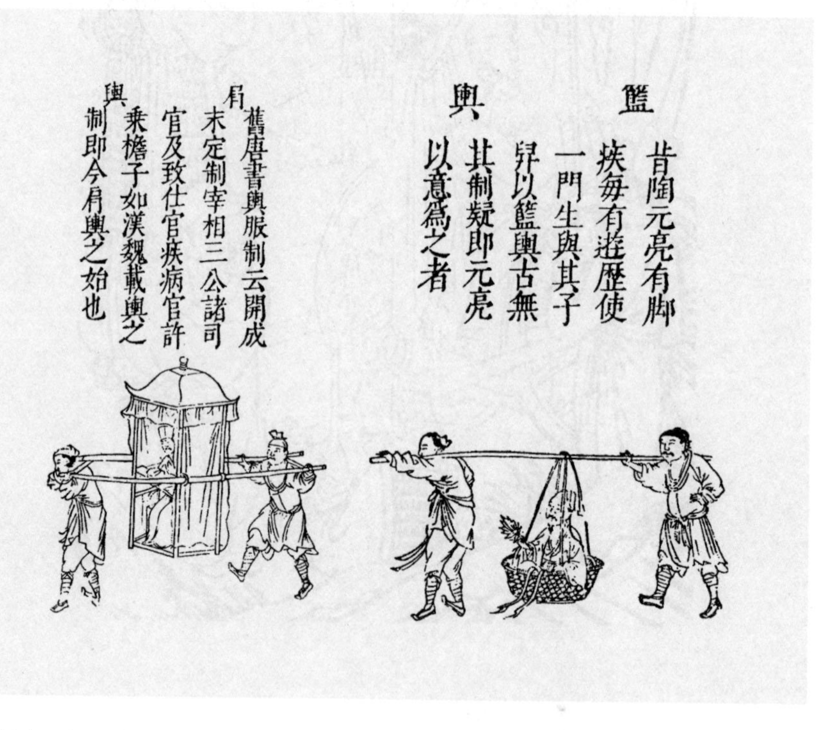

篮舆、肩舆。《三才图会》插图。

舟

形如划船，底惟平，长可三丈有余，头阔五尺，分为四仓：中仓可容宾主六人，置桌凳、笔床、酒枪、鼎彝、盆玩之属，以轻小为贵；前仓可容僮仆[1]四人，置壶榼[2]、茗炉[3]、茶具之属；后仓隔之以板，傍容小弄[4]，以便出入。中置一榻，一小几。小厨上以板承之，可置书卷、笔砚之属。榻下可置衣厢、虎子[5]之属。幔以板，不以篷簟[6]，两傍不用栏楯，以布绢作帐，用蔽东西日色，无日则高卷，卷以带，不以钩。他如楼船[7]、方舟[8]诸式，皆俗。

注释

〔1〕僮仆：僮与"童"通，侍应的小童与仆从。

〔2〕榼：古时盛酒的器具。

〔3〕茗炉：茶炉。茗，原指某种茶叶，今泛指喝的茶。

〔4〕小弄：供人通行的地方。

〔5〕虎子：便器。

〔6〕篷簟：篷，船篷。簟，席子。

〔7〕楼船：上面有楼的船。

〔8〕方舟：二船相并而行。

舟。《新镌量江记》插图。池阳九峰楼撰，秣陵陈大来校，明万历三十六年（1608）金陵继志斋版。中国国家图书馆藏。

小船

长丈余，阔三尺许，置于池塘中，或时鼓枻[1]中流；或时系于柳阴曲岸，执竿把钓，弄月吟风；以蓝布作一长幔。两边走檐，前以二竹为柱；后缚船尾钉两圈处，一童子刺[2]之。

注释

〔1〕鼓枻：枻，桨。鼓枻，划桨行舟。

〔2〕刺：撑船。

小船。《裴度香山还带记》插图。明沈采撰，星源游氏兴贤堂重订，明万历十四年（1586）绣谷唐氏世德堂校刊本。

卷十

位置

位置[1]之法，繁简不同，寒暑各异，高堂广榭，曲房奥室[2]，各有所宜，即如图书鼎彝之属，亦须安设得所，方如图画。云林清秘[3]，高梧古石中，仅一几一榻，令人想见其风致，真令神骨俱冷。故韵士所居，入门便有一种高雅绝俗之趣。若使堂前养鸡牧豕，而后庭侈言浇花洗石，政不如凝尘满案[4]，环堵四壁[5]，犹有一种萧寂[6]气味耳。志《位置第十》。

注释

〔1〕位置：经营位置，安排空间布局。

〔2〕曲房奥室：密室。

〔3〕云林清秘：云林，元代画家倪瓒，字元镇，号云林，江苏无锡人。清秘，阁名，在江苏省无锡市东，为倪云林居所之一阁，《明史·隐逸传》称其环境“幽回绝尘，高木修篁，蔚然深秀”。

〔4〕凝尘满案：桌子积满灰尘。

〔5〕环堵四壁：四面以矮墙围起来。《礼记·儒行》：“儒有一亩之宫，环堵之室。”《注》：“堵长一丈，高一尺而环，一堵为方丈，故曰‘环堵之室’。”

〔6〕萧寂：萧瑟闲寂。

申纯出行前在王娇娘家中熙春堂宴行的情景。《娇红记》插图。明宣德十年金陵积德堂版。人物、衣冠服饰和室内布置反映了当时的时代特征。

坐几

天然几一，设于室中左偏东向，不可迫近窗槛，以逼风日。几上置旧研[1]一，笔筒一，笔觇[2]一，水中丞[3]一，研山[4]一。古人置研，俱在左，以墨光不闪眼，且于灯下更宜，书尺[5]镇纸各一，时时拂拭，使其光可鉴，乃佳。

注释

〔1〕旧研：与“旧砚”通。

〔2〕笔觇：试笔之具。

〔3〕水中丞：即水盂，文房贮水器。

〔4〕研山：即砚山。依石的天然形状，中凿为砚，刻石为山，故称“砚山”。《遵生八笺》：“研山始自米南宫，以南唐宝石为之，图载《辍耕录》，后即效之。”

〔5〕书尺：界尺。明朱之蕃《书尺诗》：“文木裁成体直方，高斋时伴校书郎。坐摊散帙资弹压，风动残编待主张。”

坐具

湘竹榻[1]及禅椅皆可坐，冬月以古锦制褥，或设皋比[2]，俱可。

注释

〔1〕湘竹榻：用湘妃竹制成的榻。

〔2〕皋比：虎皮。

椅 榻 屏 架

斋中仅可置四椅一榻，他如古须弥座[1]、短榻、矮几、壁几[2]之类，不妨多设，忌靠壁平设数椅，屏风仅可置一面，书架及橱俱列以置图史，然亦不宜太杂，如书肆中。

注释

〔1〕古须弥座："须弥座"，又名"金刚座"，佛像的底座。又为我国传统建筑的一种台基。一般用砖或石砌成，上有凹凸线脚和纹饰。明清以来，佛像、家具、神龛、坛、台、塔、幢及珍贵建筑物上均有须弥座。

〔2〕壁几：即圆几，或两半月形的几。

卧榻。《程氏墨苑》插图。

悬画[1]

悬画宜高，斋中仅可置一轴于上，若悬两壁及左右对列，最俗。长画可挂高壁，不可用挨画竹[2]曲挂。画桌可置奇石，或时花盆景之属，忌置朱红漆等架。堂中宜挂大幅横披，斋中宜小景花鸟；若单条、扇面、斗方[3]、挂屏之类，俱不雅观。画不对景，其言亦谬。

注释

〔1〕悬画：即挂画。

〔2〕挨画竹：幅面过长的画，悬挂时用细竹横挡，将一段曲挂于上，所用细竹，称为“挨画竹”，亦称“画竹”。

〔3〕斗方：书画所用的尺页，因其形状为方形，故名。

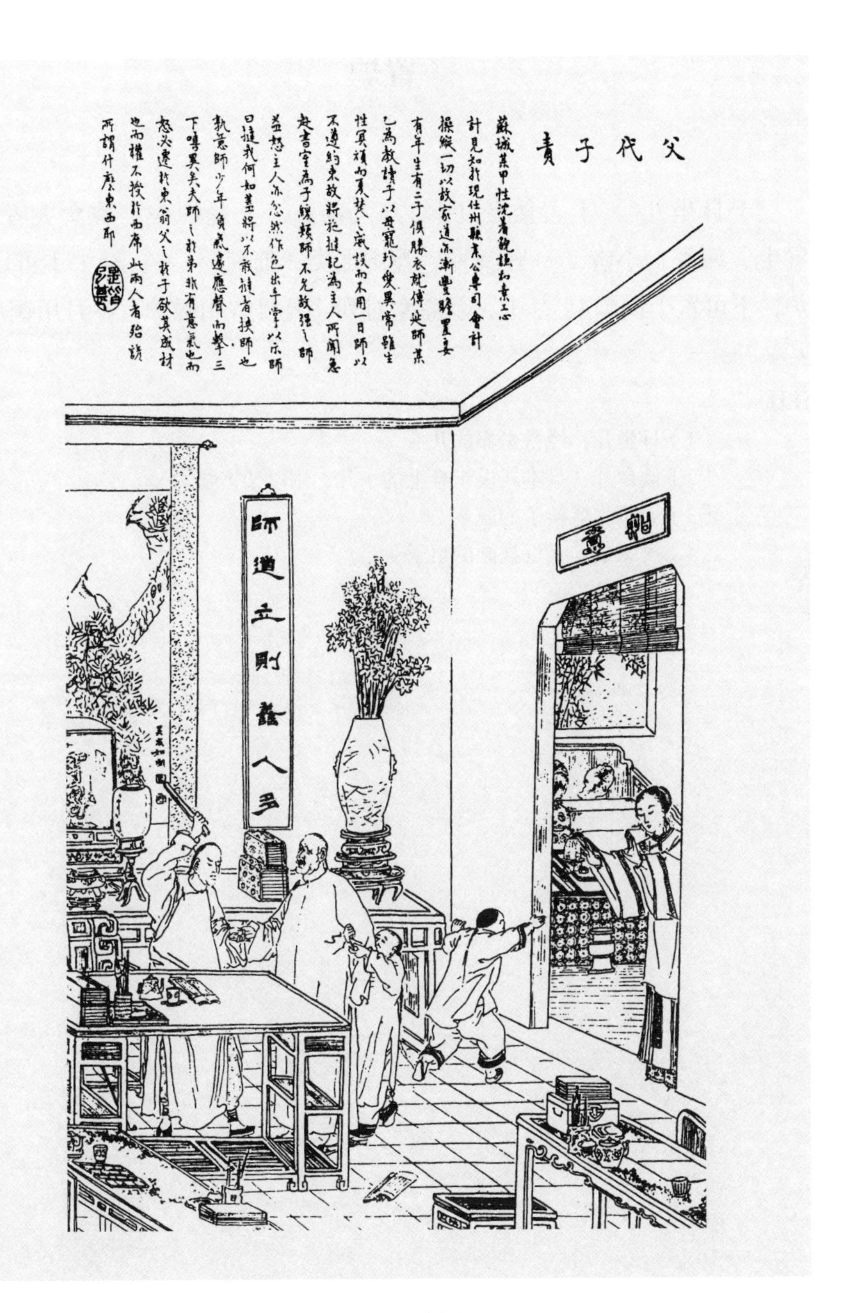

清代书房的室内陈设。大可堂版《点石斋画报》插图。

置炉

于日坐几[1]上置倭台几[2]方大者一，上置炉一；香盒大者一，置生、熟香；小者二，置沉香、香饼之类；箸瓶[3]一。斋中不可用二炉，不可置于挨画桌[4]上，及瓶盒对列。夏月宜用磁炉，冬月用铜炉。

注释

〔1〕日坐几：经常坐靠的几。

〔2〕倭台几：日本式设于桌上的小几，用以架器物。

〔3〕箸瓶：盛筷子的瓶。

〔4〕挨画桌：接近挂画的桌子。

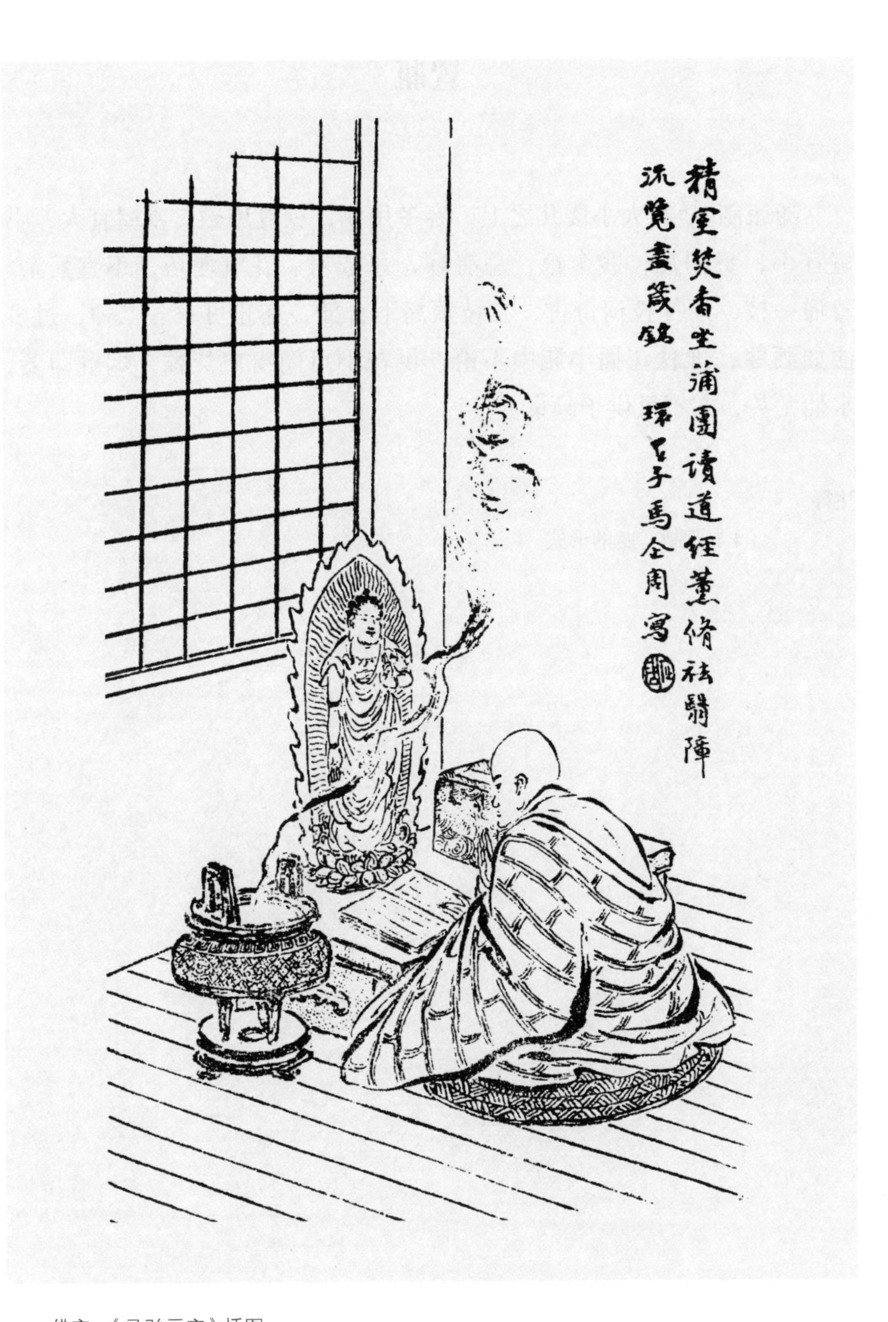

佛室。《马骀画宝》插图。

置瓶

随瓶制[1]置大小倭几之上，春冬用铜，秋夏用磁；堂屋宜大，书室宜小，贵铜瓦，贱金银，忌有环，忌成对。花宜瘦巧，不宜繁杂，若插一枝，须择枝柯奇古，二枝须高下合插，亦止可一、二种，过多便如酒肆；惟秋花插小瓶中不论。供花不可闭窗户焚香，烟触即萎，水仙尤甚，亦不可供于画桌上。

注释

〔1〕瓶制：瓶的形式。

小室

几榻俱不宜多置，但取古制狭边书几一，置于中，上设笔砚、香盒、薰炉之属，俱小而雅。别设石小几一，以置茗瓯[1]茶具；小榻一，以供偃卧[2]趺坐[3]，不必挂画；或置古奇石，或以小佛橱供鎏金小佛于上，亦可。

注释

〔1〕茗瓯：饮茶的器具。瓯，盅。

〔2〕偃卧：仰卧。

〔3〕趺坐：盘腿而坐，即称“盘坐”。

清代的室内陈设。大可堂版《点石斋画报》插图。

卧室

地屏[1]天花板虽俗，然卧室取干燥，用之亦可，第不可彩画及油漆耳。面南设卧榻一，榻后别留半室，人所不至，以置薰笼[2]、衣架、盥匜[3]、厢奁、书灯之属。榻前仅置一小几，不设一物，小方杌二，小橱一，以置香药、玩器。室中精洁雅素，一涉绚丽，便如闺阁中，非幽人眠云[4]梦月所宜矣。更须穴壁一，贴[5]为壁床[6]，以供连床夜话[7]，下用抽替[8]以置履袜。庭中亦不须多植花木，第取异种宜秘惜[9]者，置一株于中，更以灵璧、英石伴之。

注释

〔1〕地屏：地板。

〔2〕薰笼：用笼覆盖的薰炉。

〔3〕盥匜：古代洗手器。

〔4〕眠云：山居之意。唐刘禹锡《西山兰若试茶歌》："欲知花乳清冷味，须是眠云跂石人。"

〔5〕贴：贴近。

〔6〕壁床：穴壁为床。

〔7〕连床夜话：并床叙旧之意。

〔8〕抽替：即抽屉。桌子、柜子等家具中可以抽拉的盛放东西用的部分，常做匣形。宋周密《癸辛杂识》："昔李仁甫为《长编》，作木厨十枚，每厨作抽替匣二十枚。"

〔9〕秘惜：隐秘地珍爱。

明代的卧室陈设。《重校荆钗记》插图。元柯丹丘撰，明万历三十年(1602)金陵继志斋陈式版。北京大学图书馆藏。

亭榭[1]

亭榭不蔽风雨，故不可用佳器，俗者又不可耐，须得旧漆、方面、粗足、古朴自然者置之。露坐，宜湖石平矮者，散置四傍，其石墩、瓦墩之属，俱置不用，尤不可用朱架架官砖[2]于上。

注释

〔1〕亭榭：亭，平面为圆形或正方多角形的造园建筑物。是园林中广泛使用的游赏建筑。可休憩凭眺，遮阳避雨。明计成《园冶》："亭者，停也，所以停憩游行也。"亭的造型小巧秀丽，玲珑多姿。榭，平面为长方形、置之水旁的造园建筑物。

〔2〕官砖：明代官窑所产的砖。

明代文人雅士幽居的亭台水榭。《坐隐先生精订捷径棋谱》插图。明汪廷讷撰，汪耕画，黄应祖刻。万历三十七年(1609)汪氏刊《环翠堂全集》本。

园林布局。《点石斋画报》插图。

敞室

长夏宜敞室，尽去窗槛，前梧后竹，不见日色，列木几极长大者于正中，两傍置长榻无屏者各一，不必挂画，盖佳画夏日易燥，且后壁洞开，亦无处宜悬挂也。北窗设湘竹榻，置簟于上，可以高卧。几上大砚一，青绿水盆一，尊彝〔1〕之属，俱取大者；置建兰一二盆于几案之侧；奇峰古树，清泉白石，不妨多列；湘帘〔2〕四垂，望之如入清凉界〔3〕中。

注释

〔1〕尊彝：古代礼器。
〔2〕湘帘：即湘妃竹或斑竹帘。
〔3〕清凉界：这里指凉爽境地。

明清室内陈设。大可堂版《点石斋画报》插图。

佛室

内供乌丝藏佛[1]一尊，以金鋈[2]甚厚、慈容端整、妙相[3]具足者为上，或宋、元脱纱大士像[4]俱可，用古漆佛橱；若香像[5]唐像及三尊[6]并列、接引[7]诸天[8]等像，号曰“一堂”，并朱红小木等橱，皆僧寮[9]所供，非居士[10]所宜也。长松石洞之下，得古石像最佳；案头以旧磁净瓶[11]献花，净碗[12]酌水，石鼎爇[13]印香[14]，夜燃石灯，其钟、磬[15]、幡、幢、几、榻之类，次第铺设，俱戒纤巧。钟、磬尤不可并列。用古倭漆经厢[16]，以盛梵典[17]。庭中列施食台[18]一，幡竿[19]一，下用古石莲座[20]石幢[21]一，幢下植杂草花数种，石须古制，不则亦以水蚀之。

注释

〔1〕乌丝藏佛：即西藏所产的金佛。《明史·西域三传·乌斯藏大宝法王传》：“乌斯藏在云南西徼外，去云南丽江府千余里，四川马湖府千五百余里。洪武初，设指挥使司二：曰朵甘，曰乌斯藏。”

〔2〕金鋈：《博物要览》：“鋈金，以金铄为泥，数四涂抹，火炙成赤，所费不赀，岂民间所能仿佛？”

〔3〕妙相：庄严之像。

〔4〕脱纱大士像：不披纱的观音菩萨像。观音菩萨又称“观音大士”。

〔5〕香像：贤劫十六尊之一，居金刚界外院方坛，南方四尊中之第一位，密号“大力金刚”，或“护戒金刚”。

〔6〕三尊：佛家语，亦称“三圣”，有“释迦三尊”“药师三尊”“西方三尊”等。释迦三尊为：释迦、文殊、普贤。药师三尊为：药师、日光、月光。西方三尊为：弥陀、观音、势至。今指“释迦三尊”。

〔7〕接引：佛家有“接引佛”，接引入道之说。

〔8〕诸天：佛家语。《佛经》：“三界二十八天，称为诸天。”天者，言其清净光洁，最胜最尊，乃神界之位，苍苍在上之天不同。

〔9〕僧寮：即僧舍，僧居之室。

〔10〕居士：不出家的信佛的人。《维摩经》疏：“居士有二：广积资财，

居财之士，名为居士，在家修道，居家道士，名为居士。”

〔11〕净瓶：梵语谓“军持”，释家盥手用器。

〔12〕净碗：佛前供奉清水的碗。

〔13〕爇：点燃；焚烧。

〔14〕印香：香末用模刻成字形或花纹，称为“印香”。

〔15〕磬：古代打击乐器，用玉或石制成，形状像曲尺，博而短的一端为“股”，狭而长的一端为“鼓”。

〔16〕经厢：经箱。

〔17〕梵典：即佛经。

〔18〕施食台：施食之台。佛教故事，供施饿鬼食。

〔19〕幡竿：挂幡之竿。幡竿以木或竹制。

〔20〕石莲座：雕刻莲花的石座。

〔21〕石幢：石制的经幢。凿石为柱，刻佛名或经咒于上者谓之“经幢”。

《佛寺晒经》。大可堂版《点石斋画报》插图。北京彰仪门内善果寺是一座殿宇宏敞、庭院幽深的古刹，藏经颇多。每年六月六，举行晒经会，善男信女都进香结缘。

卷十一

蔬果[1]

田文[2]坐客[3]，上客食肉，中客食鱼，下客食菜，此便开千古势利之祖。吾曹谈芝[4]讨桂[5]，既不能饵菊术[6]，啖花草[7]；乃层酒[8]累肉[9]，以供口食，真可谓秽吾素业[10]。古人蘋蘩可荐[11]，蔬笋[12]可羞，顾山肴野蔌[13]，须多预蓄，以供长日清谈，闲宵小饮；又如酒枪[14]皿合[15]，皆须古雅精洁，不可毫涉市贩屠沽[16]气；又当多藏名酒，及山珍海错[17]，如鹿脯[18]、荔枝之属，庶令可口悦目，不特动指[19]流涎[20]而已。志《蔬果第十一》。

注释

〔1〕蔬果：即蔬菜水果。

〔2〕田文：战国时期齐国贵族，封于薛（今山东滕县南），称“薛公”，号“孟尝君”。被齐王任为相国，门下有食客数千人。曾联合韩、魏先后打败楚、秦、燕三国。一度入秦为相，又任魏相，主张联秦伐齐，后与燕、赵等国合纵攻齐。

〔3〕坐客：座上的宾客。

〔4〕谈芝：《南史·褚伯玉传》：“王僧达《答丘珍孙书》曰：‘褚先生从白云游，旧矣。近故邀其来此，梦慰日夜，比谈讨芝、桂，借访荔萝，若已窥烟波，明沧洲矣。’”芝为菌类，亦称“灵芝”“紫芝”“木芝”，担子菌纲，多孔菌科。菌盖肾形，上面赤褐色，有漆状光泽和云状环纹；下面淡黄色，有细孔。菌柄长，红褐色，有光泽。可供药，也供观赏。《本草纲目》谓有青、赤、黄、白、黑、紫六色，古以为“瑞草”，服之成仙，故又名“灵芝”。

〔5〕讨桂：桂，亦称“肉桂”“牡桂”，常绿乔木，叶披针形，花小，黄

色，叶与树皮皆有香气，树皮之厚者称“肉桂”，供药用，薄者称“桂皮”，与八角茴香，同供调味之用。属樟科。

〔6〕饵菊术：《神仙传》：“康风子服甘菊花、桐实，后仙去。”又“陈子皇得饵术要方，服之得仙去。”甘菊，俗称“菊花菜”，属菊科。术，多年生草本，叶椭圆形，花红色或白色。幼苗、根可供食用，也可药用及做香料。

〔7〕啖花草：啖，吃。《唐书·隐公逸传》：“王希夷，滕人，居兖州徂徕，与刘元博友善，读《周易》《老子》，饵松柏叶、杂花，年七十余，筋力柔强。”

〔8〕层酒：积酒。《六韬》：“积糟为丘，以酒为池。”

〔9〕累肉：积肉。《汉书·张骞传》：“行赏赐，酒池、肉林，令外国客遍观名仓库府藏之积，欲以见汉广大，倾骇之。”

〔10〕素业：儒素生活。

〔11〕蘋蘩可荐：《左传·隐公三年》：“蘋蘩蕴藻之菜……可荐于鬼神，可羞于王公。”蘋多年生水生草本植物，茎柔软细长，叶自叶柄顶端轮生四小叶；夏秋之交，叶柄下部歧生小枝，生二、三囊状体，孢于即生其中。属蘋科。蘩，即白蒿，生山中川泽，叶似细艾，上有白毛，嫩根可食。属菊科。

〔12〕蔬笋：蔬菜竹笋。

〔13〕山肴野蔌：即野味与野菜。

〔14〕酒枪：亦作“酒铛”，三足温酒器。

〔15〕皿合：皿，饮食用器。合与“盒”通，藏物之器，底与盖相合。

〔16〕屠沽：屠，屠宰，即屠户。沽，沽酒，即酒家。古代指地位低下的职业。

〔17〕山珍海错：山珍，指难得的野味。海错，指海味错杂不一。

〔18〕鹿脯：鹿肉干。

〔19〕动指：《左传》：“子公之食指动，以示子家，曰：‘他日我为此，必尝异味。’”形容有异味可尝。

〔20〕流涎：口涎流出，形容引起食欲。

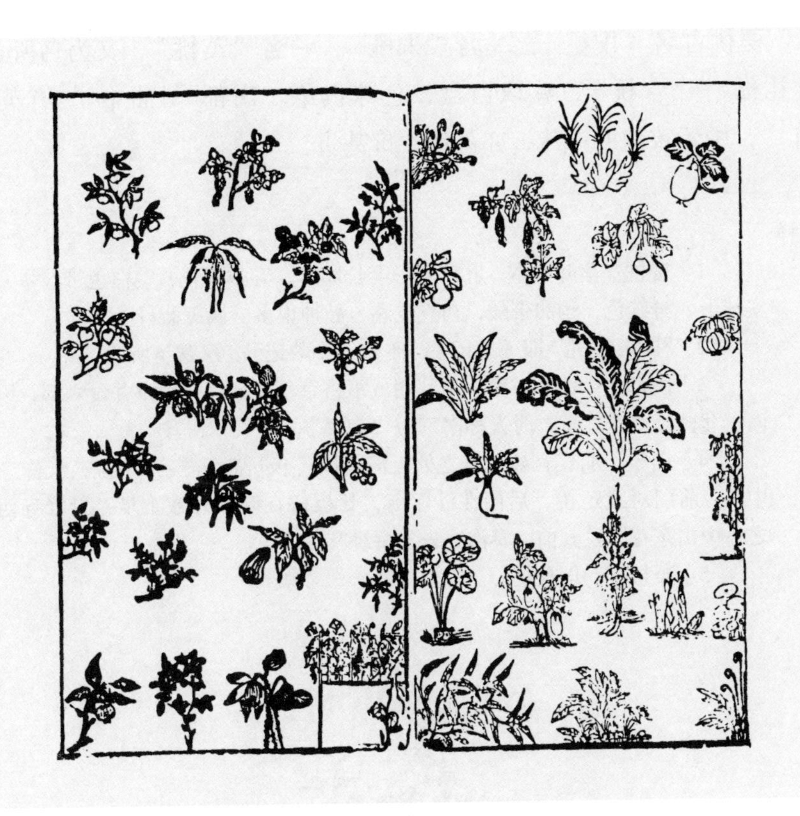

《蔬果争奇》插图。明邓志谟撰，天启（1621—1627）萃庆堂余氏版。

樱桃[1]

樱桃古名“楔桃”，一名“朱桃”，一名“英桃”，又为鸟所含，故礼称[2]“含桃”，盛以白盘，色味俱绝。南都[3]曲中[4]有英桃脯[5]，中置玫瑰瓣一味，亦甚佳，价甚贵。

注释

〔1〕樱桃：落叶乔木，叶广卵形至长卵形，春季开花，花白色带红晕，果实球形，鲜红色，稍甜带酸，初夏成熟，品种很多。属蔷薇科。

〔2〕礼称：“礼”即《礼记》，亦称《小戴记》，汉戴圣所记。

〔3〕南都：今江苏省南京市。明成祖将京都北迁后，南京并设六部，以示南、北两京并重之意，时人称南京为“南都”。

〔4〕曲中：明代官妓聚居之处。清余怀《板桥杂记》：“旧院，人称‘曲中’，前门对武定桥，后门在钞库街，长板桥在院墙外数十步，鹫峰寺西夹之，中山东花园亘其前，秦淮、朱雀桥绕其后。”

〔5〕英桃脯：即樱桃干。

樱桃。《三才图会》插图。

桃[1]　李[2]　梅[3]　杏[4]

桃易生，故谚云："白头种桃"[5]。其种有：匾桃[6]、墨桃[7]、金桃[8]、鹰嘴[9]、脱核蟠桃[10]，以蜜煮之，味极美。李品在桃下，有粉青[11]、黄姑[12]二种，别有一种，曰："嘉庆子"[13]，味微酸。北人不辨梅、杏，熟时乃别。梅接杏而生者，曰杏梅[14]，又有消梅[15]，入口即化，脆美异常，虽果中凡品，然却睡止渴，亦自有致。

注释

〔1〕桃：落叶小乔木，叶阔披针形或长椭圆形，春日开花，淡红、深红或白色，供观赏之用。果实近球形，表面有毛，熟时呈红、黄色，品种甚多，供食用。属蔷薇科。

〔2〕李：落叶乔木，叶长卵形或广披针形，春月开白花。果实球形，果皮紫红、青绿或黄色，果肉暗黄或绿色，近核部紫红色。果实成熟期为五月至八月，因品种和地区而不同。果味甜，可供生食及制蜜饯。属蔷薇科。

〔3〕梅：落叶乔木，叶椭圆形或卵形，早春先叶开花，以白色和淡红色为主。果实圆形，熟时黄色，味酸。果实除少量供生食外，可制蜜饯和果酱。花供观赏，为我国著名观赏植物。属蔷薇科。

〔4〕杏：落叶乔木，叶椭圆形或卵形，春月开淡红色花，果核圆形，熟时呈金黄色，味甜多汁，初夏成熟。果供生食外，可制成杏干等加工品，杏仁可食用、榨油和药用。花供观赏。属蔷薇科。

〔5〕白头种桃：形容桃树结实迅速。

〔6〕匾桃：亦作"扁桃"。《南越笔记》："匾桃如桃而匾，一曰'偏桃'，大若鸭卵，色青黄，味酸，微甜。"

〔7〕墨桃：一名"花奇果"，皮深紫色，为桃的栽培品种。《花镜》："墨桃花色紫黑，似黑葵，亦易种难得者。"

〔8〕金桃：为黄肉桃系品种之一，果肉金黄色，亦称"黄桃"陕西、甘肃、云南等省均产。《花镜》："金桃出太原，形长色黄，以柿接之，遂成金色。"

〔9〕鹰嘴：鹰嘴桃，黄肉桃系品种之一，为华北早生桃中的主要品种，果实长圆形，顶端突出如鹰嘴，故名。果肉全部黄色，汁少、离核。

〔10〕脱核蟠桃：蟠桃中之半离核者为"早蝉桃"，果皮黄色，微有红霞，

果肉白色，产江苏太仓。

〔11〕粉青：青皮李，果实青绿色而被白粉。

〔12〕黄姑：黄果李，亦称“黄李”。果实浑圆，果皮黄绿色，被有白色果粉，果肉红色。

〔13〕嘉庆子：亦称“嘉庆李”，果实扁圆形而略斜，果皮淡绿色，被有白色果粉，果肉红色，味甘美。

〔14〕杏梅：亦称“鹤顶梅”，叶小，枝暗红色，花少数红色或淡红色，果实橙黄色而有褐色斑点，其味似杏而酸，为梅的变种之一。

〔15〕消梅：亦称“小梅”“早梅”，枝条纤细，果实小圆形。南宋范成大《梅谱》：“消梅实圆松脆，多液无滓。”

桃。《马骀画宝》插图。

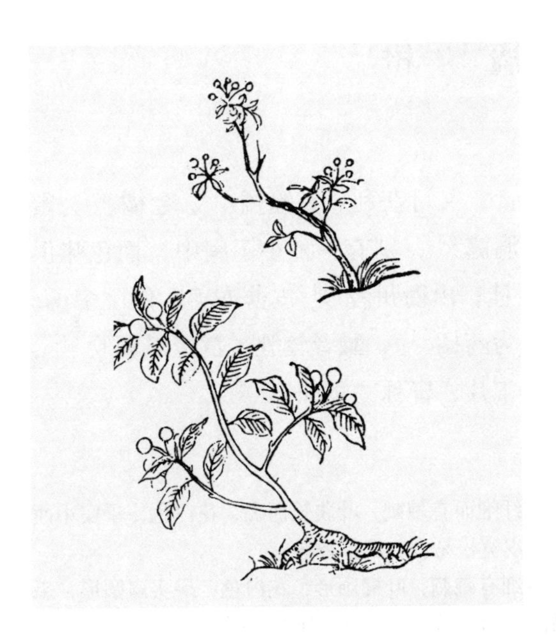

郁李。《三才图会》插图。

杏。《三才图会》插图。

橘[1] 橙[2]

橘为“木奴”[3]，既可供食，又可获利。有绿橘[4]、金橘[5]、蜜橘[6]、匾橘[7]数种，皆出自洞庭[8]；别有一种小于闽中，而色味俱相似，名“漆堞红”[9]者，更佳；出衢州者[10]皮薄亦美，然不多得。山中人更以落地未成实者，制为药橘[11]，醎者较胜。黄橙堪调脍[12]，古人所谓“金虀”[13]；若法制丁片，皆称“俗味”。

注释

〔1〕橘：常绿小乔木，枝纤细而有棘刺，叶狭长而尖，花白色，果实小而略扁，果皮呈橙黄或米红色，皮宽松易剥。属芸香科。

〔2〕橙：常绿小乔木，枝细有棘刺，叶椭圆形，花白色，果实扁圆形，果皮橙黄色，易剥，果肉、果液均为淡黄色，味酸。属芸香科。

〔3〕木奴：柑橘的别名。

〔4〕绿橘：一名“福橘”，果实扁圆形，呈鲜红橙色。《吴郡志》：“绿橘出洞庭东、西山，比常橘特大，未霜深绿色，脐间一点先黄，味已全，可啖，故名‘绿橘’。”

〔5〕金橘：亦称“四季橘”“月橘”。常绿灌木或乔木，花小形白色，果实扁圆形，秋末冬初成熟。果皮朱红或金黄色，果液淡橙黄色，味酸，供制金橘饼、或做盆栽用。

〔6〕蜜橘：蜜橘形小皮薄而甜，黄色，为乳橘的一个品种，浙江杭州塘栖亦产。《杭州府志》：“蜜橘仁和塘栖所产，有脐无核，味极甜；但树畏寒，每冻死，故绝少。”

〔7〕匾橘：亦称“宽皮橘”，疑即平橘。《吴郡志》：“又有平橘，比绿橘差小，纯黄方可啖，故品稍下，而其品正入药。”

〔8〕洞庭：即苏州太湖内洞庭东、西两山。

〔9〕漆堞红：福橘的一种。

〔10〕出衢州者：朱橘，亦称“衢州橘”。常绿小乔木，果实扁圆或圆形，顶端凹入，有乳头突起，果皮米红色，粗糙，果肉赤橙色，果液橙黄色，十月下旬成熟，多汁味甘。

〔11〕药橘：《橘录》：“乡人用糖熬橘者，谓之药橘。”

〔12〕调脍：脍，切得很细的鱼或肉。《释名·释饮食》："脍，会也。细切肉令散，分其赤白，异切之，已乃会合和之也。"

〔13〕金齑：《南部烟花记》："南人鱼脍，细缕金橙拌之，号为金玉脍。"

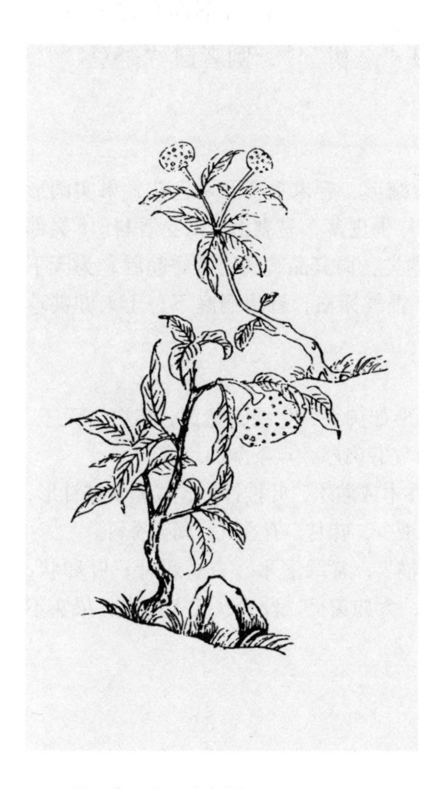

橘。《三才图会》插图。

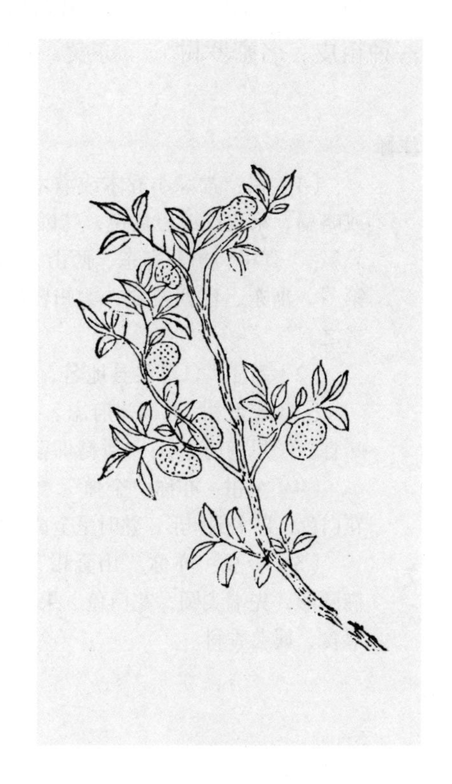

橙子。《三才图会》插图。

柑〔1〕

柑出洞庭者，味极甘，出新庄〔2〕者，无汁，以刀剖而食之；更有一种粗皮，名蜜罗柑〔3〕，亦美。小者曰“金柑”〔4〕，圆者曰“金豆”〔5〕。

注释

〔1〕柑：常绿小乔木或灌木，叶长椭形，春末夏初开白色花，果实圆形或略扁，果皮红或橙黄色，味酸甜不一。果皮薄，易剥下。属芸香科。《吴郡志》：“真柑，出洞庭东、西山，柑虽橘类，而其品特高，芳香超胜，为天下第一。浙东、江西及蜀，梁州皆有柑，香气标格，皆出洞庭下，土人亦甚珍贵之。”

〔2〕新庄：江苏吴县地名。

〔3〕蜜罗柑：《赣州府志》：“蜜罗形如佛手，生绿，熟黄，肉白，无子，味甘。”《思南府志》：“香橼即蜜罗柑，气芬肉厚，点茶酿酒均宜。”

〔4〕金柑：亦称“金弹”，常绿小乔木或灌木，叶披针形，或卵状披针形，花白色，果实倒卵形，熟时呈金黄色，果液少，味甘，有香气。属芸香科。

〔5〕金豆：亦称“山金柑”“山金橘”，常绿灌木，有短棘针，叶卵状，椭圆形，先端尖圆，花白色，果实圆形，大如黄豆，汁少，几无果肉，果实不堪食，属芸香科。

香橼[1]

大如杯盂，香气馥烈，吴人最尚。以磁盆盛供，取其瓤，拌以白糖，亦可作汤，除酒渴；又有一种皮稍粗厚者，香更胜。

注释

〔1〕香橼：即“香圆”。常绿乔木，叶椭圆形，先端渐尖。花白色，果实球形，果皮粗糙。品种约有粗皮香圆、癞皮香圆、细皮香圆等三种。果实、花、叶可提芳香油。果皮还可入药。

枇杷

枇杷[1]独核者佳，株叶皆可爱，一名“款冬花”[2]，蔫之果奁，色如黄金，味绝美。

注释

〔1〕枇杷：常绿小乔木，叶厚，长椭圆形。冬季开花，淡黄色，有芳香，果实圆形、椭圆形、扁圆形不等。果皮橙黄或淡黄色。果肉有红色与白色两种：橙色者称“红沙枇杷”，白色者称“白沙枇杷”。果供生食或制罐头，花为良好的蜜源。

〔2〕款冬花：多年生草本，叶大，圆肾形状，叶柄长，花白色，其花蕾以寒冬时始生，故名。属菊科。《安吉州志》：“枇杷，花即款冬花，独核者佳。”

枇杷。《三才图会》插图。

枇杷。《马骀画宝》插图。

杨梅[1]

吴中佳果，与荔枝并擅高名，各不相下，出光福[2]山中者，最美。彼中人以漆盘盛之，色与漆等，一斤仅二十枚，真奇味也。生当暑中，不堪涉远，吴中好事家或以轻桡[3]邮置[4]，或买舟就食，出他山者味酸，色亦不紫。有以烧酒浸者，色不变，而味淡；蜜渍者，色味俱恶。

注释

〔1〕杨梅：常绿乔木，叶革质，倒卵状长椭圆形，花雌雄异株，核果球形，密生多数囊状体，紫黑色、暗红色或白色，味甘，略带酸味，可食，初夏成熟。果供鲜食及多种加工品。属杨梅科。

〔2〕光福：山名，在苏州西郊，与邓尉山相连，光福镇在山下，西临太湖。

〔3〕轻桡：快艇。桡，划船的桨。

〔4〕邮置：亦称置邮，传递的意思。《广雅》："邮，驿也；置，亦驿也。马递曰置，步递曰邮。"

杨梅。《三才图会》插图。

葡萄[1]

有紫、白二种。白者曰“水晶萄”，味差亚于紫。

注释

〔1〕葡萄：落叶木质藤本，卷须分枝。叶椭圆形，花淡黄绿色，果实椭圆形或圆形，成熟时呈紫色或绿色，品种多样。果供生食，制干、汁和酿酒等。属葡萄科。

葡萄。《三才图会》插图。

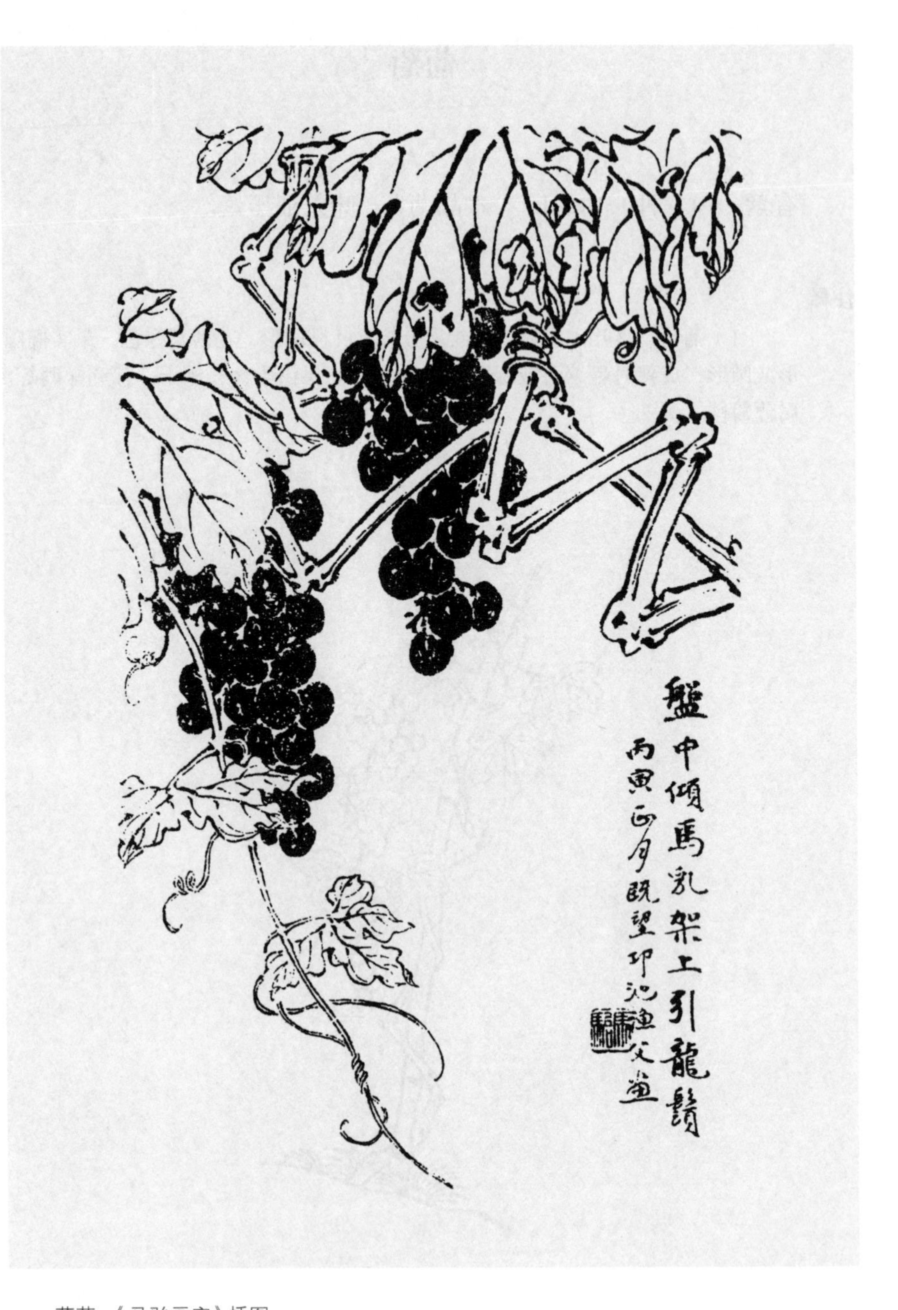

葡萄。《马骀画宝》插图。

荔枝[1]

荔枝虽非吴地所种，然果中名裔，人所共爱，“红尘一骑”[2]，不可谓非解事[3]人。彼中有蜜渍者，色亦白，第壳已殷，所谓“红襦白玉肤”[4]，亦在流想[5]间而已。龙眼[6]称“荔枝奴”[7]，香味不及，种类颇少，价乃更贵。

注释

〔1〕荔枝：常绿乔木，羽状复叶，小叶革质，披针形，花绿白或淡黄色，无花瓣，果实心脏形或球形，外被鳞片，熟时为紫红色，果肉新鲜时半透明凝脂状，多汁，味极甘美，品种甚多。属无患子科。

〔2〕红尘一骑：杜牧《过华清宫》诗：“长安回望绣成堆，山顶千门次第开。一骑红尘妃子笑，无人知是荔枝来。”《唐书·后妃传》记载杨贵妃喜好新鲜荔枝，唐明皇为博得佳人欢心，命千里单骑将荔枝送到京师。

〔3〕解事：懂事。

〔4〕红襦白玉肤：襦，短衣。红襦白玉肤，指荔枝红壳白肉。苏轼《四月十一日初食荔枝》诗：“海山仙人绛罗襦，红纱中丹白玉肤。”

〔5〕流想：流传与想象。

〔6〕龙眼：常绿乔木，羽状复叶，小叶革质，椭圆形或长椭圆形，花黄白色，有异香，果实球形，果皮褐色或带紫色，果肉软而多汁，味极甘美，品种甚多。属无患子科。

〔7〕荔枝奴：指龙眼在荔枝后成熟。《南方草木状》：“荔枝过即龙眼熟，故谓之‘荔枝奴’。”

荔枝。《三才图会》插图。

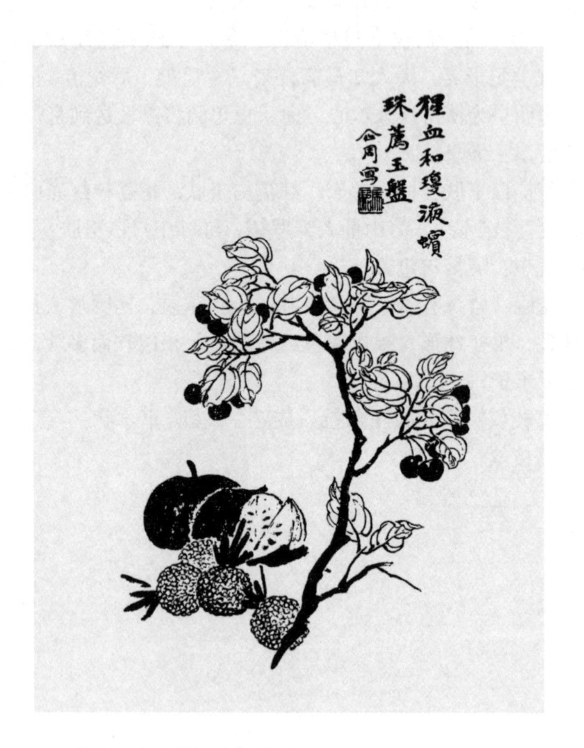

荔枝。《马骀画宝》插图。

枣[1]

枣类极多，小核色赤者，味极美。枣脯[2]出金陵[3]，南枣[4]出浙中者，俱贵甚。

注释

〔1〕枣：落叶乔木。枝有长针刺，叶为椭圆形或圆形，花小而呈淡黄色，有花盘，多蜜。果实卵形或长椭圆形，秋季成熟后呈紫红色，果肉甘美可食，品种很多。木材坚硬，可供雕刻及制车船和家具等。属鼠李科。

〔2〕枣脯：脯，干肉。枣脯，即枣肉干。

〔3〕金陵：即今江苏省南京市及江宁县地。

〔4〕南枣：产于浙江义乌、东阳等县的枣肉干。嘉庆《义乌县志》："邑所产呼'南枣'，实大而核细。"

枣。《三才图会》插图。

生梨[1]

梨有两种：花瓣圆而舒者，其果甘；缺而皱者，其果酸，亦易辨。出山东，有大如瓜者[2]，味绝脆，入口即化，能消痰疾。

注释

〔1〕生梨：指普通称梨果。梨，落叶乔木或灌木，叶子卵形，花多为白色。果实是普通水果，品种很多。

〔2〕出山东，有大如瓜者：白梨中以鸭梨、在梨两种品质为最，其中鸭梨大者如瓜，肉质纯白，脆嫩多汁，味甘美而香。

梨。《马骀画宝》插图。

栗[1]

杜甫寓蜀，采栗自给，山家御穷，莫此为愈，出吴中诸山者绝小，风干，味更美；出吴兴者，从溪水中出，易坏，煨熟乃佳。以橄榄[2]同食，名为“梅花脯”，谓其口味作梅花香，然实不尽然也。

注释

〔1〕栗：即“板栗”，落叶乔木，叶椭圆形或长椭圆形。初夏开花，雌雄同株。壳斗大，球形，具密生刺。坚果二至三个，生于壳斗中。果皮淡褐或浓褐色，果肉黄白色，味甘，品种甚多。坚果供食用。木材坚实、耐久，用途很多。属山毛榉科。

〔2〕橄榄：又名“青果”“白榄”。常绿乔木，羽状复叶，小叶长椭圆形。春夏开花，花白色。核果呈椭圆、卵圆、纺锤等形，绿色，熟后淡黄色，味涩而有香气。核坚硬，纺锤形。果供生食，也可入药。木材可供建筑及制农具、家具。属橄榄科。

栗。《三才图会》插图。

银杏[1]

叶如鸭脚，故名“鸭脚子”，雄者三棱，雌者二棱，园圃间植之，虽所出不足充用，然新绿时，叶最可爱，吴中诸刹，多有合抱者，扶疏[2]乔挺，最称佳树。

注释

〔1〕银杏：一名“白果”。落叶大乔木，叶摺扇状，常为二裂，脉平行，花雌雄异株，种子核果状，外皮肉质，果成熟时呈黄色，内皮坚硬白色，故名，品种甚多。属银杏科。

〔2〕扶疏：形容枝叶繁茂。《韩非子·扬权》：“数披其木，毋使枝叶扶疏。”

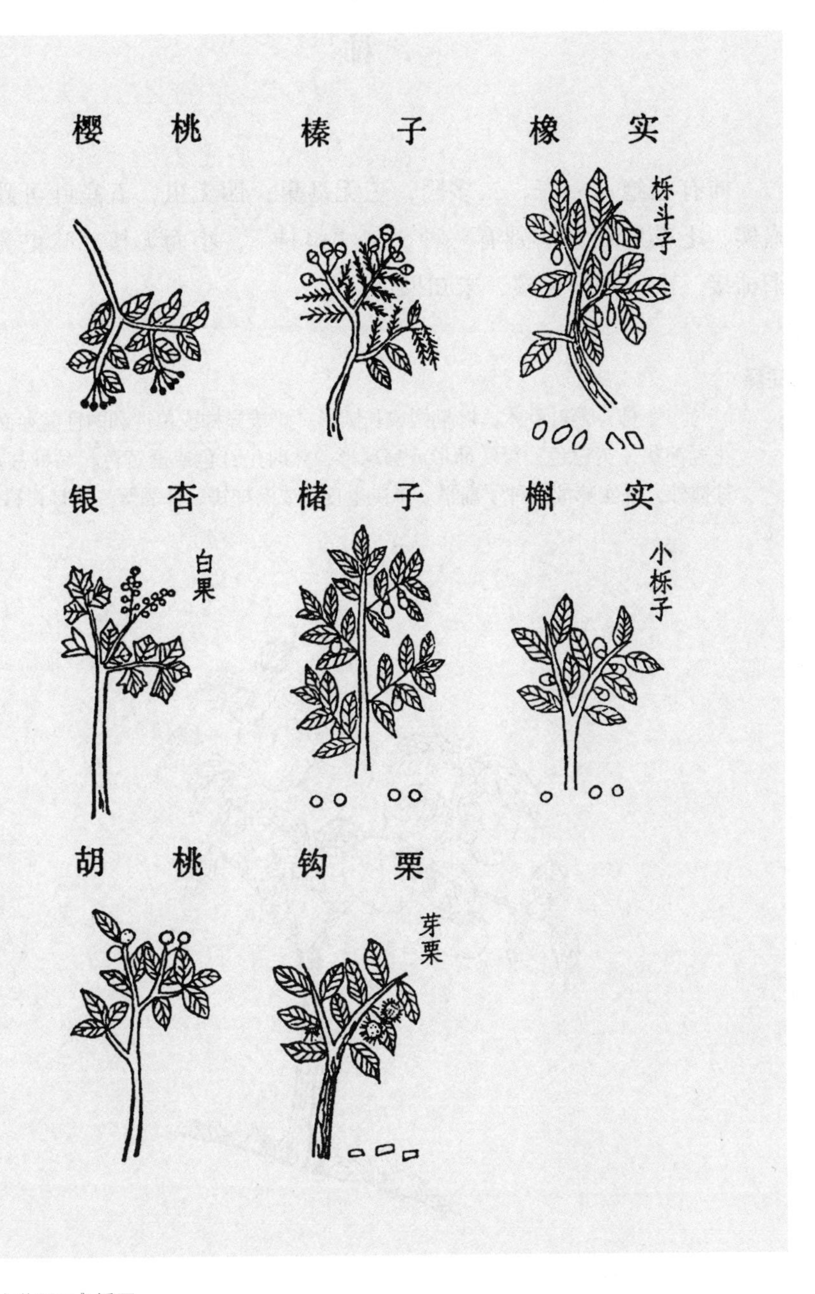

《本草纲目》插图

柿[1]

柿有七绝：一寿，二多阴，三无鸟巢，四无虫，五霜叶可爱，六嘉实，七落叶肥大。别有一种，名“灯柿”，小而无核，味更美。或谓柿接三次，则全无核，未知果否。

注释

〔1〕柿：落叶乔木，叶椭圆或长圆形。雌雄异株或单性和两性共存而同株；花冠钟状，黄白色。果实卵形或扁球形，熟时呈红色或橙黄色，品种甚多。除甘柿外，果实味涩。种子扁平。果供生食，或制柿饼、柿酒等。属柿树科。

柿子。《三才图会》插图。

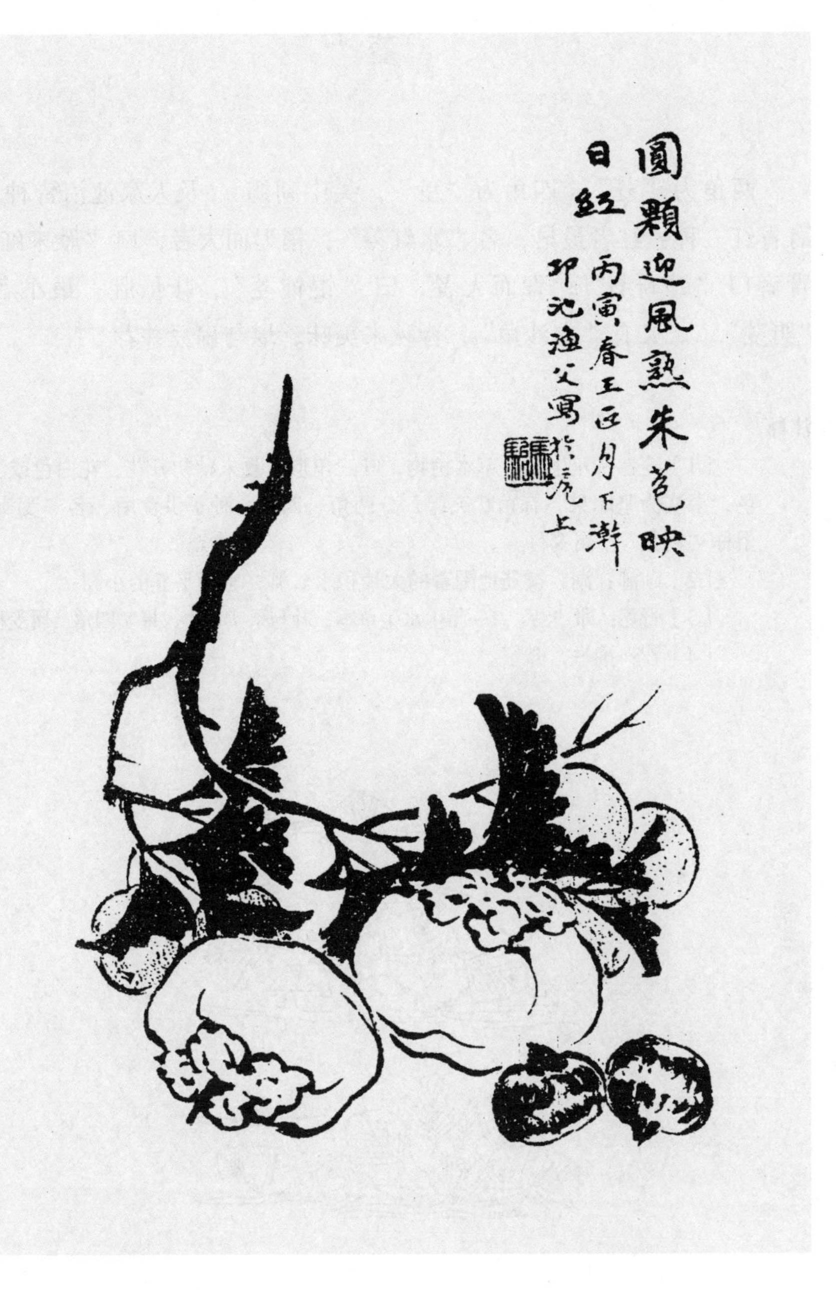

柿子。《马骀画宝》插图。

菱[1]

两角为“菱”，四角为“芰”，吴中湖泖[2]及人家池沼皆种之。有青红二种：红者最早，名“水红菱”；稍迟而大者，曰“雁来红”；青者曰“莺哥青”；青而大者，曰“馄饨菱”，味最胜；最小者曰“野菱”[3]。又有“白沙角”，皆秋来美味，堪与扁豆并荐[4]。

注释

〔1〕菱：一年生水生草本植物，叶三角形。夏末秋初开花，花白色或淡红色，果实为坚闭果，有角状突起，分两角、四角，种子供食用，名“芰实”，俗称“菱角”。属芰科。

〔2〕湖泖：湖，被陆地围着的大片积水。泖，水面平静的小湖。

〔3〕野菱：即“芰”。一年生水生草本，叶与果实均小，果实四角，属芰科。

〔4〕荐：推举，介绍。

菱。《三才图会》插图。

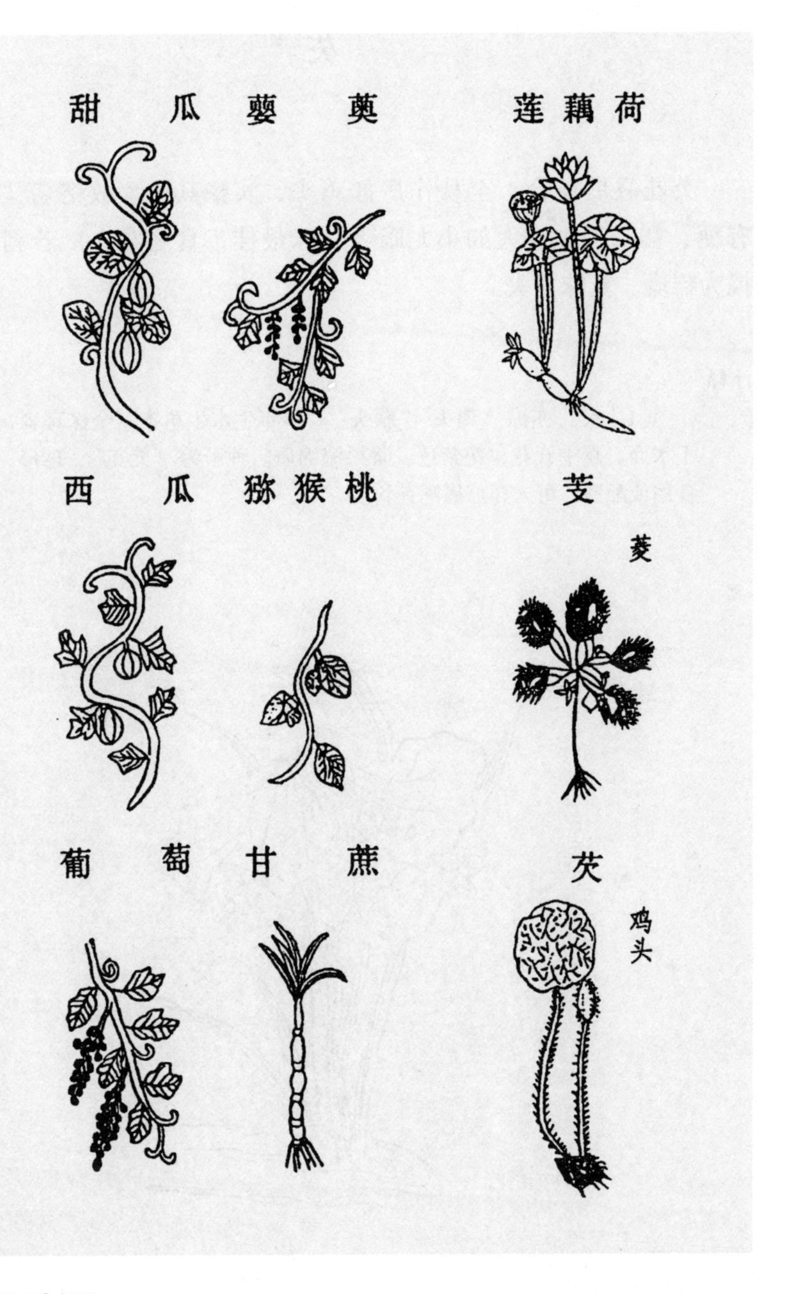

《本草纲目》插图

芡[1]

芡花昼展宵合，至秋作房如鸡头，实藏其中，故俗名“鸡豆”。有粳、糯二种，有大如小龙眼者，味最佳，食之益人。若剥肉和糖，捣为糕糜，真味尽失。

注释

〔1〕芡：亦称“鸡头”“雁头”。多年生水生草本，全株有刺，叶圆形浮于水面。夏季开花，花紫色。浆果海绵质。种子为“芡实”，球形，黑色，供食用或酿酒，可入药。属睡莲科。

鸡头。《三才图会》插图。

花红[1]

西北称柰[2]，家以为脯，即今之蘋婆果是也。生者较胜，不特味美，亦有清香。吴中称“花红”，一名“林檎”，又名“来禽”，似柰而小，花亦可观。

注释

〔1〕花红：又称“沙果”“林檎”。落叶小乔木，常呈灌木状，叶卵形或椭圆形，春夏之交开花，花淡红色，果实近于圆形，秋季熟时呈黄色或红色，形似苹果而小，肉沙而甜。属蔷薇科。

〔2〕柰：柰子，苹果的一种。古代的柰，指现代的绵苹果，属蔷薇科。《花镜》：“柰一名‘苹婆’，江南虽有，而北地最多，与林檎同类，有白、赤、青三色。”

西瓜[1]

西瓜味甘，古人与沉李[2]并埒[3]，不仅蔬属而已。长夏消渴吻，最不可少，且能解暑毒。

注释

〔1〕西瓜：一名“寒瓜”，一年生草本，茎蔓生，叶子羽状分裂，浓绿。花黄色，果实圆形或椭圆形，皮色有浓绿、绿白或绿中夹蛇纹。瓤多汁而甜，红、黄或白色。品种很多，为夏季的优良果品。种子作茶食，瓜汁和瓜皮可入药。属葫芦科。

〔2〕沉李：《文选·魏文帝与吴质书》：“浮甘瓜于清泉，沉朱李于寒水。”后人引用“浮瓜沉李”形容消夏之乐。

〔3〕并埒：相等。

西瓜。《马骀画宝》插图。

五加皮[1]

久服轻身明目，吴人于早春采取其芽，焙干点茶[2]，清香特甚，味亦绝美，亦可作酒，服之延年。

注释

〔1〕五加皮："五加"的别名，亦称"五佳""金盐""白刺""木骨"等。灌木，茎有刺，掌状复叶。夏季开花，花小，黄绿色。核果球形，产于我国各地。根皮和茎皮称"五加皮"，可入药。树皮浸酒，呈金黄色，称"五加皮酒"。属五加科。

〔2〕点茶：即泡茶、沏茶。《大观茶论》："点茶不一，而调膏继刻以汤注之，手重筅轻，无粟蟹眼者，谓之'静面点'……有随汤击拂，手筅俱重，立文泛泛，谓之'一发点'……妙于此者，量茶受汤，调如融胶，环注盏畔，勿使浸茶，势不欲猛，必先搅动茶膏，渐加击拂，手轻筅重，指绕腕簇，上下透彻，如酵蘖之起面，疏星皎月，灿然而生，则茶面根本立矣。"

白扁豆[1]

纯白者味美，补脾入药[2]，秋深篱落，当多种以供采食，干者亦须收数斛，以足一岁之需。

注释

〔1〕白扁豆：扁豆，一年生草本，蔓生。花紫或白色，荚果扁平短大，亦分紫或白色，种子呈紫、白两色，紫色者称“紫扁豆”，白色者名“白扁豆”，供食用，亦供药用。属豆科。

〔2〕补脾入药：中医学上以白扁豆的种子、种皮和花入药，种子性微温、味甘，功能和中健脾，主治泄泻呕吐等症。种皮称“扁豆衣”，功用相似。花可治血痢。《群芳谱》：“惟豆粗圆而色白者，可入药。微炒用，气微甘，微温无毒，和中下气，消暑，暖脾胃，除湿热，止消渴，解酒毒、河豚鱼毒，及一切草木毒。”

扁豆。《三才图会》插图。

扁豆。《马骀画宝》插图。

菌[1]

雨后弥山遍野，春时尤盛，然蛰后[2]虫蛇始出，有毒者最多，山中人自能辨之。秋菌味稍薄，以火焙干，可点茶，价亦贵。

注释

〔1〕菌：真菌类中可供食用的品种，种类很多，如香菌、松菌、银耳、金耳、黑耳及草菰、口蘑、雷菌等。是低等植物的一大类，不开花，没有茎和叶子，不含叶绿素。春季因湿度较高，繁殖更迅速。

〔2〕蛰后：惊蛰之后。惊蛰，二十四节气之一，在三月初五、初六或初七日。

瓠[1]

瓠类不一，诗人所取，抱瓮[2]之余，采之烹之，亦山家一种佳味，第不可与肉食者[3]道耳。

注释

〔1〕瓠：亦称“葫芦”“壶芦”“夜开花”等，一年生攀援草本，茎叶有茸毛。叶卵圆形。花白色，夕开晨闭。果实细长，圆筒形，绿白色。嫩果可做蔬菜，也可入药。属葫芦科。

〔2〕抱瓮：汲水的意思。

〔3〕肉食者：指有权势的人。《左传》：“肉食者谋之，又何间焉？”《注》：“肉食，在位者。”

瓠。《三才图会》插图。

葫芦。《马骀画宝》插图。

茄子〔1〕

茄子一名“落酥”，又名“昆仑紫瓜”，种苋〔2〕其傍，同浇灌之，茄、苋俱茂，新采者味绝美。蔡撙〔3〕为吴兴守〔4〕，斋前种白苋、紫茄，以为常膳〔5〕，五马〔6〕贵人，犹能如此，吾辈安可无此一种味也？

注释

〔1〕茄子：亦称“落酥”“昆仑瓜”等，一年生草本植物，在热带为多年生灌木。叶互生，倒卵形或椭圆形，绿色。花紫色或白色。果实大，一般为卵圆形、圆形、长条形，呈深紫、鲜紫色，或白色与绿色。果供食用，是夏季主要蔬菜之一，根可入药。属茄科。

〔2〕苋：苋菜，一年生草本。叶卵形或菱形，叶有红、绿两种，作蔬菜用，花细小，黄绿色。种子极小，黑色而有光泽。属苋科。

〔3〕蔡撙：《南史·蔡撙传》：“撙为吴兴太守，不饮郡井，斋前自种白苋、紫茄，以为常饵。”

〔4〕吴兴守：吴兴太守。吴兴，今浙江省吴兴县。

〔5〕常膳：日常吃的饭和菜。

〔6〕五马：世称太守为五马。《汉宫仪》：“四马载车，此常礼也。惟太守出，则增一马，故称‘五马’。”

茄子。《三才图会》插图。

茄子、南瓜。《马骀画宝》插图。

芋[1]

古人以蹲鸱[2]起家，又云："园收芋、栗未全贫。"则御穷一策，芋为称首，所谓"煨得芋头熟，天子不如吾"[3]，直以为南面之乐，其言诚过，然寒夜拥炉，此实真味，别名"土芝"，信不虚矣。

注释

〔1〕芋：俗称"芋头""芋艿"，多年生草本，地下有肉质的球茎。叶片盾形，绿色。叶柄长而肥大，呈红、绿或紫色，品种很多。块茎含有多量淀粉，可供食用和药用。属天南星科。

〔2〕蹲鸱：即芋头。

〔3〕煨得芋头熟，天子不如吾：南宋林洪《山家清供》："《居山人》诗：'深夜一炉火，浑家团圆坐。芋头时正熟，天子不如我。'"

芋。《三才图会》插图。

茭白[1]

古称雕胡，性尤宜水，逐年移之，则心不黑[2]，池塘中亦宜多植，以佐灌园所缺。

注释

〔1〕茭白：亦称“菰菜”“茭瓜”。多年生水生植物，叶细长而尖，春发新芽为笋，故亦名“茭笋”。春夏之交，开花结实，种子名“雕胡米”，均供食用。属禾本科。

〔2〕黑：茭白花茎经菰黑穗菌寄生后，组织膨大而带黑点。

山药[1]

本名“薯药”，出娄东[2]岳王市者，大如臂，真不减天公掌，定当取作常供。夏取其子，不堪食。至如香芋[3]、乌芋、凫茨[4]之属，皆非佳品。乌芋即“茨菇”[5]，凫茨即“地栗”。

注释

〔1〕山药：即薯蓣，因避唐代宗（李豫）讳，改“蓣”为“药”，而称“薯药”；后又因避宋英宗（赵曙）讳，又改“薯”为“山”，而称“山药”。多年生缠绕藤本，地下有圆柱形肉质块茎。叶片形状多变化，叶腋生余零子。夏季开花，花小，淡黄色，果实有三翅，多肉之块根，供食用，也可入药。分野生与栽培两种，属薯蓣科。

〔2〕娄东：娄江之东，即今江苏省太仓县。

〔3〕香芋：为山药之圆根种，多年生蔓生草本，叶腋生余零子，花小，淡黄色，块根球形，皮黄肉白，煮熟后有香味，属薯蓣科。《农政全书》：“香芋形如土豆，味甘美。”

〔4〕凫茨：即“勃脐”或“荸荠”，亦称“乌芋”，生于池沼或水田中的多年生草本。地上茎丛生，浓绿色，有节。秋季茎端生穗状花序。地下有匍匐茎，先端膨大为球形，表面平滑，熟后呈深栗壳色或枣红色，并有顶芽或侧芽。冬月采掘，供食用，味甘美如栗或梨，故上海、苏州一带，又称“地栗”或“地梨”，也可制淀粉。属莎草科。

〔5〕茨菇：即慈姑，亦称“茨菰”“白地栗”等，多年生草本。叶柄粗而有棱，叶片戟形。花单性，花瓣白色，基部紫色。盛夏自地下茎抽出支茎，穿过叶柄钻入泥中。先端膨大成球茎，圆形或长圆形，上有肥大的顶芽。球茎冬日采掘，煮熟，供食用，也可制淀粉。属泽泻科。

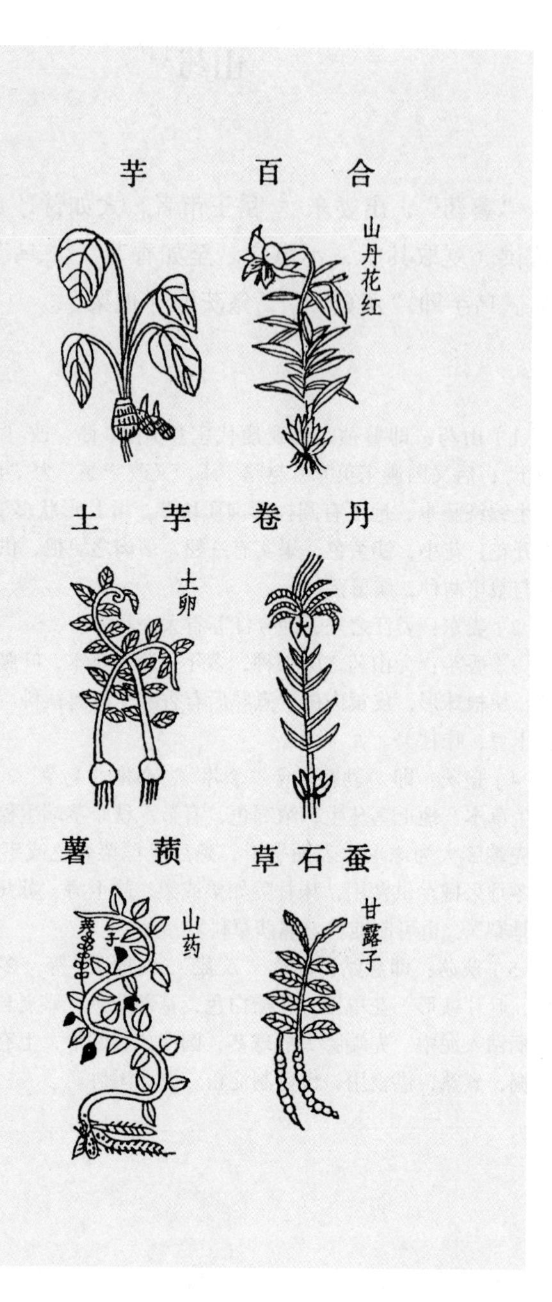

《本草纲目》插图

萝卜[1]　芜菁[2]

萝卜一名“土酥”，芜菁一名“六利”，皆佳味也。他如乌、白二菘[3]，莼[4]、芹[5]、薇[6]、蕨[7]之属，皆当命园丁多种，以供伊蒲[8]，第不可以此市利[9]，为卖菜佣[10]耳。

注释

〔1〕萝卜：亦作“萝葡”。二年生或一年生草本。根圆柱形，白、绿、红或紫色，肥大多肉，叶大，羽状分裂，春季开淡紫或白色花，果实形细而长，根及叶均可供食用。脆甜多汁，为我国主要蔬菜之一。属十字花科。

〔2〕芜菁：亦称“蔓菁”“九菘根”“诸葛菜”等，一年或二年生草本，叶大，略如匙形，微有缺刺，绿色或微带紫色。春日开黄花，根多肉，扁圆形或略长。原产我国及欧洲北部，根和叶做蔬菜，也可做饲料。属十字花科。

〔3〕菘：即白菜。一年生或二年生草本。叶生于短缩茎上，叶片薄而大，椭圆或长圆形，绿色。心叶白、绿白或淡黄色，叶柄宽。春日开黄花，结实如芥，为我国北方的主要蔬菜。属十字花科。

〔4〕莼：亦称“莼菜”“水葵”“露葵”等，多年生水草，叶子椭圆形，深绿色，依细长的叶柄上升而浮于水面，茎与叶的背面有粘液。夏季开花，花小，暗红色。嫩叶供食用。属睡莲科。

〔5〕芹：芹菜，一年或二年生草本植物，羽状复叶，小叶卵形，叶柄肥大，绿色或黄白色，花绿白色，果实扁圆形。是普通蔬菜。属伞形科。

〔6〕薇：薇乃紫萁的混称。紫萁，蕨类多年生草本植物，根状茎短，不被鳞片。叶丛生，幼叶向内拳曲。生于溪边、林下酸性土上。嫩叶可食，根茎供药用。属紫萁科。

〔7〕蕨：蕨菜，亦称“如意菜”，多年生草本植物，茎匍匐地上，随处生叶，叶大，羽状复叶，嫩芽、嫩叶供食用。地下茎内，可采取淀粉，也供药用。属凤尾蕨科。

〔8〕伊蒲：即“伊蒲塞之馔”，亦称“素馔”，今通称为“素菜”。“伊蒲塞”是佛教徒的意思。

〔9〕市利：谋利。

〔10〕卖菜佣：卖菜的人。

白菜、萝卜。《马骀画宝》插图。

卷十二

香茗[1]

香、茗之用，其利最溥，物外[2]高隐，坐语道德[3]，可以清心悦神。初阳[4]薄暝[5]，兴味萧骚[6]，可以畅怀[7]舒啸[8]。晴窗拓帖[9]，挥麈闲吟，篝灯[10]夜读，可以远辟[11]睡魔。青衣[12]红袖[13]，密语谈私，可以助情热意[14]。坐雨闭窗，饭余散步，可以遣寂除烦。醉筵醒客，夜语蓬窗，长啸空楼，冰弦[15]戛指[16]，可以佐欢解渴。品之最优者，以沉香、岕茶[17]为首，第焚煮有法，必贞夫[18]韵士[19]，乃能究心耳。志《香茗第十二》。

注释

〔1〕茗：茶。

〔2〕物外：世外，形容与人无关。《唐书·元德秀传》："乃结庐山阿，弹琴读书，陶陶然遗身物外。"

〔3〕道德：《礼记·曲礼》："道德仁义，作礼不成。"注："'道'者，通物之名；'德'者，得理之称。"今通称人人应遵循的正确理法与高尚行为。这里指"谈玄论道"。

〔4〕初阳：晨曦、初日。

〔5〕薄暝：薄暮、傍晚。

〔6〕萧骚：萧条。

〔7〕畅怀：和畅胸怀。

〔8〕舒啸：舒展歌啸。

〔9〕拓帖：摹拓古碑帖。

〔10〕篝灯：用竹笼罩着灯光。《宋史·陈彭年传》："彭年幼好学。母惟

一子，爱之，禁其夜读书。彭年篝灯密室，不令母知。”

〔11〕远辟：与“远避”通，远远地躲开。

〔12〕青衣：古代指婢女。

〔13〕红袖：多指歌女。

〔14〕热意：加深爱恋之意。

〔15〕冰弦：《太真外传》：“开元中，中官白秀贞自蜀回，得琵琶以献，弦乃拘弥国所贡，绿冰蚕丝也。”

〔16〕戛指：为指所击，即手弹之意。

〔17〕岕茶：浙江长兴、江苏宜兴一带出产的茶，称“岕茶”，阳羡茶俗称“罗岕”。

〔18〕贞夫：守正之人。《抱朴子》：“不改操于得失，不倾志于可欲者，‘贞人’也。”

〔19〕韵士：即风雅之士。

玉川先生煎茶图。《三希堂画谱》插图。

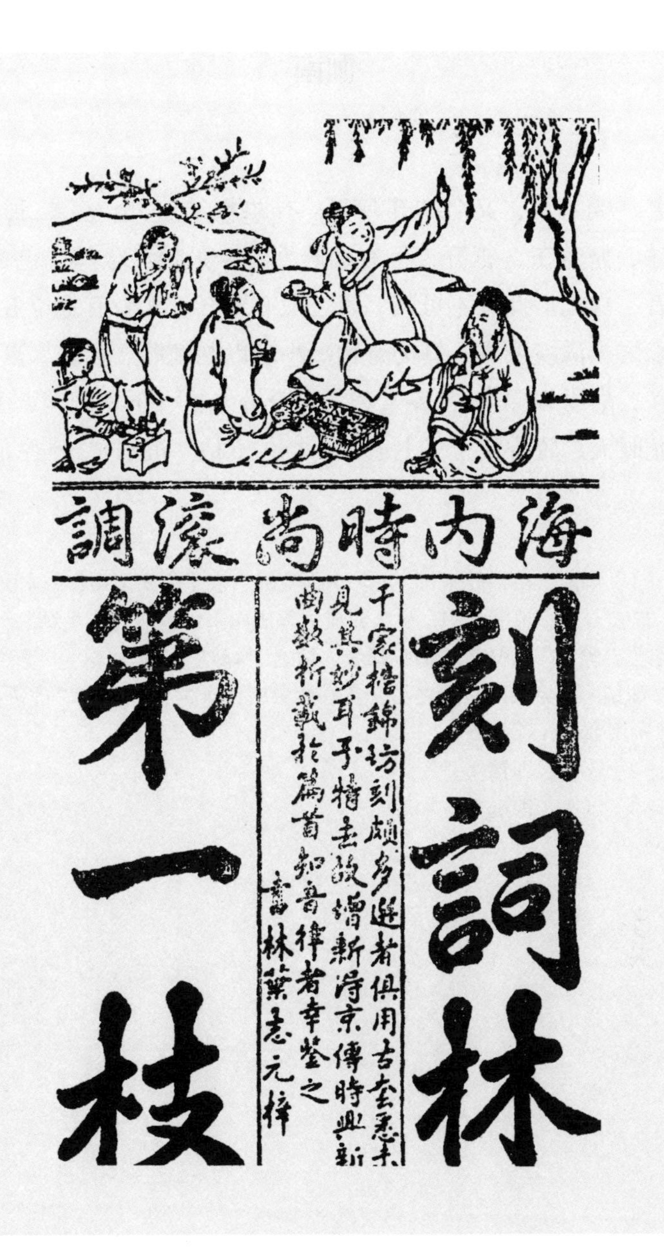

《新刊京板青阳时调词林一枝》四卷插图。明古临玄明黄文华选辑，陈聘洲刻。明万历间（约1580年前后）书林叶志元刊本（日本内阁文库藏）。此图反映了文人士大夫品茶清谈的场景。

伽南[1]

一名“奇蓝”，又名“琪璃”，有“糖结”“金丝”二种：糖结，面黑若漆，坚若玉，锯开，上有油若糖者，最贵。金丝，色黄，上有线若金者，次之。此香不可焚，焚之微有羶气。大者有重十五、六斤，以雕盘承之，满室皆香，真为奇物。小者以制扇坠、数珠，夏月佩之，可以辟秽，居常以锡合[2]盛蜜养之。合分二格，下格置蜜，上格穿数孔，如龙眼大，置香使蜜气上通，则经久不枯。沉水[3]等香亦然。

注释

〔1〕伽南：榕树的木材，经岁久而变成。产于海南诸山，香木又为火蚁所穴，蚁食石蜜，遗溃水中，岁久而成。香成而未化者谓之“生结”，不死而成者谓之“糖结”。又色如鸭头绿者，谓之“绿结”。掐之痕生，释之痕合者，名“油结”，为伽南最上之品。其木性多而香味少者，谓之“虎斑金丝结”，寻常所用数珠，皆此类。

〔2〕锡合：即锡盒。

〔3〕沉水：即沉香。

龙涎香[1]

苏门答剌[2]国有龙涎屿[3]，群龙交卧其上，遗沫入水，取以为香；浮水为上，渗沙者次之。鱼食腹中，刺出如斗者，又次之，彼国亦甚珍贵。

注释

〔1〕龙涎香：又称“龙腹香”“阿末香”，是一种香料，为抹香鲸肠内分泌物的干燥品。色黑褐如琥珀，有时有彩色斑纹。质脆而轻，嚼之如蜡，气微腥。燃烧时发蓝焰，酷似麝香而幽雅。

〔2〕苏门答剌：今印度尼西亚苏门答腊。

〔3〕龙涎屿：苏门答剌产龙涎香的小岛。

沉香[1]

质重，劈开如墨色者佳，不在沉水，好速亦能沉。以隔火炙过，取焦者别置一器，焚以熏衣被。曾见世庙[2]有水磨雕刻龙凤者，大二寸许，盖醮坛[3]中物，此仅可供玩。

注释

〔1〕沉香：常绿乔木，叶革质，卵状披针形，有光泽。花白色，伞状花序。产于印度、泰国至越南。心材为著名熏香料。根和干可入药。

〔2〕世庙：明代人称明世宗，年号“嘉靖”（1522—1566）。

〔3〕醮坛：道士设坛祈祷的地方。

片速香[1]

俗名“鲫鱼片”，雉鸡斑者佳，以重实为美，价不甚贵，有伪为者，当辨。

注释

〔1〕片速香：《考槃馀事·香笺》：“片速香俗名鲫鱼香，雉鸡斑者佳，有伪为者，亦以重实为美。”

唵叭香[1]

香腻甚，着衣袂，可经日不散，然不宜独用，当同沉水共焚之，一名“黑香”。以软净色明，手指可捻为丸者为妙。都中有“唵叭饼”，别以他香和之，不甚佳。

注释

〔1〕唵叭香：《考槃馀事·香笺》：“唵叭香一名黑香，以软净色明者为佳，手指可捻为丸者，妙甚，惟都中有之。”

角香[1]

俗名“牙香”，以面有黑烂色，黄纹直透者为“黄熟”，纯白不烘焙者为“生香”，此皆常用之物，当觅佳者；但既不用隔火，亦须轻置炉中，庶香气微出，不作烟火气。

注释

〔1〕角香：《考槃馀事·香笺》：“俗名牙香，以面有黑烂色者为铁面，纯白不烘焙者为生香，其生香之味妙甚，在广中价亦不轻。”

甜香[1]

宣德年制，清远味幽可爱，黑坛如漆；白底上有烧造年月，有锡罩盖罐子者，绝佳。“芙蓉”“梅花”[2]，皆其遗制，近京师[3]制者亦佳。

注释

〔1〕甜香：《考槃馀事·香笺》：“惟宣德年制，清远味幽可爱。市上货者，坛黑如漆，白底上有烧造年月，每坛二、三斤；有锡罩盖坛子，一斤一坛方真。”

〔2〕芙蓉、梅花：均为香名。《考槃馀事》：“芙蓉香，京师刘鹤制，妙。”宋代洪刍《香谱》：“梅花香注：甘松、零陵香各一两，檀香、茴香各半两，丁香一百枚，龙脑少许，为细末，炼蜜令合和之，干湿得中用。”

〔3〕京师：明成祖永乐十九年（1421）迁都北京，后改“应天府”为“南京”。

黄黑香饼[1]

恭顺侯[2]家所造，大如钱者，妙甚；香肆所制小者，及印各色花巧者，皆可用，然非幽斋所宜，宜以置闺阁。

注释

〔1〕黄黑香饼：即“黄香饼”与“黑香饼”。《考槃馀事·香笺》：“黄香饼：王镇，住东院所制，黑沉色、无花纹者佳；其伪者色黄，恶极。黑香饼：刘鹤二钱一两者佳，前门外李家，印各色花巧者亦妙。”

〔2〕恭顺侯：《明史·功臣表》：“吴克忠，永乐十六年（1418）二月，袭封‘恭顺伯’，洪熙元年（1425），进封侯，世袭。嘉靖二十七年（1548）二月，继爵袭，万历二十七年（1599）十一月，汝荫袭，崇祯四年（1631），维业袭。”

安息香[1]

都中有数种，总名“安息”[2]，“月麟”“聚仙”“沉速”为上。沉速有双料者，极佳。内府别有龙挂香[3]，倒挂焚之，其架甚可玩，“若兰香”[4]“万春”[5]“百花”等，皆不堪用。

注释

〔1〕安息香：落叶乔木，叶互生，卵形至椭圆形。夏季开红色花，有香气。此植物伤其干部，泌出树脂，干燥后呈红棕色半透明状，称为“安息香”。中医学上用以开窍行血，并为调和香精的定香剂。属安息香科。《考槃馀事·香笺》：“安息香，都中有数种，总名安息香，其最佳者，刘鹤所制月麟香、聚仙香、沉速香三种，百花香即下矣。”

〔2〕安息：古代伊朗地方的王国，因其建国之王“阿息克”而得名，尝统辖伊朗全部及其它各地，为古代大国。

〔3〕龙挂香：《遵生八笺》：“龙挂香有黄白二品，黑者价高，惟内府者佳，刘鹤所制亦可。”

〔4〕若兰香：《遵生八笺》：“以鱼子兰蒸低速香、牙香块者佳，近以末香滚竹棍蒸者恶甚。”

〔5〕万春：《考槃馀事》：“万春香，内府者佳。”

暖阁[1]　芸香[2]

“暖阁”，有黄黑二种。“芸香”，“短束”出周府[3]者佳，然仅以备种类，不堪用也。

注释

〔1〕暖阁：《考槃馀事·香笺》：“暖阁，有黄黑二种，刘鹤制佳。黑芸香，河南短束，城上王府者佳。”

〔2〕芸香：多年生草本植物，带白霜，有强烈气味。叶羽状分裂。夏季开花，花小型，黄色。原产欧洲南部。供观赏，枝叶含芳香油，可做调香原料。其液脂杂诸香焚之，可以熏衣祛湿。属芸香科。

〔3〕周府：即周王府。《明史·诸王传》：“周定王，太祖第五子，洪武三年（1370）封‘吴王’，十一年（1378）改封‘周王’，十四年（1381）就封开封，即宋故宫地为府。”

苍术[1]

苍术，岁时及梅雨郁蒸，当间一焚之，出句容[2]茅山，细梗更佳，真者亦艰得。

注释

〔1〕苍术：别名“北苍术”。多年生直立草本。叶无柄，卵形或狭卵形，花白色。中医可入药。这里指苍术香。《考槃馀事·香笺》：“苍术，句容茅山产，细梗如猫粪者佳。”

〔2〕句容：今江苏省句容县。

茶品[1]

古人论茶事者，无虑数十家，若鸿渐之“经”[2]，君谟之“录”[3]，可谓尽善，然其时法用熟碾[4]为“丸”为“挺”[5]，故所称有“龙凤团”[6]“小龙团”[7]“密云龙”[8]“瑞云翔龙”[9]，至宣和间，始以茶色白者为贵[10]。漕臣[11]郑可简[12]始创为“银丝冰芽”，以茶剔叶取心，清泉渍之，去龙脑诸香，惟新胯[13]小龙蜿蜒其上，称“龙团胜雪”[14]，当时以为不更[15]之法，而吾朝[16]所尚又不同，其烹试之法，亦与前人异，然简便异常，天趣悉备，可谓尽茶之真味矣。至于“洗茶”[17]“候汤”[18]“择器”[19]，皆各有法，宁特侈言“乌府”[20]“云屯”[21]“苦节”[22]“建城”[23]等目而已哉!?

注释

〔1〕茶品：茶的品类。

〔2〕鸿渐之“经”：即陆羽《茶经》。陆羽（733—804），唐竟陵人，字鸿渐，自号“桑苎翁”，又号“东冈子”，以嗜茶著名，被视为“茶神”，著有《茶经》三卷。该书记载茶的性状、品质、产地、采制、烹饮方法及用具等，是我国第一部关于茶的专门著作。

〔3〕君谟之“录”：即蔡襄《茶录》。蔡襄（1012—1067），宋仙游人，字君谟，天圣进士，累官知谏院，文章书法为当世第一，著有《茶录》一卷。

〔4〕熟碾：《北苑别录》：“研茶之具，以柯为杵，以瓦为盆，分团酌水，亦皆有数；上而‘胜雪’‘白茶’，以十六水；下而‘拣茶’之水六；‘小龙团’四；‘大龙团’二；其余皆以十二焉。自十二水以上，日研一团，自六水而下，日研三至七团，每水研之，必至水干茶熟而后已。”

〔5〕丸、挺：丸即“团”。“挺”即“直条”。

〔6〕龙凤团：《茶董补》：“宋太平兴国二年（977），始置龙凤模，遣使即北苑团龙凤茶，以别庶饮……真宗咸平中，丁谓为福建漕，监御茶，进龙凤团，始载之《茶录》。”

〔7〕小龙团：《茶董补》：“真宗咸平中，丁谓为‘福建漕’，监御茶，进小龙团……仁宗庆历中，蔡襄为‘漕’，始改造‘小龙团’以进，旨令岁贡，

而‘龙凤’遂为次矣。”

〔8〕密云龙:《茶董补》:“神宗元丰间，有旨造‘密云龙’，其品又加于‘小龙团’之上。”

〔9〕瑞云翔龙:《茶董补》:“哲宗绍圣中，又改为‘瑞云翔龙’。”《北苑茶录》:“细色第四纲，‘瑞云翔龙’，小芽，十二水，九宿火，正贡一百八斤。”

〔10〕白者为贵:《茶董补》:“徽宗大观初，亲制《茶论》二十篇，以‘白茶’为一种，与他茶不同，其条敷阐，其叶莹薄，崖林之间，偶然出生，非人力可致，正焙之有者、不过四五家，家不过四五株，所造止于一、二而已。‘浅焙’亦有之，但品格不及，于是‘白茶’遂为第一。”

〔11〕漕臣：主管漕运的人。

〔12〕郑可简：宋代漕臣。《宣和北苑贡茶录》:“宣和庚子岁(1120)，漕臣郑公可简始创为银丝冰芽，盖将已拣熟芽再剔去，只取其心一缕，用珍器贮清泉渍之，光明莹洁，若银丝然。其制方寸新，有小龙蜿蜒其上，号‘龙国胜雪’。去龙脑诸香，遂为诸茶之冠。”

〔13〕新胯：亦作“夸”或“胯”，即制茶的印模。

〔14〕龙团胜雪:《茶董补》:“又制有方寸小，有小龙蜿蜒其上，号‘龙团胜雪’……盖茶之妙，至‘胜雪’极矣！合为首冠。然在白茶之下者，白茶，上所好也。”《建安志》:“‘龙团胜雪’，用十六水，十二宿火，‘胜雪’系惊蛰后采造。”

〔15〕不更：不能更改。

〔16〕吾朝：指明朝。

〔17〕洗茶：洗去茶上的尘垢。

〔18〕候汤：观察水沸的情况。

〔19〕择器：茶具的选择。

〔20〕乌府:《茶笺》:“‘乌府’，盛炭篮。”

〔21〕云屯:《茶笺》:“‘云屯’，泉缶。”

〔22〕苦节:《茶笺》:“‘苦节君’，湘竹风炉。”

〔23〕建城:《茶笺》:“‘建城’，藏茶箬笼。”

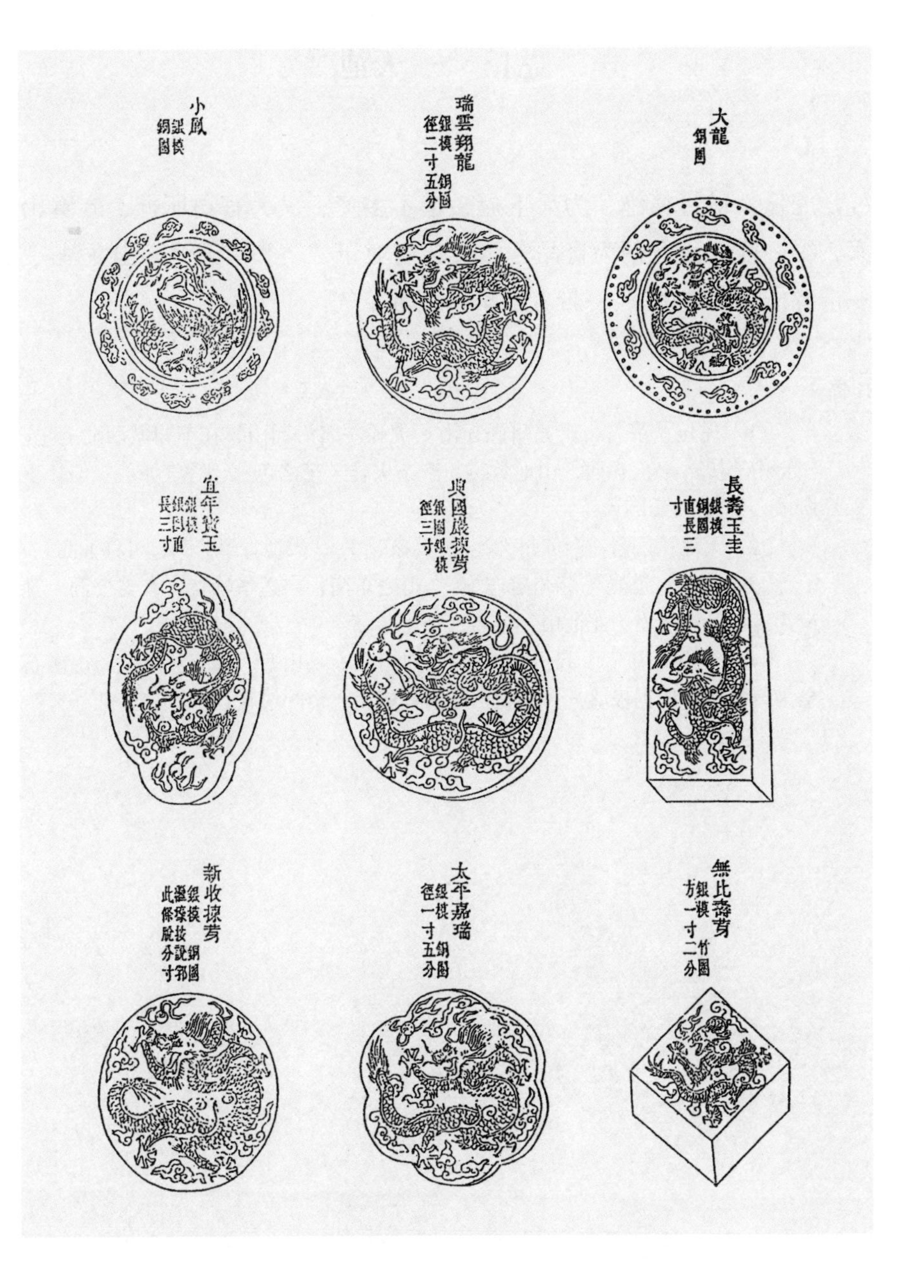

龙凤团茶。《龙凤团茶图谱》插图。龙凤团茶是宋代太平兴国年间（976—983）的主要贡品之一，因此极为珍贵，可见其制作之精良。

虎丘[1] 天池[2]

虎丘，最号精绝，为天下冠，惜不多产，又为官司所据，寂寞山家，得一壶两壶，便为奇品，然其味实亚于“岕”。天池，出龙池[3]一带者佳，出南山[4]一带者最早，微带草气。

注释

〔1〕虎丘：茶名，产苏州虎丘山。虎丘一名海涌山，在苏州城西北七里。《苏州府志》：“虎丘西，山地数亩，产茶极佳，烹之色白，香气如兰；但每岁所采，不过二三十斤。”

〔2〕天池：茶名，产苏州天池山。《茶笺》：“天池青翠芳馨，可称仙品。”

〔3〕龙池：道光《苏州府志》：“山之东南，出莲华峰背，有支公洞，其南为鹿山……东南为龙池山，今名‘隆池’。”

〔4〕南山：道光《苏州府志》：“弹山在玄墓山西，横亘五六里，山南石楼为万峰台，所据极盛。……又西南为蟠螭山，俗呼‘南山’。”

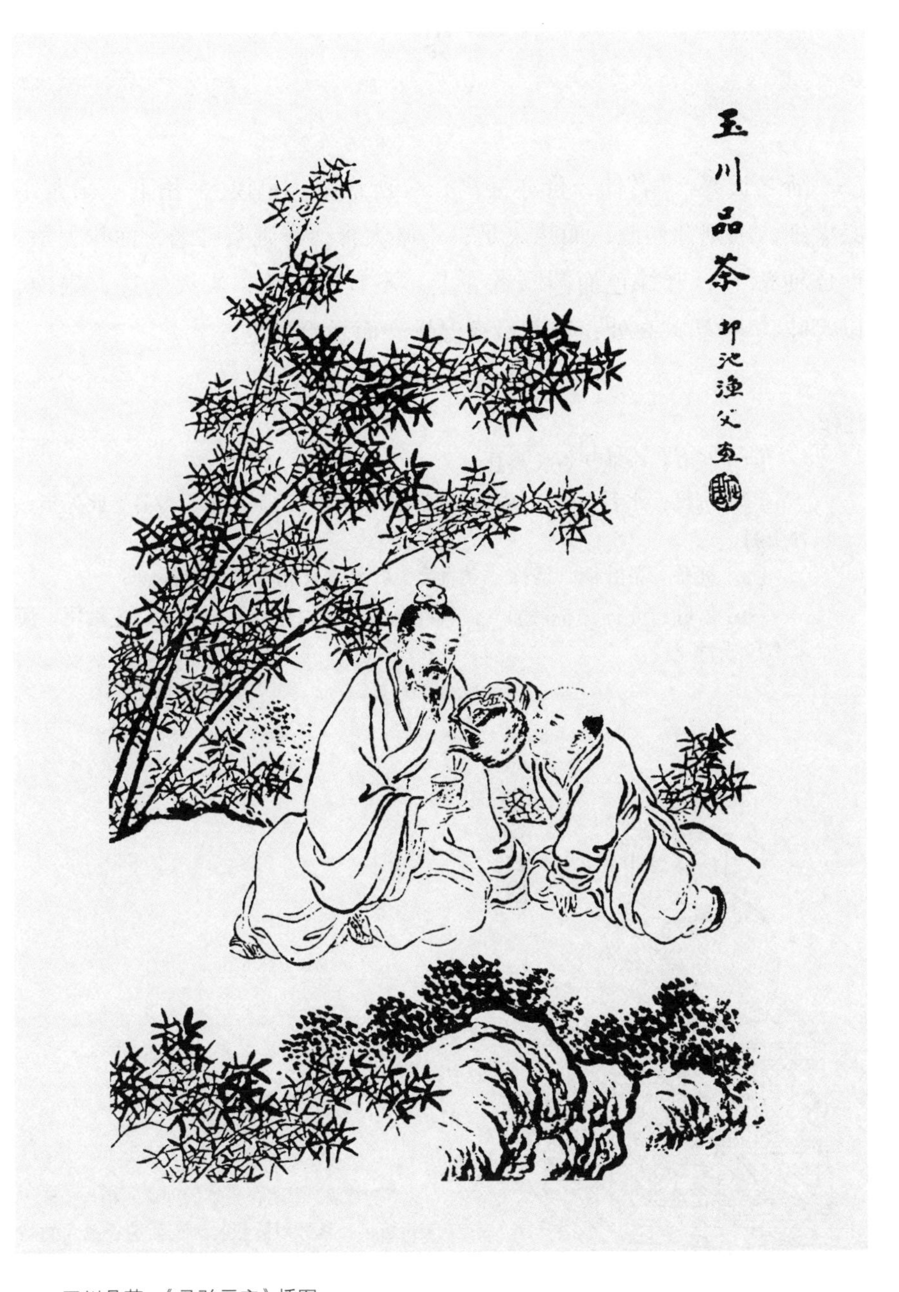

玉川品茶。《马骀画宝》插图。

岕

浙之长兴[1]者佳，价亦甚高，今所最重；荆溪[2]稍下。采茶不必太细，细则芽初萌，而味欠足；不必太青，青则茶已老，而味欠嫩。惟成梗蒂[3]，叶绿色而圆厚者为上。不宜以日晒，炭火焙过，扇冷，以箬叶[4]衬罂贮高处，盖茶最喜温燥，而忌冷湿也。

注释

〔1〕长兴：今浙江省长兴县。

〔2〕荆溪：水名，在江苏省宜兴县南，因为靠近荆南山而得名。此处指一种茶名。

〔3〕梗蒂：茶叶柄，俗称“茶梗”，叶柄与枝相连之处为蒂。

〔4〕箬叶：亦称“棕叶竹”，其叶宽大，可以包物及制船篷、笠帽用。属禾本科或竹亚科。

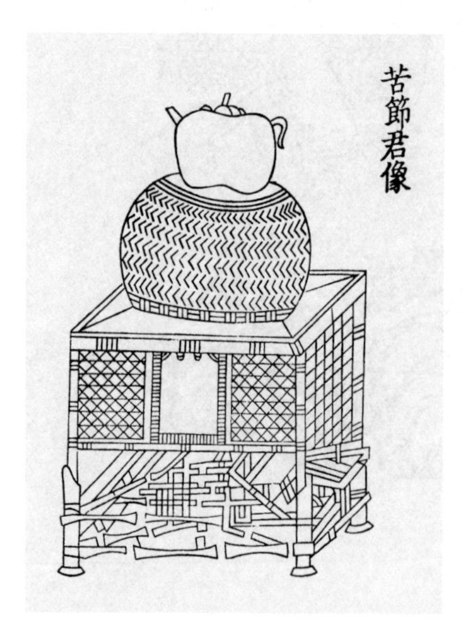

“苦节君”是明代茶炉的别称，相传为明人朱权所创，其外以藤包扎，而后盛行改用竹包扎，称作“苦节君像”，寓“逆境守节”之意，这也是儒家入世精神的一种体现。

六安〔1〕

宜入药品，但不善炒，不能发香而味苦，茶之本性实佳。

注释

〔1〕六安：六安，今安徽县名。“六安茶”产自霍山，第一“蕊尖”，第二“贡尖”，第三“春尖”，第四“细连枝”，第五“白茶”，无毛者为“明茶”。《茶疏》：“大江以北，则称‘六安’，其实出霍山之大蜀山也。能消垢腻，去积滞，亦共爱宝。”

《采茶入贡》。大可堂版《点石斋画报》插图。安徽六安州英山、霍山等县盛产茶叶，在谷雨之前，茶相率赶采，如果耽误了时间，茶就叶老味薄了。采茶的多数是妇女和小孩。每当那时，省里就派员下来和地方官一起选办精品，以进贡皇上。

松萝[1]

十数亩外，皆非真松萝茶，山中仅有一二家炒法甚精，近有山僧手焙者，更妙。真者在洞山[2]之下，天池之上，新安[3]人最重之；南都曲中亦尚此，以易于烹煮，且香烈故耳。

注释

〔1〕松萝：茶名，产于安徽歙县。《识小录》："徽郡向无茶，近出'松萝茶'，最为时尚。是茶始比丘大方。大方居虎丘最久，得采造法。其后于徽之松萝结庵，采诸山茶于松萝焙制，远近争市，价倏翔涌，人因称'松萝茶'，实非松萝所出也。是茶比天池稍粗，而气甚香，味甚精，然于虎丘能称仲，不能称伯也。"

〔2〕洞山：地名亦茶名。《茶笺》："诸名茶，法多用炒，惟罗宜于蒸焙，味真蕴藉，世竞珍之，即顾渚、阳羡，密迩洞山，不复仿此。

〔3〕新安：汉末郡名，故城在今浙江淳安县西，清移治休宁，后又移歙。今休宁、歙二县境皆属安徽。

竹林七賢

竹林七贤。《程氏墨苑》插图。可见魏晋文人士大夫的隐逸生活。

龙井[1] 天目[2]

山中早寒，冬来多雪，故茶之萌芽较晚，采焙得法，亦可与天池并。

注释

〔1〕龙井：在浙江杭州西湖，旧名“龙泓”，亦名“龙泉”，其地狮子峰，产茶最佳，世称“龙井茶”。

〔2〕天目：天目山在浙江临安县西北，与于潜、安吉两县接界，以产茶著称。

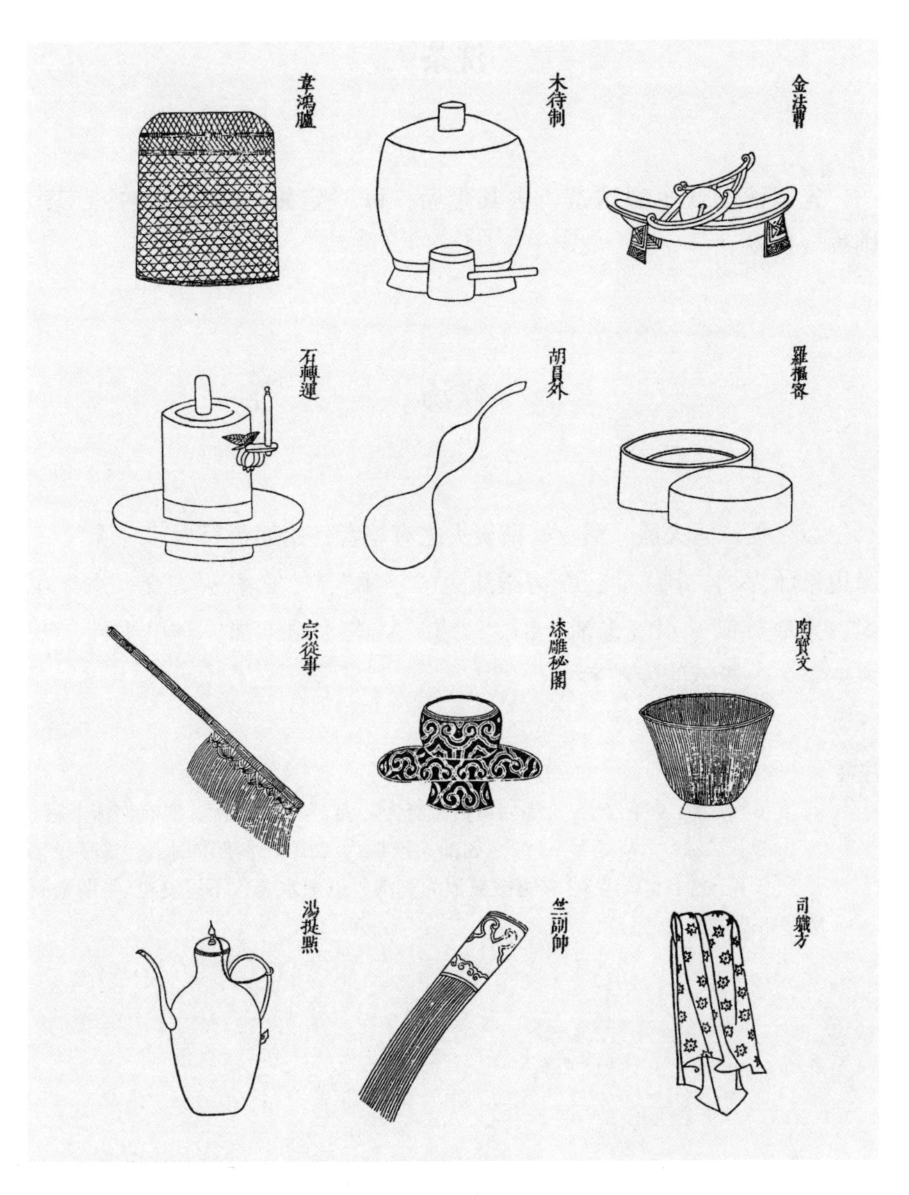

《审安老人茶具图》。宋审安老人《茶具图赞》是我国第一部茶具图谱，作于南宋咸淳五年(1269)。全书共有图十二幅，分别以传统的白描手法描绘了宋代饮团饼茶常用的十二种茶具，即茶炉、茶碾、茶磨、茶杓、茶罗、茶帚、茶托、茶盏、汤瓶、茶笼、茶巾等。按照宋代官制冠以职称，赐以姓名字号，形象生动地描述出它们的材质、形制等，具有浓郁的文化韵味。

洗茶

先以滚汤候少温洗茶，去其尘垢，以“定碗”盛之，俟冷点茶，则香气自发。

候汤

缓火炙，活火煎。活火，谓炭火之有焰者，始如鱼目为“一沸”〔1〕，缘边泉涌为“二沸”〔2〕，奔涛溅沫为“三沸”〔3〕，若薪火方交，水釜才炽，急取旋倾，水气未消，谓之“嫩”；若水逾十沸，汤已失性，谓之“老”，皆不能发茶香。

注释

〔1〕一沸：《茶经》：“沸如鱼目微舒为一沸。”谓水初滚，时有泡沫上翻。

〔2〕二沸：《茶经》：“缘池如涌泉连珠为二沸。”谓四周水泡连续翻起。

〔3〕三沸：《茶经》：“腾拔鼓浪为三沸，以上水老，不可食也。”谓全面沸腾如波浪。

涤器[1]

茶瓶、茶盏[2]不洁，皆损茶味，须先时涤器，净布拭之，以备用。

注释

〔1〕涤器：洗涤茶具。

〔2〕茶盏：小茶杯。以建安黑盏为佳。

茶洗[1]

茶洗以砂为之，制如碗式，上下二层。上层底穿数孔，用洗茶，沙垢皆从孔中流出，最便。

注释

〔1〕茶洗：洗茶的器具。

茶炉[1] 汤瓶[2]

茶炉，有姜铸铜饕餮兽面火炉，及纯素[3]者，有铜铸如鼎彝者，皆可用。汤瓶铅者为上，锡者次之，铜者亦可用，形如竹筒者，既不漏火，又易点注；磁瓶[4]虽不夺汤气，然不适用，亦不雅观。

注释

〔1〕茶炉：煮茶的小火炉，亦称“风炉”。

〔2〕汤瓶：煮水的壶。

〔3〕纯素：完全没有装饰。

〔4〕磁瓶：即“瓷瓶”。瓷是用高岭土等烧制成的材料，质硬而脆，比陶质细致。

茶壶　茶盏

茶壶以砂者为上，盖既不夺香，又无熟汤气，“供春”最贵，第形不雅，亦无差小者，时大彬[1]所制又太小，若得受水半升，而形制古洁者，取以注茶，更为适用。其“提梁”“卧瓜”“双桃”“扇面”“八棱细花”“夹锡茶替”“青花白地”诸俗式者，俱不可用。锡壶有赵良璧[2]者亦佳，然宜冬月间用。近时吴中“归锡”[3]，嘉禾“黄锡”[4]，价皆最高，然制小而俗，金银俱不入品。宣庙有尖足茶盏，料精式雅，质厚难冷，洁白如玉，可试茶色，盏中第一。世庙有坛盏，中有茶汤果酒，后有“金箓[5]大醮坛用”等字者，亦佳。他如“白定”[6]等窑，藏为玩器，不宜日用。盖点茶须熁盏[7]令热，则茶面聚乳，旧窑器箓热[8]则易损，不可不知。又有一种名“崔公窑”[9]，差大，可置果实，果亦仅可用榛[10]、松[11]、新笋[12]、鸡豆[13]、莲实[14]、不夺香味者；他如柑、橙、茉莉、木樨之类，断不可用。

注释

〔1〕时大彬：明代宜兴治紫砂壶的名手。《阳羡茗壶系》：“时大彬，号少山，或陶土，或染硼砂土，诸款具足，诸土色亦具足，不务妍媚，而朴雅坚栗，妙不可思。初，自仿‘供春’得手，喜作大壶，后游娄东，闻眉公与琅王牙、太原诸公品茶施茶之论，乃作小壶，前后诸名家，并不能及。”

〔2〕赵良璧：明代吴县铸锡壶的著名匠师。《觚不觚录》：“今吴中陆子冈之治玉，赵良璧之治锡，皆比常价再倍，而其人至有与缙绅坐者。”

〔3〕吴中归锡：吴中即苏州。归锡，即归懋德制的锡壶。《阳羡名陶录》：“锡注以黄元吉为上，归懋德次之。”

〔4〕嘉禾黄锡：嘉禾，今浙江嘉兴。黄锡，即黄元吉制的锡壶。

〔5〕箓：符命之书。

〔6〕白定：定窑烧制的白瓷。

〔7〕熁盏：《广韵》：“火气熁上。”《集韵》：“火通也。”

〔8〕箓热：烫热。

〔9〕崔公窑：明代景德镇著名民窑之一。据记载，明代隆庆、万历年间崔国懋，善仿宣德、成化年间瓷器，著名一时，世称“崔公窑”。《景德镇陶录》：“嘉隆间人，善治陶，多仿宣成窑遗法制器，当时以为胜，号其器曰‘崔公窑瓷’，四方争售，诸器中惟盏或较宣、成两窑差大，精好则一，余青彩花色悉同，为民窑之冠。”

〔10〕榛：亦称“榛子”，落叶乔木，叶子互生，结球形坚果。果仁可以吃，也可榨油。属桦木科。

〔11〕松：海松的种子，大而味美，可供食用，俗称“松子”。属松科。《格致总论》：“松子二种，海松子生新罗，如小栗三角，其中仁美，东夷食之，当果。云南松子，巴豆相似，味不及也。”

〔12〕新笋：新鲜的竹笋。竹笋，竹的嫩芽，味鲜美，可食用。

〔13〕鸡豆：芡实，俗称“鸡头米”。芡的种子，供食用，又可制淀粉。

〔14〕莲实：即“莲子”，莲的种子，椭圆形，中间有绿色的莲心，肉呈乳白色，可以吃，也可入药。

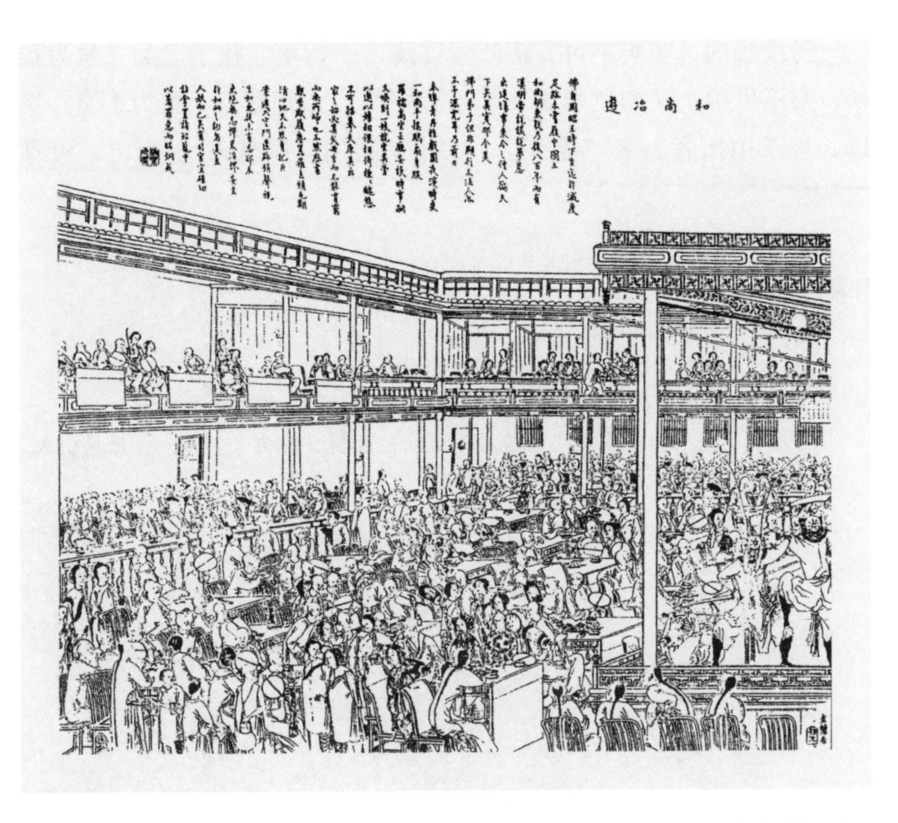

茶馆图。清代吴友如《点石斋画报》插图。清代是我国历史上茶馆最为鼎盛的时期，由于当时上层茶文化的衰落，民间茶馆迅速成为主流，各类茶馆遍布城乡，数不胜数，构成绚丽多彩的茶馆文化画卷。

择炭

汤最恶烟，非炭不可，落叶、竹篠[1]、树梢、松子之类，虽为雅谈，实不可用；又如"暴炭"[2]"膏薪"[3]，浓烟蔽室，更为茶魔。炭以长兴茶山出者，名"金炭"，大小最适用，以麸火[4]引之，可称"汤友"。

注释

〔1〕竹篠：小竹子。

〔2〕暴炭：燃烧时，常爆裂出烟的炭。

〔3〕膏薪：因薪未全干，燃烧时，常流液出烟，故称"膏薪"。

〔4〕麸火：麸炭火。燃烧而未成炭的薪材，称为"麸炭"，最易引火。《茶笺》："柴中之麸火，焚余之虚炭。"

跋

右《长物志》十二卷，明文震亨撰。震亨字启美，长洲人，徵明之曾孙，崇祯中，官武英殿中书舍人，以善琴供奉，明亡，殉节死。徐埜公[1]《明画录》称其画宗宋、元诸家，格韵兼胜。考《明诗综》[2]录启美诗二首，并述王觉斯[3]语，言湛持[4]忧谗畏讥，而启美浮沉金马[5]，吟咏徜徉，世无嫉者，由其处世固有道焉。湛持即启美之兄，长洲相国也，顾绝不言其殉节事。岂竹诧[6]尚传闻未审欤？有明中叶，天下承平，士大夫以儒雅相尚，若评书品画，瀹茗[7]焚香，弹琴选石等事，无一不精，而当时骚人墨客，亦皆工鉴别，善品题，玉敦珠盘，辉映坛坫[8]，若启美此书，亦庶几卓卓可传者。盖贵介风流，雅人深致，均于此见之。曾几何时，而国变沧桑，向所谓"玉躞金题"[9]，"奇花异卉"者，仅足供楚人[10]一炬。呜呼！运无平而不陂，物无聚而不散，余校此书，正如孟尝君闻雍门子琴[11]，泪涔涔襟而不能自止也。同治甲戌[12]小寒前一日，南海[13]伍绍棠谨跋。

注释

〔1〕徐整公：徐沁，字整公，清代会稽人，著有《明画录》。

〔2〕《明诗综》：清代朱弃等据。

〔3〕王觉斯：王铎，字觉斯，明代孟津人。天启进士，官至礼抓尚合，年适"文安"。工诗文，善书画。

〔4〕湛持：文震孟（1574—1636），字文启，号湛持，讼"文肃"。为文

震育兄长，天启二年殿试第一，授修撰，官至礼部尚书、东阁大学士。

〔5〕金马：汉代宫门名。金马门为宦署门，门傍有铜马，故称“金马门”。浮沉金吗，意为浮沉官场。

〔6〕竹垞：朱奔尊（1629—1709），字锡，号竹境，浙江秀水人。

〔7〕瀹茗：煮茶。

〔8〕坫：古时室内放置食物、酒器等的土台子。

〔9〕玉躞金题：即“金题玉躞”，形容极精美的书画或书籍的装潢。古时的书画、书籍都为卷轴。金题是泥金书写的题签。玉躞是系缚卷轴用的玉签。《通雅·器用》：“《书史》云：‘隋店藏书，皆‘金题玉躞。’智按梁虞和《论书表》，有‘金题玉躞，织成带’。注：‘金题，抑头也，犹今书面叠题也；玉践，言带头小楔，或以牙玉为之。”

〔10〕楚人：原指项羽，此处借指清兵。

〔11〕雍门子琴：雍门子，战国时齐人，名周，居雍门，人称“雍门子”或“雍门子周”。善长鼓琴，曾经是孟尝君的门客。《说范·善说》：“雍门子周引琴而歌之，徐动宫徽，微挥羽角，切终而成曲。孟尝君泪浪汗增，秋而就之曰：‘先生之鼓琴，令文若破国亡邑之人也。’”

〔12〕同治甲戌：同治，清穆宗载淳年号。同治甲成，为同治十三年（1874）。

〔13〕南海：今广东省南海县。

主要参考书目

[1]《长物志校注》,〔明〕文震亨原著，陈植校注，杨超伯校订，江苏科学技术出版社，1984年。
[2]《书画装裱技艺辑释》，杜秉庄、杜子熊编著，上海书画出版社，1993年。
[3]《中国工艺美术大辞典》，吴山主编，江苏美术出版社，1989年。
[4]《工艺美术辞典》，中央工艺美术学院编著，黑龙江人民出版社，1988年。
[5]《美术辞林，工艺美术》，樊文江主编，陕西人民美术出版社，1989年。
[6]《辞海，生物分册》，上海辞书出版社，1978年。
[7]《三才图会》,〔明〕王圻、王思义编集，上海古籍出版社，1988年。
[8]《顾氏画谱》,〔明〕顾炳绘，河北美术出版社，1996年。
[9]《马骀画宝》，马骀著，中国书店，1995年。
[10]《三希堂画宝》，叶九如辑选，中国书店，1982年。
[11]《金陵古版画》，周芜编著，江苏美术出版社，1993年。
[12]《日本藏中国古版画珍品》，周芜、周路、周亮编绘，江苏美术出版社，1999年。
[13]《中国古代服饰研究》，沈从文编著，商务印书馆香港分馆，

1981年。
[14]《中华历代服饰艺术》，黄能馥、陈娟娟著，中国旅游出版社，1999年10月。
[15]《品茶说茶——生活的艺术·人生的享受》，施奠东主编，浙江人民美术出版社，1999年。
[16]《历代名碑帖鉴赏》，何恭上主编，冯振凯编著，台北：艺术图书公司，1973年。
[17]《中国画学著作考录》，谢巍编著，上海书画出版社，1998年。
[18]《点石斋画报》大可堂版，吴友如等绘，张奇明主编，上海画报出版社，2001年。
[19]《十九世纪中国市井风情——三百六十行》，黄时鉴、沙进编著，上海古籍出版社，1999年。
[20]《中国家具史图说》，李宗山著，湖北美术出版社，2001年。
[21]《说玉》，桑行之等编，上海科技教育出版社，1993年。
[22]《文心画境——中国古典园林景观构成要素分析》，刘晓惠著，中国建筑工业出版社，2002年。
[23]《园林经典——人类的理想家园》，方佩和主编，浙江人民美术出版社，1999年。
[24]《中国历代艺术·工艺美术编》，中国历代艺术编辑委员会编，文物出版社，1994年。
[25]《中国建筑艺术全集，私家园林》，中国建筑艺术全集编辑委员会编，中国建筑工业出版社，1999年。
[26]《中国工艺文献选编》，倪建林、张抒编著，陕西人民美术出版社，2002年。
[27]《设计艺术经典论著选读》，奚传绩编，东南大学出版社，2002年。
[28]《辞海》，辞海编辑委员会编，上海辞书出版社，1979年。

[29]《工艺美术概论》，李砚祖，中国轻工业出版社，1999年。
[30]《美的历程》，李泽厚，安徽文艺出版社，1994年。
[31]《中国工艺美学思想史》，杭间，北岳文艺出版社，1994年。
[32]《中国家具史——坐具篇》，崔咏雪，台北明文书局，1986年。
[33]《明式家县珍赏》，王世襄编著，文物出版社、三联书店香港分店联合出版，1985年。

后　记

十七年前，我还在清华大学读研究生，得杭间教授厚爱和赏识，我和我的同学田君有机会参与“中国古代物质文化经典图说丛书”的相关工作，在杭间教授开列的清单中，我俩颇为大胆地认领了《长物志》这本集晚明生活文化大成的注释工作。今天想来，一方面佩服杭间老师的大胆以及对后辈的提携；另一方面也靠着自己的几分倔劲以及对晚明生活文化研究的热忱。书稿完成且顺利出版，得到了学界的好评，也因为完成书稿的需要，当时遍读了大部分中国古代物质文化典籍，这些厚实的经历、训练和滋养到今天仍然让我受益无穷。

迄今记得，杭间老师对于我们这些年轻的编著者的三个要求：其一，“注”不仅仅是说明，还是一种创作，要站在今天对“设计”的认识前提下，深度解读这些物质经典；其二，要用文献和图像做注，而且必须是1911年前的文献；其三，要进行翻译，对文本中涉及的技艺、标准、品格等进行准确诠释。事实上，关于《长物志》的研究，或注释、或著作、或著文，研究者甚众，诸位学者也多视角不一、立场不一、目标不一，林林总总的文章著作不下百十余篇（本）。纵观人文研究发展脉络，由一本书而形成跨度几百年，跨越中西的长期持续研究并不多见，《长物志》或许是最具代表性的文本之一。

今天来看，无论基于一个设计研究的视角，还是传统物质文化研究的立场，《长物志》最本质和最具代表性的特征还是在于它作为中国传统生活与设计文化研究标准样本的价值。全书分为室庐、花木、水石、禽鱼、书画、几榻、器具、衣饰、舟车、位置、蔬果、香茗等十二卷，作者文震亨借长物来抒性情，反映人生理想，表达文化品德。《长物志》一书思想的形成，除晚明政治、经济形势使然，实学的发展以及西学东入带来重要影响外，最根本的还是文氏"游于物"的生活见解与对生活、理想的体验。《长物志》呈现了一种经过充分设计和建构的晚明生活文化标准，一种延续自魏晋以来士人风骨美学立场和生活精神的实践样本。作者充分建立在以自我生活行动为基础的立场和观点不仅呈现了古代文人士大夫的一种实践美学观，也呈现了一种文化生产和发展的设计方法和设计标准。

如今这本书要再版，十七年过去。再一次翻开文稿，当年时光历历在目。正是从《长物志》的注释工作出发，我也形成了关于设计文化研究以及设计管理研究与实践两大体系的建设与发展。

再次致谢杭间教授的添爱，感谢山东画报出版社的认可，以及过去二十年在我学业过程中给予帮助的师长、朋友。

我们每个人都是生活的实践者，也是时代文化的建构者，是为后记。

海军
中央美术学院
2020年9月28日